U0388232

佛山市人文和社科研究丛书
FOSHANSHI RENWEN HE SHEKE YANJIU CONGSHU

佛山传统建筑研究

FOSHAN CHUANTONG
JIANZHU YANJIU

周彝馨 著

中山大學出版社
SUN YAT-SEN UNIVERSITY PRESS
·广州·

图书在版编目（CIP）数据

佛山传统建筑研究/周彝馨著. —广州：中山大学出版社，2015.8
（佛山市人文和社科研究丛书）
ISBN 978 - 7 - 306 - 05353 - 4

Ⅰ. ①佛…　Ⅱ. ①周…　Ⅲ. ①古建筑—研究—佛山市
Ⅳ. ①TU - 092. 2

中国版本图书馆 CIP 数据核字（2015）第 159237 号

出 版 人：徐　劲
策划编辑：李海东
责任编辑：李海东
封面设计：方楚娟
责任校对：赵　婷
责任技编：何雅涛
出版发行：中山大学出版社
电　　话：编辑部 020 - 84111996，84113349，84111997，84110779
　　　　　发行部 020 - 84111998，84111981，84111160
地　　址：广州市新港西路 135 号
邮　　编：510275　　　传　真：020 - 84036565
网　　址：http://www. zsup. com. cn　　E-mail：zdcbs@ mail. sysu. edu. cn
印 刷 者：广州家联印刷有限公司
规　　格：787mm × 1092mm　1/16　30.75 印张　560 千字
版次印次：2015 年 8 月第 1 版　2015 年 8 月第 1 次印刷
定　　价：78.00 元

《佛山市人文和社科研究丛书》
出版前言

　　文化是一座城市的品格和基因，佛山是座历史传统悠久、人文气息浓郁、文化积累深厚的城市。近年来，佛山经济社会发展日新月异，岭南文化名城建设如火如荼，市、区有关部门及镇街从各自工作职能或地方发展特点出发，陆续编辑出版了一些人文或社科方面的书籍及资料。但从全市层面看，尚无一套完整反映佛山历史文化和人文社科方面的研究丛书，实为佛山社会文化传承的一大憾事。为弥补这不足之处，中共佛山市委宣传部、佛山市社会科学界联合会决定联合全市社会科学研究力量，深入挖掘佛山历史文化资源，梳理佛山哲学社会科学研究成果，编辑出版《佛山市人文和社科研究丛书》，并力争将其打造成为佛山市的人文社科研究品牌和城市文化名片。

　　本套丛书的策划和编辑，主要基于以下几个方面的考虑：一是体现综合性。丛书从全市层面开展综合性研究，既彰显佛山社会经济文化综合实力，也充分展现佛山人文社科研究水平，避免了只研究单一领域或个别现象，难以形成影响力的缺憾。二是注重广泛性。丛书对佛山历史文化、名人古迹、民俗风情、非物质文化遗产和经济、政治、社会、生态等各个方面都给予关注，而佛山经济社会发展亮点、历史文化闪光点和研究空白领域更是丛书首选。三是突出本土性。丛书选题紧贴佛山实际，具有鲜明的地方特色，作者主要来自佛山本地，也适当吸收外部力量，以锻炼培养一批优秀的人文社科研究人才。四是侧重研究性。丛书严格遵守学术规范，注重学术研究的广度、深度和高度。注重理论的概括、提炼和升华，在题材、风格、构思、观点等方面多有独到之处，具备权威性、整体性、系统性和新颖性，是值得收藏或研究的好书籍。五是兼顾通俗性。丛书要求语言通俗易懂，行文简洁明了，图文并茂，条理清晰，易于传播，既可作阅读品鉴之用，也是开展对外宣传和交流的好读物。六是坚持优质性。丛书综合考虑研究进度和经费安排，本着宁缺毋滥的原则，采取成熟一本、出版一本的做法，"慢工出细活"，保证研究出版的质量。七是力求系统性。

每年从若干选题中精选一批进行资助出版，积沙成塔，形成规模，届时可再按历史文化、哲学社会科学、佛山典籍整理等形成系列，使丛书系列化、规模化、品牌化。八是讲究方便性。每种书既是整套丛书的一部分，编排体例、形式风格保持一致，又独立成书，自成一体，各有风采，避免卷帙浩繁，方便携带和交流。

自 2012 年底正式启动丛书编辑工作以来，编委会多次召开专门会议，讨论确定研究主题、编辑原则、体例标准、出版发行等事宜。最终确定《佛山功夫名人影视传播研究》、《走向"后申遗时期"的佛山非遗传承与保护研究》、《佛山传统建筑研究》、《解构与传承——康有为思想的当代价值研究》等作为丛书的第二批项目，列入我市重点社科理论研究课题予以资助出版。经过选题报告、修改完善、专家审定、编辑校对等环节，最终呈现给读者的就是第二批《佛山市人文和社科研究丛书》。今后，编委会将继续从全市各单位、各院校及社会各界广泛征集项目进行论证遴选和资助出版，力争通过数年的持续努力，形成一整套覆盖佛山人文社科方方面面的研究丛书，使之成为建设佛山岭南文化名城、增强地方文化软实力的一项标志性工程。

本套丛书的编辑得到了佛山科学技术学院、佛山市委党校、佛山职业技术学院、顺德职业技术学院等院校和全市广大人文社科工作者的大力支持，中国社会科学院首批学部委员、著名学者杨义教授欣然为丛书作总序，中山大学出版社为丛书的出版做了大量艰苦细致的工作，在此一并表示衷心的感谢，并对所有关心和支持丛书编撰工作的社会各界人士致以深深的敬意！

佛山市人文和社科研究丛书编委会

2014 年 3 月 3 日

都来了解佛山的城市自我

——《佛山市人文和社科研究丛书》总序

杨 义

（中国社会科学院首批学部委员）

大凡有文化底蕴的地方，都有它的身份、品格和精神，有它的人物、掌故和地方风物，从而在祖国文化精神总谱系中留下它独特的文化 DNA。佛山作为一座朝气蓬勃而又谦逊踏实的岭南名城，自然也有它的身份、品格、精神，有它的人物、掌故、风物和文化 DNA。对于佛山人而言，了解这些，就是了解他们的城市自我；对于外来人而言，了解这些，就是接触这个城市的"地气"。

佛山有"肇迹于晋，得名于唐"的说法。汉武帝派遣张骞通西域之后，中国始通罽宾，即今之克什米尔。罽宾属于或近于佛教发祥之地，在东汉魏晋以后的数百年间，多有高僧到中原传播佛教和译经。唐玄奘西行求法，就是从罽宾进入天竺的。据清代《佛山志》，东晋时期，有罽宾国僧人航海东来传教，在广州西面的西江、北江交汇的"河之洲"季华乡结寮讲经，宣传佛教，洲岛上居民因号其地为"经堂"。东晋安帝隆安二年（398），初来僧人弟子三藏法师达昆耶舍尊者，来岛再续传法的香火，在经堂旧址上建立了塔坡寺。因而佛山经堂有对联云："自东晋卓锡季华，大启丛林，阅年最久；念西土传经上国，重兴法宇，历劫不磨。"其后故寺废弛。到了唐太宗贞观二年（628），居民在塔坡岗下辟地建屋，掘得铜佛三尊和圆顶石碑一块，碑上有"塔坡佛寺"四字，下有联语云："胜地骤开，一千年前，青山是我佛；莲花极顶，五百载后，说法起何人。"乡人认为这里是佛家之山，立石榜纪念，唐贞观二年镌刻的"佛山"石榜至今犹存。佛山的由来，因珠江冲击成沙洲，为佛僧栽下慧根，终于立下了人杰地灵的根脉。

明清以降的地方志，逐步发展成为记录地方历史风貌的百科全书。读地方志一类文献，成为了解地方情势，启示就地方而思考"我是谁"的文化记忆遗产。毛泽东喜欢读地方志书。在战争年代，每打下一座县城，就找县志来读。1929年打下兴国县城，获取清代续修的《瑞金县志》，如获至宝，挑灯夜读。新中国成立后，毛泽东到各地视察、开会，总要借阅当地志书。1958年在成都会议之前，就率先借阅《四川通志》、《蜀本纪》、《华阳国志》，后又要来《都江堰水利述要》、《灌县志》，并在书上批、画、圈、点。他在这次成都会议上，提倡在全国编修地方志。1959年，毛泽东上庐山，就借阅民国时期吴宗慈修的《庐山志》及《庐山续志稿》。可见编纂地方人文社会科学文献，是使人明白"我从何而来"、"我的文化基因若何"，保留历史记忆，增加文化底蕴的重要工程。

从历史记忆可知，佛山之得名，是中外文化交流的一个靓丽的典型。它栽下的慧根，就是以自己的地理姻缘和人文胸怀，得经济文化的开放风气之先。因为佛教东传，不只是一个宗教事件，同时也是开拓文化胸襟的历史事件。随同佛教而来的，是优秀的印度、波斯、中亚和希腊文化，它牵动了海上丝绸之路。诸如雕塑、绘画、音乐、美术、珍宝、工艺、科技、思想、话语、逻辑、风习，各种新奇高明的思想文化形式，都借助着航船渡过瀚海，涌入佛山。佛山的眼界、知性、文藻、胸襟，为之一变，文化地位得到提升。

但是佛山胸襟的创造，既是开放的，又是立足本土的。佛山的城市地标上"无山也无佛"，山的精神和佛的慧根，已经化身千千万万，融入这里的河水及沃土。佛山的标志是供奉道教的北方玄天大帝（真武）的神庙，而非佛寺，这是发人深省的。清初番禺人屈大均的《广东新语》卷六说："吾粤多真武宫，以南海佛山镇之祠为大，称曰祖庙。"那么为何本土道教的祖庙成了佛山的标志呢？就因为佛山为珠江水流环抱，水是它的生命线，如屈大均接着说的："南冥之水生于北极，北极为源而南冥为委，祀赤帝者以其治水之委，祀黑帝者以其司水之源也。"于是，从北宋元丰年间（1078—1085）起，佛山就建祖庙，宋元以后各宗祠公众议事于此，成为联接各姓的纽带，遂称"祖庙"。祖庙附有孔庙、碑廊、园林、红墙绿瓦，亭廊嵯峨，雕梁画栋，绿荫葱茏，历数百年而逐渐成为一座规模宏大、制作精美、布局严谨，具有浓厚岭南地方特色的庙宇建筑群。

这种脚踏实地的开放胸襟，催生和推动了佛山的社会经济开发的脚步。晋唐时期的佛山，还只是依江临海的沙洲，陆地尚未成片。到了宋代，随着中原移民的大量涌入和海外贸易的兴起，以及珠江三角洲的进一步开发，佛山得到了进一步的发展，于是有"乡之成聚，肇于汴宋"的说法。佛山临近省城，可以分润省城的人才、文化、交通、商贸需求的便利；但它又不是省城，可以相当程度地摆脱官府权势压力和体制性条条框框的约束，有利于民间资本、技艺、实业和贸易方式的发育。珠江三角洲千里沃野，需要大量铁制的农具，因而带动了佛山的冶铁铸造业。屈大均《广东新语》卷十五说："铁莫良于广铁，……诸炉之铁冶既成，皆输佛山之埠，佛山俗善鼓铸，……诸所铸器，率以佛山为良，陶则以石湾。"生产工具的改进和省会、海外需求的刺激，又进一步带动了以桑基鱼塘为依托的缫丝纺织业。

起源于南粤先民的制陶业，也在中原制陶技术的影响下，迅速发展起来了。南宋至元，中原移民把定、汝、官、哥、钧诸名窑的技艺带到佛山石湾，与石湾原有的制陶技艺相融合，在吸取名窑造型、釉色、装饰纹样的基础上，使"石湾集宋代各名窑之大成"。石湾的土、珠江的水，在佛山人手里仿佛具有了灵性，它们在南风古灶里交融裂变、天人合一，幻化出五彩斑斓的石湾陶。清人李调元《南越笔记》卷六记载："南海县之石湾善陶。凡广州陶器，皆出石湾，尤精缸瓦。其为金鱼大缸者，两两相合。出火则俯者为阳，仰者为阴。阴所盛则水浊，阳所盛则水清。试之尽然。谚曰'石湾缸瓦，胜于天下。'"李调元是清乾嘉年间的四川人，晚年著述自娱，这也取材于《广东新语》。水下考古曾在西沙沉没的古代商船中发现许多宋代石湾陶瓷。在东至日本朝鲜、西至西亚的亚曼和东非的坦桑尼亚等地，也有不少石湾陶瓷出土。自明代起，石湾的艺术陶塑、建筑园林陶瓷、手工业用陶器不断输出国外，尤其是园林建筑陶瓷，极受东南亚人民的欢迎。东南亚各国如泰国、越南、新加坡、马来西亚、印度尼西亚等地的出土文物中，石湾陶瓷屡见不鲜。至今在东南亚各地以及香港、澳门、台湾地区的庙宇寺院屋檐瓦脊上，完整保留有石湾制造的瓦脊就有近百条之多，建筑饰品更是难以计其数。石湾陶凭借佛山通江达海的交通条件和活跃的海外贸易，走出了国门，创造了"石湾瓦，甲天下"的辉煌。石湾陶瓷史，堪称一部浓缩的佛山文化发展史，也是一部精华版的岭南文化发展史：南粤文化是其底色，中原文化是其彩釉，而外来文化有如海风拂拂，引起了令人惊艳的"窑变"。

佛山真正名扬四海，还因其在明清时期演绎的工商兴市的传奇。明清时期的佛山，城市空间不断拓展，商业空前繁荣，由三墟六市一跃而为二十七铺。佛山的纺织、铸造、陶瓷三大支柱产业，都进入了繁荣昌盛的发展阶段。名商巨贾、名工巧匠、文人士子、贩夫走卒，五方辐辏，汇聚佛山。或借助产业与资本的运作，富甲一方，造福乡梓；或潜心学艺、精益求精，也可创业自强。于是，佛山有了发迹南洋的粤商，有了十八省行商会馆，有了古洛学社和佛山书院，有了诸如铸铁中心、南国丝都、南国陶都、广东银行、工艺美术之乡、民间艺术之乡、中成药之乡、粤剧之乡、武术之乡、美食之乡等让人艳羡的美名，有了陈太吉的酒、源吉林的茶、琼花会馆的戏……百业竞秀、名品荟萃，可见街市之繁华。乡人自豪地宣称："佛山一埠，为天下重镇，工艺之目，咸萃于此。"外地游客也盛赞："商贾丛集，阛阓殷厚，冲天招牌，较京师尤大，万家灯火，百货充盈，省垣不及也。"清道光十年（1830）佛山人口据说已近60万，成为"广南一大都会"，与汉口、景德镇、朱仙镇并称"天下四大名镇"，甚至与苏州、汉口、北京共享"天下四大聚"之美誉，即清人刘献廷《广阳杂记》卷四所云："天下有四聚，北则京师，南则佛山，东则苏州，西则汉口。"佛山既非政治中心，亦非军事重镇，它的崛起打破了"郡县城市"的旧模式，开启了中国传统工商城市发展的新途径。它以"工商成市"的模式，丰富了中国城市学的内涵。

近现代的佛山，曾经遭遇过由于交通路线改变、地理优势丧失、经济环境变化的困扰。但是，佛山没有步同列四大名镇的朱仙镇一蹶不振的后尘，而是在艰难中励志探索，始终没有松懈发展的原动力，在日渐深化的程度上实行现代转型。改革开放以来，佛山又演绎了经济学家津津乐道的"顺德模式"和"南海模式"。前者是一种以集体经济为主、骨干企业为主、工业为主的经济发展方式。借助这种模式，顺德于20世纪80年代完成了从农业社会到初始化工业社会的过渡，完善了有利于科学发展的体制机制，诞生了顺德家电的"四大花旦"——美的、科龙、华宝、万家乐。后者是以草根经济为基础，按照"三大产业齐发展，五个层次一起上"的方针，调动县、镇、村、组、户各方面的积极性和社会资源，形成中小企业满天星斗的局面。上述两种模式衍生了佛山集群发展的制造业基地、各显神通的专业市场、驰名中外的佛山品牌、享誉全国的民营经济。

佛山在自晋至唐的得名过程中埋下了文化精神的基因，又在现代产业经济发展中，培育和彰显了一种敢为人先、崇文务实和通济和谐的佛山精神。这种文化基因和文化精神，使佛山人得近代风气之先，走出了一批影响卓著的名人：从民族资本家陈启源到公车上书的康有为，从"近代科学先驱"邹伯奇到"铁路之父"詹天佑，从"岭南诗宗"孙蕡到"我佛山人"吴趼人，从睁眼看世界的梁廷枏到出使西国的张荫桓，从岭南雄狮黄飞鸿到好莱坞功夫巨星李小龙。在现代工商发展方式上也多有创造，从工商巨镇到家电之都，从"三来一补"到经济体制改革，从专业镇建设到大部制改革，从简镇强权到创新型城市建设，百年佛山人在政治、经济、文化领域引领风骚，演绎了一个个岭南传奇。佛山适时地开发了位于中国最具经济实力和发展活力之一的珠江三角洲腹地，位于亚太经济发展活跃的东亚及东南亚的交汇处的地理位置优势，由古代四大名镇之一转型为中国的改革先锋。

　　佛山人生生不息、与时俱进的创造力，蕴含着深厚的文化血脉和丰富的文化启示，值得进行系统的梳理和深层次的阐释。当代的佛山人，在默默发家致富、务实兴市的同时，应该自觉地了解生于斯、长于斯的这个城市的"自我"，总结这个城市发展的风风雨雨、潮起潮落的足迹，以佛山曾是文献之邦、人文渊薮的传统，来充实自己的人文情怀，提高"佛山之梦"的境界。佛山人也有梦，一百年前"我佛山人"吴趼人在《南方报》上连载过一部《新石头记》，写贾宝玉重入凡世乃是晚清社会，他不满于晚清的种种奇怪不平之事，后来偶然误入"文明境界"，目睹境内先进的科技、优良的制度，不胜唏嘘。他呼唤"真正能自由的国民，必要人人能有了自治的能力，能守社会上的规则，能明法律上的界线，才可以说自由"；而那种"野蛮的自由"，只是薛蟠要去的地方。这些佛山文化遗产，是佛山人应该重新唤回记忆，重新加以阐释的。

　　"我佛山人"是我研究小说史时所熟悉的。我曾到过佛山，与佛山人交流过读书的乐趣和体会，佛山的文化魅力和经济成就也让我感动。略有遗憾的是，当我想深入追踪佛山的历史身份、品位和文化 DNA 时，图书馆和书店里除了旅游手册之类，竟难以找到有丰厚文化底蕴的新读物。"崇文"的佛山，究竟隐藏在繁华都市的何方？"喧嚣"的佛山，可曾还有一方人文净土？我困惑着，也寻觅着。如今这套《佛山市人文和社科研究丛书》，当可满足我的精神饥渴。它涵盖了佛山的方方面面，政治、经济、文化、历史、人文、地理、城市、人物、事件，时空交错、经纬纵横，一如古镇佛山，繁华而不喧嚣，富有而不夸耀；也如当代佛山，美丽而不失内秀，从容而颇具大气。只要你开卷展读，定会感受到佛山气息，迎面而来；佛山味道，沁人心脾；佛山故事，让人陶醉；佛山人物，让人钦佩；佛山经验，引人深思；佛山传奇，催人奋进。当你游览祖庙圣域、南风古灶、梁园古宅之后，从容体味这些讲述佛山文化的书籍，自会感到精神充实，畅想着佛山的过去、当下和未来。我有一个愿望，这套丛书不止于三四本，而应该是上十本、上百本，因为佛山的智慧和传奇，还在书写着新的篇章，佛山是一部读不完的大书。佛山，又名禅城。佛山于我们，是参不透的禅。这套丛书可以使我们驻足沉思，时有顿悟！

　　我喜欢谈论人文地理，近来尤其关注包括佛山在内的南中国地区的历史文化。但是对于佛山，充其量只是走马观花、浮光掠影，爱之有加，知之有限。聊作数言，权作观感。是为序。

　　　　　　　　　　　　　　　　　　　　　　　　　2014 年 2 月 9 日

序

　　自记事起就着迷于佛山老建筑，那些古老的大屋、曲折的小巷、洋式的骑楼、中式的趟栊门……一切都是那么熟悉。然而转瞬间已是沧海桑田。悄无声息间，许许多多古建已湮没，留下来的，仅是碎片式的现状与绵长的回忆。我无法挽回这一切，所能做的就是尽己所能，将还能记录下来的进行准确、清晰的记录。十年后、五十年后、一百年后，重要与否留待后人评说。

　　学习建筑二十载，专注岭南建筑十余年，常云十年磨一剑，然于博大精深的岭南文化面前，始终对岭南传统建筑怀着敬畏之心，常恐仅窥得浩瀚岭南建筑文化之一斑，又恐自己对建筑之解读有所偏颇。但我知道，生于这个年代，就必须肩负起这种承前启后的责任，若再蹉跎，莫说时间不会等待，霍霍的钢铁巨兽更不会等待。固而今日，不自量力以己之绵薄而成此书，实不过对此十年艰辛求索路途之回顾尔。

　　影像之所及，印记；文字之所及，思辨。建筑亦如人，生生息息。愿以最虔诚之心，为其留下最美好之影像、最真诚之文字。望读者读之时，亦能感受其生命，感受其灵魂，感受其呼吸。

周彝馨

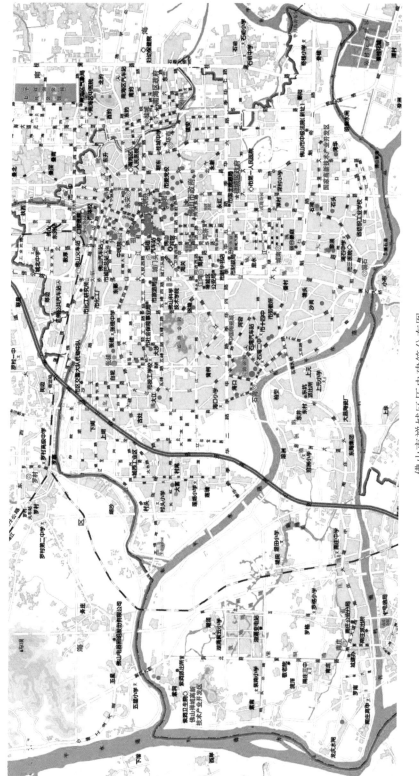

佛山市禅城区历史建筑分布图

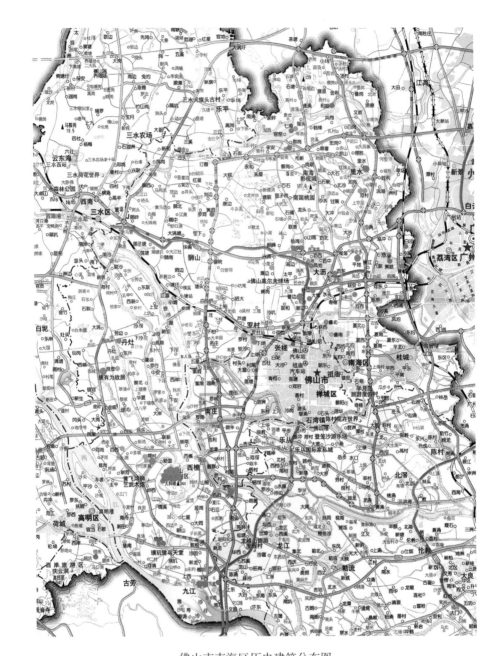

佛山市南海区历史建筑分布图

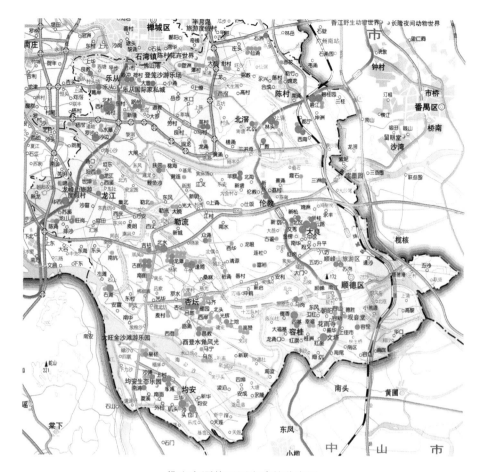

佛山市顺德区历史建筑分布图

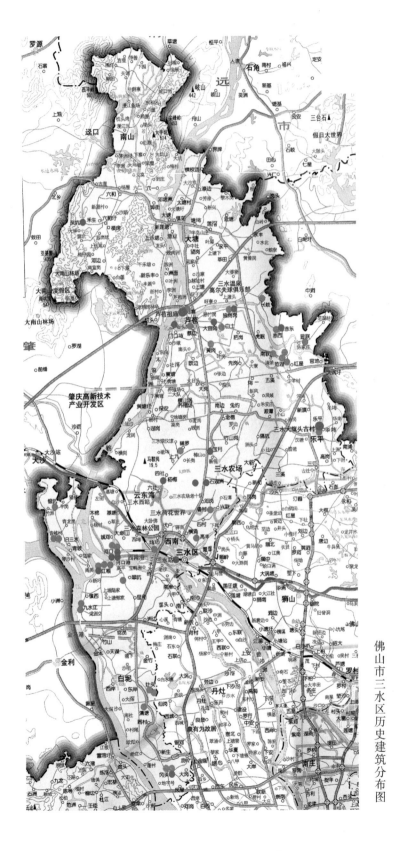

佛山市三水区历史建筑分布图

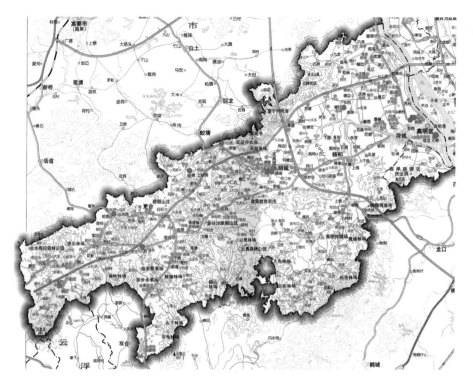

佛山市高明区历史建筑分布图

目　　录

第一章 绪 论

第一节 佛山传统建筑的研究意义

佛山位于岭南腹地，是中国的历史文化名城。

佛山有众多重要的岭南传统建筑，地位举足轻重。岭南的三大庙宇佛山独占其二，祖庙更被称为岭南诸庙之首；岭南四大园林佛山亦占两席；三水大旗头村号称岭南第一村……"顺德祠堂南海庙"，正形象地点出了佛山传统建筑无论是数量还是质量在岭南地区均属上乘的历史状态。

一、佛山的历史文化是岭南历史文化的重要组成部分

佛山位于广东省中南部、珠江三角洲腹地，东经 113°06′，北纬 23°02′，北邻广州，南接江门，西连肇庆，东通珠海，地理位置优越（图 1.1）。地势自西北向东南倾斜，最高处海拔 51 米。地处平原地带，亚热带气候。珠江水系中的西江、北江及其支流贯穿全境。

距今 4500 年至 5500 年前的新石器时代，百越先民沿西江、北江到佛山的河宕地区繁衍生息，开创了原始的渔耕和制陶文明。佛山原名季华乡（两晋期间），"肇迹于晋，得名于唐"，距今有 1300 多年的历史。

几千年来，佛山一直是岭南文化与广府文化的核心地带，历史悠久，人文荟萃，积淀深厚。唐宋年间，佛山的手工业、商业和文化已鼎盛南国；明清时更是与江西的景德镇、湖北的汉口镇、河南的朱仙镇并称中国四大名镇，与北京、苏州、汉口并称天下"四大聚"；清末又得风气之先，成为中国近代民族工业的发源地之一。

佛山这一千年名镇，是了解岭南历史文化发展的典型窗口。研究岭南和广府地区的历史文化，必然不能离开佛山地区。

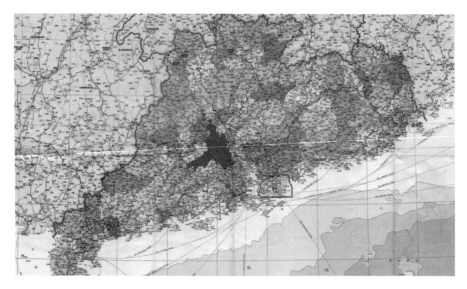

图1.1　佛山市区位（红色范围为佛山市）

资料来源：作者绘制，底图引自《广东省地图》。

二、佛山传统建筑是岭南传统建筑的重要组成部分

建筑是文化的重要载体，岭南建筑是岭南文化的精粹。佛山有众多重要的岭南传统建筑，在岭南建筑中的地位举足轻重。岭南的三大庙宇——佛山祖庙、三水胥江祖庙、德庆悦城龙母祖庙，佛山便占据两席；岭南四大名园——佛山梁园、顺德清晖园、番禺余荫山房、东莞可园，佛山亦据有其二。三水大旗头村被称为岭南第一村。"顺德祠堂南海庙"，正形象地点出了佛山传统建筑无论是数量还是质量在岭南地区均属上乘的历史状态。佛山传统建筑折射出佛山乃至广府、岭南地区的历史、文化发展脉络，其产生于特定的历史、文化环境，是不可再生资源，具有重大的保护利用价值。

岭南建筑早已自成一派，成为显学，研究岭南建筑的学者和著述众多。然博大精深的佛山传统建筑仍未被深刻解读与继承发扬，多数研究仍聚焦于广州、粤北、粤东等地区。广州作为岭南首府，毗邻佛山，比佛山的历史更悠久，传统建筑遗构更多；粤北与粤东则是客家文化与潮汕文化的代表。作为岭南建筑文化关键一环的佛山传统建筑文化实是被忽略了。加上近年来佛山发展迅速，对传统建筑的更新保护方法反复多变，众多的历史建筑文化已濒临湮灭，危机更甚。今天研究之目的，于其表是为佛山传统建筑文化正本清源，辨明是非，确立其应有地位；于其里是还原佛山

历史文化之原貌，确立其在岭南与广府文化中的核心地位。

三、佛山传统建筑文化对当代文化传承的意义

对传统的研究，是对文化与历史的一种侧面反思。我们对传统建筑文化的研究，最终目的是还原历史原貌，传承文化精粹，为后人留下经验与启示。

在地区经济发展与城市化进程中，传统建筑的环境亦发生了重要变化，大量传统建筑在无声无息中变迁、淹没、消亡。佛山的传统建筑文化是宝贵的文化遗产，我们将尽最大的努力，以影像和文字形式将其辉煌纪录下来，给子孙留下真实的历史资料。通过对佛山传统建筑广泛深入的研究，我们可以掌握建筑文化变迁的脉络，可为当代的传统建筑保护与利用提供理论依据，对于应对当代传统建筑保护与利用的众多问题有积极的指导意义。

文化是需要每一代人的不断传承才能发扬光大的。我们的研究，将在文化精神层面解读佛山传统建筑，探索一条传承与弘扬佛山传统建筑文化精神的道路。

第二节　佛山传统建筑研究的历史与现状

一、佛山历史研究

1. 佛山史志文献

佛山地区的史志文献，最主要的是六版志书。佛山地区现有的史志文献仅从清乾隆时期开始，《（康熙）佛山忠义乡志》已佚失，因此剩下的五本史志文献是我们研究的重要依据。作为官方修撰的文献，其中的内容与数据都有重要的参考意义。特别是史志中记载的明清两代佛山地区的情况，具有较高的可信度。

（1）《（康熙）佛山忠义乡志》。该志为佛山有史料可查的第一本志书，成书于清康熙五年（1666），已佚。主编李侍问[①]，《序言》由同乡先

---

① 李侍问，字謇（音 jiǎn）亹，明末至清康熙年间佛山人，明代户部尚书李待问的族人。著述颇多。

辈霍得之撰写，校核由李待问的儿子象辂、象锦、象镗及门徒梁胤昌等负责。道光《佛山忠义乡志》的凡例里说："李志日久无存"，现保存下来的只有李志的一篇小引、一篇序文。序文提到"其志书……分列十卷，首舆地庙图，次岁时风俗，而以人物传终鄢"。

（2）《（乾隆）佛山忠义乡志》。乾隆皇帝诏令天下修志。各省、县等都设志局进行编纂。佛山自康熙五年由李待问第一次修乡志以来，已有80多年。当时乡绅商议重修乡志，委托里人李绍祖任总纂，但李绍祖以年老有病推辞，而推荐陈炎宗①为总纂。该志于清乾隆十七年（1752）成书。4册11卷，线装。计有乡域志、官典志、乡事志、选举志、乡俗志、乡学志、乡防志、名宦志、人物志、艺文志等。当时有识之士对陈志的评价是"简而有章"。

（3）《（道光）佛山忠义乡志》。道光六年（1826），陈志编纂已多年了，众乡绅认为，情随时迁，事物发展，有续修乡志的必要。于是，推举吴荣光②主持编修新的《佛山忠义乡志》。当时吴荣光正在外地做官，未有接受。到了道光八年（1828）春，吴荣光辞官归家闲居，才接受了主修任务。他推举冼沂③为总纂，组织了一班人，历经3年，于道光十年（1830）把乡志编纂成书。6册14卷，线装，木版刻印。计有乡域、祀典、官署、乡学志、乡俗志、乡事编年、乡防、名宦、人物、选举、艺文、金石、乡禁官示、杂录等。

（4）《（民国）佛山忠义乡志》。清光绪三十一年（1905），朝廷准备实行君主立宪，诏令天下编修志书。佛山人、协办大学士戴鸿慈④向县衙门建议重修乡志。后因戴鸿慈病逝而作罢。民国成立后，佛山在莺岗设立

---

① 陈炎宗，字文樵，号云麓，佛山金鱼塘人。乾隆六年（1741）考中解元，乾隆十三年（1748）考中进士，任太史馆太史。任太史仅6个月，便辞官归家，在广州的岭南义学讲课授徒。曾与番禺秀才李因斋、贡生李埴斋、顺德太学生左省轩在汾江边结社，称为"懒园四子"，诗文曾风行一时。

② 吴荣光（1773—1843），字伯荣，一字殿垣，号荷屋、可庵，晚号石云山人，别署拜经老人，佛山人。嘉庆四年（1799）26岁考中进士。官至湖南巡抚兼湖广总督，世称吴中丞。善于金石、书画鉴藏，工书善画，精于诗词。他的书法曾被康有为评为"清代广东第一人"。著有《历代名人年谱》、《筠清馆金石录》、《筠清馆帖》、《辛丑销夏记》、《帖镜》、《石云山人文集》、《绿柳楠馆录》、《吾学录初编》、《盛京随息日记》等。其家族在佛山亦颇有地位。清末著名社会现状小说家吴趼（音 jiǎn）人就是他的曾孙。

③ 冼沂，字荣宗，号云门。民国《佛山忠义乡志》的总纂冼宝干是他的孙子。

④ 戴鸿慈（1853—1910），字光孺，号少怀，晚号毅庵，南海大同绿涌村人。清末出国考察五大臣之一，中国近代史上第一位司法部长。光绪二年（1876）进士，身历咸丰、同治、光绪、宣统四朝，历官刑部侍郎、户部侍郎、刑部尚书、军机大臣，是清朝200余年广东省籍任职最高的官员，其一生的亮点是出洋考察及回国后倡言和参与新政。

佛山修志局。戴鸿慈的胞弟戴鸿惠①孝廉重新提议修志，并准备把洁净费的余款拨给志局作开办费用，冼宝干②非常赞同，倡修的乡绅、乡董还有傅秉常、简玉阶等。于是向南海县县长汪宗准报告，得到批准。从民国10年（1921）开始，重新编修《佛山忠义乡志》。冼宝干被推举为总纂，聘任戴鸿惠为佛山志局总理局务，莫如洪、梁兆横为协理局务。戴鸿惠病逝后，他的儿子戴曾谋③代理总理局务。冼宝干提议向社会各界募捐，得到响应。区廉泉兄弟遵照先人区洞东的遗嘱，用区守德堂名义捐款1000元；黄奕南用黄祥华的名义捐助1000元；王理卿、阮其沉各捐600元；傅翼鹏、招雨田④、简照南⑤各捐500元；其余有捐几元、几十元乃至几百元的不等。戴鸿惠又专程到香港募捐，得到乡亲支持。前后募捐1万元之多。修志过程历时5年，县官换了4任——汪宗准、何惺常、张国华、李国祥，他们对修志都给予支持。冼志的编纂工作分工较细，有纂修、督刊、编校、评议、顾问、采访、劝捐、测绘、绘图、校对、文牍、支应、庶务、缮书等。参加绘测、劝捐、评议、顾问的修志人员均不受薪金。冼宝干也将自己修志的薪金捐作修志之用。冼志于民国12年（1923）脱稿，民国13年（1924）出版面世。12册20卷，线装刻印。含序文、例言、职名表、图、舆地志、水利志、建置志、赋税志、教育志、实业志、慈善志、祠祀、氏族志、风土志、乡事志、职官志、选举志、人物志、艺文志、金石、乡禁、杂志、旧序。

（5）《（1994）佛山市志》。《佛山市志》由佛山市地方志编纂委员会编，广东人民出版社1994年出版，是广东省第一部地级市志。全书共分10卷、48篇、189章、598节。上溯事物发端，下限至1985年，大事记延至1993年。记载了佛山市自然和社会等方面的历史和现状。

（6）《（2011）佛山市志（1979—2002）》。佛山市地方志编纂委员会编，方志出版社2011年出版。上限为1979年1月1日，下限为2002年12月31日，为保持事件的完整性，个别地方适当上溯或下延。

---

① 戴鸿惠，字暖天，任佛山镇保卫局局长兼办理洁净之职。

② 冼宝干，字雪耕，进士出身，曾任湖南省沅陵县知县。他是鹤园铺马廊冼氏族人，"鹤园冼氏"是佛山的望族。

③ 戴曾谋，又名翼峰，字启疆。

④ 招雨田为佛山澜石石头乡人，初经商于佛山，后转香港创"广茂泰"洋行，发家成巨富。

⑤ 简照南（1870—1923），名耀登，字肇章，号照南，澜石黎涌人，中国企业家。初营航运业，创顺泰航运公司，后于光绪三十一年（1905）在香港集资改办南洋烟草公司，与弟简玉阶悉心经营，在上海及各省以至南洋群岛各处建立分公司，与外国资本相抗衡，并创东亚银行。又喜为善事，经常捐款救灾，并捐助复旦大学、南开大学、武昌大学、暨南大学等校办学经费和资助学生到欧美留学。

2．南海区地方志

由于历代南海①境域与当前的南海区境域范围出入较大，因此以建国后的《南海县志》为主要参考书目，其余各版仅供参考。

（1）《（1959）南海县志》，南海县志编辑委员会编，1959 年出版。

（2）《（2000）南海县志》，南海市地方志编纂委员会编，2000 年出版。

（3）《（万历）南海县志》，明万历三十七年（1609），刘廷元修，王学曾、庞尚鸿裁定。

（4）《（崇祯）南海县志》，明崇祯十五年（1642），朱光熙修，庞景忠裁定。

（5）《（康熙）南海县志》，清康熙三十年（1601），郭尔戺②监修，胡云客重校，冼国干等纂。

（6）《（乾隆）南海县志》，清乾隆六年（1741），魏绾重修，陈张翼汇纂。

（7）《（道光）南海县志》，清道光十五年（1835），潘尚楫等修，邓士宪等总纂。

（8）《（同治）续修南海县志》，清同治十一年（1872），郑梦玉等修，梁绍献等总纂。

（9）《（宣统）续修南海县志》，清宣统二年（1910），郑蘂③等修，桂坫④等纂。

（10）《（同治）南海县图志说》，清同治十一年（1873），邹伯奇、罗照沧纂。

3．顺德区地方志

历史上，顺德县共编修县志 14 部，已佚 5 部，存世 9 部。

（1）《（成化）顺德县志》。知县钱溥⑤主持修撰。成书年份当在钱溥在任的明成化元年至三年（1465—1467）之间。乾隆间陈志仪修志序有"自明成化太史钱公溥宰邑创修邑志"语。据此，该志书应为顺德开县以

---

① 秦代的南海郡，辖境是东南濒南海，西到今广西贺州，北连南岭，包括今粤东、粤北、粤中和粤西的一部分。隋至清代的南海县，县治设于广州，境域曾包括佛山、番禺、顺德、四会等地。

② 戺，音 shì。

③ 蘂，音 qióng。

④ 坫，音 diàn。

⑤ 钱溥，字九峰，河北省华亭县人。明正统四年（1439）考中进士，任翰林院检讨，升侍读学士。曾因事被贬至顺德当知县，后升南京吏部尚书。

来的第一套县志。纂辑人及卷数不详。久佚。

（2）《（弘治）顺德县志》。知县吴廷举[①]主持修志，湖北嘉鱼县人李承箕[②]主纂。明弘治三年（1490）刊行。全书12卷，久佚。

（3）《（正德至嘉靖）顺德县志》。成书年代约在明正德至嘉靖之间（1506—1566）。主修人及卷数均不详，纂辑者为县人邓炳[③]、钟华[④]。全书10卷，久佚。

（4）《（万历）顺德县志》。明万历知县叶初春[⑤]主修，归善人叶春及[⑥]和县人梁柱臣[⑦]纂辑。该书于万历十年（1582）开始搜集资料，十二年（1584）六月进行整理编撰，十三年（1585）刊行[⑧]。叶春及负责图经、舆地、田赋、秩祀，以及人物中孝友、忠义传记等部分。参与编写县志的还有罗用宾（于王）、曾明吾（仕鉴）、马仲高（中奇）、叶伯埙（永和）等人。全书分地理、建置、赋役、祠祀、官师、流寓、人物（一、二）、选举、杂志，共10卷。

（5）《（康熙二年）顺德县志》。清康熙知县张其策[⑨]主修，纂辑人不详。据史料记载："国朝张其策修，康熙癸卯陈志"。又"案此书署县张其策因万历志增入科第明经二册"。康熙二年（1663）刊行，12卷。此志实际仅在明万历《顺德县志》的基础上增加科第、明经两卷。已佚。

（6）《（康熙十三年）顺德县志》。清康熙十一年（1672）知县张学

---

① 吴廷举，字献臣，广西苍梧县人。明弘治二年（1489）考中进士，出任顺德知县，转江西省参政，升广东布政使，转升南京工部尚书。

② 李承箕，字世卿，湖北嘉鱼县人。明成化元年（1465）考获举人，被吴廷举聘请修县志。《顺德进士题名碑记》和《顺德兴造记》出自其手。所著有《大厓（音 yá）集》。万历间，知县叶初春建祠于凤山下，祭祀方伯刘大夏、吏目邹智、前知县吴廷举及李承箕等，称四贤祠。

③ 邓炳，字子光，顺德平步乡（乐从）人。明正德三年（1508）进士，历任南京户部主事、广西兵备道副使、广西按察司副使。

④ 钟华，字美彰，顺德都粘（北滘）人。明弘治十一年（1498）举人，曾任兴国县教谕，转任光泽县知县。

⑤ 叶初春，江南吴县人，明代万历初年进士，万历九年（1581）来顺德任知县。

⑥ 叶春及，字化甫，归善县（今惠阳）人，明嘉靖三十一年（1552）举人，隆庆年间曾委为福建教谕，但未赴任。后调惠安县知县，转兴国知县，升郧阳府同知，后升户部郎中。所著有《绚斋集》。

⑦ 梁柱臣，字衡南，一字彦国，顺德龙头（北滘）人。明嘉靖二十五年（1546）举人，历任奉直大夫、云南司马州同知、大理寺右寺正。

⑧ 见叶初春序言。

⑨ 张其策，字莱山，山东胶州人。清顺治十五年（1658）任顺德知县，十八年（1661）离任，后升广州管粮通判。

孔①、县垂黄培彝②主修，县人佘象斗③、严而舒④纂辑，周之贞、冯葆熙修，周朝槐纂，佘象斗等撰，严而舒作序。参与编写的尚有佘云祚⑤、廖万楚⑥、罗安国、苏洪、严而舒。康熙十三年（1674）刊行。分图经、地理、建置、祠祀、赋役、官师、人物（表二、传三）、艺文（一、二、三），共14卷。

（7）《（康熙二十六年）顺德县志》。知县姚肃规⑦主修，县人佘象斗、薛起蛟⑧纂辑。姚肃规作序。同时参加编撰修县志的还有冼瞻宗⑨、冯国祥⑩。该书编写始于康熙二十五年（1686），次年夏四月刊行，12卷。卷目设置与康熙十三年本相同，内容稍有增加。

（8）《（雍正）顺德县志》。知县柴玮⑪主修，县人梁麟生⑫、陈份⑬、严大昌、薛伯宁等纂辑，柴玮、薛伯宁作序。雍正七年（1729）刊行。分天文、地舆、疆域、建置、祠祀、赋役、官师、镇守、选举、人物、艺文、杂记，共12卷。已佚。

（9）《（乾隆）顺德县志》。知县陈志仪⑭主修，胡定⑮纂辑，陈志仪、

---

① 张学孔，辽东宁远卫人。曾考获举人，清康熙十二年（1673）任顺德知县。

② 黄培彝，陕西宁夏人。曾考获贡生，清康熙十年（1671）任顺德县垂，十二年（1673）春正月离任。

③ 佘象斗，字齐枢，顺德桂洲马岗乡人。清顺治十一年（1654）举人，十八年（1661）进士，任刑部观政。曾参加修壬子、丁卯两个时期县志，著有《诗林正宗》、《韵林正宗》、《韵府群玉》、《啸园诗稿》等。

④ 严而舒，字安性，顺德大良人，明崇祯六年（1633）举人，十五年（1642）进士，任富顺知县。

⑤ 佘云祚，顺德桂洲马岗乡人。清康熙八年（1669）举人，九年（1670）进士，曾任蓝山知县，后升中书舍人。

⑥ 廖万楚，顺德霍村人，清康熙九年（1670）举人，十一年（1672）进士，任隆昌知县。

⑦ 姚肃规，字钦甫，陕西澄城人，曾考获举人。清康熙二十二年（1683）任顺德知县，到职后改革前任恶劣规章，严禁下属违犯，并将革除的陋规勒石，以垂久远。

⑧ 薛起蛟，字牟山，顺德龙山人，曾考获贡生，参与纂修《抚粤政略》，善于书法，卒年九十八岁。

⑨ 冼瞻宗，顺德大良人，顺德县贡生，曾任高明县训导。

⑩ 冯国祥，字陶祉，顺德大良人，庠生，曾被聘任广西苍梧县教士。清康熙十一年（1672）考获举人，主讲凤山书院，又被新会聘请修县志，后任乐会县教谕。辞职返乡后，主持掌管凤山书院三十年，七十六岁逝世。

⑪ 柴玮，山西省太平县人，曾考获举人。清雍正五年（1727）来任顺德知县，后升琼州府同知。

⑫ 梁麟生，字灵长，又字越裳，顺德伦教人。祖崇廷，父字棣，族兄梁木连。与罗天尺交情很深，著有《药房诗钞》四卷。

⑬ 陈份，字于吼，号古邨，顺德古朗（杏坛）乡人。清乾隆丙辰（1736）科举人，平日与罗天尺、梁麟生极友好，著有《水厈（音 tóng）集》。

⑭ 陈志仪，字汉威，安徽石埭（音 dài）人，贡生。清乾隆丁卯（1747）来任顺德知县。

⑮ 胡定，顺德县人，曾任给谏之职。

陈大爱作序。乾隆十五年（1750）刊行。分图经、星野、舆地、食货、营建、祠祀、典礼、官师、兵防、选举、名宦、人物（一、二、三）、艺文、杂志，共 16 卷。

（10）《（咸丰）顺德县志》。知县郭汝诚[①]主修，县人冯奉初[②]、温承悌、梁廷枏[③]纂辑。参加编修的还有严显[④]、林泽芳[⑤]、胡廷铺[⑥]、陈淦[⑦]，负责校对的有陈铸颜[⑧]、郑时凝[⑨]，负责绘图的有罗太阶[⑩]、欧阳炳[⑪]、龙南溟[⑫]，负责采访的有胡俊民[⑬]、龙景劭[⑭]、刘宜秩[⑮]、何元棠[⑯]、刘枢[⑰]，以及梁炽[⑱]、刘起元[⑲]、林寅[⑳]、冯伯谦[㉑]。此志以乾隆陈志模糊，为补其缺遗而作。咸丰三年（1853）刊行，分图经（一、二）、舆地略、建置略（一、二）、经政略（一、二、三）、职官表（一、二）、选举表（一、二）、封荫表、节孝表、耆寿表、胜迹表、艺文略、金石略（一、二）、列传（一至十）、前事略、杂志，共 32 卷。此志博取前志之长，内容颇为详

① 郭汝诚，字葵圃，山东济宁人，曾考获进士，清道光二十九年（1849）任顺德知县，后升罗定州同知。

② 冯奉初，字默斋，顺德龙山乡人，清嘉庆戊辰（1808）科举人，道光辛巳（1821）科进士，丙戌（1826）选翰林院庶吉士，初任刑部主事，升员外郎。咸丰乙卯（1855）去世。精于书法，擅仿《兰亭序》，著有《泛香斋集》。

③ 梁廷枏（1796—1861），字章冉，顺德伦教人。清道光甲午（1834）科副贡生。曾任澄海县教谕，历充越华、越秀书院监院，学海堂堂长，广东海防局总纂，粤海关志局总纂。道光己酉（1849）参加协办夷务，奏奖内阁中书衔。历修《广东海防汇（音 huì，同汇）览》、《粤海关志》。作画仿元人金碧山水，笔法十分精细。

④ 严显，字时甫，顺德荔村乡（伦教）人。清嘉庆丙子（1816）科举人。曾任博罗官学教习，精于画，山水得三王神趣，梅、兰、水仙直类似宋、元人画，但不轻易下笔。能得到他一两幅画，是十分难得的。

⑤ 林泽芳，字艺园，顺德光华乡（杏坛）人。清道光甲辰（1844）科举人，乙巳（1845）科进士，任内阁中书。

⑥ 胡廷铺，字间笙，顺德豸（音 zhì）浦乡（均安）人，清道光甲午（1834）科举人。

⑦ 陈淦，字丽生，顺德大良人，清道光丁酉（1837）科举人。

⑧ 陈铸颜，字又愚，顺德大良人，清道光甲午（1834）科举人。

⑨ 郑时凝，字鼎山，顺德大良人，清道光庚子（1840）科举人，曾任孝廉。

⑩ 罗太阶，字平三，顺德大良人，清道光乙酉（1825）科副贡生，曾获明经。

⑪ 欧阳炳，字彪如，顺德三华（均安）乡人，清道光丁酉（1837）科举人，曾获孝廉。

⑫ 龙南溟，字云泉，顺德大良人，曾任教谕。

⑬ 胡俊民，字选楼，顺德桂洲人，清道光甲午（1834）科举人。

⑭ 龙景劭（音 shào），字玉琴，顺德大良人，清道光甲午（1834）科举人。

⑮ 刘宜秩，字缓卿，顺德龙江乡人，清道光甲午（1834）科举人。

⑯ 何元棠，字南墅，顺德羊额乡（伦教）人，清道光癸卯（1843）科举人。

⑰ 刘枢，字星榆，顺德藤涌乡（乐从）人，清咸丰乙卯（1855）科贡生，同治庚午（1870）科举人，曾任内阁中书。

⑱ 梁炽，字桂生。

⑲ 刘起元，字斐如。

⑳ 林寅，字植生。

㉑ 冯伯谦，字嵩生。

细，为顺德县历史上最重要的一部县志。民国时期有石印本。

（11）《（民国）顺德县续志》。该志接续咸丰间所编县志，记事开始于咸丰三年（1853），至宣统三年（1911）止。按《续修顺德县志》何藻翔作序介绍，丁卯（1927）七月批准续办，以18个月时间，将全志编成。20世纪20年代县长周之贞①、冯葆熙②主修，县人周朝槐③、何藻翔④、欧家廉⑤、卢乃潼⑥总纂。修志局总董局务为李彝坤⑦、周廷干⑧、黄敏孚⑨、龙建章⑩。协理局务为张云翼⑪、陈官韶⑫、梅友容⑬、曾广瀛⑭、何焕

---

① 周之贞，又名苏群，字友云，晚号懒拙庐主，顺德北滘人。1905年加入同盟会，1909年办《星洲晨报》，辛亥（1911）"广州之役"回国参加战斗，参与"选锋"（敢死队），参与行刺广东水师提督兼巡防营统领李准和凤山将军。辛亥革命成功后，办理肇庆、两阳、罗定水陆军务。1913年后参与两次讨袁斗争以及护法诸役。1921年，孙中山就任大总统，委任周之贞为顺德县长。1941年与廖平子等人创办"顺德青云儿童教养院"，任"儿教院"院长。抗日战争胜利后，该教养院继续办学。周之贞自参加革命以来，并没有加入过国民党，只保持同盟会会员称号。1950年病逝于香港，享年六十八岁。死后并无长物，丧仪甚简，实令人叹服。生平著作有诗草两册传世。

② 冯葆熙，字仲皋，顺德人，1922年任顺德县长，与周之贞主持修志，设立修志局。

③ 周朝槐，字宸（音 yǐ）臣，顺德大洲人，光绪乙酉（1885）科举人，己丑（1889）科进士，任吏部文选司主事。

④ 何藻翔，字翔（音 huì）高，顺德杏坛东马宁人。光绪壬午（1882）科举人，壬辰（1892）科进士，初任兵部主事，升外务部员外郎。

⑤ 欧家廉，字介持，顺德陈村人。光绪癸巳（1893）科举人，甲午（1894）科进士，翰林院编修，转湖南道监察御史。

⑥ 卢乃潼（音 tóng），字梓川，顺德勒流大晚人。光绪乙酉（1885）科举人，任内务部员外郎，广东咨议局副议长。

⑦ 李彝坤，字次甫，顺德大良人。光绪乙酉（1885）举人，戊戌（1898）进士，翰林院庶吉士，曾任广西贵县知县。

⑧ 周廷干，字恪叔，顺德龙山人。光绪癸巳（1893）科举人，癸卯（1903）科进士，任翰林院检讨。

⑨ 黄敏孚，字颖才，顺德北滘林头人，光绪戊子（1888）科举人，戊戌（1898）科进士，委直隶即用知县。

⑩ 龙建章，字伯扬，顺德大良人。光绪癸巳（1893）科举人，甲辰（1904）科进士，初任户部主事，转邮传部参议。

⑪ 张云翼，字印若，顺德龙江人。光绪丁酉（1897）科举人，癸卯（1903）科进士，委山西即用知县。

⑫ 陈官韶，字慈云，顺德大良人。光绪戊子（1888）科举人，曾任陕西白河知县。

⑬ 梅友容，字超南，顺德龙山人，光绪癸巳（1893）科举人（榜名友鹤），以拣选知县用。

⑭ 曾广瀛，字饶典，顺德沙滘大罗村人。光绪丁未（1907）科举人，湖南补用知县，署兴宁县事。

恩①、龙肇墀②、温仲良③。分纂梁联芳④、劳炽曾⑤、梁元任⑥、龙应奎⑦、苏宝盉⑧。分纂兼编辑为温重怡⑨、伍颂圻⑩。分纂兼编校为潘鼎亨⑪。分校为伍树梅⑫、游泽文⑬、龙雾⑭、周庆彭⑮。绘图周宪成⑯。支应陈爽⑰。采访员李庆朝⑱、罗庆荣⑲、罗邦翊⑳、龙斯濂㉑、胡鋆菱㉒、杨树芳㉓。财政管理连作霖㉔。民国18年（1929）刊行。分舆地、建置（一、二、三）、经政（一、二）、职官（一、二）、选举（一、二）、封荫、仕宦、节孝（一、二）、耆寿（一、二）、胜迹略、艺文略、金石略、列传（一至七）、前事略、杂志，共24卷。卷末附《郭志㉕刊误》二卷，并附有县图及各区分图多幅。此志体例亦比较严谨。

（12）《（1972）顺德县志》，顺德县档案馆编，1972年。

（13）《（1996）顺德县志》，顺德市地方志编纂委员会编，招汝基主

---

① 何焕恩，字筱简，顺德大良人。光绪癸卯（1903）科举人，分省补用盐运大使。

② 龙肇墀，字季许，顺德大良人，光绪壬寅（1902）科副贡生，福建补用知府。

③ 温仲良，两广优级师范学堂毕业。

④ 梁联芳，字桂山，顺德乌洲人。光绪己丑（1889）科顺天榜举人，庚寅（1890）科进士，任内阁中书，广西补用知县，转升盐运使。

⑤ 劳炽曾，字昼堂，顺德沙滘小劳村人。光绪戊子（1888）科举人（榜名锦章），澄迈县教谕。

⑥ 梁元任，字觉民，顺德桂洲马岗人。光绪丁未（1907）科举人，民政部主事。

⑦ 龙应奎，字少壁，顺德大良人，光绪丁酉（1897）科举人，任内阁中书。

⑧ 苏宝盉（音hé），字幼宰，顺德乌洲人。光绪丙午（1906）科优贡生，任礼部祠祭司主事。

⑨ 温重怡，字梓琴，顺德龙山人。光绪辛丑（1901）科举人，宣统庚戌（1910）分省补用盐运使。

⑩ 伍颂圻，字镜穆，顺德勒流人。教忠学堂毕业，奏奖拔贡生，历官贵州省平舟县即用知事，记名道尹，广西直隶州州判，交通部检事。

⑪ 潘鼎亨，附贡生，候选训导。

⑫ 伍树梅，生员（秀才）。

⑬ 游泽文，太常寺典簿。

⑭ 龙雾，广东试用典史。

⑮ 周庆彭，京师高等实业学堂预科毕业生。

⑯ 周宪成，副贡生，候选训导。

⑰ 陈爽，副贡生，分发琼州府委用训导。

⑱ 李庆朝，字端甫，顺德大良沙头人。光绪戊子（1888）科举人，湖北试用直州同知。

⑲ 罗庆荣，字季跃，顺德大良人。光绪己丑（1889）科顺天榜举人，内阁中书。

⑳ 罗邦翊（音yì），字仰哀，顺德大良人。光绪癸巳（1893）科举人，拣选知县。

㉑ 龙斯濂，生员（秀才）。

㉒ 胡鋆菱（音líng），字缀苑，顺德桂洲人。光绪癸卯（1903）科举人，宣统庚戌（1910）湖南补用知县。

㉓ 杨树芳，字云生，顺德容奇人。光绪丁未（1907）科举人，云南补用知县。

㉔ 连作霖，字雨朝，顺德大良人（另说勒流沙富村）。光绪辛丑（1901）科举人，拣选知县。

㉕ 即《顺德县志》咸丰本。

编，1996年。

（14）《（1999）顺德县志》，招汝基主编，1999年。

4. 三水区地方志

（1）《（嘉庆）三水县志》。李友榕①等修，邓云龙②等纂。16卷，首1卷。此志为补缺备采而作，约27万字。分星野、舆地（附县、坊共13图）、建置、赋役、礼乐、学校、秩官、兵制、水利、选举、人物传、编年、艺文、杂录等16门，气候、形势、方域、山川、古迹、墟市、风俗、物产、潮汐、城池、图里、田赋、屯田、灾祥等82目。清嘉庆二十年（1815）刊行。

（2）《（嘉庆二十四年）三水县志》，嘉庆二十四年（1819）刊行。《嘉庆二十四年）三水县志点注本》，三水县地方志编纂委员会编，1987年出版。

（3）《（1987）三水县志》，三水县地方志编纂委员会，1987年出版。

（4）《（1995）三水县志》，三水县地方志编纂委员会，1995年出版。

5. 高明区地方志

高明县志的编修，始于明嘉靖五年（1526），由知县陈坡主修，后七次续修。

（1）《（嘉靖）高明县志》。明嘉靖五年（1526）邑令淮安举人陈坡创修邑志。已佚。

（2）《（嘉靖）高明县志续修》。嘉靖四十年（1561）邑令莆田举人徐纯续修。已佚。

（3）《（康熙）高明县志》。康熙八年（1669）邑令鲁杰③、罗守昌④等纂修县志，"时物力凋耗，未遑他顾。而鼎革之后，政事更张，俗尚有变易，文物有盛衰，亟欲出旧乘而新之，乃设局修志。先令三十五图，各以舆言来报，乃按旧本，仿之郡志，参以群籍，补缺稽讹，提纲列目，总以备一邑文献之传"。康熙二十九年（1690）书成，于志凡例云："前令鲁杰仿郡志为分十六（门），事纪较详，但编次先后或有失伦，兵防所载于明制独详，而今独略。"志凡18卷，正文分事纪、沿革表、秩官表、选举表、地理志、建置志、赋役志、学校志、祀典志、兵防志、水利志、名宦传、人物传、列女传、外志、艺文，前冠以舆图。水利独辟一门，以重其

---

① 李友榕，陕西生员。官三水知县。
② 邓云龙，广东三水人。乾隆时举人，曾官知县。
③ 鲁杰，辽宁沈阳人，康熙三年（1664）知高明县事，嗣以绩升知州。
④ 罗守昌，高明人，贡生。

事。杂志缀于外志，艺文志占全书 1/5。本志为现存高明之最早志书。

（4）《（康熙）高明县志》。康熙十一年（1672），清朝廷诏令所在有司各辑志以进。二十六年（1687），特谕抚臣纂修各省通志，以成《一统志》，抚宪又檄令郡邑纂辑志乘。二十八年（1689），虽高明兵燹①初静，知县于学②聘黄之璧等四人编类分纂，亲自总其成，于二十九年（1690）成志。

（5）《（嘉庆）高明县志》。清嘉庆五年（1800），瞿志修。

（6）《（道光）高明县志》。清道光三年（1823），祝淮③修，夏植亨④纂，18 卷（首 1 卷）。时阮元⑤修广东通志，檄令本省各郡邑纂修新志，以备采择。祝淮受命设馆，邀植亨董其事。因距嘉庆五年（1800）瞿志所修仅 20 多年，"为时未久，轶事无多，一切乃仍其旧。本志因前志体例，首舆图、地理，盖立国以形势为先。形势具而邑治建，故建置沿革次之。有分土斯有分治，故职官次之。有官而后有政教，既富方榖，其大端也，故税赋、学校、礼乐次之。至于兵以卫民，水以兴利，是为要事，故兵防水利次之。由是而宦绩，历世不忘，人才应运而兴，则名宦、选举、人物、列女及艺文又次之。各款提纲总论除新订礼乐部外，余皆尊康熙旧志。是志略做考证，阙者补之，遗者续之，不逾月而告成。其中武职自康熙二十八年后其有从事戎行身列仕版者，即千总把总亦悉采入。寿考凡年九十以上者，悉为采访增入"。

（7）《（光绪）高明县志》。清光绪二十年（1894），邹兆麟修，蔡逢恩纂。

（8）《清光绪二十年〈高明县志〉点注本》。1975 年，华侨梁子珍、杨家杰先生等查得台湾"内政部"图书室藏有清光绪二十年《高明县志》，传回县内。但原版为文言文、繁体字、无标点，一般群众很难阅读。1986 年，高明县志编纂委员会将该本进行标点、校对、注释，并由罗晖将原高要县泰和乡（1951 年划归高明县辖）部分资料，从宣统《高要县志》、民国《高要县志》摘出附后，重新刊印。1990 年点注完成并出版，16 卷（首 1 卷）。

---

① 燹（音 xiǎn），野火，多指兵乱中纵火焚烧。兵燹，指因战乱而遭受焚烧破坏的灾祸。
② 于学，江南吴县（今江苏苏州市）人，监生，康熙二十二年（1684）任顺德知县。
③ 祝淮，浙江仁和人，举人，道光二年（1822）知高明县事。
④ 夏植亨，高明人，道光时举人。
⑤ 阮元（1764—1849），字伯元，号芸台，江苏仪征人。乾隆时进士，累官湖广、两广、云贵总督。嘉庆二十二年至道光五年（1817—1825）任两广总督。道光时官至体仁阁大学士，加太傅。清著名学者、文学家。曾在杭州创立诂经精舍，在广州创立学海堂，提倡朴学。主编《经籍纂诂》，校刻《十三经注疏》，汇刻《学海堂经解》一千四百卷。

（9）《（1995）高明县志》。高明县地方志编纂委员会编，广东人民出版社1995年出版。该志编修工作始于1985年，历时八载完成。该志设43编、198章、415节，共114万字，记载了自古代至1988年高明县的地理环境、资源状况、历史变革、重大事件、民情风俗、文物名胜和社会各项事业的基本情况。

（10）《高明市志（1981—2002）》。佛山市高明区地方志编撰委员会编，广东人民出版社2010年出版。

二、佛山传统建筑相关研究

1. 佛山地区的文物志
《佛山市文物志》，1991年，佛山市博物馆编，介绍佛山市的古文化遗迹、古墓葬、古建筑等历史文物古迹。

《佛山文物》，1991年，佛山市文物管理委员会编。

《南海市文物志》，2007年，佛山市南海区文化广电新闻出版局编。

《顺德文物志》，1994年，顺德县文物志编委会编。

《顺德文物志》，1991年，顺德县博物馆编。

《高明文物》，2009年，佛山市高明区文化广电新闻出版局编。

2. 岭南传统建筑研究专著
《岭南古代大式殿堂建筑构架研究》，程建军著，中国建筑工业出版社2002年版。

《广东民居》，陆元鼎、魏彦钧编，中国建筑工业出版社1990年版。

《广东民居》，陆琦编著，中国建筑工业出版社2008年版。

《岭南古建筑》，广东省房地产科技情报网编，1991年。

《广东省岭南近现代建筑图集（顺德分册）》，杨小晶编，2013年。

《三水胥江祖庙》，程建军著，中国建筑工业出版社2008年版。

《祖先之翼——明清广州府的开垦、聚族而居与宗族祠堂的衍变》，冯江著，中国建筑工业出版社2010年版。

《佛山祖庙》，佛山市博物馆编，文物出版社2005年版。

《顺德祠堂文化初探》，凌建著，科学出版社2008年版。

《三水古庙·古村·古风韵》，佛山市三水区文化局编，广东人民出版社1994年版。

《今风古韵——高明古建筑专辑》，佛山市高明区政协学习和文史委员会，2012年。

《岭南湿热气候与传统建筑》，汤国华著，中国建筑工业出版社 2005
年版。

《岭南水乡》，朱光文著，广东人民出版社 2005 年版。

3. 岭南文化研究专著

部分相关文献里有佛山地区、广东或者岭南的相关研究资料。如《广
东通志》、《简明广东史》、《广东历史地图集》等，有大量岭南和广东地
区的文史资料，对研究佛山地区的历史背景具有重要意义；《岭南史地与
民俗》、《明清广东社会经济研究》、《广东文化地理》、《岭外代答》、《广
东风物志》等文献则提供了大量研究岭南和广东地区社会经济环境的
资料。

第三节　概念与范围界定

一、"传统"

本书中的"传统"是一个时间和文化的概念。《逻辑学大辞典》中对
传统的释义为："指一种文化现象。即植根于一个民族生存发展的历史过
程中，是这个民族所创造的经由历史凝结而沿传至今并不断流变着的诸文
化因素的有机系统；不仅表现为一系列的文化观念，也广泛地存在于这个
民族的社会制度、政治生活、经济生活、伦理道德、文化艺术、行为规
范、社会习俗之中。其核心部分是作为这个民族的价值体系或民族心理，
是一个民族区别于其他民族的文化标志。具体而言，传统是一种文化统绪
代代相续的变动着的动态过程；在不同的社会历史条件下，传统的流变有
着不同的形式，或渐变，或变革；传统又是多样、丰富、复杂的文化综合
体，对于现实来说，它良莠杂陈、瑕瑜相间。"①

《美学百科辞典》中对传统的释义为："一定集团或共同体在历史发展
中形成的精神倾向或性格通过若干时代承续，往往构成一种规范的力量，
这种规范力就叫作传统。它有时是指从过去传下来的思想、行为、习惯、
技术等样式，有时是指在根基上流传的精神，但不管怎样，传统对民族生
活来说，是构成人类历史存在、并从根本上规定后代文化创造性质的重要
因素。艺术的传统，在趣味、形成感情、思考态度、技能等方面具有一定

---

① 彭漪涟，等．逻辑学大辞典［M］．上海：上海辞书出版社，2010.

的持续特征，这些特征贯穿民族的艺术精神，为民族样式奠定基础。"①

这两个释义均指出，"传统"是有时间性的，其自身是不断流变的动态过程。今天我们要研究传统，就必须掌握传统的流变历史和方向。

二、"传统建筑"的范围界定

"传统"既然是不断流变的，"传统建筑"的内涵亦必然是不断变化的。"传统建筑"并不特指某一时期某一朝代的建筑，因此要解读"传统建筑"，必然要掌握传统建筑的流变历史与趋势。

本书探讨的建筑类型仅指地面建筑，不包括建筑遗址、地下建筑，即不包括墓葬、泉井、窑址等；由于篇幅所限，亦不包括特殊类型建筑，即不包括纪念碑、社稷、码头、桥梁、水利设施、窑灶、工业厂房、炮楼碉堡、更楼、村落门楼等。

本书研究的传统建筑的时间范围，是指新中国成立（1949）以前历代（包括民国）的建筑，包括新中国成立后维修过的建筑，但不包括新中国成立后重建的建筑。

佛山地区有众多极具代表性的传统村落，由于村落的复杂性与本书篇幅所限，笔者将于《佛山历史村落》② 一书中深入探讨，所以本书中将不作为重点研究对象。

本书聚焦于建筑本身，即建筑的历史年代、环境、形制、空间、材质、结构、装饰等方面，而对于相关的历史事件、人物、政治、文化等方面则比较克制，因此本书将不会重点探讨建筑价值不高或当代重建的名人故居、纪念建筑等类型的建筑。

三、"佛山地区"的范围界定

本书中"佛山"所指的地域范围，是指包括禅城区、南海区、顺德区、三水区和高明区五区的佛山地区范围（图1.2）（以2002年公布的佛山行政辖区范围为界）。

佛山所属的文化地理区域为广府地区。早在秦代就在岭南设南海、桂林、象三郡，明初设置广州府，并一直沿用至清末，所辖范围为广州及四周的1州15县，俗称广府地区。广东地区的文化地理可细分为：①粤中广

① ［日］竹内敏雄，等. 美学百科辞典［M］. 长沙：湖南人民出版社，1988.
② 预计于2016年出版。

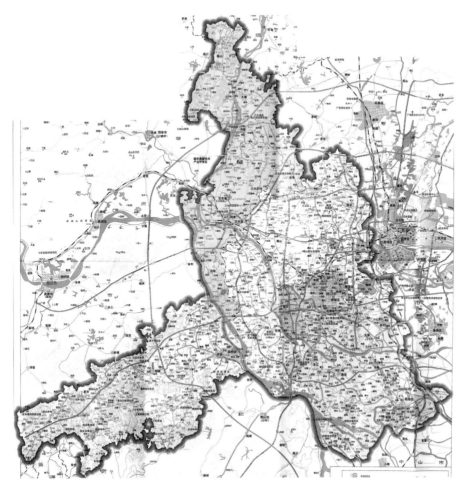

图 1.2　佛山五区

资料来源：佛山五区地图。

府文化区；②粤东福佬文化区；③粤东北客家文化区；④琼雷汉黎苗文化区。粤中广府文化区是由文化地理相近的珠江三角洲广府文化核心区及西江高（州）阳（江）两个广府文化亚区所组成，亦即明朝设置的广州府、肇庆府和高州府三个地区。区内原始文化遗址星罗棋布，是岭南原始文化的摇篮之一。广府地区以三江交汇的地理优势，博采多种文化养分，成为岭南最大的文化中心，构筑起珠江三角洲文化核心区，形成对外辐射之势，影响了整个岭南文化的发展过程和空间分布格局。①

　　"广府"一词始见于《明史·地理志》："广州府，元广州路，属广州

道宣慰司，洪武元年为府"。"广府"一词出现以后，才成为民系名称。①
广府民系聚居区域分布所在地为粤中、粤西和桂东南等地域范围，即今天
的广东中部、西部及广西东南部等地，居民主要为汉族，语言为粤语，语
言、生活方式、习俗相近。② 粤中广府文化区仍可再分为"珠江三角洲广
府文化核心区"、"西江广府文化亚区"③ 和"高阳广府文化亚区"④。⑤ 佛
山则属于"珠江三角洲广府文化核心区"。

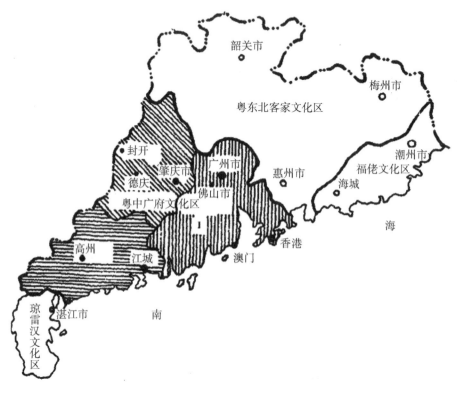

图 1.3　广东文化地理区划

资料来源：程建军. 广府式殿堂大木结构技术初步研究 [J]. 华中建筑，1997 (4)：59。

---

① 曾昭璇. 岭南史地与民俗 [M]. 广州：广东人民出版社，1994；司徒尚纪. 岭南历史人
文地理——广府、客家、福佬民系比较研究 [M]. 广州：中山大学出版社，2001.

② 王健. 广府民系民居建筑与文化研究 [D]. 广州：华南理工大学，2002.

③ 该亚区计有封开、郁南、怀集、广宁、德庆、罗定、云浮、新兴、高要、四会、肇庆等
县市，分属西江及其支流贺江、新兴江、罗定江、绥江等流域。

④ 主要指漠阳江和鉴江流域，即习惯所称之粤西地区，包括阳春、阳江、信宜、高州、茂
名、电白、化州、吴川等县市。

⑤ 曾昭璇，黄少敏. 珠江三角洲历史地貌学研究 [M]. 广州：广东高等教育出版社，
1987；司徒尚纪. 岭南历史人文地理——广府、客家、福佬民系比较研究 [M]. 广州：中山大学
出版社，2001.

第二章 佛山地区历史文化背景

五六千年前，佛山处在古珠江三角洲的南部滨海地区，离海边一二十公里。北宋以前，西、北江在三水地区汇合，佛山处在古珠江三角洲的西、北江冲积扇前沿，出海港汊很多，北江支流——佛山涌流经佛山。北宋以后，由于芦苞涌和西南涌淤浅，西、北江通广州的主航道改经佛山涌，或经石湾、澜石取道佛山南部支流到广州。佛山成为重要的交通枢纽。佛山通过西、北、东江与广西、四川、贵州、云南、湖南、江西、福建等省区连接。这是佛山工商业能够持续1000多年兴旺发达的一个重要条件。

第一节 历史建制

秦汉间，佛山地区是颇具规模的农渔村落；秦始皇三十三年（前214）为南海郡番禺县辖；隋开皇十年（590）番禺县分出南海县，属广州南海县辖。两晋期间，现城区属南海县地，称"季华乡"。相传东晋隆安二年（398），有罽宾国①僧人达毗耶舍在塔坡岗搭寮传教，后该僧返国。唐朝贞观二年（628），乡人在城内掘得三尊铜佛像，认为这是佛家之地，遂名"佛山"，就地重建塔坡寺，安放三尊铜佛像在寺内供奉，并在寺前立刻有"佛山"两字的石榜。从此，季华乡改为佛山。佛山逐渐成为珠江三角洲的宗教中心，故又称"禅城"。北宋开宝三年（970）称为佛山镇。明朝正统十四年（1449），佛山梁广等乡绅组织地方武装"忠义营"参与镇压黄萧养农民起义。景泰三年（1452），明王朝封梁广等人为"忠义官"，将佛山赐名为"忠义乡"。清雍正十年（1732），佛山从南海县划出，设佛山直隶厅，直隶广州府。次年，改名"广州府佛山分府"，由广州与南海县共同管辖。民国初期，佛山正式改为镇建制，为南海县治地，曾一度改为佛

---

① 罽（音jì）宾国，又作凛宾国、劫宾国、羯宾国，为汉朝时之西域国名，即今克什米尔。

山市、南海县"特别区"。新中国成立后为佛山市。佛山地区历代建制隶属如表 2.1 所示。

表 2.1　佛山地区历代建制隶属一览

朝代	纪年	公元	政区名	隶属	境域范围	备注
春秋战国	—	—	百越			
秦	秦始皇三十三年	前214	番禺县	南海郡	禅城、顺德、南海、三水	
汉	高祖元年	前206	番禺	南越国		
	武帝元鼎六年	前111	番禺县	南海郡		
东汉	—	—	番禺县	南海郡		
三国	吴黄武五年	226	番禺县	南海郡		
	吴景帝永安七年	264	番禺县	南海郡		
晋	—	—	季华乡	南海县	禅城	
南北朝	—	—	季华乡	南海县	禅城	
隋	开皇十年	590	季华乡	南海郡南海县	禅城	从番禺县分置，因旧置南海郡得名
	仁寿元年	601	季华乡	番州南海县		
	大业三年	607	季华乡	南海郡南海县		
唐	武德四年	621	季华乡	广州南海县		
	贞观二年	628	佛山			简称"禅"
	天宝元年	742	佛山	南海县		
五代十国	南汉乾亨元年	917	永丰场	咸宁县		
宋	开宝五年	972	佛山堡	南海县		

续表2.1

朝代	纪年	公元	政区名	隶属	境域范围	备注
元	至元十五年	1278	佛山堡	广州道南海县		
	至元二十年	1283	佛山堡	广州道南海县		
明	洪武二年	1369	佛山堡	广州府南海县季华乡		
	景泰三年	1452	忠义乡	南海县		置顺德①县
	成化十一年	1475				置高明②县
清	雍正十一年	1733	佛山直隶厅	广州府		
	雍正十二年	1734	广州府佛山分府	广州同知与南海县共同管辖		
	嘉庆二十四年	1819				置三水③县
民国	民国元年	1912	佛山镇	南海县第四区		设南海县府于佛山镇
	民国14年	1925	佛山市	广东省		
	民国16年	1927	佛山镇	南海县		
	民国30年	1941	佛山特别区		属下六个乡公所	
	民国35年	1946	佛山镇	南海县	汾文、富福、佛山三镇合并	设南海县府,撤三镇为佛山镇
中华人民共和国		1949	佛山市	广东省		
		1950	佛山镇	南海县		成立三水县、顺德县、南海县
		1951	佛山市			

① 顺德意为"顺天威德"。
② 高明县因原有高明巡检司而得名。
③ 三水意为"三水合流"。

续表2.1

朝代	纪年	公元	政区名	隶属	境域范围	备注
中华人民共和国		1956	佛山专区	粤中行署	辖13县（南海、顺德、三水、高明、中山、珠海、番禺、新会、鹤山、台山、开平、恩平、花县）、1市（石岐）和2省辖市（佛山、江门）	
		1970	佛山地区	广东省、佛山专区	辖南海、顺德、三水、高鹤、番禺、中山、珠海、斗门、台山、恩平、新会、开平12县和佛山、江门两市	
		1983	佛山市		辖南海、顺德、三水、高明、中山5县	
		1984	佛山市		辖汾江区（1986年易名为城区）、石湾区和南海、顺德、三水、高明县，代管中山市	
		1992—1994	佛山市		南海、顺德、三水、高明先后撤县设市（县级），由佛山代管	
		2002	佛山市		辖禅城（含城区、石湾、南庄）、南海、顺德、三水、高明五区	

第二节　自然环境

佛山地处平原地带，地势自西北向东南倾斜，临近海洋，地理环境优越，土地肥沃。佛山属亚热带季风性湿润气候，气候温和，雨量充沛，四季如春，年平均气温在 21.2～23.2 ℃之间，降雨量 1490.6 毫米，全年日照时数在 1800 小时左右，无霜期达 350 天以上。

佛山位于珠江口附近而且地处珠江三角洲中部河网区，河流纵横交错，形成水网。珠江水系中的西江、北江及其支流贯穿全境，水路四通八达，航运交通方便。水系内有西江、北江干流及其主要分流河道，还有高明河。西江干流在市境内长 69.1 公里，有支流河道 11 条，总长度 243.2 公里；北江干流在市境内长 100.2 公里，有支流河道 13 条，总长度 258.2 公里；50 多条主要水道，近 1000 公里的通航里程和 20 多个口岸，水运四通八达，为经济发展提供了良好的条件。

受地理位置和气候影响，佛山地区主要的自然灾害是洪水、内涝和台风。

第三节　历史人文环境

佛山是一座历史悠久的文化名城，是岭南文化与广府文化的核心地带，岭南文化气息浓郁，文化底蕴深厚，为岭南文化、广府文化的兴盛之地。素有粤剧之乡、南国陶都、武术之乡等美誉，崇文尚武，彰显佛山精神。

早在唐宋年间，佛山的手工业、商业和文化已鼎盛南国。明清时，更是中国"四大名镇"与"四大聚"之一。明清时期佛山有辉煌的陶瓷业、铸造业、纺织业和中成药业，有着"南国陶都"、"广纱中心"、"粤剧之乡"、"武术之乡"、"南方铸造中心"、"岭南成药之乡"、"民间艺术之乡"等美誉，形成了"秋色①"、"行通济"等独特习俗。佛山狮头、佛山扎作和佛山灯色工艺名扬海外，佛山是中国南狮的发源地，有"狮王之王"之

---

① 又称"秋景"、"秋宵"、"出秋色"、"出秋景"等。

美誉。清末佛山得风气之先，成为中国近代民族工业的发源地之一，先后诞生了中国第一家新式缫丝厂、第一家火柴厂、南洋兄弟烟草公司、竹嘴厂等民族企业。

佛山人文积淀深厚，是广东省历史上产生状元最多的城市。广东省在中国历史上一共出过九个状元，其中五个来自佛山。佛山还曾出过康有为①、詹天佑②、吴趼人③、伦文叙④、戴鸿慈、谭平山⑤等名人。

---

① 康有为（1858—1927），原名祖诒（音 yí），字广厦，号长素，又号西樵山人，世称南海先生，广东南海人。近代资产阶级改良主义运动的领袖、保皇会首领。出身于官僚地主家庭，18岁起受学于朱次琦（1807—1882，字稚圭，一字子襄，人称九江先生，南海县九江下西太平村人，晚清思想家、儒学家、教育家、学者、诗人），重视"经世致用"之学。光绪二十一年（1895）进士，授工部主事，后任总理衙门章京，曾领导维新变法。变法失败后，流亡海外。辛亥革命胜利后回国。1927 年 3 月 21 日病逝，葬于青岛。

② 詹天佑（1861—1919），字眷诚，号达朝，中国近代铁路工程专家，有"中国铁路之父"、"中国近代工程之父"之称。原籍安徽婺源（今属江西），生于广东南海。12 岁留学美国，1878年考入耶鲁大学土木工程系，专习铁路工程，获得哲学学士学位。1905—1909 年主持修建我国自建的第一条铁路——京张铁路，创造"竖井施工法"和"人"字形线路，震惊中外；在筹划修建沪嘉、洛潼、津芦、锦州、萍醴、新易、潮汕、粤汉等铁路中，成绩斐然。著有《铁路名词表》、《京张铁路工程纪略》等。

③ 吴趼人（1867—1910），清代谴责小说家。字小允，又字茧人，后改趼人。广东南海人，号沃尧，因居佛山镇，自称"我佛山人"。代表作品有《二十年目睹之怪现状》、《痛史》、《九命奇冤》等。

④ 伦文叙（1467—1513），字伯畴，号迁冈。明朝南海县黎涌人（现为佛山市澜石镇黎涌村）。明弘治十二年（1499）连中会试第一、殿试第一，考中状元，后授翰林院修撰。

⑤ 谭平山（1886—1956），又名谭彦祥、谭鸣谦、谭聘三，佛山高明人。早年加入同盟会，进行反对清朝政府的斗争。1917 年入北京大学学习。1919 年参加五四运动。1920 年回广东参与组织广州的共产党早期组织。1921 年中国共产党成立后，任中共广东支部书记。1923 年出席中共三大，当选为中央执行委员、中央局委员。大革命时期，是国共合作的积极支持者和执行者，曾作为共产党人代表参加中国国民党第一、第二次全国代表大会，并在国民党一届一中全会和二届一中全会上均当选为国民党中央执行委员会常务委员，任中央组织部部长。

第三章　佛山传统建筑历史与现状

　　佛山位于岭南腹地，得天独厚，素有"顺德祠堂南海庙"的美誉。岭南三大庙宇佛山独占其二，祖庙更被称为岭南诸庙之首；岭南四大园林佛山亦占去两席；三水大旗头村号称岭南第一村……佛山的传统建筑资源之多、质量之高，广东其他地区难以相比。

　　佛山历史上千年，历代都有众多重要的建筑兴建。至今遗存下来的建筑，有早至宋元时期的，但大部分为明清时期的。现今遗存下来的《（乾隆）佛山忠义乡志》佛山总图（图3.1）、《（咸丰）顺德县志》顺德城图（图3.2）、民国三水县城图（图3.3）等，里面均有重要建筑分布的方位示意。

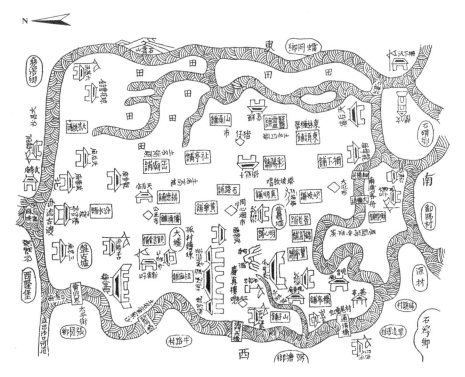

图3.1　《（乾隆）佛山忠义乡志》佛山总图

资料来源：（乾隆）佛山忠义乡志 [M]。

25

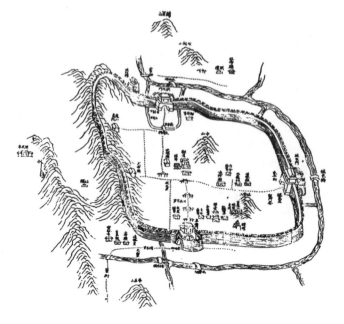

图 3.2　清代顺德古城池与建筑分布

资料来源：（咸丰）顺德县志［M］。

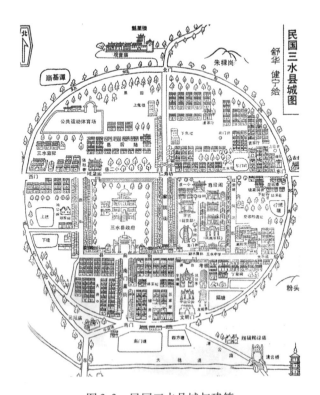

图 3.3　民国三水县城与建筑

资料来源：三水县地方志编纂委员会. 三水县志［M］. 广州：广东人民出版社，1995。

按照潘谷西先生在《中国建筑史》一书中对中国古代建筑的分类，佛山地区现存的传统建筑种类包括了居住建筑①、礼制建筑②、宗教建筑③、教育建筑④、娱乐建筑⑤、园林建筑⑥、标志建筑⑦等。由于本地区的礼制建筑基本上为祠堂建筑，祠堂建筑不仅数量多而且质量高，代表了佛山传统建筑的最高水平，因此我们直接归纳为"祠堂建筑"；由于教育建筑、娱乐建筑、标志建筑、防御建筑等类型数量较少，因此全部归纳到"其他建筑"种类中。由于佛山地区特殊的历史文化传统，本地区出现了大量的西式与近代建筑，具有特殊的社会、文化背景，为更好地对其进行研究总结，我们将其单列一类。

佛山五区——禅城区、南海区、顺德区、三水区、高明区的历史建筑分布（由作者以《佛山市地图》为底图绘制）见本书正文前的插图。

第一节　佛山传统建筑代表

一、诸庙之首——佛山祖庙

（禅城区祖庙街道祖庙路，明洪武五年·1372）

佛山祖庙原名北帝庙，始建于北宋元丰年间（1078—1085），"以历岁久远，且为诸庙首"，所以称为祖庙。原建筑在元末失火焚毁，明洪武五年（1372）重建。景泰年间，黄萧养农民起义军进攻佛山失败后，明王朝敕封该庙为灵应祠，所以又称"灵应祠"。

祖庙自明初重建后，历经二十多次重修扩建，成为一座结构严谨、雄伟壮观，颇具地方特色的庙宇建筑，清光绪二十五年（1899）曾重修，保存完好至今，是全国重点文物保护单位。图3.4、图3.5和图3.6是不同时期的灵应祠形态。

---

① 各阶层的城市与乡村住宅。

② 以天地、鬼神为崇拜核心而设立的祭祀性建筑，其内容包括：以天神为首的坛殿，以地神为首的坛庙，以祖先为核心的建筑以及各种圣贤庙等。

③ 佛教寺院、道教宫观、基督教教堂、摩尼教寺庙等。

④ 官办学校有国子监、府县儒学、医学、阴阳学，私学则有各地的书院。

⑤ 戏台、戏场等。

⑥ 皇家园林、衙署园圃、寺庙园林、私家宅园，以及风景区、风景点内的楼、馆、亭、台类建筑。

⑦ 风水塔、航标塔、牌坊、华表等。门楼、钟鼓楼以及其他高耸的建筑常兼具标志性。

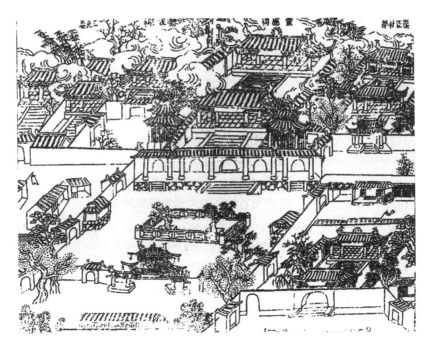

图3.4　灵应祠（一）

资料来源：（乾隆）佛山忠义乡志［M］。

图3.5　灵应祠（二）

资料来源：（道光）佛山忠义乡志［M］。

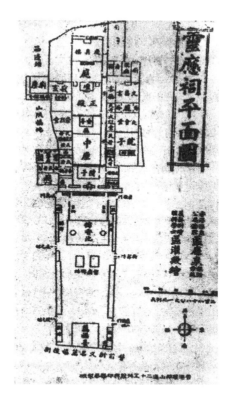

图3.6　灵应祠平面图

资料来源：（民国）佛山忠义乡志［M］。

祖庙建筑群占地面积3500平方米，由南北向中轴线统领的万福台、灵应牌坊、锦香池、钟鼓楼、三门、前殿、大殿、庆真楼等建筑物组成，是明洪武五年以后400多年间逐渐扩建而成的（图3.7至图3.10）。

图3.7　灵应祠鸟瞰图

资料来源：程建军. 梓人绳墨——岭南历史建筑测绘图选集［M］.

广州：华南理工大学出版社，2013。

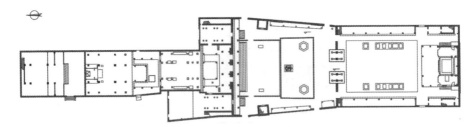

图 3.8　佛山祖庙庆真楼（左）、灵应祠、锦香池、灵应牌坊、万福台（右）平面图
资料来源：佛山市祖庙博物馆。

图 3.9　佛山祖庙庆真楼（左）、灵应祠、锦香池、灵应牌坊、万福台（右）侧立面图
资料来源：佛山市祖庙博物馆。

图 3.10　佛山祖庙庆真楼（右）、灵应祠、锦香池、灵应牌坊、万福台（左）
中轴线剖面图
资料来源：佛山市祖庙博物馆。

祖庙除建筑物具有重要的文物价值外，它的建筑装饰也是颇具特色的。其中有陶塑、灰塑、砖雕、石雕、木雕等。此外，祖庙的陈设（木器、金属铸件）和神像、碑刻等都是具有浓厚岭南特色的珍贵文物。

1. 三门（明正德八年·1513）

崇正社学、灵应祠、忠义流芳祠三座建筑物的正门联建在一起，称为祖庙三门（图 3.11、图 3.12）。崇正社学是灵应祠东面的附属建筑，又称文昌宫，建于明洪武八年（1375）；忠义流芳祠是灵应祠西面的附属建筑，建于明正德八年（1513），祭祀因镇压黄萧养起义而受朝廷敕封的"忠义官"而得名。正德八年，崇正社学、灵应祠、忠义流芳祠三座建筑物的正门联建在一起，通面阔①31.7 米，九开间，花岗石柱子，红砂岩墙，配以并

---

　　① 面阔指一间的宽度，即建筑物纵向相邻两檐柱中心线间的距离。整个建筑物各间面阔的总和，即前面或背面两角柱中心线间的距离称通面阔，有时亦简称面阔。

排的三个进深①1米的圆拱门洞，黑漆金木大门，壮丽威严，门下有石砌台基，高1.17米，从面阔15米的石台阶拾级登台，然后入门。梁架结构以墙分隔，前为双步架，后为三步架。前后共用石柱十六根，木柱四根，双步架繁复美观，以驼峰②及斗栱代替瓜柱③，又施以雕刻，贴以金箔，金碧辉煌。30多米长的人物陶脊④横贯全顶，1米多高。檐下有通栏贴金木雕檐板⑤。

图 3.11 祖庙三门

资料来源：吕唐军摄。

图 3.12 祖庙三门正立面图

资料来源：程建军. 梓人绳墨——岭南历史建筑测绘图选集［M］.

广州：华南理工大学出版社，2013。

---

① 进深指一间的深度，即建筑物横向相邻两柱（梁、承重墙）中心线间的距离。各间进深的总和，即前后角柱中心线间的距离称通进深，有时亦简称进深。

② 起支承、垫托作用的木墩，宋元时因做成骆驼背形，故称驼峰。后期发展为墩状，称柁墩。它一般是在彻上明造构架中配合斗栱承托梁栿，能适当地将节点的荷载匀布于梁上。

③ 两层梁架之间或梁檩之间的短柱，其高度超过其直径的，叫作瓜柱。瓜柱最早见于汉画像砖上。宋时瓜柱叫作侏儒柱或蜀柱，取其短小的意思。明以后始称瓜柱。

④ 又称花脊或瓦脊，是以人物、鸟兽、虫鱼、花卉、亭台楼阁装饰的屋脊形式，材料是分段烧制的陶瓷。

⑤ 檐板即封檐板，又称檐口板、遮檐板、连檐，是设置在坡屋顶挑檐外边缘上瓦下、封闭檐口的通长木板。一般用钉子固定在椽头或挑檐木端头，南方古建筑则钉在飞檐椽端头。用来遮挡挑檐的内部构件不受雨水浸蚀和增加建筑美观。

2. 前殿（明宣德四年·1429）

前殿（图3.13）建于明宣德四年（1429）。通面阔13.34米，通进深15.87米，面阔与进深皆三开间。柱共二十根，其中木柱四根，石柱十六根。地面铺砌尺寸不一的长方形花岗石，接缝紧密，传说石下缝隙灌铅填塞。歇山①顶与屋身高均为4.3米。光绪重修时曾添加人物陶脊，高亦4.3米。檐下为斗栱，主要作用是装饰，明间②平身科③三攒、次间一攒，层层相叠、雄伟壮观。驼峰斗栱抬梁式结构。正中檩子圆形，其余为方形，截面400毫米×120毫米。屋坡曲线基本沿用宋法。

图3.13　灵应祠前殿横剖面

资料来源：程建军．梓人绳墨——岭南历史建筑测绘图选集［M］.

广州：华南理工大学出版社，2013。

3. 大殿（明洪武五年·1372）

大殿（正殿）建于明洪武五年（1372），是祖庙最早、最重要的建筑物，祖庙供奉的北帝安放其中。外观为歇山顶，清光绪年间重修时加上人

---

① 歇山是庑殿和悬山相交而成的屋顶结构，其级别仅次于庑殿。把一个歇山顶套在庑殿上，使悬山的三角形垂直的山，与庑殿山坡的下半部结合，就是歇山顶。它有一条正脊、四条垂脊、四条戗脊，所以又叫九脊殿。如果加上山花板下部的两条博脊（斜坡屋顶上端与建筑物垂直面相交部分的水平屋脊。常用于歇山屋顶山面山花板的下部，保护博风板的下端，因而称之为博脊。），则有十一条脊。

② 即心间、当心间，建筑物居中的那一间。

③ 清式建筑中对每攒斗栱常用"科"来称呼。两柱头科之间，置于额枋及平板枋上的斗栱，叫平身科。其功用不很重要，有时似乎是纯粹的装饰品。

物陶脊。正脊①中部为宝珠，两侧为鳌鱼，垂脊走兽共八只。屋高13.2
米，屋顶与屋身高度比例为2:1。七架梁前后廊结构，驼峰、斗栱承托檩
条②，并用叉手③、托脚④、雀替⑤。除脊檩圆形外，其余檩条均为方形，
截面比有1:2、1:3、1:3.5几种。前檐下大量施用斗栱，明间平身科二攒，
次间一攒，其余三面不用斗栱。斗栱用宋式五等材，双杪⑥偷心⑦三下昂⑧
八铺作⑨，有侧昂。最突出的是前面三下昂，后面三撑杆，是我国目前少
见的宋式斗栱实例。佛山祖庙大殿用飞昂（真昂⑩），是岭南地区用飞昂
（真昂）仅有的三座建筑⑪之一。屋坡曲线按宋法式营造。柱共十六根，其
中前檐十根为方石柱，余为圆木柱。柱生起⑫二分，柱上有收分，下有卷
杀⑬。通面阔14.34米，通进深15.87米。面阔与进深皆为三开间。东、
西、北三面围墙建于檐柱外，南面敞开（图3.14、图3.15）。

---

① 位于屋顶最高处，前后两坡瓦面相交处的屋脊，具有防止雨水渗透和装饰功能。一般由盖脊筒瓦、正通脊、群色条、压当条、正当沟和正吻组成。
② 桁为架于梁头与梁头间或柱头科与柱头科之间的圆形横材，其上承架椽木。大木小式者，称桁或檩。在南方，一般习称为桁条、檩条。其断面多为圆形。
③ 宋式名称。从抬梁式构架最上一层短梁，到脊槫间斜置的木件，叫叉手，又叫斜柱。其功用主要是扶持脊槫的斜撑。唐及唐以前只有叉手而不用蜀柱；从宋开始，二者并用；到了明清，叉手被瓜柱（蜀柱）取代而消失。
④ 宋式大木构件。尾端支于下层梁栿之头，顶端承托上一层槫（檩）的斜置木撑。有撑扶、稳定檩架，使其免于侧向移动的作用。在岭南地区又名水束。
⑤ 清式名称，在宋《营造法式》中叫绰幕，是用于梁或阑额与柱的交接处的木构件，功用是增加梁头抗剪能力或减少梁枋的跨距。雀是绰幕的绰字，至清代讹转为雀；替则是替木的意思，雀替很可能是由替木演变而来。
⑥ 杪（音miǎo），原为树梢的意思。宋《营造法式》所称华栱亦名杪栱，华栱的出跳又叫出杪，意为华栱头有如树之梢。双杪，即华栱两跳之意。
⑦ 宋式斗栱的一种做法，即在一朵斗栱中，只有出跳的栱、昂，跳头上不安横栱，谓之偷心造。
⑧ 昂，斗栱的构件之一，又名下昂、飞昂。它位于前后中线，向前后纵向伸出贯通斗栱的里外跳且前端加长，并有尖斜向下垂，昂尾则向上伸至屋内。功能同华栱，起传跳作用。一般称昂即指下昂，叫下昂是对上昂而言。"飞昂"一词，早见于三国时期的文学作品中，因其形若飞鸟而得名。
⑨ 宋式建筑中对每朵斗栱的称呼，如"柱头铺作"、"补间铺作"等。铺作一词的由来是指斗栱由层层木料叠成而成。《营造法式》中所谓"出一跳谓之四铺作"、"出五跳谓之八铺作"等，就是自栌斗算起，每铺加一层构件，算是一铺作，同时栌斗、要头、衬枋都要算一铺作。
⑩ 相对于"假昂"而言。
⑪ 西江沿岸年代较早的肇庆梅庵大殿、德庆学宫大殿和佛山祖庙大殿。
⑫ 唐宋建筑中檐柱由当心间（明间）向两端角柱逐渐升高的做法。宋《营造法式》规定：当心间两柱不升起，次间柱升高二寸，往外各柱依此递增，使檐口呈一两端起翘的缓和曲线。整个建筑外观显得生动活泼，富于变化。这种做法也用于屋脊等处。明初以后渐废。
⑬ 卷杀是对木构件轮廓的一种艺术加工形式，如栱两头削成曲线形、柱子做成梭柱、梁做成月梁等，都是用卷杀办法做成的。

图 3.14 灵应祠正殿正立面、纵剖面

资料来源：程建军. 梓人绳墨——岭南历史建筑测绘图选集［M］.

广州：华南理工大学出版社，2013。

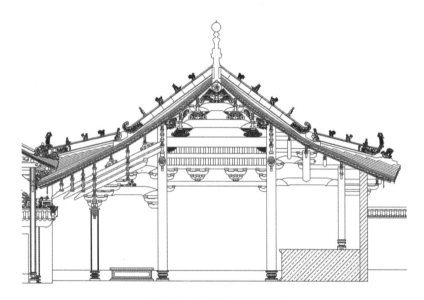

图 3.15 灵应祠正殿横剖面

资料来源：程建军. 梓人绳墨——岭南历史建筑测绘图选集［M］.

广州：华南理工大学出版社，2013。

　　上述三门、前殿、大殿构成祖庙建筑的主体。其间三门与前殿、前殿与大殿皆有拜亭①过渡连接。这些拜亭是后建的，结构为卷棚歇山顶四柱亭，通面阔 5.28 米，通进深 4.73 米，梁架为混成一体的三角形木雕，上面承载檩条，较为简单。上述三座建筑虽历加修缮，但基本结构仍保持原来风格。

————————

　　① 广东大型传统礼制建筑中轴线上的构筑物，用作拜见和迎宾客的亭。通常位于中堂前，增强了建筑的序列感，并拓展了中堂的使用空间，且能遮风避雨。有的做成重檐形式，突出于群体建筑之中。

4. 锦香池（明正德八年·1513）

锦香池开凿于明正德八年（1513）。原为一土池子，天启三年（1623）曾用炒铁和工匠拆毁的照壁石头在池中砌石桥一座，后拆毁。清雍正年间，用石块将池砌好，并加上雕栏，其中有些石块可能为照壁旧物，故今所见雕栏石质及雕刻风格参差、形式不一。池中有一石龟蛇，为民国年间重雕，原物被毁坏，现放置在中山公园内。

5. 灵应牌坊（明景泰二年·1451）

灵应牌坊为明景泰二年（1451）敕封祖庙为"灵应祠"时所建，曾是祖庙中轴线上的第一座建筑物。清代以前，牌坊前为空地，进入祖庙，先经牌坊、过锦香池桥，登石级而后入三门。坊额为景泰所题"玄灵圣域"，牌坊建筑极为辉煌壮观。

牌坊南北向，面阔三间10.79米，进深两间4.9米，明间面阔5米，次间面阔2.1米。两边各有4900毫米×3800毫米×750毫米的白石台基，每边台基上有柱子六根，共十二根。十二柱牌坊全国仅此一处。每边的六根柱子，中间为木柱，外沿为石柱。设计考究，结构精密，历500多年，1976年曾受十二级的台风摇撼仍安然无恙。牌坊三层通高11.4米，底层为歇山顶，上面两层为庑殿顶，顶柱间大量使用斗栱，斗栱为七铺作无下昂偷心造。飞檐叠翠，白柱红斗栱，岿然耸立，华丽壮观（图3.16、图3.17）。

图 3.16　灵应牌坊
资料来源：吕唐军摄。

图 3.17　灵应牌坊正立面图、剖面图

资料来源：程建军. 梓人绳墨——岭南历史建筑测绘图选集［M］.

广州：华南理工大学出版社，2013。

6．万福台（清顺治十五年·1658）

万福台为戏台，建于清顺治十五年（1658），初名华丰台，光绪时期因慈禧寿辰改名为万福台。

万福台建筑在高 2.07 米的高台上，面阔三间 12.73 米，进深 11.78 米，台面至檐前高度为 6.25 米，卷棚歇山顶，不施斗拱。以一贴金木雕隔板分为前台、后台，隔板左右开"出相"、"入将"两门，供演员等出入。前台三面敞开，明间演戏，次间为乐池。台前空地开阔，青石铺地，东西有二层廊庑，形似包厢，供观众观戏。空地上原有一亭，民国初年被飓风摧毁。佛山乃粤剧之乡，戏班首演必选万福台，相沿成习；特别是庙会之期，商贾云集、锣鼓叮咚、弦歌绕梁，祖庙阶前顿成闹市。

7．庆真楼（清嘉庆元年·1796）

庆真楼是祖庙建筑群中兴建最晚的建筑物，建于清嘉庆元年（1796）。楼高二层，面阔三间，进深三间。檐柱为方石柱，其余为圆木柱。二楼柱子排列和底层对应，抬梁式结构，镬耳山墙①，有后脊。此建筑因年久失修，于1975年维修时，将木楼面改为钢筋水泥结构，楼梯也从次间改到心间。外观则维持原貌。

8．褒宠牌坊（明正德十六年·1521）

褒宠牌坊原为市东下路仙涌街大塘前郡马梁祠牌坊，建于明正德十六年（1521），因石质龙凤板刻有"褒宠"二字，故名。"文革"期间梁祠被拆毁，牌坊几乎被毁，1972年搬迁重建于祖庙大院。褒宠牌坊是省内遗

———————————

①　山墙顶的形状像镬（粤语，"锅"的意思）的两耳，即半圆形。

存极少的明代年款砖雕牌坊，是明代佛山建筑艺术和雕刻艺术的综合体现，具有较高的历史和艺术价值。

牌坊为表彰梁焯①所建。梁焯在明正德十六年（1521）得皇帝旨意升授承德郎，为炫耀这一升赏而重金兴建。龙凤板的背面还刻有圣旨和纪年。

牌坊为四柱三间三楼式，庑殿顶，明间4.7米，石柱高4.6米，抱鼓石高2.38米，形制高大挺拔、宏伟壮观。建筑采用砖石混合结构，以咸水石为梁柱，以砖雕作各楼的主要构件，各楼体量大、重心高，以梁柱斗栱支撑承重，主体梁柱采用传统榫卯连结。虽历数百年风雨，至今仍巍然挺立。其建筑构件制作相当考究，砖石材料均精雕细刻，抱鼓石和大、小额枋②上雕刻有"龙凤祥云"、"鱼跃龙门"等图案纹饰以及梁焯生前坐衙情景的浮雕，正次楼上的斗栱以及各栱之间的装饰构件均为精美的砖雕，既有多块砖雕组成的"二龙戏珠"和仙佛罗汉，又有透雕③着云龙、麒麟、鱼跃龙门、宝鸭穿莲、牡丹萱草以及宝鼎宝剑等多种图案的单块砖雕。牌坊石额刻"褒宠"两大字，额阴刻有敕书（图3.18）。

图3.18　褒宠牌坊

资料来源：吕唐军摄。

---

① 梁焯，佛山人，明正德九年（1514）进士，授礼部主事。性刚直，遇事敢作敢为。后以母亲之命为由请求归田居家，不再与达官贵人来往。曾从王守仁学心学，欲著书阐述王的学说，但没有完成就去世了，年仅46岁。

② 额枋即阑额、檐枋。宋代及宋以前叫阑额。安装于外檐柱柱头之间，主要功能是拉结相邻檐柱，上皮与檐柱上皮齐平的枋。宋式断面为矩形，明清时近似方形。辽宋建筑上的阑额还具有支承补间铺作的作用。

③ 介于圆雕和浮雕之间的一种雕塑。在浮雕的基础上，镂空其背景部分；有的单面雕，有的双面雕。

9. 李氏牌坊（明崇祯十年·1637）

李氏牌坊原来位于栅下崇庆里参军李公祠内，为祠内两个形制和结构完全相同的牌坊之一。牌坊在明崇祯十年（1637）建于参军李舜孺祠堂之内，1960年迁建其一至祖庙大院作门楼（图3.19），其二迁建至中山公园秀丽湖大门口。迁建时屋顶琉璃曾作局部复原。

李氏牌坊为四柱三间三楼式牌坊，木石混合结构，绿琉璃庑殿顶，通面阔6.2米。台基、抱鼓石及柱子为咸水石，纹饰简练古朴；梁枋、柁墩及斗栱等为硬木，斗栱式样为如意斗栱①，明代古风犹存；屋脊上还有红珠、鳌鱼及花鸟陶脊等修饰。

图3.19　李氏牌坊（祖庙大门）
资料来源：吕唐军摄。

10. "古洛芝兰"牌坊（"升平人瑞"牌坊）（清早期·1644—1735）

"古洛芝兰"牌坊原为"升平人瑞"牌坊，1983年改今名。原位于省元巷梁氏祠堂内，清初时为庠生②梁持璞建。梁持璞一生屡试不第，但为人宽厚和善，乐施与，卒时107岁，按清代惯例奉旨立此牌坊。1960年迁建于孔庙东侧。1981年再迁建至孔庙北侧现址，因原龙凤板已失，遂将正

---

① 除正出的昂翘外，另有45°斜出的昂翘相互交叉，形成网状结构的斗栱。在岭南地区又名莲花托。

② 古代学校称庠（音xiáng），故学生称庠生，为明清科举制度中府、州、县学生员的别称。

反面题额改为"古洛芝兰"和"季华留芳"。

牌坊为全石结构,四柱三间三楼式,歇山顶,面阔4.05米,心间①面阔2.2米,次间面阔0.8米。石材有花岗石和咸水石两种。各楼檐下均为石雕方斗或如意斗栱,额枋、柁墩及雀替等构件上,均为龙凤、雀鸟、花卉和博古②等纹饰的高浮雕、圆雕或透雕,构思巧妙,雕工精致(图3.20)。

图3.20 "古洛芝兰"("升平人瑞")牌坊

资料来源:吕唐军摄。

---

① 即明间、当心间。建筑物居中的那一间。

② 博古纹,为类似博古架的纹饰。

11. "节孝流芳"牌坊（清乾隆二十五年·1760）

"节孝流芳"牌坊原位于顺德区龙江镇，清乾隆二十五年（1760）为旌表尹廖氏节孝所建，由于龙凤板额题"节孝流芳"，故名。1972年由佛山市博物馆征集，1990年建于祖庙大院庆真楼旁。

该牌坊高大俊伟，气魄不凡，为四柱三间三楼式石牌坊，歇山顶，通面阔7.96米。石材有花岗石和咸水石两种，各楼檐下的斗栱、额枋、雀替等构件均为咸水石。其上有高浮雕及圆雕刻画的众多人物故事，如"琴棋书画"、"八仙"等，精巧细腻（图3.21）。

图3.21 "节孝流芳"牌坊
资料来源：吕唐军摄。

12. 经堂铁塔（清雍正十二年·1734）

经堂铁塔原为经堂古寺浮图殿内的大型陈设。据方志记载，该塔铸于清雍正十二年（1734），后于乾隆四十六年（1781）加建白玉石塔基。1971年，经堂寺的一部分曾遭拆毁，铁塔亦成碎片，于塔内发现一石函，藏有佛家至宝舍利子200多颗，并伴有砗磲、玛瑙、珊瑚、宝石、珍珠、琥珀、玉石、黄金、青金、白金等十宝。1987年，佛山市博物馆将原来已经残缺不全的碎片一一按原貌予以修复，使之得以重光。

经堂铁塔属佛教所特有的阿育王式塔，通高4.6米，方形，分段铸造然后套合而成，重近 4 吨。塔上铸出莲瓣、飞天①、卷草②等多种浮雕纹饰，精细完美；四周侧面的壁龛分别有小铜佛一个，其上方铸有"释迦文佛"四字。该塔是省内少见的大型铁塔，也是研究佛山冶铁及其工艺水平的重要实物资料。

二、广东三大古庙之———胥江祖庙（芦苞祖庙、真武庙）
（三水区芦苞镇，清嘉庆十三年至光绪十四年·1808—1888）

佛山祖庙、德庆龙母祖庙和胥江祖庙，并称广东省最有影响的三大古庙。

胥江即现在的芦苞涌，胥江祖庙又称芦苞祖庙，因主要是供奉北帝（北方真武玄天上帝），故也称真武庙。胥江祖庙在三水区芦苞镇东北郊龙坡山（又名华山）麓，始建于南宋嘉定年间（1208—1224）③，历经元、明、清各代多次修葺、重建。据程建军教授在《三水胥江祖庙》一书中的观点，现存的武当行宫为清光绪十四年（1888）年重建，但保留了嘉庆十三年（1808）的部分构件；普陀行宫则较多保留了咸丰二年（1852）及咸丰三年（1853）的主体构架。嘉庆十三年至十四年（1808—1809）和光绪十四年（1888）的重修，使这座庙宇瑰丽多姿，成为一座艺术之宫。自光绪后，胥江祖庙多年失修，庙前牌坊、照壁、庙侧"景福戏台"等已毁，原庙内神龛、神像及一应祭祀器具亦已无存。④ 现存最早的遗物有元明的石狮子与柱础遗构等，还有从南武当码头迁移过来的"禹门牌坊"。1982年起修复，1985 年重建文昌庙，1989 年公布为省级文物保护单位。

胥江祖庙坐东南向西北，由三列并列的建筑物组成（图 3.22 至图 3.24），包括北座观音庙、中座（主体）武当行宫以及清嘉庆年间加筑、1985 年重建的南座文昌宫，北倚原建的地藏庙、华山寺。庙前花岗石铺砌石阶，并有照壁。正面庙道有牌楼，外题"水德灵长"，内题"灵光普照"。南门楼题"瞻云"，北门楼题"就日"，二门与照壁连成 6 米高的大

---

① 石窟壁画图案。梵文名乾达婆，汉译名香音神，是佛教崇信诸神之一。从东汉末年开始，我国佛洞壁画中就有飞天形象；早期有许多是男身，后来就变为娇美的女性。

② 又名蔓草纹。植物图案纹样，叶形卷曲，连绵不断，故名。由西亚传入，与忍冬纹、云气纹相结合演化而成。流行于唐代，故亦称"唐草"。

③ 一说为南宋嘉定四年（1211）。

④ 据历史记载，清康熙九年（1670）及清乾隆五年（1740）先后两次发生大火；民国 12 年（1923）粤军余汉谋部推倒北帝像，取去金胆银心，将北帝像投置青江河畔；民国 32 年（1943）日军侵占芦苞，原"百步梯"等景点尽遭破坏；民国 36 年（1947）洪水决堤，庙前照壁及门楼全部冲毁；1952 年，当地干部把文昌庙拆毁；1966 年被破坏几尽。

围墙。南面庙道外有牌坊一座，上书"青云直步"。三庙建筑呈清代风格，占地面积965平方米，各庙为二进。三庙山门和大殿均为硬山①顶、方耳山墙②。山门面阔三间，大殿面阔、进深皆三间，抬梁与穿斗③混合式梁架结构。三庙间有横门相通，中间隔一弄，南弄题"奎光"，北弄题"斗曜"。瓦面采用碧绿色琉璃瓦，出檐施如意斗栱，四角翘飞。三庙建筑各具特色。

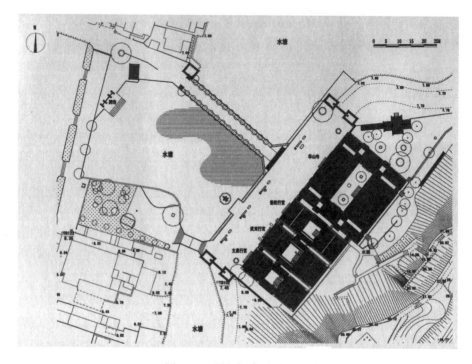

图3.22 胥江祖庙总平面图

资料来源：程建军．梓人绳墨——岭南历史建筑测绘图选集［M］.
广州：华南理工大学出版社，2013。

---

① 广府地区又称金字顶，是双坡屋顶中两端屋面不伸出山墙外的一种屋顶形式。屋顶只有前后两坡，而且与两端的山墙墙头齐平，山面裸露而无变化。它有一条大脊和四条垂脊。其墙头的山面隐出博风板和墀头。

② 广府地区三种山墙形式之一，为三级平台形式，估计受外地马头墙影响较多。

③ 穿斗式构架的特点是柱子较细、较密，柱与柱之间用木串穿接，连成一个整体；每根柱子上顶着一根檩条。其优点是能用较小的料建较大的屋，而且由于形成网状，结构也牢固；缺点是屋内柱、枋多，不能形成几间连通的大空间。

图 3.23 胥江祖庙正面
资料来源：吕唐军摄。

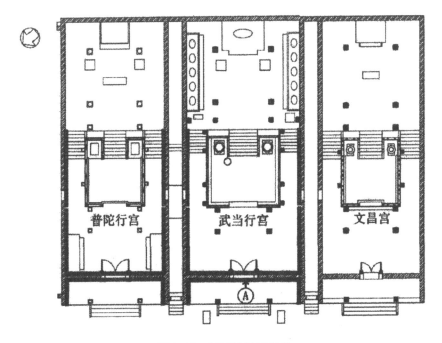

图 3.24 胥江祖庙平面图
资料来源：吕唐军摄。

武当行宫（图 3.25 至图 3.27）山门前有石狮一对，为明末清初石雕，连座高 2 米，古雅凝练、威武传神。清代修葺殿宇时跌碎了其中一只，现存为补制品。山门两组镂金木雕横架，每组由三条横梁组成，长 3 米，皆为高浮雕人物，一面为"瓦岗寨"故事，一面为"西辽国"故事，雕工精细；背面为花木鸟兽，并有"广州时泰造"字样，为光绪十四年（1888）所制。次间石虾弓梁①上各置小石狮一头。大门上悬挂一块珍贵楠木镂花竖匾，上镌"武当行宫"隶书贴金大字，字体端庄浑厚。门旁一副转录苏轼作品的木刻对联："逞披发仗剑威风，仙佛焉耳；有降龙伏虎手段，龟蛇云乎？"山门金柱②上横悬一巨型匾额，正楷书"天枢星拱"，为咸丰年间顺德翰林游显廷题。内墙壁画琳琅满目，大门顶墙上一幅水墨双龙。院落中靠近大殿石阶左下方有水井一口，石井栏上刻"金沙圣井"，石柱上有联曰："肆水钟灵，金沙浩瀚流金阙；众星环拱，玉镜玲珑照玉虚"。大殿两石檐柱上之木梁枋及其雀替均三面雕刻各式祥瑞画面，梁枋与屋檐间置十二攒大型如意斗拱，极为富丽华贵。檐柱刻一联："阳马纳乾光，仙掌远分元岳秀；灵腾盘坎水，众星环拱帝辰尊"。庙内北帝为铜铸坐像，传说是真金为心，翡翠为胆（实际是以铜为金，玛瑙代翡翠），重 1600 公斤。祭案左右塑执旗、捧印立像的龟、蛇二将，两旁塑十大元帅，皆高 3 米。

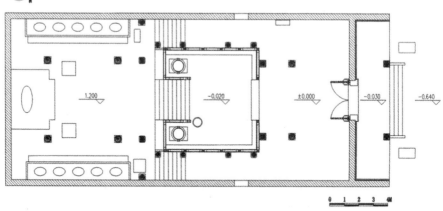

图 3.25　武当行宫平面图

资料来源：程建军. 梓人绳墨——岭南历史建筑测绘图选集［M］. 广州：华南理工大学出版社，2013。

① 广府特色的石阑额，其截面为矩形，线脚棱角分明。梁两端向下中间平直如虾弓着背，梁肩呈 S 形，梁底起拱但不用剥鳃。剥鳃，又称拔亥，梁端为过渡至插入柱子的榫口而做的卷杀，造型类似剥开的鱼鳃。
② 在檐柱以内的柱子，除了处在建筑物纵向中线上的，都叫金柱。

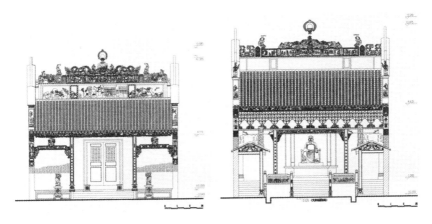

图 3.26 武当行宫山门正立面图、大殿正立面图

资料来源：程建军. 梓人绳墨——岭南历史建筑测绘图选集 [M].

广州：华南理工大学出版社，2013。

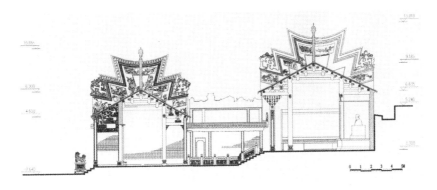

图 3.27 武当行宫横剖面图

资料来源：程建军. 梓人绳墨——岭南历史建筑测绘图选集 [M].

广州：华南理工大学出版社，2013。

  普陀行宫山门的檐廊结构、木雕与武当行宫大体相同。大殿前檐廊梁枋上设置一长 2.3 米、宽 0.16 米、高 0.98 米之大型柁墩。梁枋及柁墩皆通体镂刻各式祥瑞纹饰，纤巧细腻。殿内塑有观音像，左右有金童、玉女；祭案左右塑韦陀、木吒像，高 3 米；大门左右的四大金刚坐像高 5 米。

  文昌宫山门檐柱对联是我国著名甲骨文专家、中山大学教授商承祚[①]先生于 1985 年孟冬按原对联补书。

---

  ① 商承祚（1902—1991），字锡永，号驽刚、蠖公、契斋，广东番禺人。古文字学家、金石篆刻家、书法家。早年师从罗振玉选研甲骨文字，后入北京大学国学门为研究生。毕业后曾先后任教于东南大学、中山大学、北京女子师范大学、清华大学、北京大学、金陵大学、齐鲁大学、东吴大学、沪江大学、四川教育学院、重庆大学、重庆女子师范大学等。有《殷虚文字类编》、《商承祚篆隶册》行世。

禹门牌坊建于清嘉庆十五年（1810），原位于武当码头（胥江祖庙的专用码头）登岸处，1993 年因修北江大堤而迁移到此。"禹门"，就是大禹治水之门，以证北帝是治水之神，在牌坊的另一面刻有"万派朝宗"四字。古代交通以船渡为主，由湖南、粤北来的客商经北江而下到此，转入胥江经乐平、花都进入省城广州，是最便捷的水道，所以芦苞当时有"小广州"之称。来芦苞的船只经此必先拜北帝庙，以求平安。当时是由北江登武当码头，经禹门牌坊，再过武当庙道，穿"青云直步"牌坊才到胥江祖庙的。从武当码头上岸见到的第一个牌坊就是"禹门"牌坊（图 3.28、图 3.29）。

图 3.28　"禹门"牌坊

资料来源：吕唐军摄。

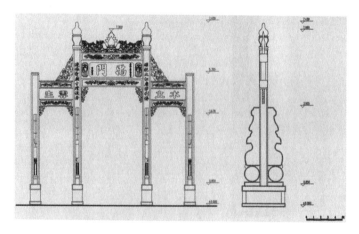

图 3.29　禹门牌坊正立面图、侧立面图

资料来源：程建军. 梓人绳墨——岭南历史建筑测绘图选集［M］.

广州：华南理工大学出版社，2013。

遍布的装饰艺术，令胥江祖庙更显富丽繁缛，典雅华贵。胥江祖庙内现存大量的陶塑、木雕、砖雕、石雕、壁画等文化遗产，极具岭南特色，内涵丰富。原来三庙六条正脊及两廊看脊上，皆饰有陶脊。现仅有武当行宫山门正脊上完整保留了清代的陶脊，为文如璧①的艺术珍品，光绪十四年（1888）重修时塑，上塑双龙争珠，栩栩如生。武当行宫大殿正脊上保留了部分咸丰二年（1852）的陶脊残件，为国内现存于建筑上最早的石湾陶脊残件。其余陶脊均为1992年重造。五光十色的花脊，使这几座古庙显得雍容华丽、气势磅礴。三庙山门檐廊墙上画有多幅壁画，其山川人物惟妙惟肖。三庙院落两旁的看脊上均饰有长6米的陶塑、灰雕，保留了部分残件，余为今人重造。三庙院落皆铺砌花岗石地面，廊庑石栏河及大殿石阶护栏上均有明代三羊启泰、双凤朝阳、麟吐玉书等石雕，雕工古雅。砖雕"福禄寿三星图"和浮雕"孙真人点睛图"，人物栩栩如生。

胥江祖庙还藏有石碑数通。其中《重修华山寺复建地藏殿记》刻于清乾隆五十六年（1791），为华山寺地藏庵的变迁过程及当时的风俗民情提供了详尽的资料。

三、岭南第一村——大旗头村
（三水区乐平镇郑村，清光绪年间·1875—1908）

大旗头村即三水区乐平镇郑村，建于清光绪年间（1875—1908），为清代广东水师提督郑绍忠②所建，是岭南地区有代表性的清代村落，保存比较完整。2002年公布为省级文物保护单位，2003年公布为中国历史文化名村。

大旗头村坐西向东，占地约52000平方米，古建筑群建筑面积约14000平方米，梳式布局，聚族而居，布局统一，祠堂、家庙、府第、民

---

① 文如璧为清代康熙年间陶瓷名家，顺德人。"文如璧"为石湾窑著名店号，属花盆行，其子孙沿用此号至清末，"文如璧"可认为是石湾陶脊的第一家，对石湾陶瓷的开拓发展有相当的建树。其作品遍布岭南重要建筑，佛山祖庙灵应祠的三门瓦脊、陈家祠首进和中路建筑正脊、胥江祖庙的前殿和中路建筑正脊、佛山关帝庙前照壁正脊等均为"文如璧"所造。两广地区和东南亚各地许多古建筑的陶脊，也是"文如璧"制造的。

② 郑绍忠（1834—1896），幼名金声，原名金，别字参泉，因口大能容拳，别号大口金，三水乐平镇大旗头村人。1854年，陈金缸在三水范湖领导反清起义。郑金因个性机敏，作战勇敢，屡助陈金缸成就事业，深为陈倚重，先后被封为义军大洪国的运粮官、先锋、元帅、副首领、掌握实权。1863年，郑金受清军的秘密招安，杀陈金缸投降清廷，更名绍忠。郑绍忠投清后，因有勇有谋，处事极具远见，受到朝廷重用。他曾多次率部攻剿义军，参加围剿太平军，官职从副将到记名提督、潮州镇总兵、湖南陆路提督等。1891年，郑绍忠任广东水师提督时，受命镇守虎门，功绩显著，颇得慈禧太后器重。1894年，慈禧六十大寿时，赐郑绍忠寿仪，并赐兵部尚书衔、正一品。郑绍忠晚年回乡重建大旗头建筑群。

居、文塔、晒坪、广场和池塘兼备（图3.30、图3.31）。村落前临池塘，池塘为石塘基，突出部分状如壶嘴；塘边有一笔形古塔——文塔；塔下两方石，大者高三尺许，形如砚，小者方块状如印，组成一个"文房四宝"的人文景观。村落梳式布局，建筑群密集而整齐，小巷纵横，设有防火通道和防盗设施。每小巷建有门楼，为防盗设施。下水道排水系统非常合理，所有屋檐的雨水排到天井和小巷，由"渗井"泄入条石暗渠，经暗渠再排入水塘。巷道全部以条石铺砌，方便清理暗渠和疏浚下水道。民居建筑采用广东典型的三间二廊式民居，硬山顶，镬耳山墙。

郑村的房堂建成后经历了一个相当长的"分房"过程，体现了广府家族的繁衍历史。随着不断分房的过程，每房人既建住宅亦建祠堂、家庙，形成了一片整齐、统一、集约的村落建筑群。

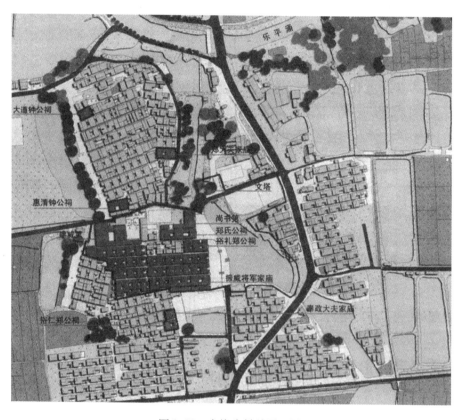

图3.30 大旗头村总平面图

资料来源：冯江. 祖先之翼——明清广州府的开垦、聚族而居与宗族祠堂的衍变 [M].
北京：中国建筑工业出版社，2010。

图 3.31　大旗头村

资料来源：吕唐军摄。

四、岭南第一园——梁园（十二石斋、群星草堂）

（禅城区祖庙街道松风路，清嘉庆、道光年间·1796—1850）

　　梁园在禅城区松风路先锋古道，是由梁霭如①、梁九章②、梁九华③、梁九图④等叔侄四人，于清嘉庆、道光年间（1796—1850）在佛山精心营造的大型庭园，是梁氏家族在佛山建筑的祠宇家庐。梁园为岭南四大名园⑤之一。

　　梁氏为佛山富族。据《梁氏支谱》记载，九华的父亲梁玉成，以经商起家，积资巨万，"一门内二百余人，祠宇室庐，池亭园囿五十余所"。梁园是当时文人雅集觞咏之地。民初以来，梁园日渐衰败，堂舍颓杇，栏槛倒废，池沼淤浅。至新中国成立初，园石也散失无遗，庭园一片凋零，幸存的建筑物亦破败不堪。现在的梁园是 1982 年在群星草堂旧址分三期按原貌修复，修复建筑面积 500 平方米，占地面积 1300 平方米。已失散 50 多年的英德、太湖奇石亦搜集归园。园内保留的逾百年的芒果、山松古树，

----

　　① 梁霭如，嘉庆甲戌（1814）科进士，授内阁中书。

　　② 梁九章（1787—1842），字修明，号云裳，嘉庆年间曾任四川布政司、知州、中宪大夫、礼部仪制司主事。后辞官归故里，不复出。

　　③ 梁九华，别字灯山，奉政大夫，礼部主事。

　　④ 梁九图（1816—1880），字福草，道光、咸丰年间的社会名士、慈善家和诗人，曾任刑部司狱、资政大夫、礼部仪制司员外郎。

　　⑤ 也称广东四大名园或粤中四大名园，包括佛山梁园、顺德清晖园、番禺余荫山房、东莞可园。

仍苍劲挺秀。1990年成为省级文物保护单位。

梁园（图3.32、图3.33）面积纵横上千亩，范围包括升平路松桂里的十二石斋、松风路西贤里的寒香馆、松风路先锋古道的群星草堂和汾江草庐等四组毗连的建筑群。其中，梁九图的十二石斋有紫藤花馆、一览亭诸胜，以十二块异石而名；梁九章的寒香馆树石幽雅，遍植梅花，所集法贴刻石藏于馆中。今二者已无存。而现存的群星草堂及汾江草庐是清道光年间梁九华、梁九图所建，原占地近2万平方米，园中巧布太湖、灵璧、英德等巨石，立卧俯仰，各适其适；亭堂台阁，栏槛回廊，错落有致；配以湖池水榭，点缀绿树修竹。其异石大小种类丰富多彩，造型摆设千姿百态，园冶布局精妙脱俗，富有岭南特色。《梁氏支谱》中，梁九图有文章写得较详："余叔兄灯山，辟园地数亩在沙洛中布太湖、灵璧、英德等石几满。高逾丈，阔逾仞，非数十人异不动。或立，或卧，或俯，或仰，位置妥贴，极邱壑之胜，间以竹木、饰以栏槛、配以台阁、绕以池沼。中立一石，李石泉都转可琼题曰壶亭，骆吁门中垂秉章题曰群星草堂。"

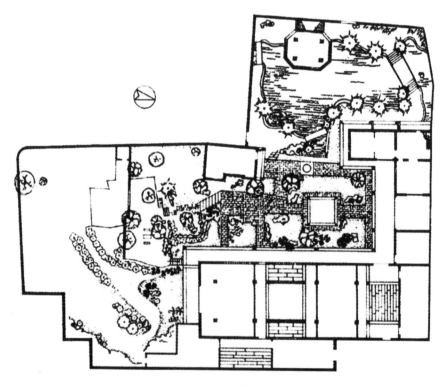

图3.32　梁园群星草堂与船厅平面图

资料来源：陆元鼎. 广东民居 ［M］. 北京：中国建筑工业出版社，1986。

图 3.33　梁园

资料来源：吕唐军摄。

五、岭南四大名园之一——清晖园

（顺德区大良街道清晖路，清中晚期）

清晖园在顺德区大良街道清晖路，是岭南四大名园之一。清晖园的历史沿革、创建年代众说纷纭。一说为明代顺德状元黄士俊①所建，据说有人于1945年在园内看过《清晖园图记》，介绍该园建于明天启辛酉（1621），成于崇祯戊辰（1628）。到清代才卖给龙应时②。另一说是清代龙廷槐③所建，按《（咸丰）顺德县志》有廷槐"南归筑园奉母"，更名"清晖园"。故又推测为建于嘉庆年间（1796—1820）。还有一说，据近代

---

① 黄士俊（1570—1661），字亮垣，一字象甫，号玉嵛。顺德甘竹右滩（现顺德区杏坛镇右滩村）人。明万历三十五年（1607）殿试状元及第，历任翰林院修撰、太子洗马、春坊官、詹事府詹事、侍读学士、玉牒馆总裁、礼部尚书、太子太保等职，官至首辅。清顺治十八年（1661）卒于家，谥文裕。

② 龙应时（1716—1800），字梐之，号云麓，顺德大良人，乾隆甲子（1744）科举人，辛未（1751）科进士，曾任山西平阳府灵石县知县。长于书法和诗歌，著有《天章阁诗钞》。

③ 龙廷槐（1749—1827），字植堂，号春岩，又号亦谷居士、荫山居士等，顺德人。乾隆丁未（1787）进士，授翰林院编修。历官记名御史、左春坊左赞善，著有《敬学轩集》、《碧虹书屋制艺》。

人龙官崇老先生回忆，认为该园是廷槐之子龙元任所建，园中船厅①形式是按苏州寄杨园的式样建成的。那么，该园就建于嘉庆中后期。后来，廷槐曾孙龙诸惠曾延工匠修建。按其建筑布局、主体结构、艺术风格等来看，该园现存的主要原状，应是清代中后期的建筑群体。龙廷槐诸子析产，分为清晖、楚萝、广大三园，几经兴建营造，至民国初年，格局始趋定型。1959 年以后，政府多次重修扩建，将三园并为一园，统称清晖园，面积近 8000 平方米（图 3.34、图 3.35）。1988 年公布为省级文物保护单位。

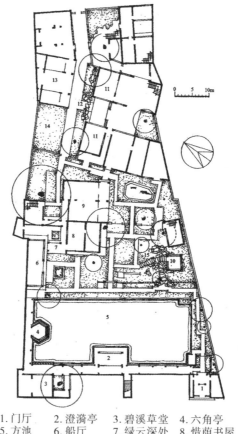

1. 门厅　　2. 澄漪亭　　3. 碧溪草堂　　4. 六角亭
5. 方池　　6. 船厅　　7. 绿云深处　　8. 惜荫书屋
9. 真砚斋　　10. 花岗亭　　11. 归寄庐　　12. 斗洞石山
13. 笔生花馆　　14. 蕉园　　15. 狮山

图 3.34　清晖园平面图

资料来源：孙大章. 中国古代建筑史：第五卷（清代建筑）［M］.

北京：中国建筑工业出版社，2004。

---

① 广东大型民居中，跨（临）水面的厅堂，前山略作船头状的单开间狭长形厅。一般常用做书斋，装修精致，多作会客、觞咏用。

图 3.35　清晖园鸟瞰图

资料来源：陆琦. 广东民居［M］. 北京：中国建筑工业出版社，2003。

　　清晖园正门原在华盖里①，门上方楣石上刻有"清晖园"三字，传为清代大书法家何绍基②手笔。该园的建筑布局，有苏州庭园的因洼疏池、沿阜叠山、造桥建榭、回廊曲折、栽花植树、门窗借景的建造手法，既具江南园林风格，又有岭南景物特点。园内有碧溪草堂、船厅、澄漪亭、笔生花馆、狮山、莲池、八角壁裂石池塘、竹苑、斗洞、船厅、花㛇③亭、归寄庐、惜荫书屋等景区和建筑群体，长廊小径迂回曲折，奇花异木交映成趣（图 3.36）。

　　清晖园内，古建筑装饰工艺精致，古朴典雅，如碧溪草堂四扇屏门之木刻"百寿图④"，窗台下之砖雕"轻烟挹露"图⑤，船厅正门之镂空木雕竹丛，厅内花罩镂雕⑥之芭蕉蜗牛，皆惟妙惟肖，逼真自然。在通往澄漪亭、碧溪草堂的长廊上，横梁和底梁都雕有菠萝、香蕉、杨桃等岭南佳果，工艺精致。

————————————

　　①　旧称"八闸四巷"。

　　②　何绍基（1799—1873），晚清诗人、画家、书法家。字子贞，号东洲，别号东洲居士，晚号蝯叟。湖南道州（今道县）人。道光十六年（1836）进士。官编修，历充广东乡试副考官，提督四川学政。后以言事罢官，先后主山东、湖南及浙江孝康堂各讲席。历主山东泺源书院、长沙城南书院。通经史，精小学金石碑版。据《大戴记》考证《礼经》。书法初学颜真卿，又融汉魏而自成一家，尤长草书。有《惜道味斋经说》、《东洲草堂诗·文钞》、《说文段注驳正》等著。

　　③　㛇（音 nà），静。

　　④　有 96 个不同的篆体"寿"字。

　　⑤　据说为龙元任手笔。

　　⑥　在深浮雕基础上，加有部分图案脱离雕地悬空而立，立体感强。

图 3.36　清晖园
资料来源：吕唐军摄。

六、陈氏第二宗——沙滘陈氏大宗祠（本仁堂）

（顺德区乐从镇沙滘村，清光绪二十六年·1900）

　　陈氏大宗祠即沙滘陈氏本仁堂，位于顺德区乐从镇沙滘村东村内，始建于清光绪二十一年（1895），竣工于光绪二十六年（1900）。该祠是清晚期兴建的大型祠堂的代表作，规模宏大，装饰手法多样，工艺精致。据传该祠由当地陈姓子孙集资兴建，仿广州市陈氏书院规模格式，是顺德区目前规模最大、保存原貌最好的祠堂，可称为岭南的陈氏第二宗。现为省级文物保护单位。

　　祠堂规模宏大（图 3.37、图 3.38），三路三进五开间，占地面积 4000多平方米，主体建筑面积 3770 平方米。两旁有衬祠，左右两边各带两条青云巷①，共四条青云巷。通面阔 47 米，通进深 80.2 米，大、小、正、横、侧门十八个。祠前为白石板小广场。中路建筑单体面阔五间，进深三间，硬山顶，抬梁与穿斗混合式梁架结构。各堂大木柱口径 70 余厘米，高达13 米多。门堂正脊原为双重灰塑画脊，高达 3 米，气魄宏大，20 世纪 70

---

　　①　由于跟随着建筑主体从前往后逐渐升高，常称之为"青云巷"——青云直上的道路。

年代初毁于台风。现存衬祠首进的正脊脊饰高也有约 2 米,中、后堂之灰塑画脊,高也有 1 米以上,古朴传神。

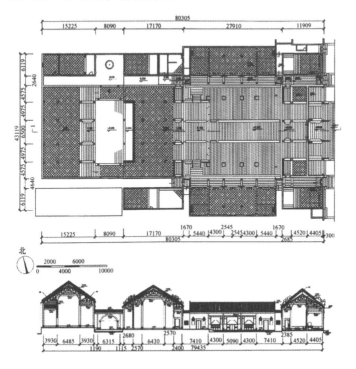

图 3.37 沙滘陈氏大宗祠平面图与剖面图

资料来源:冯江. 祖先之翼——明清广州府的开垦、聚族而居与宗族祠堂的衍变 [M].

北京:中国建筑工业出版社,2010。

图 3.38 沙滘陈氏大宗祠鸟瞰图

资料来源:乐从镇沙滘历史文化保护与发展规划。

门堂面阔25.11米，正脊顶距地高7.8米。门堂心间为木门面，正门仅门扇就宽3.2米、高3.3米，门裙宽2.73米、高1.76米。前廊为五步廊，明间、次间及梢间梁架皆为人物及花卉雕刻。檐柱、山柱为方形花岗石石柱，三层雕花石柱础，金柱为圆形木柱。梢间为塾台，上铺长条石。明间置棋盘柚木大门一扇，大门框是用三件平滑的整块长方形花岗石镶成的，大门木匾额上书“陈氏大宗祠”，为明代理学家陈白沙[①]所书。门侧置两块素面抱鼓石。青云巷门上石刻，左路刻“蹈和”，右路刻“履中”。

中堂进深五间，前为一月台，旁有栏杆华板，工艺精细（图3.39）。明间前廊置一木刻花牌，上刻有“兰桂腾芳”四字。旁边置陈姓族人的功名牌匾。明间中悬挂一木匾额“本仁堂”，陈仲明书。中堂后壁为5米多高的坤甸木雕花六扇屏门，古朴壮观，巨型木雕祭桌兽首柱脚，古拙凝重。梢间后檐柱为清水砖墙，中开一拱形门口，连接廊通至三进。

图3.39　沙滘陈氏大宗祠（本仁堂）

资料来源：吕唐军摄。

后堂进深三间。一间梁架为双面镂空石榴及人物图案的花板五步梁。二、三间梁架为抬梁、穿斗式相结合。明间后金柱置一木挂落。

两侧庑廊，以木雕飞罩间隔，各分三间，镂雕花鸟虫鱼，长廊屏门上

---

① 即陈献章（1428—1500），字公甫，号石斋，别号碧玉老人、玉台居士、江门渔父、南海樵夫、黄云老人等，明广东新会人。居白沙里，学者称白沙先生，世称陈白沙。明代思想家、教育家、书法家、诗人，广东唯一一位从祀孔庙的明代硕儒。试礼部不第，从吴与弼讲学。后游太学，名震京师，屡辞荐举。主张学贵知疑、独立思考，提倡较为自由开放的学风，逐渐形成一个有自己特点的学派，史称江门学派。其学主静，必教人静坐，以养“善端”。著作后被汇编为《白沙子全集》。

部格芯为通花彩色玻璃，下部为刻花裙板，富丽堂皇。

祠内之木雕、石雕、砖雕、陶塑、灰塑、壁画等古建筑装饰工艺精细，纤巧讲究，集民间建筑装饰之大成，反映了清代晚期顺德祠堂追求精雕细琢、装饰华丽的社会风尚。据说陈氏大宗祠内所有酸枝、花梨、坤甸、柚木、东京、菠萝格等木料，是旅居南洋的陈泰捐赠。他远渡泰国等地，深入林区亲自选购良材，经新加坡运抵香港，再转运沙滘使用。①

第二节　佛山地区宗教建筑

佛山地区宗教信仰多元，除佛山祖庙与三水胥江祖庙外，还有大量重要的宗教建筑。

一、禅城区

1. 塔坡庙（东岳庙）（塔坡街，明天启七年·1627）

塔坡庙亦名东岳庙，位于塔坡街。《（民国）佛山忠义乡志》载："东岳庙一在明心铺京果街，地在塔坡岗，故称塔坡庙。嘉庆丙辰重修。"该处为东晋罽宾国僧人达毗耶舍"结茆讲经"的塔坡岗"经堂"旧址，相传此山岗因唐贞观二年（628）曾出土铜佛三尊，遂得名"佛山"，故此地与佛山得名有关。唐以后建有经堂寺，至明初洪武二十四年（1391）大毁寺观时被拆，明天启七年（1627）拟重建时，塔坡岗已开辟为普君墟，不宜建寺，遂迁址万寿坊重建塔坡禅寺（经堂古寺）。该旧址则建为东岳庙，又称塔坡庙，于清嘉庆元年（1796）重修，是供奉东岳大帝的小庙宇。规模极小，面阔仅4.58米，建筑面积不足42平方米，分为门堂和正殿两进，方耳山墙，梁架为硬山搁檩（图3.40）。现为市级文物保护单位。

庙前有一口水井，相传是唐代始建时所凿，井泉清冽，永不枯竭，至今附近居民仍在使用。在井台旁的屋墙上，原镶嵌有唐贞观二年的"佛山"石榜及"佛山初地"、"牧唱遗风"石匾等遗物。古镇佛山曾以庙宇众多驰名于世，弹丸之地竟有大小神庙148座之多，塔坡庙虽小，却是佛山得名的重要物证。

---

① 赖瑛. 珠江三角洲广府民系祠堂建筑研究［D］. 广州：华南理工大学，2010.

图 3.40　塔坡庙（东岳庙）
资料来源：佛山文物。

2. 丰宁寺（石湾镇中路，明）

　　丰宁寺坐落于石湾昔日的闹市"莲峰昼市"之旁，依莲子岗山势而建，右侧并联莲峰书院，始建于明代，清代经康熙五十六年（1717）、嘉庆、同治及民初年间等多次重修，现存建筑风格为清代风格（图3.41）。现为市级文物保护单位。

　　丰宁寺坐东北向西南，主体建筑由门堂、钟鼓楼、前殿、中殿、拜亭及后殿组成，沿中轴渐次升高，气势恢宏，通面阔 13.28 米，总面积约750 平方米。除钟鼓楼、拜亭为卷棚歇山顶外，余均为硬山顶、方耳山墙，各殿面阔和进深均为三间。建筑结构多为抬梁与穿斗混合式结构，还有博古式梁架，式样繁多；建筑装修本来颇讲究，屋顶的灰画、灰塑装饰多姿多彩，檐板、隔扇、雀替等漆金木雕构件富丽高雅，惜保存不善。今寺内原有的四大金刚、观音、十八罗汉、韦驮、准提佛母、关帝、十皇、三宝佛等造像及寺内器具已无存，唯建筑物旧貌依然。现存门堂建于高台之上，为清代风格，形制与清代祠堂门堂相同，无塾台，方形花岗石檐柱，石虾弓梁金花①狮子，博古梁架。拜亭为四柱卷棚歇山顶，后两柱与后殿

---

　　① 金花是在民间剪纸的基础上发展起来的工艺品。它用铜笺，由剪刻、凿珠、写色、装饰而成。

檐柱共用，插栱①出挑檐。

图 3.41　丰宁寺
资料来源：吕唐军摄。

3. 太上庙（塔坡街，清康熙二年·1663）

《（民国）佛山忠义乡志》载太上庙有两间：一在汾水铺安宁直街，嘉庆己未（1799）重修；一在明心铺，宣统三年（1911）修。汾水太上庙已毁。

今所存太上庙即明心铺太上庙（图 3.42），在福宁路祥安街，现为市级文物保护单位。该庙为祀太上老君的道教庙宇。整个建筑基本完好，两进，通面阔 9.8 米，建筑面积近 200 平方米。正殿面阔三开间，进深三间，前有拜亭，抬梁结构，水式山墙。过去该庙还有庭院及附属建筑，今已不存。

4. 国公庙（新安街，清道光十五年·1835）

国公庙位于新安街。该庙始建于清初，历康熙、乾隆、道光十五年（1835）、同治二年（1863）及光绪等朝多次修葺扩建，现存建筑为道光十五年和同治二年修缮后的面貌。国公庙曾是铁钉行西友会馆，所祀国公即

---

① 外形相当于正常栱的一半，前端挑出，后端以榫插入柱、墙固定的栱。它是半截华栱，作用亦与华栱同。有入柱、不入柱、正置、斜置等多种，用作辅助性结构，并起一定装饰效果。常施于门楼或牌坊柱间。宋《营造法式》称为丁头栱，列入华栱名下。"其长三十三分，出卯长五分"。

图 3.42　太上庙
资料来源：吕唐军摄。

　　唐代鄂国公尉迟敬德，据说其出身为铁匠，因此被奉为铁钉行祖师。明清时期该庙是佛山"炒铁"（锻铁）业的师傅庙，庙门框有石刻联云："夺稍宣威传武烈，范金垂法仰神工"。该庙是佛山炒铁业神诞活动及祭祀祖师的重要场所，庙前原有戏台及大地堂，可演戏，以供人神共乐之用。该庙是佛山现存唯一的古代手工行业师傅庙，1989 年被定为市级文物保护单位。

　　原建筑坐北向南，包括门堂、前殿和后殿三进，一进院落有拜亭。现后殿已毁，门堂、拜亭及前殿等主体建筑基本完好。现存建筑面积 223 平方米（图 3.43、图 3.44）。门堂及前殿均面阔三间，灰批瓦脊，水式山墙①，分别饰以多组山水、花卉等灰批，庄重而瑰丽。

　　门堂明间宽 5 米，次间宽 2.5 米。方形花岗石檐柱，前檐及后檐用三步梁，前三步梁施木雕，很精细。前檐石枋上雕有洋人侏儒形象。石额镌题"国公古庙"。

　　院落两侧有廊。前殿前有拜亭，卷棚歇山顶，四柱穿斗式梁架结构。前檐柱不着地而置于左右两廊大栱枋之上，在同类建筑中颇为少见。后檐柱即为前殿前明檐柱，是两建筑物所共用。前殿进深三间 9.40 米，面阔开间与山门同，梁架为抬梁与穿斗混合式结构，中间用七架梁，前檐卷棚顶，后檐用三步架。

　　建筑装修使用各类精致木雕以及灰塑、绘画等装饰，山门前檐廊梁架

---

①　山墙可分为金、木、水、火、土五式，其中"水形平而生浪"。

遍饰精巧细腻的花卉及人物故事圆雕、高浮雕，富丽繁缛、典雅华贵。今庙内神像及祭礼祀器俱已无存，但尚存碑记一通，载有清同治年间炒铁业十八行捐资修庙的史料。

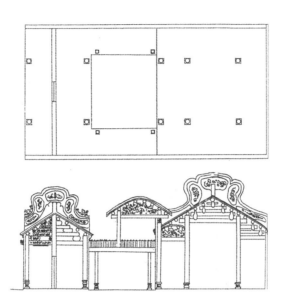

图 3.43 国公庙平面图、剖面图

资料来源：佛山市博物馆. 佛山市文物志 [M]. 广州：广东科技出版社，1991。

图 3.44 国公庙

资料来源：吕唐军摄。

5．经堂古寺（塔坡禅寺）（新风路市委党校大院，清光绪三年·1877）

经堂古寺，又称塔坡禅寺，原址在新风路东端北面（现佛山市委党校大院范围内），是佛山较为古老的名胜。此地旧有岗名塔坡，"相传晋代有西域僧至此结茆①讲经，僧寻西还，其徒因购室而居，号曰经堂。地居省会上游五十里，仅南海县属一小乡耳。当乡初聚时，乡人尝夜见其地有光烛天，乃掘得古佛三尊，并有碣曰塔坡寺佛，遂以之经堂，建塔崇奉，因名其乡曰佛山，嗣是日益蕃庶"②。塔坡岗在当年开拓本地时已夷为平地，今已没有遗迹可寻。

唐贞观二年（628），就在该地址建了塔坡寺。到了明洪武二十四年（1391），塔坡寺全部毁塌。以后在天启七年（1627）重建的时候，因为塔坡岗一带已成为热闹的坪场，于是便在市镇东南区、原来是水域后已淤积成平地的大塘涌附近另建，取名为经堂古寺，又名塔坡禅寺。清咸丰四年（1854），三合会在陈开③的领导下在佛山起义，经堂古寺的僧人和尚能也是起义将领之一，曾经以该寺作为起义指挥部。起义队伍撤离佛山后，经堂古寺被清兵焚毁，只有一个铁塔（祖庙大院之经堂铁塔）得以保存下来。光绪三年（1877）又在废墟中重建。重建的规模比前较大，占地10多亩，建筑群的面积近6亩。此后因年久失修，日渐毁坏，现在仅余浮图殿。浮图殿四柱三间三进，抬梁式结构，是光绪三年重建时所筑，因内有铁铸浮图塔（经堂铁塔）而得名。现为市级文物保护单位。

6．孔庙（祖庙路，清宣统三年·1911）

佛山孔庙是本地一批尊孔士绅集资兴建的纪念性建筑物和尊孔活动场所，旧称尊孔会，始建于清宣统二年（1910），次年（1911）落成。原建筑群并无依据一般文庙之制，占地约2000平方米，包括孔圣殿、会客厅、治事室、亭子及花园等。1938年日军占领佛山时，除孔圣殿保存外，其余建筑物毁坏殆尽。1956年修缮孔圣殿，划入祖庙公园范围，1958年孔庙范围一再缩小，"文革"期间被废置。1981年孔圣殿修葺复原（图3.45），1984年定为市级文物保护单位。

现存孔圣殿高大宏伟，坐东南向西北，建筑面积近300平方米，面阔进深均为三间，抬梁与穿斗混合式结构，歇山顶。殿内的明间还有大型雕

---

① 结茆（音máo），编茅为屋，谓建造简陋的屋舍。
② 《重修佛山经堂碑记》。
③ 陈开（1822—1861），佛山市三水区人，清代广东天地会首领。曾在佛山发动红巾军起义。1856年秋，陈开在军事胜利的基础上，正式建立政权，国号大成，年号洪德。以浔州府为都城，改称秀京，陈开称镇南王。后兵败被俘而死。

花硬木隔扇屏风，清雅脱俗；该殿前檐明间檐柱的花岗石柱础，精心刻画了洋人侏儒形象，构思独到。次间及背面内外柱之间筑砖墙。1981年在殿内左右两壁装置了收集于佛山李氏大宗祠的六组砖雕装饰。

图 3.45　孔圣殿
资料来源：吕唐军摄。

7. 仁寿寺塔（仁寿寺如意宝塔）（祖庙路，民国 24 年·1935）

仁寿寺塔原名仁寿寺如意宝塔，位于祖庙路仁寿寺内。仁寿寺始建于清顺治十三年（1656），历经康熙八年（1669）和咸丰元年（1851）两次扩建，仁寿寺塔建于民国 24 年（1935）。仁寿寺于民国中叶已衰败，唯余仁寿寺塔。寺正门石匾"仁寿寺"三字乃名士（佚名）书法，字体清秀，被称作"鹤形"书法。1989年定为市级文物保护单位。

塔为八角七层楼阁式塔，钢筋混凝土结构，通高约25米，各层出檐饰黄琉璃瓦，塔内有梯可登顶。塔内藏有梵文石碑及石匾各一通。塔内原置陶制佛像，为石湾冠华陶窑塑，已移至佛山博物馆保存。

二、南海区

1. 云泉仙馆（攻玉楼）（西樵山白云洞，清光绪三十四年·1908）

云泉仙馆在西樵镇白云峰西北麓，原名"攻玉楼"，因馆内有小云泉，故称"云泉仙馆"，是清乾隆四十二年（1777）南海石岗乡李攻玉创建。

道光二十八年（1848）扩建为云泉仙馆，咸丰八年（1858）竣工。光绪三十四年（1908）重建。1958年小修。现为省级文物保护单位。

云泉仙馆（图3.46）依山而建，坐东南向西北，四周林木葱茏，蝉鸣清脆，"攻玉听蝉"为西樵一景。云泉仙馆为两进，主要建筑有前殿、大殿，附属建筑有墨庄、祖堂、帝亲殿、自在楼、倚红楼、邯郸别邸等。馆前有花岗石筑上下平台，石梯级登临，平台左右有石华表一对、石狮一对，两侧护墙上饰狮子、凤、鱼和六骏图、百鸟朝凤等壁画与精美陶饰。

图3.46 云泉仙馆
资料来源：吕唐军摄。

前殿面阔15米，进深13米。大殿为赞化宫，奉祀吕洞宾，面阔15米，进深14米，抬梁木构架，四根圆形花岗石柱，地面铺砌大方砖，殿堂四周有回廊。殿堂皆歇山顶，正脊为二龙争珠和鳌鱼陶塑，垂脊饰陶塑和灰塑狮子。挂联有傅日鉴"第一洞天无双福地，飞流千尺明月三湖"，冯佩珊"涛飞松径来天上，月映莲池见道心"等；殿廊联有"为仁人师为忠臣师为孝子师佩剑雍容云泉寄迹，是儒中圣是道中圣是医中圣薰风化被草木皆春"等。两殿间有放生池。

2. 字祖庙（云溪书院，樵园）（西樵山白云洞，清乾隆四十二年·1777）

字祖庙位于西樵山白云洞白云古寺右侧。该庙于清乾隆四十二年（1777）由简村堡二十七户文会捐资创建，原名"云溪书院"。道光十九年

（1839）重修后，改为奉祀仓颉[1]的"字祖庙"（图3.47）。

字祖庙两进，总面积约496平方米，抬梁构架，硬山顶，门堂面阔三间，进深两间，琉璃瓦，瓦檐饰有砖雕人物花草图案，地面铺砌大方砖。柱上刻有隶书楹联："属右行属左行属下行文化同流巢燧以还聿开书契文治，曰秦隶曰汉隶曰晋隶随时递变许徐而外尚多羽翼功臣"。门廊柱联隶书："籀篆子孙隶草曾元挚乳囝[2]生宏教泽，羲画开天鸟文察地犻[3]榛风会泄英华"。

图 3.47　字祖庙
资料来源：吕唐军摄。

后堂面阔三间，进深三间。院落中置有一平面方形的四角攒尖拜亭。柱上刻有楹联"泥首献丹枕一缕心香通帝宰，罗胸凝沈墨千年脉圣化神仙"。

3.　**白云古寺（宝震庵，宝震寺，白云宝震寺）（西樵山白云洞，清光绪二年·1876）**

白云古寺位于西樵山白云洞内。该寺始建于明正德二年（1507），初名"宝震庵"；清乾隆四十九年（1784）重建，改名"宝震寺"；嘉庆二十四年（1819）重建，改名"白云宝震寺"；光绪二年（1876）再重建，改名"白云古寺"。古寺奉祀如来佛，依山而建，三进，通面阔13米，通

---

① 仓颉，相传为黄帝史官，汉字创造者。
② 囝，音rì，古文"日"字。
③ 犻，音pī，形容野兽轰动。

进深 36 米，砖木结构，硬山顶建筑（图 3.48）。

图 3.48　白云古寺
资料来源：吕唐军摄。

4．主帅庙（康公庙①）（里水镇河村，清康熙五十二年·1713）

主帅庙又名康公庙，祭祀北宋战将康保裔，位于南海里水镇河村东面，清康熙五十二年（1713）建，光绪三十一年（1905）重修。庙四进，通面阔 11.6 米，通进深 40.7 米，面积 472.22 平方米，主体建筑均为硬山顶、抬梁式木构架，二、三进为五架梁，四进为七架梁。花岗石檐柱，檐缘盖琉璃瓦，檐板饰花草木雕，前殿梁架饰人物组雕，造型精巧。保存现状较差。

三、顺德区

据记载，顺德在民国时期较大的庙宇有 136 座，佛寺、尼庵、道观不下百座，保留至当前的主要有庙宇五座。②

1．西山庙（关帝庙）古建筑群（大良街道西山东麓，明嘉靖二十年·1541）

西山庙位于大良街道西山东麓，原名关帝庙，因建于顺德县城西山

---

①　康公名保裔，据说康公为北宋战将，与契丹作战阵亡。其后人南迁珠江三角洲，托京官奏陈康公战绩，诏准立庙。

②　顺德市地方志编纂委员会. 顺德县志［M］. 北京：中华书局，1996.

（凤山）麓上，故又名"西山庙"。始建于明嘉靖二十年（1541），历代均有重修扩建，现为清光绪年间（1875—1908）重修格局。据传，顺德建县初期，于明天顺八年（1464）修筑墙垣，凿山出土一大刀，堪舆家谓不利于西，不宜设西门，可建关帝庙镇之。嘉靖二十年士民遂于现址建关帝庙，奉刀庙中。西山庙古建筑群包括西山庙、三元宫与碑廊等，1985年重修，2002年公布为省级文物保护单位。

西山庙坐西南向东北，面积约6000平方米，主体建筑分山门、前殿、正殿三部分。其依山构筑，布局完整，山门宏丽，殿宇庄严，且历史上凤城八景中之"凤岭朝晖"、"鹿径榕阴"、"万松鹤舞"三个景区依连于此，因此成为聚凤山灵秀的风景名胜。

山门三门并列（图3.49），面阔五间，中为三间三楼牌坊式，通饰石湾陶脊日神月神、鳌鱼、双龙戏珠等。正面门额悬"西山庙"金漆木雕竖匾，左右两旁为晚清时石湾文逸安堂之陶塑"二龙争珠"，下为砖雕"渭水求贤"及麒麟、凤凰等组画。心间方形大门，门前有团龙石陛，次间为拱形门，门口楣额上，分别刻有"左阙门"和"右阙门"字样。门前有清代大石狮一对，口内衔珠，雄的足踏绣球，雌的足踏小狮，连底座高约2米。台阶下面两旁还有石门楼和便道，横楣以花岗石条石刻"鹿径榕阴"和"凤岭朝晖"，背面刻"排闼青来"和"大观在上"。整个山门庄严雄浑，轩敞宏丽。

图3.49 西山庙大门

资料来源：吕唐军摄。

前殿、正殿建筑矗立在数十级石阶之上，硬山顶，博古脊，有陶塑脊饰（图3.50）。院落内有庑殿式拜亭。殿堂是抬梁式木结构，五架梁。碧绿琉璃瓦，有滴水①，檐板饰花草木雕，附龙形装饰性斗栱。整座殿堂柱子截面形式有圆形、方形（竹节型抹角、海棠抹角）等，木柱有柱櫍②，柱础有覆盆③、四方、八角、花篮型等。正殿圆木柱刻有对联："地脉控三城赖有圣神长坐镇，帝心昭万古相从裨辅亦传名"，暗指古顺德县只有东、南、北三门，并建关帝庙于此。上款刻"光绪乙未（1895）秋谷旦"，下款刻"沐恩后学陈官韶④偕男锡璋、锡稼敬献"。殿堂之内关羽坐像为清代早期文物，高2米，铜铸，重3000斤。右侧为神态威严的持刀周仓立像，左侧有神态庄重的捧印关平立像。两侧偏殿分别为观音堂和罗汉堂。庙内墙壁檐头多有砖雕、灰塑、陶塑及壁画。

图3.50　西山庙
资料来源：吕唐军摄。

西山庙之右侧，为古庙三元宫，两庙相通。三元宫始建年代不可考，现存建筑风格为清代风格。1985年重修。

三元宫坐西南向东北，分为前殿、中殿、后殿三进，面阔三间，硬山

---

① 瓦沟最下面一块特制的瓦。大式瓦作的滴水向下曲成如意形，雨水顺着如意尖头滴到地上；小式的滴水则用略有卷边的花边瓦。

② 櫍，音 zhì。置于柱础之上、垫于柱身之下的构件，是柱身与底座的过渡部分，用铜、石或木料做成。最早的柱櫍为铜櫍，见于殷代遗址。安装櫍的原因是中国的柱子基本是木制，水分易顺着竖向的木纹上升而影响木柱的耐久质量，而櫍的纹理为横向平置，可有效防止水分顺纹上升，起到保护柱身的作用。

③ 柱础的露明部分加工为枭线线脚，使之呈盘状隆起，有如盆的覆置，故名覆盆。唐至元多用这种形式。

④ 陈官韶，字慈云，顺德大良人，光绪戊子（1888）举人，曾任陕西白河知县。

顶，博古脊，各殿檐口饰花草、鸟兽木雕。殿堂为抬梁式结构，瓜柱五架梁。瓦脊已毁，檐口有滴水，前殿与中殿之间有廊庑，四檩卷棚顶。中殿与后殿之间有照壁，过去有灰塑和壁画，已毁。

右山坡上有碑廊一座，内有顺德古碑刻十八通，既有记录顺德水利史料的《通乡筑碑记》和《几美坊河碑》，又有反映划龙舟历史的《压尽群龙》碑刻，还有反对鸦片毒害的《防御英夷碑记》等。

2. 真武庙（大神庙）（容桂街道狮山东路大神庙街，明万历辛巳·1581）

真武庙俗称大神庙（图 3.51），位于容桂街道外村二街，背倚狮山。始建年代不详，据现存文献记录，明正德年间（1506—1521）塌毁，万历辛巳（1581）重建，清康熙年间（1662—1722）、嘉庆甲戌（1814）等多次重修。1989 年、2014 年重修。现为省级文物保护单位。

图 3.51 真武庙
资料来源：吕唐军摄。

庙三进，面阔三间，占地面积约 400 平方米。庙内木柱均粗壮，有柱櫍，覆盘式柱础，柱础宽高比极大，为明代特征。庙前原有棂星门①一座，横额"北极清都"、"三天世界"（现已毁）。前殿面阔三间，进深三间，重檐②歇山顶，檐下构叠木雕驼峰、如意斗栱，造型古雅别致。心间开敞，

---

① 即孔庙大门。传说棂星为天上文星，以此名门，有人才辈出之意。原为木构建筑，后为石构建筑。门上有龙头阀阅十二，门中有大型朱栏六扇，大石柱四，下有石鼓夹抱，上饰穿云板，顶端雕有四大天王像。门前立金声玉振坊，左右两侧各有下马牌。

② 屋顶出檐两层。常见于庑殿、歇山、攒尖屋顶上，以示尊贵。庑殿、歇山的重檐下檐用博脊，围绕着殿身的额枋下皮，在转角处用合角吻，四角用垂脊，垂兽、走兽、仙人等同上檐。攒尖的重檐下檐则随攒尖形式不同而异。

次间外加檐墙，为三段式照壁①形制，次间两边再连接八字照壁，照壁前有一对石象。心间为双柱单间单楼牌坊式，歇山顶，有平棋②，前檐柱为八角形咸水石柱，后檐柱为方形红砂岩柱，咸水石、红砂岩结合的高大方形门枕石。前殿木匾"真武庙"三字是当时知县叶初春所写（现已无存）。前殿横架有月梁和S型托脚。中殿称北极殿，硬山顶，抬梁式构架。后殿称紫霄宫，原祀北帝神像（已毁）。后殿檐柱为红砂岩八角形石柱。后院院中一水池，四周廊庑仍保留有部分红砂岩栏板，池上有狭窄的独石拱桥，接连中殿与后殿，原为红砂岩凿成，呈半月形，桥面阔约25厘米，厚约35厘米，俗称"灯芯桥"，又称"誓愿桥"或"公正桥"。庙内现存《桂洲真武庙碑记》一块，明万历癸巳（1593）刻，《重修工资碑》十块，嘉庆甲戌刻。中座大殿横枋上刻有"康熙重修"字样。

3. 锦岩庙（大良街道锦岩公园，明）

锦岩庙位于大良街道锦岩公园内（图3.52）。按锦岩碑记载，该庙始建于明代，清康熙、雍正、乾隆、道光等年间均有重修。1984年重修，辟为锦岩公园，占地面积达2万平方米。现为市级文物保护单位。

图3.52　锦岩庙
资料来源：吕唐军摄。

---

① 照壁是设立在一组建筑院落大门的里面或外面的墙壁，起到屏障的作用。在广府祠堂建筑中，照壁是指正对建筑院落的大门，和大门有一定距离的一堵墙壁，既起着围合祠前广场、加强建筑群气势的作用，又起着增强建筑本身层次感的作用。照壁在外观上可分上中下三个部分，即上面的压顶、中间的壁身和下面的基座。压顶起到和屋顶一样的作用，即既作墙体上部的结束，又起保护防雨的实际作用，还满足审美的精神需求。主要为歇山和硬山两种形式。照壁顶部虽然面积都不大，但依然铺筒瓦、塑正脊，有的还做起翘的龙船脊。壁身是照壁的主体。现存的几座照壁壁身既无砖雕也无彩绘等装饰，整体风格朴实大方。

② 天花的一种，因其用大方格组成，仰看有如棋盘，故宋式中称为平棋。

锦岩庙坐东南向西北，三路两进三开间，左右两路为偏殿。右侧还有碑屋、楼房、长廊等建筑，依山建筑，典雅庄严。前殿歇山顶，后殿硬山顶，抬梁式架构，五架梁配以驼峰斗栱。院落内有两小廊，四檩卷棚顶，檐口有滴水，檐板饰花鸟、人物等木刻。前殿悬挂木匾"魔障一空"，镌刻于光绪十六年（1890），记录晚清顺德办理团练、护沙局等情况。后殿为观音堂，天妃、英烈祀于左右偏殿。三殿前均建拜亭一座，中亭名"南海水月"，左右为"显枯台"和"海天鸿庇"（已毁）。按《锦岩志略》载，庙内原有记事碑七块，现仅存明万历己酉（1609）和清康熙壬申（1692）、雍正乙巳（1725）、乾隆戊子（1768）、乾隆甲辰（1784）等五通，乾隆癸卯（1783）与道光辛巳（1821）两碑已失落。

4. 绿榕古庙（容桂街道容里居委，清光绪二十一年·1895）

绿榕古庙（图3.53）因庙有榕树浓荫遮日而得名，位于容桂街道容里居委，建于清光绪二十一年（1895）。庙内供奉北帝。2006年公布为市级文物保护单位。

图3.53 绿榕古庙
资料来源：吕唐军摄。

古庙坐东北向西南，占地面积277平方米，三间两进，存右路。通面阔18.4米，中路面阔13.9米，通进深14.6米。硬山顶，方耳山墙，绿琉璃瓦当，滴水剪边，青砖石脚。前殿进深两间七架，前设双步廊，花岗石隔架科①雕刻花卉、人物纹饰。后殿前为五步廊，后七檩搁墙，明间供奉北帝，次间供奉土地、天后等。中庭以卷棚屋顶覆盖。庙内有碑刻五通，内容多样，既涉及该庙详细历史，也有其他内容，年代从明弘治十三年至清光绪二十一年（1500—1895）。

5. 众涌天后古庙（天后宫）（勒流街道众涌村，清光绪二十九年·1903）

众涌天后古庙（天后宫）在顺德勒流街道众涌村，始建于宋代。县志载："宋博士卢爱澜②建。卢仕莆田，祷于神而得子，遂迎像归其乡，建庙祀之。"据清光绪二十九年（1903）《重修众涌乡天后碑记》载，明代以前重修年代已不可考。清代以来在乾隆己丑（1769）、嘉庆丁卯（1807）、道光己亥（1839）、咸丰辛酉（1861）、光绪癸卯（1903）等年间，先后经五次重修，现宋、元间建筑风格已无存，仅留清代光绪二十九年的建筑风格。1985年、2000年维修。该庙是顺德清代庙宇的重要代表作，现为市级文物保护单位。

庙坐东南向西北，占地面积51.7平方米，三间两进，通面阔10.2米，通进深26.6米。硬山顶，灰塑脊，灰筒瓦，绿琉璃瓦当，滴水剪边，青砖墙，花岗石墙脚。殿堂为抬梁式结构，蜀柱五架梁，原有石湾"文如璧"陶塑，已毁。两殿间有拜亭一座，四柱庑殿顶，两边为小廊庑，四檩卷棚顶，瓦脊装饰已毁，无滴水。门额、楹联、檐柱上随处可见"光绪二十九年合乡重修"、"光绪癸卯仲冬吉旦"等落款。庙内现存有泼墨《云龙》壁画一幅，为晚清年间作品，气势壮观。

门堂架梁全为贴金木刻浮雕人物故事，图案繁复，檐口有装饰性转角斗栱。花岗石虾弓梁浮雕缠枝花卉。前檐柱为一对大型石雕盘龙柱，龙口内含珠可转动，体态生动，工艺精细，刻有"西江永昌隆造"字样。广东省这类盘龙石柱保存至现在的已极其稀有了。门额阳刻"天后古庙"楷书，边框雕刻精美。拜亭为四柱庑殿式。

6. 裕源华帝殿（勒流街道裕源村，清雍正元年·1723）

裕源华帝殿位于勒流街道裕源村，始建于清雍正元年（1723），嘉庆八年（1803）、光绪二十年（1894）、民国10年（1921）、2005年重修。该庙是规模较大、较精致的清代庙宇。

---

① 用于内檐大梁与随梁枋之间的斗栱构件。它的作用是为大梁增加中间支点，使随梁枋在加强其前后两柱间联系的同时又能分担一部分梁的荷载。有时在梁头与檩子、垫板相加处，也使用隔架科斗栱作为梁端支座。

② 卢爱澜为宋代博士，出任福建莆田知县。

华帝殿坐西南向东北，占地面积88.7平方米，面阔三间10米，进深两进8.9米。正脊二层，上层为双龙戏珠灰塑，下层为花鸟、山水灰塑博古脊，博古纹穿插瑞兽图案，人字封火山墙，绿琉璃瓦当，滴水剪边，青砖墙，花岗石墙脚。前殿进深两间八架。门额阴刻"华帝殿"楷书。后殿前有拜亭，六架卷棚顶，博古梁架穿插仙桃图案。后殿进深三间九架。木雕人物雀替很精致。

7. 光辉天后宫（杏坛镇光辉村，清同治十二年·1873）

光辉天后宫（图3.54）位于杏坛镇光辉村，始建于宋代，明代中期损毁，明万历二年（1574）重建，清乾隆五十七年（1792）年重修，同治十二年（1873）再度重建，1984年重修。

图3.54　光辉天后宫
资料来源：吕唐军摄。

天后宫坐西南向东北，占地面积216.3平方米，面阔三间11.5米，进深两进21.3米。镬耳山墙，灰塑博古脊，脊上饰有云龙纹及花卉纹饰，绿琉璃瓦当，滴水剪边，青砖墙，咸水石及花岗石墙脚。前殿进深三间七架，前后双步廊，步梁较粗，呈月梁①形式。八角形咸水石檐柱，咸水石覆盆柱础。石门额阴刻"天后宫"楷书大字。后殿前有拜亭，四架卷棚

---

① 梁栿做成"新月"形式，其梁肩呈弧形，梁底略上凹的梁。汉代称虹梁，宋《营造法式》中称月梁。梁侧常做成琴面，并施以雕饰，外形美观秀巧。古建筑中梁的形式有直梁和月梁两类。直梁加工简单，应用较为普遍。月梁则用在天花以下或彻上明造的梁架露明部分。宋以前大型殿阁建筑中露明的梁栿多采用月梁做法。明清官式建筑中已不用，但在南方古建筑中仍沿用。

廊。后殿梁架、柱子已改造。庙宇内存有"重建光辉乡天后宫记"、"昌教堡晌渡碑记"等清代乾隆（1736—1795）、同治年间（1862—1874）碑记。庙内碑刻反映了庙宇沿革及乡村管理、渡船等情况。

8. 仓沮圣庙（字祖庙）（勒流街道黄连居委，清光绪元年·1875）

仓沮圣庙俗称"字祖庙"，位于勒流街道黄连居委，建于清光绪元年（1875）。该庙是目前顺德少见的纪念仓颉、沮诵①作字之功的庙宇。

圣庙坐东南向西北，占地面积240.5平方米，面阔三间9.1米，进深两进17.66米。水式山墙，灰塑博古脊，中间有红色琉璃宝珠，绿琉璃瓦当，滴水剪边，青砖墙，花岗石墙脚。前殿进深两间九架，前廊双步，博古梁架穿插漆金仙桃图案。花岗石门额阴刻"仓沮圣庙"楷书大字，有光绪年款。石楹联饰有蝙蝠、花卉。庙内有光绪元年的《仓沮庙碑记》。庙左侧有"奖善堂"。

9. 马东天后宫（杏坛镇马东村，清光绪元年·1875）

马东天后宫（图3.55）位于杏坛镇马东村，于清光绪元年（1875）重建，民国25年（1936）重修。庙宇保存较完整，装饰丰富。

图3.55 马东天后宫
资料来源：吕唐军摄。

---

① 沮（音jǔ）诵，相传为黄帝史官。与仓颉同时创造汉字（《世本·作篇》），可视为上古搜集、整理汉字的代表人物之一。

天后宫坐西北向东南，占地面积 160.6 平方米，面阔三间 8.8 米，进深两进 18.1 米。硬山顶，人字山墙，灰塑博古脊，绿琉璃瓦当，滴水剪边，青砖墙，花岗石墙脚。前殿前廊双步梁上遍雕人物戏剧场景，花岗石门框，石门额上阴刻"天后宫"楷书大字，石楹联边框、上下方有竹节、蝙蝠、鲤鱼等纹饰。花岗石隔架科，梁下石雀替高浮雕瑞兽花卉。封檐板上木雕精致。墙楣①存"夜游赤壁"等壁画，杨少泉画，存民国丙子年（1936）款。后殿内存有花岗石神台基座三座。

四、三水区

三水区庙宇多建于城镇，清代以前有城隍庙、关帝庙、真武庙、元坛庙、（河口）天后庙、（岗根）五显庙、（西南）武庙、（芦苞）胥江祖庙等。由于天灾人祸，战乱兵燹，这些庙宇多已塌废或改建他用。

1. 西南武庙（西南镇岭海路，清嘉庆十三年·1808）

西南武庙又称关帝庙，坐落在西南镇岭海路，为西南镇规模最宏大、保存最完整的寺庙建筑。始建于清嘉庆十三年（1808），由西南镇各行业集资兴建，道光二十四年（1844）、道光二十八年（1848）、光绪十五年（1889）、民国 6 年（1917）都曾修葺或扩建。现为市级文物保护单位。

西南武庙呈清道光二十八年重修后之面貌，坐北向南，三间三进，现仅余后两进，建筑面积 900 平方米。庙内原有的山门被拆毁（仍保留镬耳山墙遗迹），戏台、地堂、庙前长廊、神龛神像、祭祀器具等俱已无存，石牌坊、前殿、聚宝阁、拜亭、后殿等主体建筑尚保存完好。硬山顶，镬耳山墙，抬梁式梁架结构。前殿、后殿进深三间。

石牌坊滨江而立，位于武庙前，建于清光绪年间，为四柱三间冲天式结构，面阔 8 米，高 5 米。心间门面阔 3 米，次间门面阔 1.5 米。心间石横额正面题"岭海回澜"，背面题"履中蹈和"；边门题"入孝"和"出第"（图 3.56）。字为咸丰年间武举、邑人梁光槐所书，欧体正楷，笔力庄劲圆滑。

石狮原置于山门前，于清道光二十八年由西南曾盛昌石店所雕，势态雄伟，威武传神。整座石狮通高 2.77 米，身长 2 米，垫座高 1.1 米。石狮之巨，省内罕见。雄狮垫座前幅石雕为"麟吐玉书"，后幅为"莲开并蒂"，左幅为"雀（爵）鹿（禄）蜂（封）猴（侯）"，右幅为"鱼跃龙门"；雌狮垫座前幅为"富贵喜雀（爵）"，后幅为"喜鹊闹梅"，左幅为

---

① 墙框上部。

图 3.56　西南武庙牌坊
资料来源：吕唐军摄。

"雀（爵）兽（寿）青松"，右幅为"幅（福）绶（寿）双钱（全）"。

武庙文物除一对石狮外，还有武庙后殿的一对盘龙柱。这两根盘龙柱是用花岗石以浮雕的手法雕刻而成，直顶住后殿的殿顶。从石柱留存的清晰字迹可看出，石柱是在道光二十四年建成的。在每根石柱的底部，都雕刻有四个造型逼真的外国侏儒。盘龙柱建于鸦片战争后，由外国侏儒抬着盘龙柱，深含民间反帝情绪。

庙内遗存碑刻七通，其中有：清咸丰十一年（1861）的《奉县宪严禁万福堂设立私局馆敛钱把持停工碑记》；清道光二十八年重修武庙时立的《修西南武庙并建石狮碑记》，为武庙的变迁过程和当时西南街的商业状况提供了颇具历史价值的实物资料。

2. 昆都五显庙（西南街道金本社区岗根村，清道光十九年·1839）

昆都五显庙（图 3.57）位于风景秀丽、三江汇合的金本昆都山脚。始建年代不详，重建于道光十九年（1839），民国三十七年（1948）、1994年重修。五显庙为南方乡村供奉华光①（即五显公、五圣②）的庙宇，相

---

　　① 华光大帝，又称灵官马元帅、三眼灵光、华光天王、马天君等，系道教护法四圣之一。他是汉族神话传说中的火神，民间普遍信仰的神明，是传统搭棚业、陶瓷业、武师业从业者所崇拜的行业神祇。相传他姓马名灵耀，因生有三只眼，故民间又称"马王爷三只眼"。
　　② 五显大帝，又称五圣大帝、五通大帝、华光菩萨等，是广东、福建等地重要的汉族民间信仰之一。在汉族客家民俗中，他是由神到人，又由人到神的神灵。传说玉皇大帝封其为"玉封佛中上善王显头官大帝"，并永镇中界，从此万民景仰，求男生男，求女得女，经商者外出获利，读书者金榜题名，农耕者五谷丰登，有求必应。

传唐代已有香火，宋代加封至王。昆都五显庙为广东省仅存的供奉华光的庙宇。现为市级文物保护单位。

图 3.57　昆都五显庙

资料来源：吕唐军摄。

昆都五显庙坐东北向西南，三间一进，前有拜亭，通面阔 16.95 米，进深 9.52 米。硬山顶，抬梁、穿斗式混合架梁结构，瓦脊灰塑花鸟山水，墙有壁画，庙门左右有两副石刻对联，门楣①上的条石刻有"五显古庙"四个大字，庙前花岗石台阶由江边砌筑到庙门前，气势雄伟壮观。拜亭歇山顶，拜亭面阔 3.74 米，进深 4.43 米。

3．芦苞关帝庙（武帝庙，关夫子庙）（芦苞镇范街，清嘉庆初年·约1797）

芦苞关帝庙又称武帝庙、关夫子庙（图 3.58），位于芦苞镇内，始建于清嘉庆初年（约 1797），光绪乙未（1895）、民国初年、2002 年重修。庙内供奉关圣帝君（关羽），建筑风格与胥江祖庙相仿。朝拜关帝庙是当年武当朝拜过程中重要的一环。2006 年公布为市级文物保护单位。

关帝庙坐北向南，原占地面积约 250 亩，三间两进，水式山墙，灰塑博古脊，建筑古朴，木雕、砖雕、石雕保存良好。庙门所嵌石刻对联："日月同盟汉室匡扶擎一柱，湖山依旧胥江清洌鉴孤忠"，是民国时期北洋

---

① 门框上的横木。

政府国务总理梁士诒①撰书；还存有参加过"公车上书"的举人黄恩荣等人所题楹联。后殿前有拜亭和卷棚顶轩廊，后殿为抬梁结构。

图 3.58　芦苞关帝庙（武帝庙，关夫子庙）
资料来源：吕唐军摄。

第三节　佛山地区祠堂建筑

除前述的沙滘陈氏大宗祠外，佛山地区仍保存有岭南地区最大量的祠堂建筑。由于篇幅所限，本文在五区中抽取了一定数量的祠堂作重点介绍，以祠堂的年代、规模、保存质量、特色、价值为准绳选取对象，保证每区均有一定数量的代表祠堂，并保证规模大于 500 平方米的、建筑年代为明代的、某些方面具有特色和价值的祠堂均在此列。

---

① 梁士诒（1869—1933），字翼夫，号燕孙，三水冈头海天坊人。清光绪二十年（1894）入京应礼部试，以二甲第十五名为翰林院庶吉士。历任武英殿及国史馆协修、殿试受卷官、编书处协修、北洋编书局总办、铁路总文案、外务部垂参上行走、垂参、邮传部铁路总局局长。民国元年（1912），梁士诒任袁世凯总统府秘书长，兼任交通银行总理。历任民国财政部次长、税务处督办、内国公债局总理、中卿、交通银行董事会董事长、参议院正议长、外交委员会及战后经济调查委员会委员、国务总理、财政善后委员会委员长、宪法起草委员会主席委员、关税特别会议委员会委员、税务督办。曾创办山西同宝煤矿公司和中华银行公司。

一、禅城区

据《（民国）佛山忠义乡志》"氏族篇"记载，佛山全镇曾有家祠376座。

1. 石头霍氏家庙祠堂群（石头霍氏大宗祠、石头霍氏古祠建筑群）（澜石镇石头村，明嘉靖四年·1525）

霍氏家庙祠堂群（图3.59、图3.60）位于石湾街道澜石社区石头村，始建于明嘉靖四年（1525），清嘉庆年间（1796—1820）、光绪七年（1881）重修。霍氏家庙祠堂群是一组五路并列的三间三进祠堂群落，从左至右依次为霍勉斋公家庙、椿林霍公祠、霍氏家庙、霍文敏公家庙（石头书院）和荫苗纪德堂，占地面积2484平方米，祠前有宽阔广场，祠与祠之间为青云巷，共带五条青云巷。整个建筑群气势恢宏，庄严规整，是禅城区现存规模最大、保存最完好的祠堂群，具有较高的历史和艺术价值。现为省级文物保护单位。

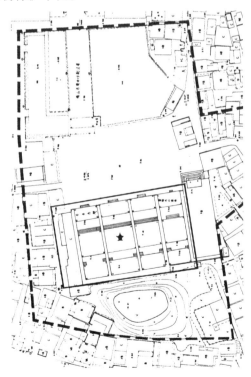

图3.59 石头霍氏家庙祠堂群总平面图

资料来源：佛山市建设委员会，西安建筑科技大学，佛山市城乡规划处.

佛山市历史文化名城保护规划［M］. 1996。

图 3.60 石头霍氏家庙祠堂群

资料来源：吕唐军摄。

据光绪《石头霍氏族谱》记载，明洪武初年，霍氏二世祖椿林公以焙鸭蛋致富，人称霍鸭氏。椿林霍公祠和霍氏家庙即为始迁祖及二世祖的祠堂。石头书院，为霍氏族人读书之所。第六代人霍韬①，于明正德九年（1514）会试第一，嘉靖时官至礼部尚书，原来亦建有祠堂，规模更大，人称"七叠祠"，今已毁。其子霍与瑕②亦考取进士，霍勉斋公家庙（图 3.61）即为其祠堂。

建筑群以霍勉斋公家庙和椿林霍公祠形制、用材最古，荫苗纪德堂形制、用材最新。建筑群建筑形式一致，椿林霍公祠和霍氏家庙略高大，左右边路的建筑规模及装饰均逊于椿林霍公祠和霍氏家庙。建筑群全部有石台基，霍勉斋公家庙和椿林霍公祠外墙以红砂岩做墙脚，其余以花岗石做墙脚。五路建筑的门堂、牌坊、中堂、后堂地基高度均渐次提高，高差较大。均为博古山墙，博古屋脊。后二进面阔进深各三间，瓜柱抬梁和穿斗混合式梁架结构，做工考究，装饰精美。

椿林霍公祠和霍氏家庙门堂为一门两塾，门堂构架为中柱分心造；其

---

① 霍韬（1487—1540），字渭先，初号兀厓，后改渭厓，南海县石头乡（现属石湾澜石镇）霍族人，正德进士，会试第一，文人学士多称他为渭厓先生。世宗即位，任职方主事。"大礼议"争议中，他力排众议，主张嘉靖帝（明世宗）应尊生父兴献王为皇考，不同意群臣合议以兴献王为皇叔考之名称，嘉靖帝最后采纳了他的主张。官至礼部尚书、太子少保。嘉靖十九年（1540），霍韬在京暴病逝世，追封为太师太保，谥文敏，运葬于广东省增城县境风箱冈对面山上，并在乡内建祠祀奉（祠现存）。后人将他和石硔乡梁储、西樵大同乡方献夫并称为明代南海县的"三阁老"。霍韬学博才高，著作甚多，有《渭厓文集》、《西汉笔评》、《霍文敏集》、《诗经注解》、《象山学辨》、《程周训释》等。今有《霍文敏公全集》传世。

② 霍与瑕，字勉衷，号勉斋，历任慈溪、鄞县知县及广西佥事。

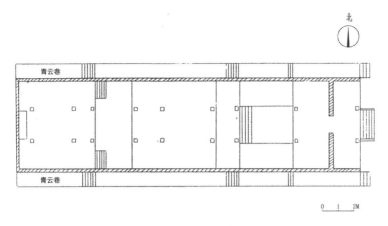

图 3.61 霍勉斋公家庙平面图

资料来源：佛山市博物馆. 佛山市文物志 [M]. 广州：广东科技出版社，1991。

余三路建筑门堂无墊台。霍文敏公家庙（石头书院，图 3.62）门堂背面有红砂岩"石头书院"匾额。门堂梁架遍雕人物花草，精巧细腻。椿林霍公祠和霍氏家庙前院均有四柱三间冲天式石牌坊，花岗石构筑，前后八个抱鼓石固定。牌坊地基比门堂高，三个开间均有石台阶登上。霍氏家庙牌坊正面题"忠孝节烈之家"（图 3.63），背面题"硕辅名儒"；椿林霍公祠牌坊正面题"祖孙父子兄弟伯侄乡贤"，背面题"文章经济"。石头书院和荫苗纪德堂前院均有砖砌三间三楼牌坊。石头书院牌坊正面题"容台俨岩"，背面题"宗伯流芳"；荫苗纪德堂牌坊正面题"孝义传家"，背面题"情怀故里"。霍勉斋公家庙无牌坊。中堂心间、次间皆有石阶，金柱有木柱櫍。霍氏家庙中堂匾额为"睦敬堂"。后堂次间有石阶，檐廊天花作卷棚顶，前排金柱有木柱櫍。霍勉斋公家庙后堂石台基与石阶梯均为红砂岩材质。

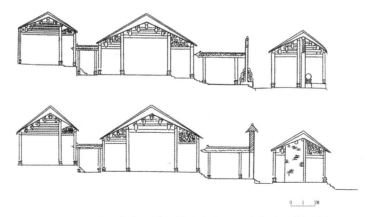

图 3.62 霍氏家庙、霍文敏公家庙（石头书院）剖面图

资料来源：佛山市博物馆. 佛山市文物志 [M]. 广州：广东科技出版社，1991。

霍氏家庙内还有《霍氏家庙碑》一通，记载氏族与宗祠产业情况。

图 3.63 霍氏家庙牌坊
资料来源：吕唐军摄。

2. 兆祥黄公祠（福宁路，民国 9 年·1920）

兆祥黄公祠（图 3.64）是著名中成药"黄祥华如意油"始创人黄大年①的生祠，建于民国 9 年（1920），地址在福宁路，按清代祠堂形制修建。是目前禅城区规模最大、保存最完整、装饰最华丽的祠堂之一。门堂于 1988 年局部被损毁，其余建筑物保存完好，具有较高的历史和艺术价值，现为省级文物保护单位。

图 3.64 兆祥黄公祠
资料来源：吕唐军摄。

---

① 黄大年，字兆祥，佛山人，原经营"五福"灯饰店，清咸丰年间（1851—1861）始创"黄祥华如意油"，畅销海内外。民初时在广州、香港和新加坡等地设有分店，遂成巨富。

　　该祠气魄宏大，精巧独到，在当地祠堂建筑中极具代表性。主体建筑坐西向东，三路四进，占地面积约3000平方米，硬山顶，由中轴线上排列的门堂、拜亭、前殿、正殿、后殿等组成，南北两侧附有厢房，以左右青云巷相间。主祠面阔三间（图3.65至图3.67）。

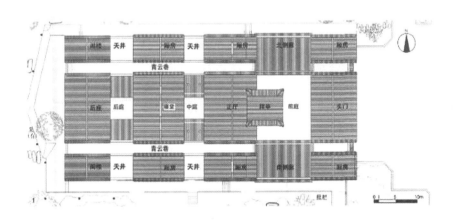

图3.65　兆祥黄公祠总平面图

资料来源：冯江，郑莉．佛山兆祥黄公祠的地方性材料、构造及修缮举措［J］.

南方建筑，2008（5）：48－54。

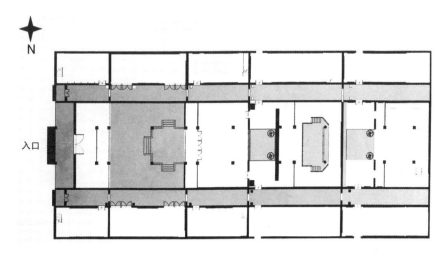

图3.66　兆祥黄公祠平面图

资料来源：兆祥黄公祠导游图。

图 3.67　兆祥黄公祠正剖面图
资料来源：冯江、郑莉. 佛山兆祥黄公祠的地方性材料、构造及修缮举措［J］.
南方建筑，2008（5）：48 - 54。

其中，门堂、拜亭和前殿最为讲究。门堂高大雄伟，具当地祠堂式建筑特点，前檐廊梁架遍布精致的漆金木雕，前墙的水磨青砖光洁如新，与左右青云巷门楼相连，整体外观气势不凡。高大挺拔的拜亭（图 3.68）坐落在宽阔的庭院之中，石柱、卷棚歇山顶，精心设置多种木雕构件，匠心独运。前殿、正殿进深各三间，抬梁与穿斗混合式结构，宽敞明亮，装饰富丽高雅。主体建筑两旁的附属厢房建筑各有四进，左右对称，整齐划一。

图 3.68　兆祥黄公祠拜亭
资料来源：吕唐军摄。

3．康宁聂公祠（澜石镇深村，明）

康宁聂公祠（图 3.69）位于澜石镇深村，始建于明代，建筑现状中有清代维修的明显特征。现为市级文物保护单位。

祠三路三进三开间，带左右青云巷，两边有廊庑，左右衬祠与青云巷应为清代所建。镬耳山墙，龙船脊。门堂一门两塾，前后檐柱为八角形红砂岩石柱，柱础为八角覆盘式红砂岩柱础，门堂前檐无额枋。门堂匾额"康宁聂公祠"已拆除，安装于周边的一栋民居之上。中堂金柱柱础为红砂岩双柱础，有柱櫍。后堂应为清代修建，柱础为花岗石。

图 3.69　康宁聂公祠
资料来源：吕唐军摄。

4.　蓝田冯公祠（兆祥路，明）

蓝田冯公祠（图 3.70）位于兆祥路，是一组祠堂宅第组合建筑群，为明代聚居此地的冯氏家族所建，清中叶后重修，规模颇大。明、清数百年来，冯氏家族中先后有十多人在外地为官或经商，家族虽全迁至外地，但历年春秋二祭从不间断，且十分隆重热闹，直至民国初年。2006 年公布为市级文物保护单位。

图 3.70　蓝田冯公祠
资料来源：吕唐军摄。

祠原外貌庄重肃穆，除一路三进之主祠外，两侧有青云巷和闸门楼，其后还有三间两廊式住宅。祠前大地堂有石狮、碑记以及石旗杆夹等设置，气势不凡，地堂之旁还有氏族的房产多座，自成一庄。但今已不复存在。

祠现存主体建筑坐北向南，三进三开间，总面积约 500 平方米。镬耳山墙，硬山顶。门堂建筑高于路面，前有石阶，两侧塾台以红砂岩为华板。前檐额枋为木直梁，上面的枒墩斗栱已失，后檐部分已改建。门堂柱子为八角形花岗石柱，花篮式柱础。中堂、后堂均进深三间，建筑架构为抬梁与穿斗混合式结构，柱子覆盆式石柱础，有櫍。中堂前檐柱为石质、方形，其余各柱为木质、圆形。

5. 石梁梁氏家庙（澜石镇石梁村，明）

梁氏家庙位于石梁村村西进步龙岗（原称龟岗）北端，是纪念开村始祖梁勋的宗祠，始建于明代永乐年间，原建于该村社后便[①]，后于嘉靖年间（约 1550）迁到当时称"龟岗"的现址。清代同治辛未科状元、顺德宗亲梁耀枢曾亲临祭祀，可谓盛极一时。清代光绪初年、2004 年修葺。2006 年公布为市级文物保护单位。

图 3.71　石梁梁氏家庙
资料来源：吕唐军摄。

家庙坐北向南，占地面积 1300 多平方米，建筑面积 800 多平方米，三路三进三开间，左右有青云巷及两厢。大门对联"南渡声名曾降疏，东平窜粤史流芳"，前庭高挂"钦点主事签分陆军部"和"赐进士及第"，门堂高挂"兄弟同科"横匾，后堂悬挂"三晋循良"题额和众多的楹联、牌匾。现存较古老的形制为中堂金柱，有木柱櫍，柱础为高大的双柱础。

_____

① 村内地名。

6. 海口庞氏大宗祠（张槎街道海口村，清光绪二年·1876）

据海口《庞氏族谱》记载，海口庞氏为南宋开禧元年（1205）南迁弼塘乡的氏族，后有分支移居海口，至清光绪二年（1876）始建此大宗祠。现为市级文物保护单位。

该祠在张槎街道海口村，坐东向西，通进深 47.16 米，通面阔 27.44 米，总建筑面积约 1294 平方米。原为三路三进，现仅存主体建筑与左路衬祠及青云巷。

门堂为三开间，面阔 11.92 米，进深 7.86 米。门前有两塾，方石檐柱，石额枋，两端雀替为镂空卷草兽头纹石雕，柱头以云纹形单栱①承托檐檩，檩下雀替也镂有花草图案，柁墩则雕有人物；门墙后为瓜柱承托各檩。门堂硬山顶，全高约 5.57 米，顶有灰塑装饰。青云巷前门有大理石门额，书隶书阴刻"会派"二字。前院两侧有廊庑；中堂三开间，面阔 12 米，进深 9.65 米，方石檐柱，金柱为圆木柱，檐柱金柱间为四架梁，两端雀替为古纹木雕。前后金柱之间为三、五、七架梁，檩下以瓜柱相承。全高约 9.35 米。后院两侧廊庑已毁，后堂广深各三间，进深 11.5 米，高 9.85 米，结构装饰与中堂同。

7. 三华罗氏大宗祠（南庄镇紫洞三华村，清光绪十三年·1887）

罗氏大宗祠（图 3.72）位于南庄镇紫洞三华村，始建年代不详，清光绪十三年（1887）重修。2006 年公布为市级文物保护单位。

图 3.72 三华罗氏大宗祠
资料来源：吕唐军摄。

---

① 即单栱造，是以单层横栱承托替木或素枋的斗栱组合。即在斗栱中，于栌斗和与其平行的内、外跳头上，只置横栱一道的做法。栌斗中仅置泥道栱，上叠柱头枋；跳头上置令栱，上仅用罗汉枋一重，即每跳上施两材一栔。一般用于规制较小的建筑。

祠坐南向北，高大气派，占地面积约 1490 平方米，原为三路四进三开间，通面阔 25.8 米，通进深 57.9 米，第四进为通面阔的三层碉楼，非常壮观。现仅存西路、四进后楼建筑和东路后段厢房。水式山墙，博古脊，上有陶脊残件。

8. 秀岩傅公祠（卫国路，民国 5 年·1916）

秀岩傅公祠位于卫国路，建于民国 5 年（1916），现为市级文物保护单位。

祠三间三进，面阔 15 米，通进深 47.5 米。门堂、后堂为传统建筑，中堂为中西合璧建筑，都保全完好。中堂为钢筋混凝土结构厅堂，皆水磨石米批荡，平顶，八根柱子。后堂大厅最宏伟，瓜柱抬梁式结构，中间用九架梁，前部用卷棚顶，后部用三步梁。前檐柱为方形石柱，余四柱为木圆柱。

二、南海区

1. 沙头崔氏宗祠（五凤楼，山南祠，崔氏始祖祠）（九江镇沙头，明嘉靖四年·1525）

沙头崔氏宗祠又名五凤楼、山南祠，位于九江镇沙头。始建于明嘉靖四年（1525），清乾隆四年（1739）、嘉庆二年（1797）、咸丰七年（1857）、光绪十九年（1893）、1985 年、2003 年重修。大门为乾隆四年建，院落的三个牌坊为光绪十九年建。该祠为省级文物保护单位。

崔氏宗祠原为四进，纵深达 100 米，总面积约 2000 平方米，内有大小堂室十六间，楼阁三个，计 108 个门口（图 3.73）。几经拆改，目前仅存门堂、石牌坊及厢房。

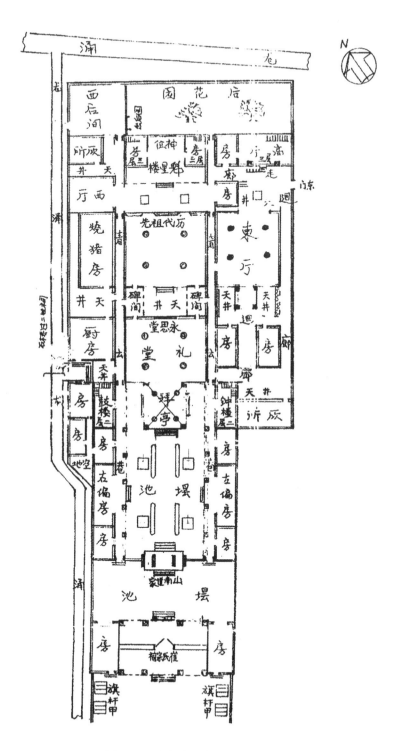

图3.73 沙头崔氏宗祠复原平面图

资料来源：崔永传先生提供。

门堂（图3.74）为牌坊式，歇山顶，以抬梁构架、如意斗栱构筑，三间三楼，一门四塾进深两间。四根花岗石方柱，木阑额，心间四朵柁墩斗栱，次间三朵柁墩斗栱，斗栱上承托三座歇山顶，中央高、两侧低。每层檐脊有灰塑彩凤，因名五凤楼，梁架上下雕花鸟和人物故事，造型生动、手工精巧。门额上款"嘉靖乙丑岁阳月联□"，下款"巡按广东监察御史陈□芳题"。厢房为卷棚顶建筑。

图3.74 沙头崔氏宗祠门堂

资料来源：吕唐军摄。

院落中有三座一字排开的牌坊。中间为"山南世家"石牌坊（图3.75），四柱三间三楼式，坊高7.2米，心间门宽3米，左右次间门宽1.6米，外连花窗边墙，墙上有灰塑图案。正面额枋刻"山南世家"，背面刻字"缵服扬休"。牌坊四柱为花岗石建造，抱鼓石是西樵山粗面岩石建造，雕花鸟、竹木图案，牌坊顶饰灰塑斗栱。牌坊左右墙中建有几何图形花窗格，顶饰如意斗栱灰塑。"山南世家"牌坊是后人为了纪念崔氏先祖而建。崔家先祖崔曾在唐朝担任"山南西道节度使①"职位。明代巡按、广东监察御使陈联芳称崔家为"山南世家"，以此赞颂崔氏曾经出过崔山南这样一个大官，并题下"山南世家"的牌匾。两侧两座三间三楼式砖牌坊，两旁砖牌坊高6.5米，牌坊顶亦饰海草灰塑，灰塑精美。一般而言，中间石

---

① 唐贞观年间，疆土划分为十道行政区域，"山南"是其中一道。

牌坊两侧为与祠堂前院外墙连接的随墙，在这里，两侧墙体改为牌坊形式，这种形式并不多见。

图3.75 沙头崔氏宗祠"山南世家"牌坊
资料来源：吕唐军摄。

第二进为可容600多人的大堂，第三进是高厅，第四进是奎星楼，均已无存。

2. 曹边曹氏大宗祠（南雄祖祠）（大沥镇曹边村，明崇祯九年·1636）

曹边曹氏大宗祠（图3.76）又名南雄祖祠，位于大沥镇曹边村北坊，始建于明代中期，明崇祯九年（1636）重建，清光绪十七年（1891）、2004年重修，现为省级文物保护单位。

图3.76 曹边曹氏大宗祠
资料来源：吕唐军摄。

曹氏大宗祠坐南向北，三间三进，通面阔 12.6 米，通进深 38.6 米，高 7.25 米，建筑占地 486 平方米，硬山顶，装饰古朴典雅，保存了南方独特的蚝壳墙。门堂无塾，无阑额。中堂、后堂用方檩。中堂抬梁式构架，有五架梁、单步梁、月梁。后堂四根八角形石柱，檐柱两根，中砌两面金字形蚝壳墙以替代梁架支承屋面。祠两侧有走廊贯通前、中、后堂。全祠均泥地面，比较简朴。

3. 平地黄氏大宗祠（大沥镇平地村，明）

平地黄氏大宗祠（图 3.77）位于大沥镇平地村新市大街，始建于明代，清乾隆乙亥年（1755）迁建，嘉庆年间（1796—1820）重修。门堂石额上款"乾隆岁次乙亥季冬吉旦"，另《平地黄氏家谱》载"建自乾隆二十年岁次"。民国 4 年（1915）西路衬祠被水灾冲毁，民国 6 年（1917）重建西花厅。现为省级文物保护单位。

图 3.77　平地黄氏大宗祠

资料来源：吕唐军摄。

大宗祠三路三进三开间，左右衬祠两层高，占地面积 1000 平方米，通面阔 29.84 米，通进深 45 米，首进院落有钟鼓楼。镬耳山墙，镂空龙船脊，有船托。木雕柁墩抬梁式梁架，水磨青砖墙。所用石料有红砂岩、粗面岩、汉白玉、花岗石等。木雕、石雕、砖雕遍布。木雕有 300 多条龙、"二十四孝图"、"人文蓄盛"等，雕工细腻繁复。

门堂一门两塾，柱子皆为花岗石四方柱，鼓形柱础。前檐心间、次间皆有石直额枋，心间、次间石额枋上皆承两攒石柁墩镂空斗栱，十分特别。由于门堂高大，门堂的内外天花均做了卷棚顶。大门前有汉白玉石狮一对，母狮头部已毁，20世纪90年代重修时补上。首进院落两边有厢房，左侧厢房外还保留有明代的红砂岩石栏板。中堂名"崇始堂"，前有月台，前檐次间有石直额枋，石额枋上承两攒石柁墩镂空斗栱。中堂前檐天花加了卷棚顶，金柱为梭柱①，柱身粗壮，有柱櫍。后堂前檐柱保留有咸水石柱础，金柱为梭柱，有柱櫍。后堂梁架上有S型托脚。

4. 简村绮亭陈公祠（西樵镇简村，清光绪十三年·1887）

简村绮亭陈公祠（图3.78）位于西樵镇简村百豫坊中，该祠建于清光绪十三年（1887），为陈启沅②兄弟三人为纪念其养父绮亭公的生祠。现为省级文物保护单位。

图3.78　简村绮亭陈公祠
资料来源：吕唐军摄。

绮亭陈公祠规模颇大，三路两进三开间，带左右青云巷，占地1500平方米，建筑面积600平方米，镬耳山墙。院落围以石栏杆，杆上有精刻石

---

① 上部形状如梭，或中间大两端小、外观呈梭形的圆柱。将柱子分为三段，中间一段为直形；上段予以梭杀的，叫上梭柱；上下两段都梭杀的，叫上下梭。

② 陈启沅（音yuán）（1825—1905），字芷馨，中国民族企业家，清同治十二年（1873）创办了我国第一个民族资本经营的机器缫丝厂——继昌隆缫丝厂，采用近代先进缫丝技术，采用自己设计的机器缫丝。著有《陈启沅算学》、《蚕桑谱》等书。

狮。东、西两厢为两层楼房，后堂中间置一雕花灰色云石①神楼，雕工精细。木雕、砖雕、灰塑工艺精美。东墙外有花园。

5. 七甫陈氏宗祠（狮山镇官窑七甫村，明弘治十二年·1499）

七甫陈氏宗祠（图3.79）在狮山镇官窑七甫村铁网坊。始建于明弘治十二年（1499），清乾隆五十八年（1793）、1995年重修。相传明弘治年间，举人陈度在江苏省直隶县任知县，平定匪乱有功，告老还乡，皇上加赐金钱给他回乡建此祠。现为市级文物保护单位。

图3.79　七甫陈氏宗祠
资料来源：吕唐军摄。

该祠现状坐西向东，三路三进三开间，通面阔11.6米，通进深36.4米，总面积472.24平方米，格局较为完整。门堂为歇山顶木构牌坊式，瓦脊饰一双陶塑鳌鱼。距殿门3.8米处设石栏杆，连接殿门左右侧的门楼。门堂前有东、西厢房，祠堂门分别设在东西厢。中堂中跨梁架亦古，插栱檩间斗栱梁架，但金柱已换成石柱，四根方形花岗石柱、四根八角形红砂岩石檐柱，前墙饰砌花窗格图案，硬山顶。后堂为硬山顶，抬梁式构架，方檩，两侧各有厢房。中堂脊檩下写有"大清乾隆五十八年岁序癸丑于夏六月念，三日吉旦重修"，后堂脊檩下写有"大明弘治十二年岁次，己未春三月吉旦建"。

---

① 粤语称大理石为云石。

6. 黄岐梁氏大宗祠（大沥镇黄岐村，明弘治十七年·1504）

黄岐梁氏大宗祠（图 3.80）位于大沥镇黄岐村，始建于明弘治十七年（1504），现存建筑为清代风格。2006 年公布为市级文物保护单位。

梁氏大宗祠三路三进三开间，带两侧青云巷，左侧为南园梁公祠，右侧为大夫第，博古山墙，博古脊，占地面积 2965 平方米，建筑面积 1266.6 平方米。门堂一门两塾，内有屏门。中堂和后堂"永思堂"的木柱皆有柱櫍。

图 3.80　黄岐梁氏大宗祠

资料来源：吕唐军摄。

7. "朝议世家" 邝公祠（大沥镇大镇村委，明隆庆与万历年间·1568—1580）

"朝议世家"邝公祠（图 3.81）位于大沥镇大镇村委，为奉祀二世祖谚公的祠堂，始建于宋度宗咸淳四年（1268），现存祠堂为明代重建。又据《（乾隆）南海县志》卷十三《古迹志·家庙》记载："邝氏宗祠……为宋朝朝议大夫邝德茂建，右佥都御使庞尚鹏①题"。《明史》卷二百二十

---

① 庞尚鹏（1524—1580），字少南，明嘉靖三年（1524）生于南海叠滘乡。嘉靖三十二年（1553）进士，历任江西乐平知县、河南巡按、浙江巡按，隆庆二年（1568）擢右佥（音 qiān）都御史，辖两淮、长芦、山东三运司，兼领九边屯务。所至搏击豪强，试行一条鞭法。善理盐政、屯田事宜。以推行一条鞭法和清理整顿两淮盐法而闻名。万历四年（1576）遭忌被劾去职，罢官南归。家居期间，撰写《庞氏家训》。万历八年（1580）卒于家，谥"惠敏"。著有《百可亭稿》、《奏议》、《殷鉴录》、《行边漫议》、《庞氏家训》。

七《列传一百十五》提到庞尚鹏于明隆庆二年（1568）任右金都御史，隆庆四年（1570）"斥为民"。庞尚鹏卒于1580年，故该祠的重建时间很可能在明隆庆与万历年间（1568—1580）。① 现为市级文物保护单位。

该祠具有明显的广府地区明代建筑特征。祠三进五开间，面积820平方米，悬山顶，龙船脊。大门外有八字翼墙，这在现存的岭南祠堂建筑中是极其少见的，并都见于年代较早的祠堂建筑。墙垣以近尺许之巨大蚝壳混合砌成。檐柱全为木檐柱，插栱式挑檐。所有柱子有柱櫍，覆盘式红砂岩或咸水石柱础，柱础高宽比小于1。柱子有侧脚与生起。

门堂无塾，中柱分心造，三楼悬山顶，中间三间做门堂，两边稍间封闭做塾间。木檐柱有柱櫍，檐枋为木梁，心间亦有木檐枋，木驼峰斗栱。门堂和中堂尽间用方檩。

图 3.81　大镇"朝议世家"邝公祠
资料来源：吕唐军摄。

8. 颜边颜氏大宗祠（大沥镇盐步河西颜边村，明）

颜边颜氏大宗祠（图 3.82）位于大沥镇盐步河西颜边村。始建于明代，清道光十三年（1833）重修，现为市级文物保护单位。

颜氏大宗祠三路三进三开间，带两侧衬祠及青云巷，博古山墙，博古脊，抬梁式构架，保存有明代石柱及清代典型岭南风格的砖雕、木雕和描述岭南风情的壁画。门堂两塾，中堂"克復堂"和后堂木柱有柱櫍，后堂次间有檐墙。

---

① 杨扬. 广府祠堂建筑形制演变研究 [D]. 广州：华南理工大学，2013.

图 3.82 颜边颜氏大宗祠

资料来源：吕唐军摄。

9. 寨边泮阳李公祠（罗村街道寨边村，明晚期·1573—1644）

寨边泮阳李公祠（图 3.83）在罗村街道寨边村，建于明晚期（1573—
1644）。传说当时地方官见此祠大门是牌坊式建筑，认为李氏没有功名人
物，违反制度，准备把它拆毁。后来，李氏门人在祠里安放明代尚书李宗
简神位，这才保存了祠堂。现为市级文物保护单位。

图 3.83 寨边泮阳李公祠

资料来源：吕唐军摄。

泮阳李公祠三间两进，面积228.8平方米。门堂为牌坊式建筑，歇山顶，龙船脊，碧绿色的琉璃瓦滴水，墙顶上为砖砌斗栱式样，方形石檐柱，正面刻有"泮阳李公祠"。院落为花岗石铺砌，两侧无回廊。后堂抬梁式构架，九架梁，硬山顶，两条六角形石檐柱，四条圆木金柱。

10. 钟边钟氏大宗祠（大沥镇钟边村，清）

钟边钟氏大宗祠（图3.84）位于大沥镇钟边村。始建于宋景德二年（1005），明成化十八年（1482）重修，建筑现状为清代风格，后进于2001年维修。现为市级文物保护单位。

钟氏大宗祠占地总面积约1156.14平方米。现存建筑为三进三开间，祠内保存有典型岭南风格的砖雕、木雕和描述岭南风情的壁画及《重修钟氏大宗祠碑记》。

图3.84　钟边钟氏大宗祠
资料来源：吕唐军摄。

11. 白沙杜氏大宗祠（大沥镇黄岐街道白沙村，清乾隆十七年·1752）

白沙杜氏大宗祠（图3.85）位于大沥镇黄岐街道白沙村。据祠内《新建杜氏大宗祠碑记》与《迁建杜氏大宗祠碑记》记载，祠始建于清乾隆十七年（1752），乾隆三十五年（1770）迁建他处，乾隆五十九年（1794）又迁回现址。现为市级文物保护单位。

杜氏大宗祠原为三路三进三开间，带两侧衬祠及青云巷，抬梁式构架，镬耳山墙，龙船脊有博古形船托。现保存门堂、中堂及回廊，占地面

图 3.85　白沙杜氏大宗祠

资料来源：吕唐军摄。

积约 870 平方米，衬祠两层。门堂一门两塾，前檐虾弓梁上无驼峰斗栱，内有屏门。门堂及首进衬祠的镬耳山墙上有博古装饰，两侧廊庑进深三间。祠内保留的《新建杜氏大宗祠碑记》、《迁建杜氏大宗祠碑记》详细记录了杜氏大宗祠的情况。

12．华平李氏大宗祠（狮山镇小塘华平村，清嘉庆年间·1796—1820）

华平李氏大宗祠（图 3.86）在狮山镇小塘华平村，为同胞"三翰"祠，李可端①、李可藩②、李可琼③兄弟三人先后封翰林荣归后所建。该祠始建于清嘉庆年间（1796—1820），同治年间（1862—1874）重修。2006年公布为市级文物保护单位。

李氏大宗祠三进，面积 936 平方米，带左右青云巷，左边有衬祠。镬耳山墙饰博古纹，博古脊。门堂无塾，抬梁式构架，七架梁，蓝色琉璃瓦滴水，屋脊饰有陶狮子，地面铺砌大方砖，内部有屏门。大门立花岗石狮一对，高 1.75 米，据说与此同形的石狮在广东省内只有两对。庭院砌花岗石，两侧廊庑为卷棚顶。中堂"惇④叙堂"和后堂瓦脊灰雕石榴、花草，木柱均有柱櫍。

① 李可端，清嘉庆元年（1796）进士，授翰林院检讨。
② 李可藩，清嘉庆十年（1805）进士，授翰林院编修。
③ 李可琼，字佩修，号石泉，南海罗村人，后移居佛山，清嘉庆十年（1805）进士，授翰林院编修，累官至山东盐运使。
④ 惇，音 dūn。

图 3.86　华平李氏大宗祠
资料来源：吕唐军摄。

13. 烟桥何氏大宗祠（何世六世祖祠）（九江镇烟南烟桥村，清嘉庆十九年·1814）

烟桥何氏大宗祠（图 3.87）位于九江镇烟南烟桥村大巷口，始建年代不详，清嘉庆十九年（1814）重建，光绪十八年（1892）重修。现为市级文物保护单位。

图 3.87　烟桥何氏大宗祠
资料来源：吕唐军摄。

何氏大宗祠三路两进三开间,带左右衬祠及青云巷,镬耳山墙,博古脊。题额为同治六年(1867)顺天举人梁骆藻①所书。抬梁式结构,木雕、砖雕及灰塑精巧,工艺精细,人物、花鸟等栩栩如生。门堂两塾。祠内有咸丰九年(1859)探花顺德李文田②题匾"惇叙堂"。

14. 凤池曹氏大宗祠(大沥镇凤池村委凤西村,道光二十三年·1843)

凤池曹氏大宗祠(图3.88)位于大沥镇凤池村委凤西村。始建于清雍正九年(1731),道光二十三年(1843)重建,后进于1999年重建。现为市级文物保护单位。

曹氏大宗祠三路三进三开间,带两侧衬祠及青云巷,占地面积约1100平方米,博古山墙,博古脊。门堂无塾,中堂"光裕堂"和两侧廊庑木柱有柱櫍,中堂木柱为梭柱形制,后堂为1999年重建。祠内现存有岭南风格的砖雕、木雕和反映岭南风情的壁画,以及《重建曹氏大宗祠碑记》、《曹氏合族归总粮务碑记》。

图3.88 凤池曹氏大宗祠

资料来源:吕唐军摄。

---

① 梁骆藻为道光至光绪年间(1821—1908)顺德的书法名家。

② 李文田(1833—1895),字畲光、仲约,号若农、芍农,谥文诚,顺德均安上村人。清咸丰九年己未(1859)探花,授翰林院编修、武英殿撰修,曾编《文宗显皇帝圣训实录》。官至礼部右侍郎和工部右侍郎。历任江西学政、国史馆协修、纂修,会典馆总纂。工书善画,是清代著名的蒙古史研究专家和碑学名家。1874年归故里,主讲广州凤山、应元书院。著有《元秘史注》、《元史地名考》、《西游录注》、《塞北路程考》、《和林金石录》、《双溪醉隐集笺》等。

15. 沥东吴氏八世祖祠（大沥镇沥东荔庄村，清光绪十六年·1890）

沥东吴氏八世祖祠（图3.89）位于大沥镇沥东荔庄村，始建于清康熙六十年（1721），光绪十六年（1890）重建。现为市级文物保护单位。

图3.89 沥东吴氏八世祖祠
资料来源：吕唐军摄。

祖祠三间三进，总面积773平方米，镬耳山墙，博古脊。保留有较完好的木雕、砖雕。祠内有《同建祖祠碑》、《归宗碑》。

16. 联星江氏大宗祠（罗村街道联星社区，清光绪三十年·1904）

联星江氏大宗祠（图3.90）位于罗村街道联星社区，始建于明永乐八年（1410），清光绪三十年（1904）重建，2001年重修。现为市级文物保护单位。

图3.90 联星江氏大宗祠
资料来源：吕唐军摄。

江氏大宗祠三路三进三开间，带两侧衬祠与青云巷，水式山墙有博古纹装饰，博古脊。抬梁式构架。门堂一门两塾，门堂内有屏门，两侧廊庑深两进。保留有清晚期典型岭南风格的石雕、砖雕、木雕。

17. 贤寮泗源郑公祠（里水镇和顺贤寮村，清光绪年间·1875—1908）

贤寮泗源郑公祠（图3.91）位于里水镇和顺贤寮村，为郑氏后人为其七世祖明诰授奉政大夫、礼部郎中、辛未科进士郑泗源建立的。清早期（1644—1735）始建，清光绪年间（1875—1908）重建，1994年维修。现为市级文物保护单位。

郑公祠三间三进，硬山顶，镬耳山墙，博古脊，保存有较完整的晚清木雕、石雕。后进神楼仍保留原神主牌。

图3.91 贤寮泗源郑公祠

资料来源：吕唐军摄。

18. 潋表李氏大宗祠（大沥镇黄岐潋表村，民国13年·1924）

潋表李氏大宗祠（图3.92）位于大沥镇黄岐潋表村，始建于民国10年（1921），民国13年（1924）建成。现为市级文物保护单位。

李氏大宗祠原为三路四进三开间，硬山顶。现仅存三路三进三开间，占地面积6670平方米，建筑面积为4002平方米。

19. 河村吴氏世祠（里水镇河村，明）

河村吴氏世祠（图3.93）在里水镇河村月池坊内，始建于明代，清代重修，后堂为民国20年（1931）重建。为族人吴光龙[①]所建。

---

① 吴光龙，明万历三十二年（1604）进士，历官江西道御史、苍梧道副使、太仆寺少卿。

图 3.92　漱表李氏大宗祠
资料来源：吕唐军摄。

图 3.93　河村吴氏世祠
资料来源：吕唐军摄。

　　吴氏世祠三路两进三开间，通面阔 21.2 米，通进深 27.8 米，面积589.36 平方米，三楼硬山顶。门堂三门，木门面，无塾，檐柱和中柱均为圆木柱，有櫍。心间檐枋为木直梁，次间无檐枋。抬梁式斗栱梁架，大门两侧木柱原有楹联。门堂左右尽间为耳房，各宽 3.2 米。祠内有圆形石柱，柱础为南瓜形。

　　钟鼓楼檐壁饰梅花、桃花砖雕，前后进间设左右走廊，并在院落中建拜亭，约 21 平方米，方形石柱。后堂为混凝土结构。祠内原有对联："祠建离明俎豆万年光日月，天开景远奎间千古灿乾坤"，"太白渊源济济云盈传历代，珠玑世系绵绵瓜瓞衍清时"。

20．江头江氏大宗祠（桂城街道叠南江头村，清康熙五十九年·1720）

江头江氏大宗祠（图3.94）位于桂城街道叠南江头村，始建于清康熙五十九年（1720），乾隆二十九年（1764）、1991年重修。

江氏大宗祠三间三进，占地面积534平方米，抬梁式构架，镬耳山墙，龙船脊。门堂一门两塾，木月梁木驼峰斗栱，檐柱、墙脚、心间门面、门枕石均为红砂岩，檐柱为方形截面，方形柱础，内部有屏门。两侧廊庑的檐柱为红砂岩八角形檐柱。中堂"贻谋堂"次间，以檐墙叠涩承檐，无屏门，后檐柱为木圆柱，设有檐墙保护。祠内现仍保留有清代砖雕、石刻、满洲窗及江孔殷①殿试二十七名碑记。

图3.94 江头江氏大宗祠

资料来源：吕唐军摄。

三、顺德区

据清代《顺德县志》，清代中后期顺德大小宗祠为数逾万，构筑宏丽，有"顺德祠堂南海庙"之称。据2005年初顺德区第二次文物普查的统计，区内尚存祠堂476所。据2011年《佛山市顺德区第三次全国文物普查不可

---

① 江孔殷（1864—1952），字韶选、少泉、少荃，号霞庵、霞公，别号江兰斋。佛山张槎人。清光绪二十一年（1895）参加过"公车上书"请愿运动。光绪三十年（1904）恩科中二甲第二十七名进士，后选入翰林院，授职庶吉士，钦放广东道台。在广州河南同德里营建"江太史第"，别称"江兰斋"。他衣锦还乡后，修祠堂，敬乡亲，清涌修窦，抚恤贫苦，甚得人缘。辛亥革命前4年间任两广清乡督办，在督办任内兼办广东省慈善会，以恤抚救济贫民为主。至抗日战争前，他仍以个人名义捐医赠药。1911年4月，江孔殷协助收殓在广州起义中壮烈牺牲的七十二烈士的遗骸。孙中山、廖仲恺对江孔殷甚为推崇。

移动文物名录》①，区内尚存祠堂 256 处。

当前仍有多处祠堂未被统计纳入文保单位。以陈村为例，据邝转容所著《守望陈村千年文化——陈村镇历史文化资料汇编》一书统计，陈村镇现存祠堂 60 多处，其中较有特色的祠堂共 36 处，而第三次文物普查名单中，陈村镇祠堂数量仅为 20 处，仅为书中统计总量的 1/3。②

1. 逢简刘氏大宗祠（影堂）（杏坛镇逢简村，明永乐十三年·1415）

逢简刘氏大宗祠（图 3.95）即"影堂"，位于杏坛镇逢简村树根大街。明永乐十三年（1415）刘氏五世祖刘观成松溪公"始率族建祠"，"祠其堂影堂而光大之，用以妥先灵而永言孝思"。天启元年（1621）后人兰谷公组织族人重修祠堂，"并治门楼之"。③ 重修后的大宗祠"庙貌既隆，明衢广辟，美哉轮哉，盖都然一大观也"。通过增加衬祠、后楼、拜亭等建筑，扩建东西钟鼓二楼及周边楼阁，形成现状的格局。嘉庆年间（1796—1820）、2002 年均有重修。为少见的明代五开间祠堂，现为省级文物保护单位。

图 3.95　逢简刘氏大宗祠

资料来源：吕唐军摄。

---

① 2011 年 11 月 18 日公布，文件号：顺府发〔2011〕32 号。http://www.shunde.gov.cn/data/main.php? id = 2151 – 10080。

② 杨扬. 广府祠堂建筑形制演变研究［D］. 广州：华南理工大学，2013.

③ 逢简南乡刘追远堂族谱·重修祠堂记.

刘氏大宗祠坐北向南，占地面积 1900 多平方米，三路三进五开间，通面阔 32 米，中路面阔 19 米，通进深 59.6 米，两边有衬祠、青云巷，东西有钟鼓楼，中路有月台。硬山顶，人字山墙，龙船脊，屋顶生起曲线明显。素胎瓦当，滴水剪边，青砖墙，红砂岩墙脚。门堂无塾，面阔五开间，咸水石八角形檐柱，柱础宽高比大，前檐纵架是木直梁木驼峰斗栱。前庭宽阔，两侧廊庑后有厢房，中堂前有红砂岩基础的宽阔月台。中堂名"追远堂"，插栱襻间斗栱梁架，檐柱为八角形石柱，覆盘式柱础，木柱有柱櫍。后庭较为特别，由于中堂和后堂没有台阶联通庭院，所以后庭不能通行，需要从两边廊庑联系。两边廊庑保留了部分红砂岩栏板，廊庑檐柱为木柱，红砂岩柱櫍，双柱础，下面的柱础为红砂岩材质。后堂檐柱为大方石柱，红砂岩柱础；内柱为木方柱，红砂岩柱础。

2. 桃村报功祠古建筑群（北滘镇桃村，明天顺四年·1460）

桃村报功祠古建筑群位于北滘镇桃村，包括桃村报功祠、金紫名宗（光泽堂、黎氏宗祠）、黎氏三世祠、桃村水月宫（观音庙）等建筑，其中报功祠有清晰的年代记录。现为省级文物保护单位。

报功祠（图 3.96）为明天顺四年（1460）建，清康熙四十三年（1704）、嘉庆八年（1803）、道光十九年（1839）、光绪八年（1882）、民国丁亥年（1947）多次重修。门堂石额下款为"大清光绪八年岁次壬午年仲夏吉旦"；中堂脊檩刻有"大清光绪八年岁次壬午三月十六壬寅日合乡重建"；后堂脊檩刻有"大明天顺四年岁次庚辰十月二十九辛未日合乡重建"，并有康熙四十三年、嘉庆八年、道光十九年、民国丁亥年重修碑刻

图 3.96　桃村报功祠

资料来源：吕唐军摄。

四块。现状后堂梁架形制古朴，应为天顺四年的原构。

报功祠三进，后面附加一进民居，博古山墙，博古脊。门堂无塾，前檐无檐枋（图3.96）。中堂、后堂均以檐墙承檐，不设檐柱。后堂插栱襻间斗栱梁架，方檩，金柱形制特殊，木梭柱，柱身下有一段木鼓座，下有木柱櫍，红砂岩覆盘柱础，宽厚粗壮。驼峰斗栱抬梁式梁架，有早期月梁、S型托脚形制。

金紫名宗（图3.97）又名光泽堂、黎氏宗祠，位于北滘镇桃村上街，建于清乾隆戊戌年（1778）。据传起源于南宋，型制古朴。该祠门额上款"巡按广东监察御史王命璿为"，下款"宋金紫光禄大夫黎厚芳祠题，乾隆岁次戊戌仲春吉旦重修"，木匾为旧物，匾上字曾被毁，近年重修祠堂时按遗留痕迹补刻。

图3.97　金紫名宗
资料来源：吕唐军摄。

金紫名宗三路三进三开间，两边带衬楼，人字山墙，龙船脊。门堂一门四塾，门前一对高大的抱鼓石。外檐已更新为清代石虾弓梁、石狮子斗栱、花岗石石檐柱形式，内檐仍保留八角形咸水石柱及石柱础，次间檐柱有咸水石柱櫍。心间与次间皆有木直梁檐枋、木驼峰斗栱。中堂木柱与报功祠相类，木柱，柱身下有一段高大木鼓座，下有木主櫍，红砂岩八角形覆盘柱础。

黎氏三世祠（图3.98）的明代建筑特征明显，但保存现状欠佳。祠现存两进。门堂一门四塾，三间三楼式屋顶，外檐柱为八角形石檐柱，八角石柱础，木檐枋，木狮子柁墩斗栱，内檐柱为方形石檐柱，方形红砂岩柱础。后堂山墙为蚝壳墙，檐柱为木檐柱，全部柱子有木柱櫍，檐柱前有墉①，

---

① 在广府地区，为适应潮湿多雨的气候，在木檐柱之外设檐墙以保护木檐柱。这种檐墙称为墉。

墉上设花窗，檐柱插栱穿墉而出，形制特别。后堂明间前檐纵架亦用两攒木如意驼峰斗栱。院落与建筑中散落数个红砂岩仰覆莲花柱础，雕刻精美。

图 3.98 桃村黎氏三世祠

资料来源：吕唐军摄。

桃村水月宫（图 3.99）即观音庙，始建年代无考，清乾隆五十九年（1794）、咸丰二年（1852）、光绪二十四年（1898）、2006 年重修。三进，首进院落有拜亭，花岗石墙脚，特别之处为山墙用三级方耳山墙。拜亭为卷棚歇山顶，前两柱与门堂内檐柱共用，后梁柱与中堂前檐柱共用。

图 3.99 桃村水月宫（观音庙）

资料来源：吕唐军摄。

3. 碧江尊明苏公祠（尊明祠）（北滘镇碧江居委，明嘉靖年间·1522—1566）

碧江尊明苏公祠（图3.100、图3.101）堂号"兹德堂"，位于北滘镇碧江居委泰兴大街，是一座始建于明代晚期的祠堂，为十七世孙苏日德（苏云程）以其五品官员身份为其先祖苏祉所建，村里人习惯称之为"五间祠"。《顺德碧江尊明祠修复研究》[①]中猜测建祠时间为1570—1600年前后，《碧江讲古》[②]则猜测建祠时间在"嘉靖年间或更早一些"。尊明苏公祠是顺德地区现存为数不多的五开间祠堂中规模最大、形制最古朴、历史最悠久的一座，2008年公布为省级文物保护单位。

图3.100 碧江尊明苏公祠门堂背部
资料来源：吕唐军摄。

尊明苏公祠原为三进五开间，现状仅剩下两进主要建筑——门堂和中堂，前庭内保留有明代水井一口。后堂在20世纪四五十年代倒塌后未被修复，仅存红砂岩地台基石，后庭及侧廊损毁。门堂和中堂主体结构保存完整，建筑形制颇古，整体梁架结构基本完好，平面宽深比约为5∶1，正立面高宽比约为1∶3。门堂通面阔五开间31.9米，通进深七架6.2米，平面类似《营造法式》殿堂建筑分心槽形制，以隔墙承托脊檩与前后檐梁架，心间金柱抬梁，前后两侧无塾台。心间地面到脊顶高6.7米，侧立面地面到垂脊脊尖高7.4米，斗栱及驼峰宏大，纹饰精巧，舒展优雅，明风犹存。中堂通面阔五开间，十三架桁[③]，屋前后双步梁用四柱，面阔达32.5米，进深13.56米，建筑心间地面到脊顶高9.54米，侧立面地面到垂脊脊尖高

① 阮思勤. 顺德碧江尊明祠修复研究 [D]. 广州：华南理工大学，2006.
② 苏禹. 碧江讲古 [M]. 广州：花城出版社，2005.
③ 桁（音héng），为架于梁头与梁头科或柱头科与柱头科之间的圆形横材，其上承架椽木。在南方，一般习称为桁条、檩条。

10.4 米。建筑宽深比为 2.4:1，正立面高宽比为 3.4:1，屋顶与屋身之比接近 1:1。[①]

图 3.101　碧江尊明苏公祠复原图

资料来源：佛山市规划局顺德分局，佛山市城市规划勘测设计研究院.
北滘镇碧江村历史文化保护与发展规划说明书、专题研究［M］. 2009。

4. 华西察院陈公祠（龙江镇新华西村北华村，明中期·1436—1572）

华西察院陈公祠（图 3.102）位于龙江镇新华西村北华村，重修于清同治十一年（1872）。祠内清同治十一年的无题碑记载："是以溯源始建丕基[②]，虽肇造于先朝中叶，重修旧贯尚因仍于八纪。"祠内有多通碑刻，分别为《骢马行春图诗序》（成文于明成化十五年（1479），重刻于清乾隆三十九年（1774））、《送广东陈君德章出巡云南序》（成化庚子年（1480））、《赠陈德章侍御至舍辞赴京》（成化庚子仲春（1480），撰文者为陈白沙）、《文材郎巡按云南道监察御史前翰林院庶吉士敬斋陈公行状》

---

① 阮思勤，冯江. 广府祠堂形制比较研究初探［C］. 族群·聚落·民族建筑——国际人类学与民族学联合会第十六届世界大会专题会议论文集，2009.

② 丕基，巨大的基业。

（撰文者为梁储①）。现为省级文物保护单位。

图 3.102　华西察院陈公祠
资料来源：吕唐军摄。

陈公祠门堂整体形制殊为特别，可能与其始建于明中期有关；但就构件形式而言，应为清中期形制。祠三间三进，左右带青云巷。门堂前檐为三间三楼牌坊式，进深一间，歇山顶，上有大型灰塑浮雕，富丽堂皇，后檐为硬山顶厅堂式。两相结合，形制特殊。前檐纵架木直梁上立如意斗栱，前檐天花做卷棚顶。心间做成木门面。左右青云巷门楼做成砖砌三楼牌坊式样。

5. 沙边何氏大宗祠（厚本堂）　（乐从镇水腾沙边村，明晚期·1573—1644）

沙边何氏大宗祠（图 3.103、图 3.104），又名厚本堂，位于乐从镇水腾沙边村八坊，龙船脊，是顺德现存古祠中较好的一座。民国初年厚本堂刊印的《何氏事略全卷》载："今览旧谱，则前人亦几费经营矣，其始建何时无可考，惟载重修始于康熙四十九年。"另《顺德文物》载："始建于明代，康熙四十九年（1710）、同治二年（1863）重修。"据对该祠现存的建筑形制、构件用材、装饰工艺等，如门堂上盖之斗栱、红砂岩柱、红砂岩华板饰件等进行考证，应属晚明遗物。据此，该祠的始建年代应不迟于

---

①　梁储（1451—1527），字叔厚，号厚斋，又号郁洲。广东顺德石碛村（明代属顺德，1952年划归南海）巷口坊人。戊戌会试第一名，传胪二甲第一名，成化十四年（1478）进士，授编修。弘治初进侍讲，侍武宗于东宫。正德五年（1510）以吏部尚书入阁。正德十年（1515）任首辅，曾谏阻武宗巡游。武宗死，赴安陆迎立世宗。不久被劾，乞休归。谥"文康"，御赐葬祭。著有《郁洲遗稿》。

晚明，而其后座及两廊等，则为清代重修之物。2003年重修砖雕。该祠历史悠久，保留原有形制较为完善，装饰精美。该祠是岭南明清祠堂的重要代表作，2002年公布为省文物保护单位。

图3.103　沙边何氏大宗祠

资料来源：吕唐军摄。

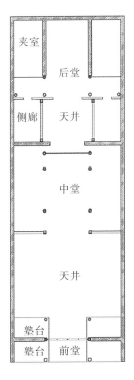

图3.104　沙边何氏大宗祠平面图

资料来源：赖瑛. 珠江三角洲广府民系祠堂建筑研究［D］. 广州：华南理工大学，2010。

何氏大宗祠坐南向北，占地面积 900 平方米，是一路三进三开间祠堂，通面阔 16.2 米，通进深 48.9 米。主体建筑外有后楼，为该堂旧厨。同治末改修为有厅有厨，供小事聚会之用。灰筒瓦，素胎瓦当，滴水剪边，青砖墙，红砂岩石脚。

何氏大宗祠风格古朴典雅。门堂为三间三楼牌坊式，进深两间，歇山顶，龙船脊，明间瓦顶高，次间瓦顶稍低，如意斗栱，横梁雕有瑞兽、花草等纹饰，精细富丽。门堂分心槽①，中柱分前后檐，一门四塾，共八根柱子，金柱为圆木柱，前檐柱为咸水石大方柱，方鼓形柱础，后檐中柱为红砂岩八角柱，覆盆柱础。木檐枋通雕精美花鸟动物纹样，上雕有牛羊等图案的驼峰，在顺德祠堂中比较少见。驼峰出七踩斗拱托檐。前塾台为咸水石，外壁为红砂岩华板，通饰龙、马、麒麟等瑞兽，线条粗犷、古朴传神。后塾台为红砂岩。前院无侧廊，红砂岩甬道与堂屋心间等阔。中堂进深三间十二架，前三步廊，后双步廊。步梁砍削成月梁形式，置鳌鱼托脚。堂前石雕栏杆雕有法器、麒麟。后堂前为四架轩廊，后九檩搁墙。后檐墙为灰砂蚝壳墙。共八根柱子，前檐两根为咸水石方柱，其余为圆木柱，木柱粗壮，有柱櫍，覆盘式柱础，宽高比大。前檐柱与两侧山墙间设檐墙，上开花窗，后下金柱间设屏门。后院花岗石地面，两侧廊为卷棚顶，有栏板，各两根咸水石方柱，中堂次间经廊通往后堂次间。后堂心间有六级台阶。后堂共六根柱子，前檐四根咸水石八角柱与心间两根圆木柱承托轩廊，轩廊后心间为祖厅，供奉神龛，次间为室。②

6. 右滩黄氏大宗祠（杏坛镇右滩石滩村，明晚期·1573—1644）

右滩黄氏大宗祠（图 3.105、图 3.106）位于杏坛镇右滩石滩村，建于明晚期，是明代状元黄士俊家族祠堂，是杏坛现有面积最大的祠堂。历经重修，各时期建筑风格均有保留，现为省级文物保护单位。

黄氏大宗祠占地面积 1614 平方米，五间三进，后院有两亭子，博古山墙，博古脊。其建筑设计大气简洁，雄浑敦厚。祠堂用料考究，集灰塑、砖雕、石雕、木雕和陶塑之大成，规模宏大，结构严整，装饰精美。

门堂面阔五间，进深三间，三门两塾，两侧门额上分别混雕花鸟纹饰和"兆启鳌头"、"徽流燕翼"，梁两端分别雕有人物、花鸟，木雕工艺极其精湛雅致。内部木柱有柱櫍。中堂前有月台。中堂名"垂宪堂"，面阔五间，心间与次间前檐纵架皆为木直梁，稍间为檐墙带花窗，檐柱插栱挑

---

① 柱网平面布局方式，是分心斗底槽的简称。屋身用檐柱一周，身内纵向中线上列中柱一排，将平面划分为前后两个相等空间的柱网布置形式。一般用作殿门处理。

② 赖瑛. 珠江三角洲广府民系祠堂建筑研究 [D]. 广州：华南理工大学，2010.

檐，堂内木柱保留有红砂岩覆盘柱础。后院有两个亭子，均为四木柱、歇山顶。后堂前檐大方石柱与木金柱共同支承轩廊卷棚顶。心间和次间金柱间通置隔扇门，内部木柱有柱櫍，红砂岩覆盘柱础。

图 3.105　右滩黄氏大宗祠

资料来源：吕唐军摄。

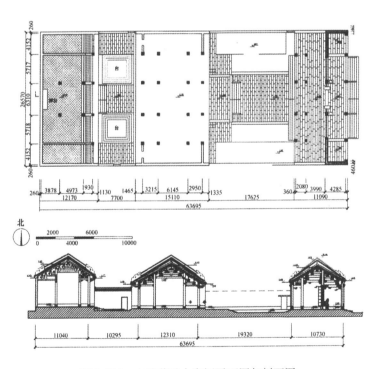

图 3.106　右滩黄氏大宗祠平面图与剖面图

资料来源：冯江. 祖先之翼——明清广州府的开垦、聚族而居与宗族祠堂的衍变［M］.

北京：中国建筑工业出版社，2010。

7. 仓门梅庄欧阳公祠（均安镇仓门居委，清光绪八年·1882）

梅庄欧阳公祠（图3.107）位于均安镇仓门居委，始建于明天启年间（1621—1627），清光绪八年（1882）重建。祠堂砖雕、木雕、石雕、灰塑、壁画精彩纷呈，是顺德晚清祠堂中的代表作。现为省级文物保护单位。

图3.107 仓门梅庄欧阳公祠

资料来源：吕唐军摄。

该祠坐南向北，三路两进三开间，带左右青云巷，主体建筑后带一后楼（厨房），两旁外廊通往后楼。总面积992平方米，中路面阔14.1米，通进深43.5米。主体建筑为抬梁式结构，硬山顶，博古山墙，龙船脊，上有灰塑花卉、鸟兽图案，脊两端有鳌鱼咬含，蓝琉璃瓦当，滴水剪边，青砖墙，花岗石墙脚。祠堂砖雕、木雕、石雕、灰塑精彩纷呈。

门堂进深三间，前设三步廊，后四架轩廊。一门两塾，后檐带两个耳房。前廊抬梁式梁架，坤甸木造，步梁及驼峰均雕刻有人物、瑞兽图案。前门架梁刻精细木雕，龙船脊两端灰塑鳌鱼高翘咬合，檐四角有蓝釉陶狮各一只，为晚清时石湾制品。正门"梅庄欧阳公祠"石门额为阴文蓝底横书行楷，上款"光绪八年岁在壬午孟秋之月"，下款"翰林院侍读学士李文田书题"。青云巷内外侧有廊庑，其柱为八角式柱，覆盘式柱础，形制较古。后堂"绍德堂"进深三间，十三架，前设四架卷棚顶轩廊，后三步廊。木柱粗壮，有柱櫍。前廊檐柱上部置"福禄寿"石雕挑头一个。廊封檐板刻有二十四孝全图，每边各十二幅，人物生动，构图严紧，雕工精细。墙楣存"一带图"等多幅壁画，皆为清代著名壁画家杨瑞石①手迹。

---

① 杨瑞石，清光绪前后岭南建筑界中绘制壁画的著名画家。光绪年间建造的广州陈家祠的壁画就是由杨瑞石主持完成的。然而，有明确署名并未经修改扰乱的已很少见到。

祠龛有木刻九鱼图，雕工精美。有大理石祭坛一座，坛前木雕陈设已毁。明间正中悬挂横额刻"绍德堂"三字木匾，亦为李文田手书。

8. 碧江村心祠堂群与慕堂苏公祠（北滘镇碧江居委，明清，清光绪戊戌·1898）

碧江村心祠堂群（图3.108）位于北滘镇碧江居委村心大街，始建于明清两代。碧江村在抗日战争前仅苏赵两姓祠堂就超过200座。[1]《顺德祠堂》（《顺德文丛》（第三辑））"附录一"中根据族谱资料列举了碧江村祠堂历史上存在过的祠堂总量为97处，现存23处。而由顺德区人民政府网公布的第三次文物普查名单中，碧江村祠堂数量仅有15处，占现存总量的65%。[2] 碧江村心祠堂群是省级文物保护单位金楼及古建筑群的重要组成部分。

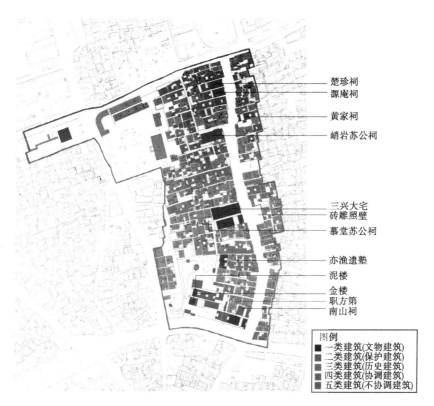

楚珍祠
源庵祠

黄家祠

峭岩苏公祠

三兴大宅
砖雕照壁

慕堂苏公祠

亦渔遗塾
泥楼
金楼
职方第
南山祠

图例
■ 一类建筑（文物建筑）
■ 二类建筑（保护建筑）
□ 三类建筑（历史建筑）
□ 四类建筑（协调建筑）
□ 五类建筑（不协调建筑）

图3.108　碧江村心祠堂群总平面图

资料来源：佛山市规划局顺德分局，佛山市城市规划勘测设计研究院．

北滘镇碧江村历史文化保护与发展规划说明书、专题研究，2009。

① 凌建．顺德祠堂文化初探［M］．北京：科学出版社，2008.
② 杨扬．广府祠堂建筑形制演变研究［D］．广州：华南理工大学，2013.

　　碧江慕堂苏公祠是碧江村心祠堂群的代表建筑，清光绪戊戌年（1898）始建，是佛山地区现存两座有一字型①砖照壁的祠堂之一②，且其照壁最为精美。

　　苏公祠坐西向东，三进，通进深39.6米，面阔三间，通面阔12.4米，占地面积491平方米。镬耳山墙，博古脊，青砖墙，花岗石墙脚。门堂两层素面门枕石，上有石狮一对。石狮座上浮雕麒麟、凤凰等瑞兽。

　　慕堂苏公祠的精华在于其照壁（图3.109）。珠江三角洲带照壁的祠堂并不多见。慕堂苏公祠的照壁长26.5米，深11.7米，形制为一字三楼三段式，两边开门，上有大量精美砖雕，是广州陈家祠的砖雕作者之一——名匠南海梁氏兄弟的代表作。照壁砖雕的完成时间较陈家祠晚4年，刀法更加成熟。有"麟雄拱日"、"杏林春意"、"九狮全图"、"三羊启泰"等花鸟、瑞兽题材，气势宏伟，栩栩如生。

图3.109　碧江慕堂苏公祠前照壁

资料来源：吕唐军摄。

9. 杏坛镇苏氏大宗祠（杏坛镇大街，明万历年间·1573—1620）

　　杏坛镇苏氏大宗祠（图3.110）位于杏坛镇大街七巷口。《重修苏氏大宗祠碑记》载"大宗祠始建于万历年间"，清代重修，后堂为2010年复建。从整座结构来看，门堂、中堂均属明代风格，后堂上盖为清代风格，是顺德少见的明代祠堂，现为市级文物保护单位。

　　苏氏大宗祠坐北向南，三进五开间，通面阔15.25米，通进深29.38米。屋顶有生起，人字山墙，龙船脊。素胎瓦当，滴水剪边，红砂岩石地脚。石柱六角形或八角形，承托梁架的驼峰、斗栱精致美观。门堂、中堂形制古朴。门堂五开间，分心槽。一门四塾，每塾面阔各两间，塾台高约1.5米，其超常的高度为广府之最，反映了塾台在雏生阶段的特征。前檐

① 一字形是指照壁为整齐的一面墙体。
② 另一祠堂为高明区罗岸罗氏大宗祠。

柱为八角形咸水石檐柱，六角形石櫍，覆盆柱础。前檐柱纵架为木月梁木驼峰斗栱，用一斗两升承托前檩。后檐部分形制特殊，次间、稍间合并成为一间，檐柱为木圆柱，檐柱纵架为木月梁木驼峰斗栱，两边各两攒。心间木门面，大门分上下两段。中堂"世泽堂"为抬梁式结构，圆木柱，柱径40.8厘米，有柱櫍，覆盆柱础。檐柱为木柱，前檐柱外有塾，墙上开花窗。驼峰斗栱承托五架梁，驼峰足饰云水纹，上刻缠枝花，上用一斗两升。后堂为抬梁式瓜柱五架梁结构，木柱有柱櫍，咸水石覆盆柱础。檐柱为木柱，前檐柱外有塾。地板和梯级仍保留部分红砂岩条石。

图3.110 杏坛镇苏氏大宗祠
资料来源：吕唐军摄。

10. 莘村曾氏大宗祠（宗圣南支）（北滘镇莘村，明天启元年至四年·1621—1624）

莘村曾氏大宗祠即宗圣南支（图3.111），位于北滘镇莘村武城街，建于明天启元年至四年（1621—1624），光绪己丑年（1889）重修。现为市级文物保护单位。

曾氏大宗祠坐东向西，三路三进三开间，带左右青云巷，左路为衬祠（厨房），右路为曾氏家塾（凹斗门）。中路面阔13.1米，通进深43.2米。博古山墙，博古脊。门堂一门两塾，后檐两边为耳房。门墙上绘有水墨壁画，大门依稀保留彩绘"门神"，门上保存有兽形铜环一副。封檐板长达13米，雕有精致花卉纹饰。厢廊的瓦廊处有高脊筑起，饰以灰塑。中堂面阔 13 米，进深 11.45 米，挂木牌匾"大学堂"，题款为"竹斋康衢敬书"。后堂进深 9.75 米，后墙悬挂木牌"印心嫡派告天启四年岁在甲子仲春既望吉旦赐进士第文林郎知顺德县事吴裕中题"。青云巷内砌有 3 米长、1.5 米高的红砂岩作墙基。

图 3.111　莘村曾氏大宗祠（宗圣南支）

资料来源：吕唐军摄。

11. 路州黎氏大宗祠（乐从镇路州村，明崇祯庚辰·1640）

路州黎氏大宗祠即庆余堂（图 3.112），位于乐从镇路州村东头坊。据碑刻所述，建于明崇祯庚辰（1640）仲夏，清同治六年（1867）和宣统元年（1909）先后重修过，至今仍保存得较完整。现为市级文物保护单位。

图 3.112　路州黎氏大宗祠（庆余堂）

资料来源：吕唐军摄。

黎氏大宗祠坐西北向东南，三路三进三开间，带两侧青云巷，原带后楼，现已改。通面阔 29 米，通进深 49 米，占地面积 1029 平方米。博古山墙，博古脊，花岗石墙脚，天井用花岗石铺砌，檐柱采用花岗石，金柱和角柱均采用东京木，屋檐下和天井滴水檐边用柚木，刻有花卉、人物图案。

门堂进深二间。前廊梁架为雕花抬梁式梁架，均为人物及花卉雕刻。两扇大门上绘有门神画像。屋脊有灰塑人物、鸟兽、花卉图案。青云巷门楣左刻有"霞蔚"，右刻有"云蒸"。中堂进深三间，屏门正面刻有"累朝恩宠"；背后刻有"奕世科名"。后堂进深三间。后楼于 2000 年拆除后重建成现代建筑，重建了西走廊的山墙。

12. 大墩梁氏家庙（乐从镇大墩村，明崇祯年间·1628—1644 始建，清光绪丁酉·1897 扩建）

大墩梁氏家庙（图 3.113）位于乐从镇大墩村金马坊玉堂里，是翰林院大学士梁衍泗[1]兴建的家庙，始建于明崇祯年间（1628—1644），清光绪二十三年（1897）扩建，1991 年、2009 年维修。梁氏家庙是明崇祯皇帝为表彰梁衍泗的功绩，赐他出生所在地为"金马坊玉堂里"（"金马"、"玉堂"皆为翰林学士院的别称），并恩准他回乡兴建家庙。家庙有碑记一通载："梁氏家庙始建于明崇祯年间，清光绪二十三年扩建"祠外有"玉堂里"、"金马坊"石碑两通，落款均为"光绪丁酉"。现为市级文物保护单位。

图 3.113　大墩梁氏家庙
资料来源：吕唐军摄。

梁氏家庙坐西南向东北，三路三进三开间，两边带衬祠与青云巷，有

---

① 梁衍泗，明崇祯元年（1628）进士，翰林院大学士。历任翰林院编修、福建粮储道副使、副都御史。

拜亭名"圣谕亭"。通面阔 26 米，中路面阔 13 米，通进深 33 米。镬耳山墙，灰塑博古脊，蓝色琉璃瓦，滴水剪边，青砖石脚。"圣谕亭"台阶置团龙石，为佛山少见。

13．林头郑氏大宗祠（北滘镇林头社区，清康熙五十九年·1720）

林头郑氏大宗祠（图3.114）位于北滘镇林头社区粮站路状元坊。《顺德文物》载"位于北滘镇林头。始建于康熙五十九年"。现为市级文物保护单位。

图 3.114 林头郑氏大宗祠平面示意图

资料来源：赖瑛. 珠江三角洲广府民系祠堂建筑研究［D］. 广州：华南理工大学，2010。

郑氏大宗祠原为三路三进五开间，现门堂已毁，两层高的衬祠仍在。中堂、后堂形制甚古，应为清初原构，木柱均有柱櫍。前院开阔，两侧廊庑进深两间，檐柱为石柱，内柱为木柱。中堂（图3.115）面阔五开间，心间、次间开敞，稍间有檐墙，上有花窗，瓜柱抬梁式构架，S 型托脚，木柱八角覆盘式柱础。后堂前檐有卷棚顶轩廊，檐柱皆为木柱，较为特别。

图 3.115 林头郑氏大宗祠中堂

资料来源：吕唐军摄。

14. 西马宁何氏大宗祠（列宿堂）与秘书家庙（广裕堂）（杏坛镇西登村，明，清光绪十一年·1885）

西马宁何氏大宗祠与秘书家庙（图 3.116）相邻，位于杏坛镇西登村西马宁大巷，中有青云巷。何氏大宗祠建于明代，清道光六年（1826）重修。何氏有位先祖是宋政和乙未（1115）科状元，官拜北斋右丞相，为抗金而卒，其后裔子孙十人皆荫封为郎官。其中长子贵二郎，宋封为宣义郎，其后裔自南雄珠玑巷迁居至此。大宗祠坐东南向西北，三间三进，人字山墙，脊已损。门堂两塾。中堂檐柱前有塬，木柱双础有櫍。

图 3.116 西马宁何氏大宗祠（左）与秘书家庙（右）

资料来源：吕唐军摄。

西马宁秘书家庙为祀奉四世祖祐夫公而建。清光绪十一年（1885）重修。该庙风格淡雅、端庄、规整，"三雕一塑"装饰精美且保存状况较好，壁画线条流畅有力，是顺德清代祠堂的突出之作。家庙坐东南向西北，占地面积764.8平方米。三间三进，面阔13.6米，进深57.53米。博古山墙，龙船脊，素胎瓦当，滴水剪边，水磨青砖墙，花岗石墙脚。门堂两塾，进深两间十一架，前设三步廊。前廊梁架遍雕瑞兽、花卉。檐柱之间、檐柱与角柱之间，均置石雕鳌鱼两两相对。中堂"广裕堂"进深三间十一架，檐柱外有塾，木柱有柱櫍。前有月台，前后双步廊。后堂前四架轩廊，后八檩搁墙。墙楣壁画仍存光绪乙酉年（1885）款。

15．北水尤氏大宗祠（杏坛镇北水村，清乾隆三十四年·1769）

北水尤氏大宗祠（图3.117）位于杏坛镇北水村北昌东，于清雍正三年（1725）建后堂，乾隆三十年（1765）建中堂，乾隆三十四年（1769）建门堂，历时44年。祠内《重修起东始祖祠碑序》载："吾族□年，迄于今盖几及二百载矣，风雨所飘摇……故而鼎新之……鸠工庀材①，于祠之正室三楹略仍旧贯，易其栋梁，□而新之，增建两庑，前后辅□吉日于丙午年（1906）十月十六日……是役也，经始于壬寅（1902）岁孟春吉日，落成于甲辰（1904）之岁时，阅三载，共□有加固非徒藉为观美也"，落款为"宣统三年岁次辛亥秋月吉日重修"。现为市级文物保护单位。

图3.117　北水尤氏大宗祠
资料来源：吕唐军摄。

---

① 庀（音pǐ），准备、具备。鸠工庀材，同庀材鸠工，意为招集工匠，准备材料。

尤氏大宗祠坐南向北，三路三进三开间，通面阔36米，通进深68.55米。蓝琉璃瓦当，滴水剪边，青砖墙，花岗石墙脚。门堂现状形制较古，应为乾隆三十四年的原构；后座与边路建筑形制较晚，应为光绪和宣统年间（1875—1911）重修的产物。祠内存碑志多块。

16. 昌教黎氏家庙（杏坛镇昌教村，清同治三年·1864或光绪五年·1879）

昌教黎氏家庙（图3.118至图3.120）位于杏坛镇昌教村。一说该祠与黎兆棠[①]的故居同时兴建，时间为清同治三年（1864）；一说为光绪五年（1879）。祠堂规模大，形制特别，雕饰精致，是顺德祠堂建筑的代表作之一。现为市级文物保护单位。

黎氏家庙坐东南向西北，占地面积1155平方米，三间三进，带右路建筑及右路青云巷，通面阔21.8米，中路面阔14.3米，通进深53米，有拜亭。灰塑博古脊，博古山墙，蓝琉璃瓦当，青砖墙，花岗石墙脚。门堂一门两塾，前设三步廊，后三步廊，后檐两边设耳房。石门额上阳刻"黎氏家庙"大字。木、石雀替、挑头雕刻精致。塾台台基浮雕缠枝花卉。中堂进深三间十六架，前四架轩廊，后四步廊。后堂进深三间十三架，前设四架轩廊，后三步廊。墙楣存多幅壁画，有光绪己卯年（1879）款。

图3.118　昌教黎氏家庙
资料来源：吕唐军摄。

---

① 黎兆棠（1827—1894），字召民。昌教乡人。清咸丰三年（1853）进士，历任礼部主事、总理衙门章京，江西粮台，台湾道台，天津海关道台，直隶按察使、布政使，福建船政大臣，光禄寺卿。以爱国御侮著称于时。

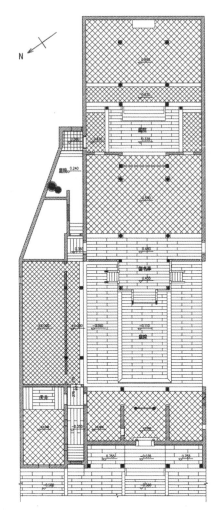

图 3.119　昌教黎氏家庙平面图

资料来源：程建军. 梓人绳墨——岭南历史建筑测绘图选集［M］.

广州：华南理工大学出版社，2013。

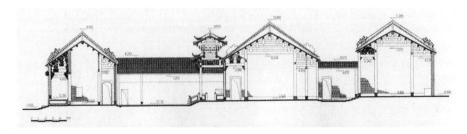

图 3.120　昌教黎氏家庙剖面图

资料来源：程建军. 梓人绳墨——岭南历史建筑测绘图选集［M］.

广州：华南理工大学出版社，2013。

黎氏家庙最独特之处在中堂前带御书亭（拜亭，图3.121）。亭面阔6.2米，进深3.6米。重檐歇山顶，出三杪如意斗栱托上檐，利用中堂前檐两根花岗石方柱与亭的两根花岗石圆柱组合而成。黎兆棠为官多年，推行爱国举措，为慈禧太后和光绪皇帝所赞许。在黎辞官返乡时，慈禧赐匾"忠孝堂"，光绪赐匾"御书亭"。传说该亭可以给归隐老家的黎兆棠特别保护，只要他跑进该亭，除了皇帝谁也不能抓他。所以该亭又称作"遇输亭"。因是皇帝敕建，所以屋面采用规格较高的重檐歇山式，拜亭内檐板、雀替、驼峰等木构件雕工精美。

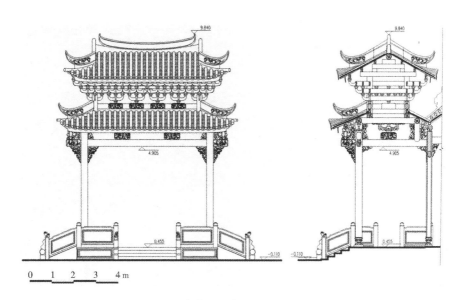

图3.121 昌教黎氏家庙御书亭（拜亭）正立面图、剖面图

资料来源：程建军. 梓人绳墨——岭南历史建筑测绘图选集［M］.
广州：华南理工大学出版社，2013。

17. 上村李氏宗祠（均安镇鹤峰居委上村，清光绪五年·1879）

上村李氏宗祠（图3.122）位于均安镇鹤峰居委上村，是清代探花李文田家族的祠堂，始建于清光绪五年（1879），1989年重修。宗祠保存较完整，石雕、木雕、砖雕精致细腻，现为市级文物保护单位。

李氏宗祠坐西南向东北，占地面积437平方米，三间两进，带左右青云巷，中路面阔13.8米，进深43.6米。硬山顶，镬耳山墙，灰塑龙船脊，脊两端置鳌鱼，绿琉璃瓦滴水剪边，青砖墙，花岗石墙脚。门堂一门两塾，后带两耳房，进深三间十三架，前三步廊，后双步廊。前廊鳌鱼托脚细节勾画仔细，驼峰、梁架上遍雕缠枝花卉、瑞兽、仙桃等图案，雕工细致。汉白玉门枕石上浮雕双狮滚绣球等瑞兽图案，精美罕有。祠堂"李氏宗祠"四个大字是李文田的孙子李曲斋集李文田的字重新刻描而成。后堂进深三间十二架,前三步廊,后双步廊,部分方檩木柱有柱櫍,双柱础,下部红砂岩,上部咸水石。内存同治三年(1864)慈禧赐予探花李文田的"龙虎""福寿"二横匾,题款为"同治三年十一月三十日,慈禧皇太后御笔,赐南书房翰林臣李文田"。祠堂内的两通石碑上刻着光绪帝赐李文田曾祖父母的诏书,题款时间为光绪元年(1875)正月二十日。

图 3.122　上村李氏宗祠
资料来源:吕唐军摄。

18. 路州周氏大宗祠(乐从镇路州村,清代光绪丁亥·1887)

路州周氏大宗祠(图 3.123)位于乐从镇路州村周家塘边坊。清代光绪丁亥(1887)建,民国 8 年(1919)、1996 年、2000 年均有重修。现为市级文物保护单位。

图 3.123　路州周氏大宗祠
资料来源:吕唐军摄。

大宗祠坐北向南，三路三进三开间，两边带衬祠与青云巷。通面阔 22 米，通进深 50 米，占地面积 1087 平方米。博古脊，中路博古山墙，边路水式山墙。门堂一门两塾，进深两间，屋脊雕有灰塑人物、鸟兽、花卉图案，前廊为雕花抬梁式梁架，均为人物及花卉雕刻。两扇大门上绘有门神，刻有一副对联"笃诚万代光先祖，祜训千秋仰后贤"，门侧置花岗石抱鼓石。中堂、后堂进深各三间。除中座的壁画重新绘画外，内墙上的壁画基本上还保留原状。中堂刻有清代书法家、前贵州政务厅长陈官韶书写的朱柏庐《治家格言》全文。

19. 南浦李氏家庙（均安镇南浦村，清光绪年间·1875—1908）

南浦李氏家庙（图 3.124、图 3.125）位于均安镇南浦村，建于清光绪年间（1875—1908）。祠堂规模宏大，主体结构完整，"三雕两塑"精美，现为市级文物保护单位。

图 3.124 南浦李氏家庙平面示意图

资料来源：杨小晶. 广东省岭南近现代建筑图集（顺德分册）[M]. 2013。

图 3.125 南浦李氏家庙

资料来源：吕唐军摄。

李氏家庙坐东南向西北，占地面积880平方米，三路两进三开间，左右带衬祠及青云巷，通面阔28.1米，通进深31.3米。硬山顶，博古山墙，灰塑博古脊，垂脊下饰红色灰塑狮子，蓝琉璃瓦，滴水剪边，青砖墙，花岗石墙脚。门堂无塾，进深三间十三架，前廊三步，后廊双步。步架间有鳌鱼托脚，梁头雕有鳌鱼。"甘露寺"砖雕墀头构图丰满，雕刻细腻。门堂有屏门。院落两侧廊庑脊上饰有大量灰塑。后堂进深三间十三架，前四架轩廊，后三步廊，木柱有柱櫍。轩廊博古梁架精美。几脚花罩雕有仙鹤、人物等多种纹饰。以雕花驼峰、斗栱、瓜柱承托祠堂梁架及檩条。

20. 羊额月池何公祠（伦教街道羊额村，清）

羊额月池何公祠位于伦教街道羊额村东州街，建于清代。祠堂建筑中偶尔会在檐柱上使用斗栱，但在中堂檐柱上使用斗栱的，却仅羊额月池何公祠一例。现为市级文物保护单位。

21. 马东何氏家庙（忠孝堂）（杏坛镇马东村，明代早期·1368—1434）

马东何氏家庙（图3.126）位于杏坛镇马东村，为纪念何氏祖何昶所建，始建于明代早期（1368—1434）。何昶官至宋敕赐侍御史兼清海军节度使，为奖励其对朝廷的忠心，特颁圣旨牌匾，准其回祖籍建家庙一座。

图3.126　马东何氏家庙
资料来源：吕唐军摄。

家庙主体面积580平方米，周边原有面积1804平方米，三间三进，带两边青云巷。第三进为双层后楼。镬耳山墙，龙船脊，东莞大青砖墙，花岗石墙脚。全部角、桁均为坤甸木，瓦面为双层大瓦，工艺精致。

22. 逢简石鼓祠（存心颐庵刘公祠）（杏坛镇逢简村，明成化年间·1465—1487）

逢简石鼓祠（图3.127）位于杏坛镇逢简村嘉厚街。《顺德文物》提到："此祠之用地原属刘氏五世祖观成（即松溪）住地，他为组织村民抗击黄萧养起义遇害。"其孙颐庵[①]在明成化年间（1465—1487）始建此祠，名为"存心刘公祠"。明嘉靖年间（1522—1566）其后人为尊奉刘氏六世祖、七世祖，又将此祠改名为"存心颐庵刘公祠"。

图3.127　逢简石鼓祠（存心颐庵刘公祠）
资料来源：吕唐军摄。

石鼓祠现状保存较为完整，其中尤以后堂最为古朴，部分方檩应为明代原构。前庭两侧庑廊亦非常特别，应亦为明代原构。祠三间三进，门堂凹斗门式[②]，屋面有生起，人字山墙，龙船脊，门枕石上有石鼓。中堂前带歇山拜亭，与后期拜亭采用勾连搭的做法不同，该通面阔拜亭与中堂之间的屋面顺接，因而中堂前檐屋面延长，非常特别。该祠从格局到建筑单体都具有鲜明的明早期特征。

23. 良教诰赠都御使祠（乐从镇良教村，明弘治八年·1495）

良教诰赠都御使祠（图3.128）位于乐从镇良教村南便街一巷。明弘

---

① 据《逢简南乡刘追远堂族谱》记载，颐庵公生于明景泰三年（1452），卒于明弘治五年（1492）。

② 即凹门廊式，门堂前檐下无檐柱，心间大门向内凹进的门堂形式。

治八年（1495），弘治帝赐都察院右副都御史何经①建。清光绪十年（1884）、2003年重修，现祠内有"成化□年"圣旨一道。

图 3.128　良教诰赠都御使祠
资料来源：吕唐军摄。

诰赠都御使祠三间三进，镬耳山墙，博古脊。门堂无塾，前檐纵架为木横梁木驼峰斗栱，心间、次间皆两攒斗栱，心间为木门面，前檐天花为卷棚顶，后檐次间为耳房，有檐墙封闭，上开花窗。前院进深颇大，两侧无廊庑。中堂面阔、进深均为三间。后堂檐柱为木柱，插栱挑檐，方檩。

24．上地松涧何公祠（杏坛镇上地村，明弘治壬戌年·1502）

上地松涧何公祠（图 3.129）位于杏坛镇上地村上地前街，明弘治壬戌年（1502）建，清嘉庆二十年（1815）、光绪二十二年（1896）重修。祠内有碑记三则。《何氏家庙记》载："祠堂宅舍弘治己酉春创工营造，落成于庚戌之秋，计用钱一千余贯……弘治龙集壬戌冬"；《重修大宗祠碑记》载为"嘉庆二十年"；《重修寝室碑记》载："力图修筑并议增建左右两廊……光绪二十二年"。②

何公祠三间三进，镬耳山墙，龙船脊。门堂无塾，咸水石檐柱截面为瓜楞式，覆盆柱础。中堂木柱有柱櫍。后堂心间与次间以墙分隔。塾台花板、柱础等仍保留部分红砂岩或咸水石材料。梁架采用仿月梁式，梁身满雕，应为清中期之形制。

① 何经（1428—1495），字宗易，号磐斋，顺德人。明景泰五年（1454）进士，历官工部郎中、广西左政使、右副都御史，抚治郧阳，抚流民、御苗酋、黜贪残，能尽守其职。著有《两广观风集》等。

② 杨扬. 广府祠堂建筑形制演变研究［D］. 广州：华南理工大学，2013.

图 3.129 上地松涧何公祠
资料来源：吕唐军摄。

25. 仙涌翠庵朱公祠（陈村镇仙涌村，明嘉靖甲申年·1524）

仙涌翠庵朱公祠（图 3.130）位于陈村镇仙涌村心屋路心南三闸巷。据《守望陈村》载，明嘉靖甲申年（1524）建，天启二年（1622）、清咸丰年间（1851—1861）、20 世纪 80 年代及 1999 年重修。

图 3.130 仙涌翠庵朱公祠
资料来源：吕唐军摄。

翠庵朱公祠坐北向南,三间三进,总面阔 14.77 米,总进深 48.13 米。龙船脊,人字山墙。门堂无塾。前院有一四柱三间三楼式牌坊,面阔 5.89 米,进深 1.745 米,高 5.23 米,抱鼓石夹护,楼饰灰塑萱草,正面有"义德流芳",落款为"天启二年岁次壬戌孟春吉旦赐进士第文林郎知顺德县事吴裕中题",背面阴刻"仁心为质",落款为"赐进士第文林郎知顺德县事曾仲魁为朱厚之年台题,嘉靖甲申年五月甘溪义文□",上铺琉璃瓦。牌坊旁两青砖墙开拱门,红砂岩门额阴刻左"入孝",右"出弟"。中堂次间为檐墙,上开花窗。后堂梁架极古,方檩为明构。

26. 仙涌朱氏始祖祠（陈村镇仙涌村,明万历乙酉年·1585）

仙涌朱氏始祖祠(图 3.131)位于陈村镇仙涌村仙涌北市场(村委会侧)。《陈村朱氏族谱》载:"大明万历乙酉九月初八乙亥子时上,坐未向丑兼坤艮之原距今四百余年历史,朱氏始祖祠,广东按察使司王今题书。"《守望陈村》载:"明万历乙酉年为祀奉始祖朱聖[①]而建,2006 年重修。"当时仙涌朱姓有 20 多间祠堂。朱氏始祖祠保留明代祠堂建筑风格,是顺德现存规模较大的明清代祠堂之一。

图 3.131　仙涌朱氏始祖祠

资料来源:吕唐军摄。

朱氏始祖祠坐西南向东北,三路三进三开间带后花园,中路面阔 14 米,进深 55.8 米。人字山墙,灰塑龙船脊,青砖石脚。中路门堂一门四塾,面阔 14.3 米,进深七架 7.7 米,前后三步廊,心间、次间前檐纵架皆

---

①　朱聖(音jù),字敦善,号泰峰,朱熹第三子,宋绍熙末年自南雄徙居南海。《仙涌乡朱氏编修家谱》光绪二十四年(1898)手抄本说明朱熹第三子朱聖为始祖。

为木直梁木驼峰斗栱，心间两攒，次间一攒。四根石檐柱为八角形咸水石柱，覆莲式柱础。心间为木门面，塾台、门枕石均为咸水石。中堂"孝思堂"，面阔三间，进深三间十一架10米，前后双步廊。两根木前檐柱，四根木金柱，两根石后檐柱支承。后堂面阔三间，进深三间十三架12.7米，前后四架轩廊。两根八角形咸水石前檐柱、四根木金柱、两根木后檐柱支承。头门、中堂前原有牌坊已失。祠堂梁架、柁墩、驼峰上雕刻精美图案。部分梁架、檐枋带月梁形式。部分石柱、柱础、部分地面为咸水石构造。

27．逢简黎氏大宗祠（杏坛镇逢简村，明万历三十七年·1609）

逢简黎氏大宗祠（图3.132）位于杏坛镇逢简村。《逢简黎氏族谱》载："大宗祠在本堡南村，土名村尾基，坐壬向丙兼子午，万历三十七年己酉七月创建，中堂辛亥二月落成……四十五年丁巳六月初五日飓风损右壁，是年重修……康熙四十年辛巳修饬门堂并仪门。"

图3.132　逢简黎氏大宗祠
资料来源：吕唐军摄。

黎氏大宗祠三间两进，人字山墙，龙船脊。门堂无塾，八角形咸水石檐柱，覆盘柱础，前檐纵架为木直梁木柁墩斗栱。后堂部分方檩。

28．龙涌陈氏家庙（聚星堂）（北滘镇黄龙龙涌村，清雍正七年·1729）

龙涌陈氏家庙（图3.133）位于北滘镇黄龙龙涌村家庙大街。门堂《家庙碑记》载"雍正七年岁次己酉……等重修立"。

陈氏家庙三路三进三开间，带左右青云巷，中堂带拜亭，人字山墙，龙船脊。门堂形制略有清中期特色，拜亭、侧廊大量使用博古花板，应为清末期进行过大修。中堂、后堂构架较为简陋，其中栱出现了两种形态，主要为栱身出锋，托莲花斗，少量的栱身不出锋。其中较为特别的是，中堂前跨二梁，梁端作斗口跳[①]，栱身不出锋，上托方斗，此构件组合应为雍正七年的原构，而栱身出锋、上托莲花斗的组合应为后改。[②]

图 3.133　龙涌陈氏家庙
资料来源：吕唐军摄。

29. 麦村秘书家庙（杏坛镇麦村，清乾隆十四年·1749）

麦村秘书家庙（图 3.134）位于杏坛镇麦村。祠内《重修家庙题签碑记》载："祖祠原建于文明门坐甲向庚，因堂基逼狭，遂于乾隆十四年迁建斯土，改为壬丙亥巳。先建中后两进，又迟十年而继建门堂……迄今垂百六十余年，期间为风雨所摇，虫蚁所蚀，倾圮堪虞……于是庀材鸠工，大兴土木，墙基则沿其旧制，上□则换以新材。是役也，兴工于己亥仲冬，竣工于庚子秋月……光绪二十六年岁次庚子仲秋吉旦。"另有门匾"秘书家庙"左题"顺治甲午孟秋吉，赐进士第授兵部武进司，钦命兵武庚未通家侍生而为"；右题："乾隆二十五年岁次庚辰孟秋"。祠堂现状的主要形制为乾隆年间的主流。

秘书家庙三路三进三开间，带左右衬祠及青云巷，博古山墙，博古脊。门堂一门四塾，檐枋木月梁木柁橔斗栱，心间木门面。衬祠两层。中

---

① 在栌斗侧向施泥道栱，上承柱头枋，正面只出华栱一跳，上施一斗，直接承托橑檐枋的做法。

② 杨扬. 广府祠堂建筑形制演变研究［D］. 广州：华南理工大学，2013.

堂次间为檐墙，上有花窗。后堂前金柱为红砂岩方柱，后金柱为木圆柱带木柱櫍。

图 3.134　麦村秘书家庙
资料来源：吕唐军摄。

30. 高赞友乔梁公祠（杏坛镇高赞村，清咸丰三年·1853）

高赞友乔梁公祠为祀奉高赞梁姓七世祖而建，位于杏坛镇高赞村，清咸丰三年（1853）重修，1998 年重修。祠堂的建筑形制规整，保存完整，梁架、托脚、墀头等处的木雕、砖雕较精致，是顺德制作较精良的祠堂。

友乔梁公祠坐东南向西北，三间三进，占地面积 430 平方米，面阔 12.3 米，进深 35 米。硬山顶，龙船脊，人字山墙，青砖墙，红砂岩石脚。门堂无塾，前廊双步，步架间的鳌鱼托脚细节讲究。中堂"燕翼堂"驼峰斗栱式梁架，驼峰上雕有如意云纹或瑞兽纹饰。额枋下雕有花卉、凤鸟。后檐柱间置雕刻繁复的木横披。祠堂墙楣存"瑶池宴乐"等壁画，有咸丰年款。

31. 富裕敬吾连公祠（勒流街道富裕村，清同治十二年·1873）

富裕敬吾连公祠（图 3.135、图 3.136）位于勒流街道富裕村，建于清同治十二年（1873）。该祠是顺德规模较大的清代祠堂，部分木雕、石雕构件细致精美。

敬吾连公祠坐西南向东北，占地面积 713.9 平方米，三路三进三开间，带左右青云巷，中路面阔 12.5 米，进深 47.7 米。人字山墙，素胎瓦当，滴水剪边，青砖墙，花岗石墙脚。门堂两间十一架，前廊三步。花岗石门枕石浮雕狮子、大象。中堂进深三间十三架，前设双步廊，博古梁架，梁下佛手、仙桃、花卉木雕雀替，前檐柱出一插栱，回龙纹插架遍雕花，下有木雕鳌鱼雀替，整个前廊梁架繁褥细致。中悬"一经堂"木匾，罗家勤①书。后堂进深三间十三架，前设四架轩廊。

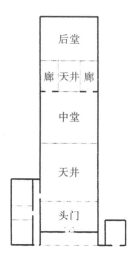

图 3.135　富裕敬吾连公祠平面示意图

资料来源：杨小晶. 广东省岭南近现代建筑图集（顺德分册）［M］. 2013。

图 3.136　富裕敬吾连公祠

图片来源：吕唐军摄。

32. 吕地阳台麦公祠（杏坛镇吕地居委，清同治十二年·1873）

吕地阳台麦公祠位于杏坛镇吕地居委，清同治十二年（1873）为祀奉

---

① 罗家勤，清代顺德籍进士、书法家。

吕地麦氏五世祖而建。祠形制规整，部分石雕、木雕、砖雕壁画较精致。

麦公祠坐东向西，占地面积495平方米，三间三进带左路青云巷。中路面阔12.8米，进深38.5米。硬山顶，镬耳山墙，龙船脊，素胎瓦当，青砖墙，花岗石墙脚。门堂一门两塾，进深两间九架，前廊三步。前廊梁架雕刻精致，梁下雀替上精雕人物、花草。墙楣存有"瑶池宴乐"等多幅壁画，有同治年款。门堂内存有砖雕神龛，花卉图案雕刻精致。青云巷门额砖雕边框相当精细。中堂"昭融堂"进深三间十二架，前四架轩廊，后双步廊金柱有木柱櫍。后堂进深两间十三架，前四架轩廊，博古梁架，或以瓜柱承托梁架。

33. 昌教林氏大宗祠（杏坛镇昌教村，清同治年间·1862—1874）

昌教林氏大宗祠（图3.137、图3.138）位于杏坛镇昌教村大巷坊，建于清同治年间（1862—1874）。该祠是顺德具代表性的清代祠堂，占地面积广，规模宏大，并保存明显的时代特征。祠堂木雕、石雕装饰尤为精美丰富。

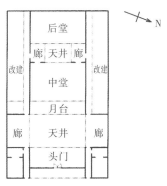

图3.137　昌教林氏大宗祠平面示意图

资料来源：杨小晶. 广东省岭南近现代建筑图集（顺德分册）［M］. 2013。

图3.138　昌教林氏大宗祠

资料来源：吕唐军摄。

林氏大宗祠坐西南向东北,占地面积 1677.8 平方米,三路三进三开间带左右青云巷,中路面阔 13.7 米,进深 48.6 米。硬山顶,灰塑博古脊,博古山墙,素胎瓦当,滴水剪边,青砖墙,花岗石墙脚。门堂一门两塾,进深两间十一架,前廊双步。前檐纵架为木直梁木柁墩斗栱。中堂"光远堂"前有月台,进深三间十二架,前三步廊,后双步廊。木柱双柱础,有柱櫍。后堂进深两间十三架,前四架轩廊,柁墩斗栱与瓜柱梁架共用。墙楣上存"文章四杰"等壁画,有"同治岁在乙亥新月中浣①"年款。

34. 麦村苏氏大宗祠(杏坛镇麦村,清同治年间·1862—1874)

麦村苏氏大宗祠(图 3.139、图 3.140)位于杏坛镇麦村西渚蟠龙大道,是西渚村苏姓与桑麻村苏姓的大宗祠。始建年代不详,清同治年间(1862—1874)重修。

图 3.139　麦村苏氏大宗祠平面

资料来源:杨小晶. 广东省岭南近现代建筑图集(顺德分册)[M]. 2013。

苏氏大宗祠坐东北向西南,占地面积 553.4 平方米,三间两进,院落有牌坊,面阔 14.2 米,进深 38.5 米。灰塑博古脊,博古山墙,青砖墙,红砂岩、咸水石墙脚。门堂无塾,进深三间十三架,前、后双步廊。步架间的鳌鱼细部雕刻细致。咸水石门框、门枕石。祠堂形制特别之处,在于院落中一座面阔三间的牌坊,青砖砌筑,红砂岩石脚,原有"昭兹来许"刻字。后堂"明德堂"进深三间十一架,前后双步廊。墙楣存"太白醉酒"等多幅壁画。堂内咸水石栏杆雕刻龙凤、麒麟、喜鹊栏杆。祠堂总体

---

① 中国唐代定制,官吏十天一次休息沐浴,每月分为上、中、下浣,后借作上旬、中旬、下旬的别称。中浣即中旬。

图 3.140 麦村苏氏大宗祠

资料来源：吕唐军摄。

端庄大方，细节精致。

35. 光辉周氏大宗祠（杏坛镇光辉村，清光绪二年·1876）

光辉周氏大宗祠（图 3.141、图 3.142）位于杏坛镇光辉村，始建于明万历年间（1573—1620），清光绪二年（1876）易地重建，1995 年重修。祠堂规模大，保存基本完整，是顺德具代表性的晚清祠堂建筑。

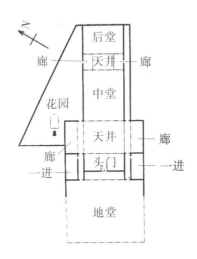

图 3.141 光辉周氏大宗祠平面

资料来源：杨小晶. 广东省岭南近现代建筑图集（顺德分册）［M］. 2013。

周氏大宗祠坐东北向西南，占地面积 1270.8 平方米，三路三进三开间，通面阔 22.7 米，中路面阔 12.1 米，通进深 47.4 米。硬山顶，龙船脊，人字山墙，素胎瓦当，滴水剪边，青砖墙，花岗石墙脚。门堂花岗石

图 3. 142　光辉周氏大宗祠

资料来源：吕唐军摄。

门框，花岗石门枕石上高浮雕狮子图案，塾台台基雕刻繁复花纹。中堂"肇基堂"进深四间二十架，前六架轩廊及三步廊，后三步廊，较一般祠堂大。中堂前两廊庑体量也较大。

36. 腾冲西斋刘公祠（乐从镇腾冲村，清光绪十一年·1885）

腾冲西斋刘公祠（图 3.143）位于乐从镇腾冲村，始建年代不详，清光绪十一年（1885）重建。该祠规模较大，雕饰精美。

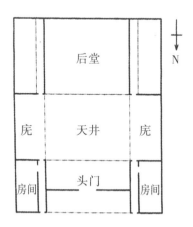

图 3. 143　腾冲西斋刘公祠平面

资料来源：杨小晶. 广东省岭南近现代建筑图集（顺德分册）[M]. 2013。

西斋刘公祠坐南向北，占地面积 661 平方米，三路两进三开间，通面阔 22.8 米，通进深约 29 米。硬山顶，蓝琉璃瓦当，滴水剪边，青砖墙，花岗石墙脚。门堂进深三间十一架，前设三步廊，后双步廊。花岗石门额阴刻"西斋刘公祠"楷书，有"光绪乙酉谷旦重建"落款。后堂进深三间十五架。前设四架轩廊，后三步廊。后堂前有两庑，面阔三间，前两架卷棚廊，后五架卷棚廊，这在顺德祠堂中不多见。庑的墙上开蓝色陶塑花窗。祠堂置雕有人物故事的柁墩、斗栱、瓜柱等木构件。

37．碧江奇峰苏公祠（北滘镇碧江居委，清光绪十二年·1886）

碧江奇峰苏公祠（图 3.144）位于北滘镇碧江居委，建于清光绪十二年（1886）。祠堂典雅规整。

祠坐东北向西南，占地面积 372 平方米，三间两进带左右衬祠，庭院中有牌坊。通面阔 16.4 米，中路面阔 10.8 米，通进深 28 米。硬山顶、龙船脊、镬耳山墙、素胎瓦当、青砖墙、花岗石墙脚。门堂凹斗门式，进深十二架，前檩搁墙，后博古梁架，雀替镂雕石榴。中庭有面阔三间的砖牌坊，雄伟而精致，正面置"圣旨"石匾，边框高浮雕瑞兽纹饰，枋额上阴刻"熙朝人瑞"，背面置"恩荣"石匾，枋额阴刻"百岁流芳"，落款为"光绪十二年岁次丙戌□二月初二日"。后堂进深三间十三架。

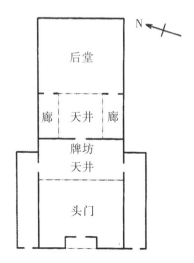

图 3.144　碧江奇峰苏公祠平面示意图

资料来源：杨小晶. 广东省岭南近现代建筑图集（顺德分册）[M]. 2013。

38．勒北约夫廖公祠（二房祠）（勒流街道勒北村，清光绪十四年·1888）

勒北约夫廖公祠（图 3.145）旧称"二房祠"，位于勒流街道勒北村，重修于清光绪十四年（1888）。祠堂形制规整严谨，是一所相当精致的清晚期建筑。

廖公祠坐西北向东南，占地面积 388 平方米，三路两进三开间，带左

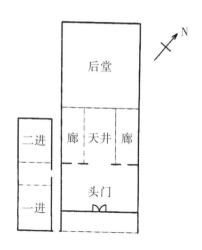

图 3.145　勒北约夫廖公祠平面示意图

资料来源：杨小晶. 广东省岭南近现代建筑图集（顺德分册）［M］. 2013。

右青云巷。面阔 11.8 米，进深 25.8 米。硬山顶，灰塑博古脊，镬耳山墙，绿琉璃瓦当，青砖墙，花岗石墙脚。门堂、后堂的前廊梁架木雕较精美，祠堂"赏菊图"、"周灵王六子"等壁画由著名壁画大师杨瑞石作，线条有力、流畅，颇具艺术价值。祠内存有"绳武堂重修碑记"、"本祠重修日并志"。

39. 腾冲周氏宗祠（乐从镇腾冲村，清光绪十七年·1891）

腾冲周氏宗祠位于乐从镇腾冲村，始建年代不详，清光绪十七年（1891）重建，1991 年重修。宗祠连绵起伏，较有气势，形制规整，壁画装饰精美。

周氏宗祠坐西北向东南，占地面积 468 平方米，三间三进，通面阔 13.1 米，通进深 35.8 米。硬山顶，脊损，镬耳山墙，素胎瓦当，青砖墙，花岗石墙脚。门堂进深两间十架，前设三步廊。前廊步架间置鳌鱼托脚，雕花驼峰雕刻精细。花岗石门额阴刻"周氏宗祠"行书，有"光绪辛卯孟秋重建"款。中堂"诒燕堂"进深三间十三架，前后设三步廊。后堂进深三间十三架，前后三步廊。祠内存"钦点翰林院庶吉士"木匾及"会魁"木匾。墙楣存多幅"英雄会"、"停琴听阮"等人物壁画，线条粗犷流畅，有"光绪辛卯年"款。

40. 腾冲接平刘公祠（乐从镇腾冲村，清光绪二十年·1894）

腾冲接平刘公祠（图 3.146）位于乐从镇腾冲村，始建年代不详，清光绪二十年（1894）、1991 年重修。

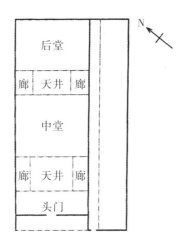

图 3.146 腾冲接平刘公祠平面示意图

资料来源：杨小晶. 广东省岭南近现代建筑图集（顺德分册）［M］. 2013。

刘公祠坐东北向西南，占地 655 平方米，三间三进带左路衬祠与青云巷，通面阔 19 米，通进深 34.5 米。硬山顶，狮子花鸟图案灰塑博古脊，镬耳山墙，素胎瓦当，滴水剪边，青砖墙，红砂岩石脚。门堂进深二间十一架，前设三步廊。前廊步架间有鳌鱼托脚，并置雕有人物故事的柁墩。砖雕墀头的花鸟、山石、佳果、宝瓶图案具立体感。花岗石门额阳刻"接平刘公祠"楷书，题款为"逢简梁骝藻书"。后堂进深三间十五架，前四架轩廊，后三步廊。雀替雕有精致的石榴、云纹等纹饰。

41. 小布何氏大宗祠（五庙）（乐从镇小布村，清光绪二十一年·1895）

小布何氏大宗祠（图 3.147、图 3.148）又称"五庙"，位于乐从镇小布村大宗街，始建于明天顺四年（1460），清光绪二十一年（1895）重建成现状。

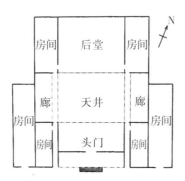

图 3.147 小布何氏大宗祠平面

资料来源：杨小晶. 广东省岭南近现代建筑图集（顺德分册）［M］. 2013。

图 3.148　小布何氏大宗祠
资料来源：吕唐军摄。

何氏大宗祠坐西北向东南，占地面积 974 平方米，五路两进，两侧各带两路衬祠，通面阔 32.8 米，通进深 29.7 米，正面共有五个门口，故俗称"五庙"。博古山墙，灰塑博古脊，两侧衬祠水式山墙，方形素胎瓦当，滴水剪边。中路面阔三间，门堂一门两塾，台基雕花，进深三间十一架，前设三步廊，后双步廊。脊檩上刻有光绪年款，中有屏门。前廊梁架雕花，柁墩雕刻人物故事图案，步架间有鳌鱼托脚。后堂进深三间十五架，前设四架轩廊，后三步廊。最左侧衬祠花岗石门额阴刻"乡约"行书。祠堂特别之处在于左右四衬祠与主体建筑并无青云巷相隔，屋檐使用方形瓦当。

42. 新隆陈氏宗祠（乐从镇新隆村，清光绪戊戌年·1898）

新隆陈氏宗祠位于乐从镇新隆村，始建年代不详，清光绪戊戌年（1898）重建，2001 年重修。该祠是顺德清代祠堂中的杰作之一，雕饰精致，匾额具艺术价值。

陈氏宗祠坐西向东，占地 370 平方米，三间三进，面阔 11.7 米，进深 31.6 米。人物故事、鳌鱼、花鸟、花篮图案灰塑博古脊，镬耳山墙，素胎瓦当，青砖墙，花岗石墙脚，垂脊头也有将军罐、瑞兽、花卉等图案灰塑。门堂两塾，进深两间九架，前廊三步。三层萱草和雕有人物故事的墀头保存完整，并有"沙滘陈计氏作"、"三水刘业承造"等字样。花鸟瑞兽漆金封檐板精致。两扇大门涂有彩绘门神。中堂"绎思堂"进深三间十一架，前四架轩廊，后三步廊。后堂进深三间十一架，前后三步廊。墙楣壁画有"光绪戊戌仲冬"、"张生书"、"青箩峰居士"等落款。大门额刻"陈氏宗祠"，为陈白沙书。中堂"绎思堂"为清顺德书法家冯瑞兰书。

43. 腾冲山宗刘公祠（乐从镇腾冲村，清光绪二十五年·1899）

腾冲山宗刘公祠（图 3.149、图 3.150）位于乐从镇腾冲村，始建年代不详，清光绪二十五年（1899）重建，2004年翻新。该祠三路布局，虽占地面积不大，但正面仍较有气势。形制规整，门堂的灰塑正脊精美。

图 3.149　腾冲山宗刘公祠平面

资料来源：杨小晶. 广东省岭南近现代建筑图集（顺德分册）［M］. 2013。

图 3.150　腾冲山宗刘公祠

图片来源：吕唐军摄。

刘公祠坐西南向东北，占地面积443平方米，三路两进三开间，带左右青云巷。通面阔21.3米，通进深20.8米。狮子、山水图案灰塑博古脊，穿插供奉仙桃图案，镬耳山墙，素胎瓦当，青砖墙，花岗石墙脚。门堂无塾，进深两间九架，前设三步廊。前廊博古梁架。石门额上阴刻"山宗刘公祠"大字，有"光绪己亥重建"年款。后堂进深三间十三架，前后设三步廊。

44. 逢简和之梁公祠（杏坛镇逢简村，清光绪年间·1875—1908）

逢简和之梁公祠（图3.151、图3.152）位于杏坛镇逢简村，建于清光绪年间（1875—1908），历经30年方建成。祠堂规模较大，保存较完整，整体朴素大方。

图 3.151　逢简和之梁公祠平面

资料来源：杨小晶. 广东省岭南近现代建筑图集（顺德分册）[M]. 2013。

图 3.152　逢简和之梁公祠

资料来源：吕唐军摄。

梁公祠坐西北向东南，占地面积857.2平方米，三路三进三开间，带左右青云巷。通面阔23.2米，中路面阔12.3米，进深44.2米。灰塑博古脊，脊上饰狮子等瑞兽，博古山墙，素胎瓦当，滴水剪边，青砖墙，花岗石墙脚。门堂一门四塾，前设三步廊，后五檩搁墙。门枕石、塾台基座等处浮雕狮子、喜鹊及缠枝花卉。中堂进深三间十二架，前设三步廊，后双步廊，前有月台，木柱有柱櫍。院落存八卦形红砂岩石水井。后堂进深三间十三架，前后三步廊，前檐以檐墙支承。后堂前庭院设聚水池。

45. 沙浦罗氏大宗祠（均安镇沙浦村，民国 12 年·1923）

沙浦罗氏大宗祠（图 3.153）位于均安镇沙浦村，始建于明景泰三年（1452），民国 12 年（1923）重建，2004 年重修。

罗氏大宗祠坐东南向西北，占地面积 600 平方米，两路三间两进，带右路建筑及左右青云巷。通面阔 20.7 米，通进深 46.9 米。中路建筑硬山顶，灰塑博古脊，镬耳山墙，山墙端置红色灰塑狮子，绿琉璃瓦当、滴水剪边，青砖墙，花岗石、红砂岩石脚。门堂进深三间十一架，前廊三步，后廊双步。前廊梁架以一整块木块充当梁架，上雕刻戏剧场景。后堂"汇源堂"进深三间十三架，前四架轩廊，后三步廊。祠堂装饰较精美："三田和合"等多幅壁画，罗渊泉、张景轩所画；砖雕墀头为陈少南作，雕工了得，并有"礼记"、"金明记"。

图 3.153　沙浦罗氏大宗祠平面

资料来源：杨小晶. 广东省岭南近现代建筑图集（顺德分册）［M］. 2013。

46. 绀现梁氏大宗祠（梁氏家庙）（陈村镇绀现村，民国初期·1912—1927）

绀现梁氏大宗祠（图 3.154）原名梁氏家庙，位于陈村镇绀现村，始建于明崇祯九年（1636），清雍正乾隆年间（1723—1795）、民国初期（1912—1927）两度重建。民国重建后，改原名家庙为梁氏大宗祠。2005年重修。

图 3.154　绀现梁氏大宗祠平面

资料来源：杨小晶. 广东省岭南近现代建筑图集（顺德分册）［M］. 2013。

梁氏大宗祠坐北向南，占地面积1198.5平方米，原为三路三进建筑布局，现仅存中路及左右青云巷，中路建筑面阔三间，通面阔15.6米，通进深56.3米。硬山顶，灰塑博古脊，镬耳山墙，素胎勾头、滴水，青砖墙，花岗石墙脚。门堂一门两塾，进深十一架。花岗石门额阴刻"梁氏大宗祠"。虾弓梁上异形花卉斗栱隔架科。中堂"崇德堂"前廊为四檩卷棚顶，后廊为三步梁，心间采用穿斗与抬梁混合式七架梁结构。后堂进深三间十三架，前后三步廊。

47. 腾冲愚乐刘公祠（乐从镇腾冲村，民国 19 年·1930）

腾冲愚乐刘公祠位于乐从镇腾冲村，重建于民国19年（1930），1994年维修。

刘公祠坐南向北，占地面积216平方米，三间两进，面阔10.8米，进深20米，脊损，镬耳山墙，素胎瓦当，青砖墙，花岗石墙脚。头门进深两间九架，前廊三步。石门额阴刻"愚乐刘公祠"楷书，落款"民国十九年重建邓通任书"。花岗石方前檐柱间、檐柱与山墙间均有两只石雕鳌鱼相对。虾弓梁两头雕有鳌鱼，梁上斗栱雕有麒麟，形象生动。砖雕墀头有

"庚午年"字样。后堂进深三间十五架，前后三步廊。前廊梁架为两条龙相对，步梁、梁底和木雕雀替雕云龙纹，形式极少见。

48. 旺岗黄氏大宗祠（龙江镇旺岗村，民国19年·1930）

旺岗黄氏大宗祠（图3.155）位于龙江镇旺岗村，建于民国19年（1930），规模较大。

黄氏大宗祠坐西向东，占地710平方米，三路两进，通面阔20.5米，通进深42.4米。硬山顶，人字山墙，灰塑博古花鸟云龙屋脊，蓝琉璃瓦当，滴水剪边，青砖墙，花岗石墙脚。屋顶瓦面陡峭，山墙高企。门堂进深两间十三架，前廊三步。后堂"开远堂"进深四间十四架，前为四架轩廊和双步廊，后廊双步。柁墩、瓜柱承托梁架及檩条。门堂封檐板呈打开的书卷状，上雕桃、兰、梅图案，以及"十里红楼万里程"等诗句，有"庚午年"款。轩廊木横披上有雕孔雀、凤凰、仙鹤。柁墩、咸水石隔架科雕刻精细的戏剧场景、瑞兽图案。

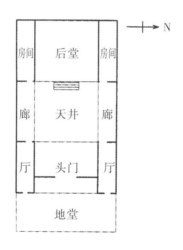

图3.155 旺岗黄氏大宗祠平面

资料来源：杨小晶. 广东省岭南近现代建筑图集（顺德分册）[M]. 2013。

49. 大都岐周梁公祠（陈村镇大都村，民国26年·1937）

大都岐周梁公祠位于陈村镇大都村大都大道，是明万历年间（1573—1620）为纪念三世祖岐周公而建，民国26年（1937）重建。岐周梁公祠是具有中西建筑风格的民国祠堂建筑，大门形制较独特，并存"存绪堂均益会碑记"、"重修五世祖山碑记"。祠堂形制独特，大气稳重。

梁公祠坐西南向东北，占地面积487平方米，三间三进，通面阔12.3米，通进深49.5米。门堂为三间五楼牌坊式，红砖墙，绿琉璃瓦，以砖砌斗栱、牙砖，正中为拱门。庭院有两亭，攒尖顶，绿琉璃瓦。中堂进深两间十三架，后九架。门呈拱形，罗马柱支撑。后堂进深两间十三架，后设双步廊。中堂、后堂均为硬山顶，人字山墙，绿陶脊，绿琉璃瓦，青砖石脚。祠内混凝土梁架上饰精美灰塑，在顺德祠堂中极少见。

四、三水区

据《佛山市三水区第三次全国文物普查不可移动文物名录》[①]，三水区现存祠堂 90 处。

1. 赤东邝氏大宗祠（乐平镇范湖社区片池赤东村，建于清光绪二十年·1894）

赤东邝氏大宗祠（图 3.156）位于乐平镇范湖社区片池赤东村，建于清光绪二十年（1894）。现为市级文物保护单位。

邝氏大宗祠三路三进三开间，带左右青云巷。博古山墙，博古脊。门堂无塾，两衬祠正立面有陶瓷花窗。厅堂木柱为坤甸木柱，全祠有精美灰塑、壁画、石雕、砖雕。门堂无塾。

图 3.156　赤东邝氏大宗祠
资料来源：吕唐军摄。

---

① 三府〔2012〕21 号，2012 年 2 月 22 日公布，http://www.ss.gov.cn/xxgk/wjgb/qzfwj/201202/t20120222_3619356.html。

2. 西村陈氏大宗祠（西南镇杨梅村委西村，清光绪三十四年·1908）

陈氏大宗祠（图 3.157）坐落在西南镇杨梅村委西村南面村口，是光绪三十四年（1908）该村孝廉陈梦日[1]受乡中父老所托，参照广州陈家祠重修而成。现为市级文物保护单位。

图 3.157 西村陈氏大宗祠
资料来源：吕唐军摄。

祠堂坐西向东，通面阔 50 米，通进深 60 米，占地面积 3000 多平方米，三路三进三开间，带左右青云巷。二进、三进进深三间。水式山墙，抬梁与穿斗混合式梁架结构。现存主体建筑保存尚好。

门堂一门两塾，方型花岗石檐柱、花篮式柱础。次间为虾弓梁石狮柁墩。檐柱与门墙间左右各有四架木雕梁枋。次间塾台高 1.1 米、长 3.2 米、宽 3.4 米，两塾台相距 4.2 米，中为 1.93 米宽之大门，大门上置石横额，书"陈氏大宗祠"，为明代理学家陈白沙所题，楷书，笔力苍劲。

全祠最具气派者为中进议事堂，上悬木匾，书以"聚星堂"三字，此乃清道光三年（1823）癸未科状元、翰林院修撰林召棠[2]于道光二十年（1840）嘉平月（十二月）挥就之墨宝。该堂以四条合抱坤甸圆柱，高托

① 陈梦日，原名世胄，别字明悬。三水西村人，光绪乙酉（1885）科举人。
② 林召棠（1786—1872），字爱封，号芾南，谥文恭，吴阳（广东吴川）霞街村人。清道光癸未（1823）科状元。著述主要有《心亭亭居诗存》、《心亭亭居文存》、《心亭亭居笔记》等手抄本，刊行于世的则散载于《万花谷》（专载清代翰林班诗作）、《高州府志》、《吴川县志》。

153

左右两副雕花金钟梁架，空间顿显宽敞。堂前有五级石阶之丁字形花岗石月台①，围以雕花石栏，颇为典雅。

3. 大宜岗李氏生祠（绿堂、绿堂私塾）（芦苞镇大宜岗村，清光绪年间·1875—1908）

大宜岗李氏②生祠（图3.158）位于芦苞大宜岗村，建于清光绪年间（1875—1908），又称"绿堂私塾"或"绿堂"。现为市级文物保护单位。

图3.158　大宜岗李氏生祠
资料来源：吕唐军摄。

李氏生祠坐西北向东南，面积约720平方米，建筑中西合璧，形如"蝙蝠起飞"造型，布局颇为奇特。面积约720平方米。大门前置26米长、2米宽、2米高之花岗石栏栅。主体建筑为三路两进三开间，带两侧青云巷，抬梁与穿斗混合式梁架结构，博古山墙，博古脊。整座建筑物保存较好，砖雕、木雕、灰塑生动传神，雕梁画栋。

门堂无塾，花岗石前檐柱，檐柱与门墙间有三架梁枋，梁枋之间置雕花木柁墩。次间为石虾弓梁，上置石狮柁墩。砖雕墀头长1.5米、宽0.3米，工艺精细。门堂内檐为三架梁、木金柱、花篮式柱础，院落以花岗石铺砌，左右厢房面阔三间。后堂为四架梁，靠后墙以花岗石砌筑神台，长3米，宽1.2米，高1.1米，原上置木雕花神龛，内供李氏家族神主牌位。

---

① 在古建筑上，正房、正殿突出连着前阶的平台叫"月台"。月台是该建筑物的基础，也是它的组成部分。由于此类平台宽敞而通透，一般前无遮拦，故是看月亮的好地方，也就成了赏月之台。

② 李氏（其名不详），三水大宜岗村人，清末广州十三行洋买办。

右面青云巷题"所履",左面青云巷题"同升"。青云巷宽 1 米,花岗石铺砌。左侧青云巷至后堂后墙,有一石门,上刻"拾趣"。

4. 梁士诒生祠(白坭镇岗头村,民国初年)

梁士诒生祠位于白坭镇岗头村,为梁士诒在民国初年兴建,集园林、祠堂和书舍于一身,颇具特色。现为市级文物保护单位。

生祠中路为坐西向东、三间两进的祠堂,硬山顶,抬梁斗栱式木架结构,在檐柱和山墙门之间有两组横梁木雕,皆为高浮雕人物故事,屋脊灰塑山水鸟兽。前殿门前有石狮一对,高约 2 米,威武传神。祠堂两侧的北园和南园吸取了中国传统建筑艺术的精华,又融入了西洋建筑的格调,形成了独特的洋为中用风格。北面是园林式庭院和"海天书屋",院前有小桥流水与庭院相通,庭院水池有石山,优雅别致。南面为两层的小姐阁,屋内陈设以及金漆木雕"百鸟朝凤"屏风、五彩玻璃窗都十分精美,地板均以彩色雕花水泥铺砌。

5. 南联卢氏宗祠(乐平镇南联村,清同治年间·1862—1874)

南联卢氏宗祠(图 3.159)位于乐平镇南联村,清同治年间(1862—1874)重建。

卢氏宗祠三路三进三开间,带两边青云巷,镬耳山墙,博古脊,门堂无塾。木雕、砖雕工艺别具一格。

图 3.159 南联卢氏宗祠
资料来源:吕唐军摄。

6. 独树岗蔡氏大宗祠（勖顺堂）（芦苞镇独树岗村，清光绪四年·1878）

独树岗蔡氏大宗祠（勖顺堂）（图3.160）位于芦苞镇独树岗村南边，建于清光绪四年（1878），抗日战争期间，祠堂曾遭受破坏。

图3.160　独树岗蔡氏大宗祠（勖顺堂）
资料来源：吕唐军摄。

祠堂坐东南向西北，三路三进三开间，带两侧青云巷，通面阔29.59米，中路面阔14.37米，进深42.6米。抬梁式构架，硬山顶，平脊，滴水剪边。门堂一门两塾，花岗石墙脚及门框，青砖墙，门额阳刻"蔡氏大宗祠"，门堂内部有屏门。前廊三步梁浮雕花草纹饰，工艺精美，天井铺条形花岗石。中堂、后堂都为瓜柱抬梁式结构，后堂木柱有柱櫍。祠堂的雕刻花鸟和人物栩栩如生，雕刻出自两批不同工匠之手，一边为"西南合昌店作"，一边为"三江广昌店作"。

邻近还建有纪念其开村始祖的"秀清公园"，与宗祠互相辉映。

7. 九水江陆氏大宗祠（西南街道五顶岗村委九水江村，民国7年·1918）

九水江陆氏大宗祠（图3.161）位于西南街道五顶岗村委九水江村，重建于民国7年（1918）。大宗祠梁架结构基本保存完整，为三水区现存规模较大的祠堂，但留下了"文革"期间做小学的痕迹。石雕、木雕工艺精美，木雕工艺中多处采用贴金工艺，但木雕中的人物形象破坏严重。

大宗祠坐西向东，三路三进三开间，带左右青云巷，通面阔24.45米，中路面阔13.19米，通进深42.29米，硬山顶。门堂一门两塾，内外檐均设虾公梁，屋檐滴水无剪边，花岗石墙基及门框，门楣阴刻"陆氏大宗祠"。中堂、后堂地面铺红地砖。后堂金柱为四根花岗石圆柱，双柱础，

图 3.161　九水江陆氏大宗祠
资料来源：吕唐军摄。

中段柱础为花瓶状，较为特别。

五、高明区

高明区保护得较好的古祠堂共有 116 座，其中荷城街道 42 座，更合镇 35 座，明城镇 26 座，杨和镇 13 座。

1. 塘肚艺能严公祠（荷城街道南洲村委塘肚村，明）

塘肚艺能严公祠（图 3.162）位于荷城街道南洲村委塘肚村塘源坊中心，始建于明代，明清时期多次修葺。

图 3.162　塘肚艺能严公祠
资料来源：吕唐军摄。

157

严公祠坐北向南，两进三开间，通面阔 12.3 米，通进深 26.4 米，建筑面积约 400 平方米。硬山顶，青砖墙，红砂岩、咸水石墙脚。门堂无塾，红砂岩华板，内有屏门，博古山墙，博古脊。后堂人字山墙，龙船脊，金柱有木柱櫍。

2. 罗岸罗氏大宗祠（荷城街道泰和村委会罗岸村，明）

罗岸罗氏大宗祠（图 3.163）位于荷城街道泰和村委会罗岸村南面，始建于明代，为典型的明代建筑风格。

图 3.163　罗岸罗氏大宗祠
资料来源：吕唐军摄。

罗氏大宗祠坐东向西，原为三路三进三开间，现仅存门堂与后堂，通面阔 23.53 米，通进深 49.8 米，右有青云巷，博古山墙，龙船脊，红砂岩基础。门堂对面有一字型照壁。门堂无塾，有屏门。设有"敬堂"和"礼仪堂"两块牌匾。

3. 龙湾林氏宗祠（荷城街道范洲村委会龙湾村，清同治十年·1871）

龙湾林氏宗祠（图 3.164）位于荷城街道范洲村委会龙湾村北面。林氏始祖于明成化年间（1465—1487）从新会石咀沙岗迁徙至此，于八世传嗣修建此祠。清同治十年（1871）重建，后多次修葺，1984 年重修。

宗祠坐西向东，三路两进三开间，通面阔 20.74 米，通进深 27.2 米。龙船脊，中路镬耳山墙，边路人字山墙，青砖墙，素胎瓦当。门堂一门两塾，前廊为穿斗、抬梁式混合结构，花岗石墙脚。宗祠前第二层丹墀两边

图 3.164　龙湾林氏宗祠
资料来源：吕唐军摄。

各矗立一支华表，一支刻着"诰授奉政大夫林植棠①立"，另一支刻着"浩禄义政关臣林植棠恭立"。

4．阮北坊大夫区公祠（荷城街道上秀丽村委会阮埇村，清）

阮北坊大夫区公祠（图 3.165）位于荷城街道上秀丽村委会阮埇②村阮北坊，始建于清代，是村中族人奉直大夫区士元为纪念其父区文裔而独资兴建的。整体布局保持完整。

区公祠坐北向南，三路两进三开间格局，左路衬祠已改建。水式山墙，灰塑博古脊。墙楣灰塑、山水人物诗画精美。通面阔 12.7 米，通进深 24.5 米。左边有青云巷"义路"。祠堂建筑梁架全部为穿斗抬梁式混合结构。青砖墙，花岗石墙脚。门堂无塾，前廊梁架雕刻花鸟人物图案。

5．河江何氏大宗祠（荷城街道河江居委会河江村，清）

河江何氏大宗祠（图 3.166）位于荷城街道河江居委会河江村东面，始建于清代年间，后多次修葺，1991 年重修。

何氏大宗祠坐西向东，三路两进三开间，通面阔 25 米，通进深 32 米，镬耳山墙，中路灰塑博古脊、边路龙船脊。青砖墙，檐廊花岗石墙脚。左青云巷为"入孝"，右青云巷为"出第"。门堂一门两塾。中堂悬挂"孝思堂"牌匾。

---

① 林植棠，清代举人，任山西五台山县事。因清廉勤政，被光绪皇帝诰授奉政大夫。
② 埇，音 yǒng。

图 3.165　阮北坊大夫区公祠
资料来源：吕唐军摄。

图 3.166　河江何氏大宗祠
资料来源：吕唐军摄。

6. 西黄黄氏宗祠（荷城街道泰兴村委会西黄村，清）

西黄黄氏宗祠（图 3.167）位于荷城街道泰兴村委会西黄村南面村口。建于清代，2006 年重修。

宗祠坐东北向西南，三路两进三开间格局，通面阔 20.06 米，通进深 21.56 米。硬山顶，灰塑博古脊。门堂前檐为博古横架。

图 3.167 西黄黄氏宗祠

资料来源：吕唐军摄。

7. 松塘李氏宗祠（更合镇水井村委会松塘村，清）

松塘李氏宗祠位于更合镇水井村委会松塘村中部，始建于清代。

宗祠坐北向南，三间两进，前有一牌坊，左有青云巷。通面阔 11.7
米，通进深 24.7 米。硬山顶，高大灰塑人字山墙，灰塑博古脊。青砖墙，
花岗石墙脚。牌坊、青云巷门楼的顶部和墙楣均为工艺精美的灰塑。前廊
梁架有几组人物古典故事木雕，精美绝伦，栩栩如生。内墙上人物、山水
壁画清晰、生动。

8. 布练翔飞廖公祠（更合镇布练村委会布练新村，民国 27 年·1938）

布练翔飞廖公祠位于更合镇布练村委会布练新村，建于民国 27 年
（1938），整体外貌基本保存。

廖公祠坐西向东，两进三开间格局，右有青云巷。通面阔 19.35 米，
通进深 21.07 米。水式博古山墙，灰塑博古脊，青砖墙体。正门两侧窗楣
饰"中华民国"字及花草，门楣壁画、灰塑保存完好。

第四节 佛山地区民居建筑

佛山地区除拥有前述的岭南第一村——大旗头村外，仍有大量的传统
民居与村落存在。本地区名人故居众多，由于篇幅所限，我们仅讨论建筑
规模较大或者较有价值和特色的名人故居，其人文历史价值等其他方面不

属本书研究范围。

一、禅城区

在佛山城镇形成的过程中，不少外地人迁来定居。他们喜欢聚族而居，并以所居地名冠在姓氏的前面，以示区别，如岗头梁氏、东头冼氏、石榴沥陈氏等。这种聚族而居的习俗沿袭至清末。现庄园式家族聚居地仍不少，如居仁里区家庄、市东路叶家庄、金鱼塘陈家庄等，形成了佛山民居的特色。典型的庄园式建筑群落由一座祭祀祖先的祠堂、一座家族聚会和接待重要宾客的厅堂以及若干座格式一致的三间两廊式建筑组成。各建筑物的排列或组合因地制宜，并不一致。

1. 东华里（福贤路，清代早期·1644—1735）

东华里（图3.168至图3.170）位于福贤路，原名杨伍街，以清初聚居此地的杨族和伍族姓氏命名，其后两族相继衰落，房产逐渐转卖与他姓，清乾隆年间改为今名。至嘉庆、道光年间，迁入骆氏家族。该家族的骆秉章①于道光年间中进士，官至协办大学士、四川总督，曾对该里后半段北侧宅第大加修葺改造。清末，华侨富商招雨田家族又迁入该里，将东华里中段南侧的宅第进一步改建装修，遂成目前之面貌。东华里是佛山保存最完好的典型清代街道，现为国家级文物保护单位。

东华里全长112米，街道宽阔畅顺，花岗石铺砌的路面洁净平整。街道首尾建有门楼，街首闸门楼尚存道光癸卯年（1843）的石刻街额。街内两旁的宅第仍为清代旧貌，无论建筑形式或装修，均极为讲究。门房高大，石砌台阶，门墙多为水磨青砖结砌。厅堂的室内装饰亦不俗，多有木雕屏风、花架及隔扇等精美设置。街之前段为互相毗连的屋宇，尚存伍氏宗祠、招氏宗祠、招雨田祠及招氏"敬贤堂"等建筑物。房屋内部已有改变，但房屋外观仍保持完好。街后段两旁各有小巷四条，巷内为宅第后三进的住宅，整齐统一，均为三间两廊式平面布局，镬耳山墙。小巷石砌路面，两旁房屋以水磨青砖砌墙，极为规整。

---

① 骆秉章（1793—1868），原名骆俊，字吁门，号儒斋，广东花县人。道光十二年（1832）进士，选庶吉士，授编修，迁江南道、四川道监察御史等职。历任湖北藩司、云南藩司、湖南巡抚、协办大学士兼四川总督。同治六年（1868）病逝，赠太子太傅，入祀贤良祠，谥号文忠。与曾国藩、左宗棠、李鸿章等人并称"晚清八大名臣"。

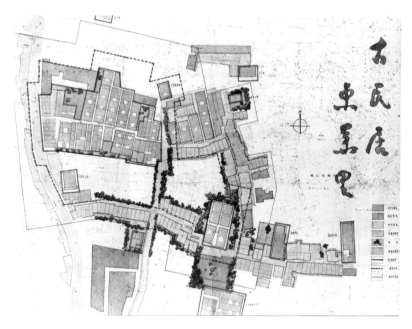

图 3.168 东华里总平面图

资料来源：佛山市建设委员会，西安建筑科技大学，佛山市城乡规划处.

佛山市历史文化名城保护规划［M］. 1996。

图 3.169 东华里

资料来源：吕唐军摄。

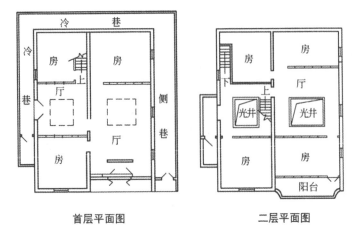

首层平面图　　　　　　　二层平面图

图 3.170　东华里民居单体首层、二层平面

资料来源：汤国华. 岭南湿热气候与传统建筑［M］. 北京：中国建筑工业出版社，2005。

2．林家厅及古民居群（石湾街道忠信巷，明）

林家厅（图 3.171）位于石湾街道忠信巷镇岗南坡，是祠堂民居合一的建筑群，故又称林氏家庙。明代始建，清嘉庆年间重修。林家厅早期是林氏家庙，清嘉庆年间（1796—1820），林绍光①、林龙光及林俊光兄弟三人以此地作为居室。特别是林绍光对其宅第的装修可谓苦心孤诣。2002 年公布为省级文物保护单位。

图 3.171　林家厅

资料来源：吕唐军摄。

---

①　林绍光曾当过清朝官吏，作有《拟公禁石湾挖沙印砖谈略》，并于嘉庆年间为莲峰书院修建碑记撰文。

林家厅坐北向南，三间三进，总建筑面积197.63平方米，通进深22.37米，通面阔8.83米。建筑由南至北依次是门堂、中堂和后楼，基本按祠堂格式建造，门堂、厢房及三进下层又具有民居特色，均为硬山顶。主体建筑梁架均使用抬梁式结构，以柁墩及如意斗栱承托，覆盆式红砂岩柱础，部分有柱櫍，具明代特征。建筑正脊和垂脊都有镂空灰塑博古纹，檐口挂云纹木檐板。内部装饰讲究，所使用的木雕装饰构件种类繁多，屏风、隔扇、花架、檐板、雀替、驼峰及斗栱等布局得宜，雕镂精细，古朴优雅。

门堂外设民居式门廊，屋身高5.85米。大门后设屏门，镂有精细的福禄寿字纹装饰。前院两侧的廊庑已毁。中堂进深三间，屋高约6.78米。后楼为二层建筑，进深两间，后院两侧也是两层的厢房，屋身全高约7.65米。后楼为居室，楼下以砖墙分为厅堂和左右厢房，与院落左右厢房相通；二楼为木制楼面，布局小巧玲珑。楼前有轩廊，抬梁式结构，以柁墩和斗栱承托，前金柱与后墙间则为抬梁与穿斗混合式构架，设计奇巧，别出心裁。

3. 文会里嫁娶屋（岭南天地，清早期·1644—1735）

文会里嫁娶屋（图3.172、图3.173）位于岭南天地（原福贤路文会里），始建于清早期，原是聚居此地的杨氏家族大型宅第建筑群，清中期后，房产易主，逐渐作为固定的嫁娶屋供出租用，直至民国初年。明清时期，佛山人口密集，大多数人家的房屋挤迫，婚嫁喜事又注重形式，务求热闹，但苦于无从铺张。随着清代佛山社会商品经济意识渐浓，嫁娶屋作为一种专供出租操办婚嫁喜事的场所，遂应运而生，且越来越普遍，并形成一种相沿已久的习俗。今市内所存嫁娶屋旧址，以此家最为典型，是佛山古镇独具特色的民俗文物。现为市级文物保护单位。

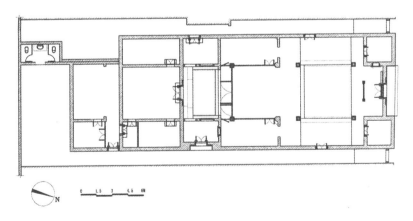

图3.172　文会里嫁娶屋平面图

资料来源：程建军. 梓人绳墨——岭南历史建筑测绘图选集［M］.

广州：华南理工大学出版社，2013。

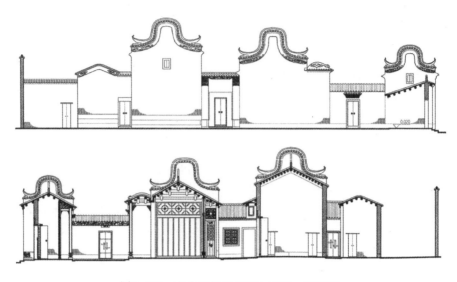

图 3.173　文会里嫁娶屋侧立面图、剖面图

资料来源：程建军．梓人绳墨——岭南历史建筑测绘图选集［M］．

广州：华南理工大学出版社，2013。

　　嫁娶屋建筑群既豪华体面，又整齐美观，左右各有铺石小巷纵贯首尾，两旁还配置多个居室、厨房、储物房等备用。主体建筑坐南向北，总面积约350平方米，三进三开间，通面阔11.2米，硬山顶，镬耳山墙。门厅亦称轿厅，作婚礼时停轿之用。门堂为凹斗门式，以砖墙分成左右次间门房。外墙为平整光洁的水磨青砖，前檐下为一大片雕工精细的砖雕装饰；后檐用檐柱并有三架梁，居中置大型木雕屏门，木雕装饰美轮美奂，豪华气派。中堂进深三间，是一个宽敞雅致、设计和做工十分考究的四柱大厅，前后开敞式，各有大型通栏木雕隔扇。前檐廊为轩廊式卷棚顶，厅内梁架为抬梁与穿斗混合式结构，花架、隔扇、雀替等木雕装饰构件均工艺精湛、富丽繁褥，充分展现其精心营造的高雅气派。三进居室则与一般住宅格式一致，平面为三间两廊式布局，硬山搁檩架构。各建筑均有侧门与小巷相通。清代时，建筑群内厨房及各种家居设置、餐具、台椅、锦帐等一应俱全，而且还备有"新房"和多间厢房等任凭使用，屋前的地堂还可搭棚唱戏，热闹一番。租客有如身处高贵的大家庭中，婚礼的全过程可在此圆满完成，从而深受大众的欢迎。

4. 区庄（区家庄、区巷）（福贤路居仁里，清乾隆、嘉庆年间·1736—1820）

区家庄在福贤路居仁里，因自成一巷，故又称区巷，是富商区氏[①]所建的家族庄宅建筑，始建于清乾隆、嘉庆年间（1736—1820）。最初仅有住宅四座，继而于同治年间增建"资政家庙"，此后又相继完成另外四座住宅、包括两个厅堂及书楼的三进大型建筑以及花园等。区家庄是较典型和完整的古代城镇庄宅建筑群落。1989年定为市级文物保护单位。

区家庄总占地面积约1500平方米，由10座建筑物组成，有资政家庙、厅堂及八座住宅。庄宅平面布局规整，井字形排列，小巷相间以作防火通道，考虑周全。其中住宅在西北侧，为格式略有不同的多座单体住宅，居中部分有两排，每排三座，外型大小一致，整齐美观。住宅均为三间两廊布局，大小形式相同，各自独立，成棋盘状整齐排列，前有檐廊。资政家庙在住宅区之南面，两进，殿堂面阔、进深各三间，抬梁式结构，小巧玲珑。厅堂和书楼则在住宅区的东面，面阔三间，进深三间，厅堂为规格颇大的"四柱大厅"，前后用屏风隔断。各厅间有庭院间隔。所有建筑的用材及装修豪华得体，青砖砌墙，墙上饰以灰塑，室内则多有木雕屏风等配置。

5. 任围（燎原路乐安里，清嘉庆、道光年间·1796—1850）

任围（图3.174）位于燎原路中段乐安里，为任氏兄弟[②]二人于清嘉庆、道光年间（1796—1850）兴建的大型庄宅建筑，包括乐安里的任伟庄宅及其西侧任映坊的任应庄宅两组建筑群，原庄宅建有围墙，故称任围。任围是佛山市内较典型的古代庄宅建筑群之一，1989年定为市级文物保护单位。

乐安里的任伟庄宅原规模颇大，占地数千平方米，包括祠堂、住宅、花园及池塘。始建于嘉庆九年（1804）的祠堂三间三进，抬梁与穿斗混合式梁架结构，今仅余门堂和中堂。原有34座单体住宅建筑，纵横各五座，成方阵排列于祠堂右侧，大小形式一致，三间两廊式平面布局，硬山搁檩式梁架结构，今仅余19座。其余的花园、池塘等，现已无存。任映坊的任应庄宅，今仅存九座，亦成纵横各三座的方阵排列，除采用镬耳山墙外，其余均与任伟庄宅同。

[①] 区氏祖籍顺德水藤，原在佛山做小买卖，后赴曲江县经营洋杂货而发家，成为佛山有名的巨富。

[②] 明清时期佛山纺织业兴旺发达，也是其时佛山手工业繁盛的重要支柱。任氏家族在清中叶后以经营丝织业而成为巨富，兄弟二人开办的机房商号分别为"任伟号"和"任应号"。

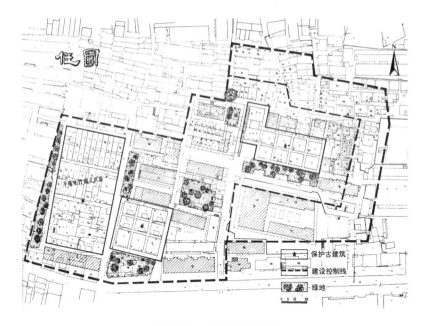

图 3.174　任围总平面图

资料来源：佛山市建设委员会，西安建筑科技大学，佛山市城乡规划处．

佛山市历史文化名城保护规划［M］. 1996.

6. 李可琼故居（莲花巷，清）

李可琼故居位于莲花巷，是清代官僚李可琼的宅第。李可琼与兄弟李可端、李可藩于清嘉庆时同中进士，并同入翰林，一时传为盛事。其家族在佛山经营银铺，相当富有，遂于嘉庆年间（1796—1820）在此地兴建宅第，以该楼最为突出。该楼的形制及其别具一格的设计装饰，为当地目前所仅见。1989 年定为市级文物保护单位。

故居建筑面积 230 平方米，两层，面阔、进深各三间，面阔 20.5 米，进深 11.3 米，底层高 4.8 米，上层高 7.8 米。故居高大宽敞，木板楼面，二楼前檐廊设轩廊式卷棚顶，屋内梁架为抬梁与穿斗混合式结构。楼内共置有七十二个精致的百页窗，形式不尽相同，因可调节光线和空气而著名。现楼尚存，窗已不存。故居尤以室内装修豪华考究而颇见匠心，各种木雕装饰构件精雕细刻、高雅脱俗。二楼楼前有大型隔扇，花架、雀替及门窗装饰等种类繁多，纹饰有博古、花卉、万字等多种，工艺精湛。楼前原有花园和其他建筑，均为李可琼及其家族居住的宅第，今已改建，仅此楼大体还是旧貌。

7. 叶家庄（市东上路宝善坊，清末）

叶家庄（图 3.175、图 3.176）位于市东上路宝善坊，为富商叶氏家族[①]在清末建造的大型庄宅建筑群落，自占一巷，故又称宝善坊。清中叶后，叶氏家族产业遍布广州、香港等地，而祖居的佛山以庄宅为主，如莲花路大型宅第、福贤路西式的"戢[②]院"以及叶家庄等多处。其中以叶家庄规模最大、装修最讲究和设施最完备。今庄内除花园的局部外，原有的建筑物均保存完好，是较典型和完整的清后期古镇庄宅建筑群落。民国 9 年（1920）与 33 年（1944）两次重修。现为市级文物保护单位。

图 3.175 叶家庄总平面图

资料来源：佛山市建设委员会，西安建筑科技大学，佛山市城乡规划处.

佛山市历史文化名城保护规划 [M]. 1996.

叶家庄占地面积近 4000 平方米，其范围之大，在佛山当时的同类庄宅建筑中也是少有的。庄内街道铺石，有祠堂、门楼、住宅区和花园等，各式具备，且建筑物布局合理、独具匠心。其布局以最南面的东西向直街为主干，街道全长 79.7 米，首尾均建有门楼，为庄宅所专有，所有建筑物均集中在街道以北。现存的东侧门楼外表是水磨青砖，石额镌题"南阳"二

---

① 清中叶后，叶氏家族在佛山、香港等地以经营中西成药起家，清末时更成为省港知名的华侨巨富。

② 戢，音 jí。

字，门后有更楼。西侧门楼内的街首是规模颇大的叶大夫祠，始建于清光绪三年（1877），祀叶氏房祖叶星桥。祠两进，面阔三间，硬山顶，抬梁式结构，祠前后原有花园。住宅区在祠堂东面，整齐地排列在街道的北侧，以垂直于街道的小巷相间，格式一致的住宅坐北向南连接排列，除面街的门堂和客厅外，其余均为三间两廊式平面布局，屋宇高大宽敞、用材讲究，装修配置得体。街后段房屋是给下人居住的，建筑较简陋。

图 3.176　叶家庄
资料来源：吕唐军摄。

二、顺德区

1. 碧江金楼（含职方第、泥楼、南山祠）（北滘镇碧江居委，清晚期·1851—1911）

　　碧江金楼（图 3.177）位于北滘镇碧江居委，是清晚期碧江职方①苏少澹的父亲修建的。金楼构造精美，是顺德现存古民居中罕见的建筑物。因屏门、门坊、檐板、厅壁、天花藻井的木质雕饰均以真金涂髹或镶贴，楼上楼下一片金碧辉煌，故称"金楼"。现碧江金楼及附近民居建筑群为省级文物保护单位。

　　金楼主体三间两层，砖木结构，硬山平脊顶。首层明间有屏门，门枋、雀替通花雕饰，左右次间门洞上有精致的万字、回纹贴脸和花卉门檐

---

　　① 官名。唐宋至明清，皆于兵部设职方司，主要掌管疆域图籍。

浮雕。二层前厅后寝，三面环廊与寝室相连，成回字形。厅为金楼主体，通饰木雕花件，潮州木雕风格。墙壁分为三层处理：下层雕花裙板；中层为博古形式，镶玻璃嵌固；上层是木雕铺作，紧接藻井。天花顶部为云蝠盘雕，栩栩如生。全部木雕以金箔贴饰，光彩夺目。左右两廊与前廊交界处设有垂直多层的框架橱柜门洞，橱柜是用以放置书画古玩的，裙板刻清乾嘉时代大学士刘墉①、湖北督粮道宋湘②、云南临安府太守王文治③、翰林学士张岳崧④的书法。整座金楼的木雕工艺、书法艺术精湛。

图 3.177　碧江金楼
资料来源：吕唐军摄。

职方第是清嘉道年间碧江苏丕文⑤所建。三间三进，中堂前有拜亭，第三进为四层高的后楼，镬耳山墙，龙船脊。门堂凹斗门式，有屏门。拜

---

① 刘墉（1719—1804），字崇如，号石庵，清朝政治家、书法家。乾隆十六年（1751）中进士，历任翰林院庶吉士、太原府知府、江宁府知府、内阁学士、体仁阁大学士等职。刘墉的书法造诣深厚，是清代著名的帖学大家，被世人称为"浓墨宰相"。嘉庆九年（1804）病逝，谥号文清。

② 宋湘（1757—1826），字焕襄，号芷湾，广东嘉应州（今梅州市梅县区）人。清代中叶著名的诗人、书法家、教育家。被称为"岭南第一才子"。《清史稿·列传》中称"粤诗惟湘为巨"。

③ 王文治（1730—1802），字禹卿，号梦楼，江苏丹徒人。清代官吏、诗人、书法家。乾隆二十五年（1760）进士，授编修，擢侍读，官至云南临安知府。工书法，以风韵胜。有《梦楼诗集》、《快雨堂题跋》。

④ 张岳崧（音 sōng，同"嵩"）（1773—1842），字子骏，又字翰山、澥山，稚雅，号觉庵、指山。广东定安（今海南省定安县龙湖镇高林村）人。海南在科举时代唯一的探花，官至湖北布政使（从二品）。主持编纂《琼州府志》。是清代知名的书画家，是海南读绝（丘濬）、忠绝（海瑞）、吟绝（王佐）、写绝（张岳崧）"四绝"中的"写绝"，四人又并称海南四大才子。

⑤ 任职兵部职方司，官至三品。

亭前为牌坊，牌坊门额"视履考祥"四字为晚清著名书画家南海熊景星书，内部"退让明礼"门额为晚清另一书法家香山鲍俊所题。

泥楼始建于明代，墙体用泥、沙渗以糯米粉夯垒而成，坚韧如石。楼后面有蚝壳墙。20世纪，泥楼主人留学归国，见楼门两廊颓危，便将其改作柱廊，四根立柱改用罗马式立柱。

2. 南村牧伯里民居群（乐从镇沙滘居委，清至民国·1644—1949）

南村牧伯里民居群（图3.178）位于乐从镇沙滘居委南村，清代至民国年间（1644—1949）兴建。牧伯为古代对州郡一级长官的尊称。在明清时期，当地陈家有人在广西当"牧伯"，后来其两个儿子在沙滘南村开枝散叶，为了纪念他，因此称其居地为"牧伯里"，现在村里还有牧伯祠堂。牧伯里民居群现为市级文物保护单位。

图3.178　南村牧伯里民居群总平面图
资料来源：佛山市规划局顺德分局，佛山市城市规划勘测设计研究院.
乐从镇沙滘历史文化保护与发展规划说明书、专题研究［M］. 2009。

民居群东西长200米，南北阔100米，占地2万多平方米。平面呈梳式布局，17条小巷南北走向。共存有清代至民国年间（1644—1949）的旧民居120多间，以及巷门、祠堂、家塾等，建筑功能较齐全。有代表性的建筑约有30间，基本上都有100多年的历史。大部分为清末的三间两廊中式传统民居，也有民国初期华侨建筑的中西风格融合的楼房。传统民居多为灰塑龙船脊，镬耳山墙，素胎瓦当，青砖墙，部分为红砂岩石脚，石脚上浮雕花卉，门额及窗楣上均有精细的灰塑或砖雕装饰。中西风格融合的楼房多为二层建筑，砖混结构，西方柱式，窗户上饰半圆形灰塑。屋内有木雕构件、砖雕"天官赐福"或"门官土地福神"神龛、彩色玻璃屏风及古罗马柱等，并多保存有完整的整套旧家具。

民居群前竖有一块"永禁规条"石碑，禁止在牧伯里所有住屋厅所开设烟馆、赌馆，禁止把房屋押给典当行或卖给外姓人，禁止扩建房屋；等等。至今，牧伯里仍是当初兴建时的规模，里面住的仍多是陈姓人；部分人于海外定居后，房子仍不卖，只是租给人。

3. 冯立夫祖宅（龙江镇旺岗村，民国初年·1912—1927）

冯立夫①祖宅位于龙江镇旺岗村，建于民国初年（1912—1927）。该建筑是冯立夫的祖宅，也是典型的岭南名居。现为市级文物保护单位。

祖宅坐北向南，占地面积236平方米，是三间两廊式平面布局的青砖大屋。通面阔17.5米，通进深13.5米，高三层约11.5米。硬山顶，高大镬耳山墙，龙船脊，灰碌筒瓦，青砖墙，花岗石墙脚。墙楣花鸟灰塑精美且保存完整，砖雕"门官土地福德正神"和"天官赐福"神龛雕刻工整细致。街门回字门，花岗石门框。砖雕"锦绣富贵"墀头精美，墙楣是梁栋生画的壁画。正屋木檩承托木楼板，屋内设有趟栊②木门、坚固的铁门及木楼梯。祖居规模完整，高大有气势。

三、高明区

高明区现存较好的古村落3条；较好的古民居群有33处，其中荷城街道16处，明城镇14处，更合镇3处。

1. 深水古民居群（明城镇罗稳村委会，清光绪元年·1875）

深水古民居群（图3.179）位于明城镇罗稳村委会深水村，始建于清光绪元年（1875）。

该古民居群平面呈棋盘式布局，坐西北向东南，共三排，原每排五座，共十五座房屋，现仅剩下十三座房屋。纵向巷道宽度约2米，横向巷道宽度约3米。每座房屋款式相同，均为三间两廊，硬山顶，人字山墙，龙船脊（现有四间改为一字脊），青砖墙（其中有一间左、右、后墙为黄土舂墙）。每座房屋总面阔10.4米，总进深11米。墙楣绘诗画图案，精美生动，门楣挂镂空木雕祈福牌匾，部分大门有防盗的趟栊门。

---

① 冯立夫，"利工民"线衫创始人之一。

② 广府传统建筑的杠栅式拉门。以小碗口粗木为横栅，横向推拉启闭。广府传统民宅一般都是三道门，第一道是"脚门"，第二道是"趟栊门"，第三道才是"大门"。关上趟栊，打开大门，既可以防小偷，又可以通风透气。

图 3.179 深水古民居群
资料来源：吕唐军摄。

2. 阮埇古民居群（荷城街道，明末清初，清康熙年间·1662—1722）

阮埇古村落（图 3.180、图 3.181）位于荷城街道荷富路西侧。阮埇村始建于元朝至正年间（1341—1368），分为阮南、阮北、阮东、阮西四坊，因环村多河涌，后又有阮姓迁入而得名。

清代编撰印刷的《江川区氏族谱》，已经刊登有阮埇村建设发展规划图。规划时间之早，制度措施之完善，为高明之最。不仅规划建有护村河、石板路、石板桥、水埗头①，还规划建有商业街、西山塔等阮埇八景。阮埇村村落核心区为阮西坊和阮北坊，现存明末清初民居四十一间、清代中期古民居十三间。

阮西坊古民居群为阮埇古村落的第一核心区。据《江川区氏族谱》记载，该古民居群始建于元末明初，为阮氏族人与区氏族人开村时兴建。随着区氏族人不断繁衍、壮大和阮氏族人衰落萎缩，最后阮氏族人陆续搬迁和区氏族人逐渐占据，至明末清初，阮埇村已全部为区氏族人。阮西坊坐北向南，总面积5000平方米。现存的四十一座古民居均为明末清初年间区氏族人所建。每座古民居均为三间两廊格局，镬耳山墙，龙船脊，红砂岩或花岗石墙脚，总面宽 10 米，通进深 9.7 米。

阮北坊古民居群位于阮埇村北面，为阮埇古村落的第二核心区。据阮埇村区氏族谱记载，该古民居群建于清康熙年间，是由奉直大夫区士元为其八个儿子兴建的，每个儿子两座，共十六座，故称"大夫第"，又称"八大家"。现存十三座。该古民居群布局呈棋盘式，坐北向南，共四排，

---

① 码头，渡口。

图 3.180 阮埇古民居群卫星图

资料来源：百度地图.

图 3.181 阮埇古民居群

资料来源：吕唐军摄。

每排四座。民居前为宽阔的庭院，铺设青砖，搭建有戏台，供家族成员操练、休憩和娱乐之用。古民居群四周建有围墙，中间建有一座门楼，通过石板桥和石板路与阮西坊相连。每座古民居均为青砖墙，花岗石墙脚，镬耳山墙，龙船脊，三间两廊格局，总面宽 10 米，通进深 9.7 米，建筑甚为壮观。

3. 榴村陆家古民居群（荷城街道照明居委会榴村，明末清初）

榴村陆家古民居群位于荷城街道照明居委会榴村，始建于明末清初，现存古民居六十八座。

榴村陆家古村落坐北向南，呈棋盘形结构，由十六个门楼和八条古巷组成，总长 250 米，总面宽 50 多米，面积约 12500 平方米。村前是一条长 250 米、宽 1.2 米的花岗石板村道；三个用青砖、花岗石砌成的古水埗头分布在村前池塘边；村北有陆氏族人为纪念先祖陆炳然[①]而兴建的两座祠堂。

古村落中的古民居建筑风格和建筑式样统一，每座均为三间两廊，镬耳山墙，龙船脊，青砖墙，花岗石墙脚。

4. 敦衷古民居群（荷城街道泰和村委会敦衷村，清）

敦衷古民居群（图 3.182）位于荷城街道泰和村委会敦衷村的西面。据考证，敦衷村开村时间为清代。

图 3.182 敦衷古民居群卫星图

资料来源：百度地图。

---

① 陆炳然，清同治四年（1865）进士，官至礼部主事。

黄氏先祖在选择村场时颇费心机：村四面环山，但山却不高，树木葱茏；中间为一小盆地，被村民挖成鱼塘，古民居就建在鱼塘边的小山坡上，形成统一的民居布局、完善的排水系统、清新的空气环境和宁静的居住场所。在村的西南方，经过村的守护神——花岗石貔貅，有一条弯曲的村道连接村外。村外四周原为珠江流域滩涂，现是广阔的平原稻田。

敦衷古民居群坐北向南，共三十二座。每座古民居布局和结构统一，为三间两廊格局，镬耳山墙，博古脊，通面阔 9.12 米，通进深 9.66 米，面积为 90 平方米，有完善的排水系统。

在村的东北方小山坡上，建有一座占地面积 60 多平方米的敦衷祖庙。祖庙的下方，有一个建于清代，用花岗石条石砌筑的古埗头，古时村民从此乘船往来外地，现虽长时间闲置，却仍保存得非常好。祖庙始建于清代，两进格局，通面阔 5.29 米，通进深 12.91 米。山墙、硬山顶、青砖砌筑，曾于清乾隆二十八年（1763）和五十二年（1787）重修。庙内原有二十多尊菩萨，现只剩下一尊石神像。该庙造型、风格独特。

5. 井山古民居群（明城镇明北村委会井山村，清）

井山古民居群位于明城镇明北村委会井山村中部，始建于清代，总体布局完整，共二十座民居。一部分坐北向南，另一部分坐西向东。分布纵横交错、不规则，但布局基本相同，都为三间两廊格局。通面阔 10.25 米，通进深 9.7 米，硬山顶，镬耳山墙，龙船脊。灰筒瓦，素胎瓦当，青砖墙，墙楣饰花鸟、古画、瑞兽。前檐有木雕，工艺精细。

6. 吉田古民居群（更合镇吉田村，清）

吉田古民居群位于更合镇吉田村，建于清代，是更合地区建筑年代最长、保存最好、最具特色的古民居群。

该古民居群共有五排二十座，棋盘式布局，全部坐西向东，三间两廊格局，面宽 9.4 米，进深 10.2 米。民居一部分为灰塑博古脊、人字山墙，另一部分为镬耳山墙。龙船脊，青砖墙，花岗石墙脚。在古民居群的东、西、南面，各建有一座风格各异、造型独特的门楼，既是村的门户、进出村的必经之路，也是村的更楼和哨楼，起到防止外敌强盗入村的作用。

第五节　佛山地区园林建筑

佛山地区除了有岭南四大名园的其中之二——佛山梁园与顺德清晖园外，仍保存有众多的园林建筑。

一、南海区

1. 西樵山历史建筑群（西樵山风景区白云洞）

西樵山是广东省著名风景区、四大名山之一。在方圆四十余里范围内，有八处村庄，七十二座山峰，大小瀑布三十八处。西樵山风景区依山势走向分西部、中部和东部三个景区，景区各具特色：西部景区山色秀丽，庙宇成群，名胜古迹星罗密布；其他两个景区山势蜿蜒，流泉飞瀑，雄伟深邃。

西樵山白云洞在西樵山西北麓白云峰下，是长庚、白云、惜子三峰围抱而成，实乃一马蹄形山谷。白云洞是全山景物最佳处，又是入山的门户。白云洞草创于明嘉靖年间。倡始人何中行爱洞之幽胜，辟幽发潜，游息其间。其子何亮，号白云，继承父志，筑室读书洞中。自后历经两百多年的名流类聚，辟精舍，建书院，筑湖堤、台阶，遂成亭院楼阁、湖瀑清溪、铁壁绣屏，成为山中名胜处。主要建筑有奎光楼、白云古寺、三湖书院、云泉仙馆、龙崴阁等景观。

象林塔，又名宝象林寺塔（图3.183）、白塔，原为里水镇麻奢宝象林寺瑞塔殿中的舍利塔，建于明万历年间（1573—1620），1976年移至西樵山白云洞会龙湖畔。塔共七层，寓意七级浮屠，全由汉白玉制作，切榫连接。底座呈莲花状，首层六面浮雕龙、凤、牛、羊、麒麟、狮等吉祥动物；其他各层浮雕卷草。塔底安放如来舍利子。现为省级文物保护单位。

奎光楼（图3.184）又名文昌阁、奎星阁，是科举时代学子用以供奉魁星、祈求文运昌盛的场所。为进出白云洞的通道标志，始建于明万历年间（1573—1620），清乾隆四十二年（1777）简村堡二十七户人士捐资重建，后经多次重修。南北向，方形三层楼塔式建筑，四角攒尖顶，占地16平方米，高15米。三层瓦檐角脊凤尾状翘起，檐角悬挂陶钟。上、中、下三层墙壁各设圆形花窗。门额石刻"万里云衢"四字。现为市级文物保护单位。

图 3.183 宝象林寺塔
资料来源：吕唐军摄。

图 3.184 奎光楼
资料来源：吕唐军摄。

小云亭在西樵镇白云洞云泉仙馆倚虹楼后，建于清咸丰八年（1858），因旁有小云泉，故得此名。依山建筑，面积14.7平方米，六角攒尖顶，六根圆形花岗石柱，绿色琉璃瓦，檐口饰木雕花草图案，亭底内装饰天花板，亭匾古篆体"小云亭"为商承祚所书。现为市级文物保护单位。

枕流亭在西樵山白云洞应潮湖东，始建于清乾隆五十四年，是南海李介亭[①]所造，咸丰元年（1851）、1987年重修。亭位于名叫"鼓琴台"的巨石之上，石枕泉水之上，应潮湖湖水经亭底而过，故名"枕流亭"，"枕流古琴"旧为西樵山云泉二十四景之一。亭占地面积9平方米，卷棚歇山顶。亭左侧有千仞石壁，旧有"石壁探梅"美景。内设石台石凳，亭中横挂"枕流亭"三字，为秦咢生书。亭由四石柱支撑，正面石柱刻有行书"几点梅花归笛孔，一湾流水入琴心"对联，为竹洲陈清书。柱联二，行书"遍地烽烟洗耳厌闻尘里事，一湖风月写心如现水中仙"对联，为顺德赖振寰弼彤氏题。现为市级文物保护单位。

光分亭于清道光二十八年（1848）建于逍遥台上，占地面积56平方米，抬梁构架，歇山顶建筑。逍遥台，旧名曝书台。

湖山胜迹门楼位于往云泉仙馆及飞流千尺瀑布的通道上，建于清咸丰三年（1853），曾多次重修，占地面积20平方米，砖木结构，镬耳山墙，硬山顶。现为市级文物保护单位。

"第弍洞天"牌坊在西樵山白云洞会龙湖旁，横跨白云古道。始建于清乾隆年间，咸丰八年（1858）重修。为两柱单间冲天式牌坊，花岗石建造，额正面刻隶书"第弍洞天"四字，黎简书，石柱刻有隶书对联"千重云气排丹阙，万古泉声护洞门"，亦为黎简书。现为市级文物保护单位。

三湖书院因位居应潮湖、鉴湖、会龙湖之间而得名，清乾隆五十四年（1789）金瓯堡名士岑怀瑾等创建，道光二十年（1840）重修。书院砖木结构，抬梁构架，硬山顶，两进祠堂式，前后座铺砌方砖地面，露庭院及正门外为花岗石板地面，门框以花岗石镶嵌，康有为曾在此读书。1978年拆毁，1987年按原貌采用水泥结构重建，门额镶嵌林则徐书"三湖书院"。

2. 北涌亭（八角亭）（里水镇，明弘治十八年·1505）

北涌亭（图3.185）原位于里水镇新联村北涌坊，始建于明弘治十八年（1505），此后几经重修。最后两次重修是清咸丰六年（1856）和光绪九年（1883），结构式样保留了原貌。1998年迁建亭至该镇的沿江公园。该亭建筑形式、结构是省内现存古亭中所少有的。1978年公布为省级文物保护单位。

---

① 李介亭，一字尊舒，李宗简之父，乾隆五十四年讲学于龙崧阁。

据传，建八角亭是风水之说所引起的。当时里水丰岗修建了冯法师庙，庙门对着北涌坊，乡民认为对里水乡的丁、财、贵都不利，于是由八坊集资建一八角亭以挡煞，每角代表一坊。为获得丰年，乃安奉禾花娘神于亭内，每逢农历二月社日，乡民都来祈祷拜祭。今神像已无存。

图 3.185　北涌亭
资料来源：吕唐军摄。

亭占地面积64平方米，平面方形，八柱，柱上抬梁，重檐歇山顶，两重檐下施硕大斗栱，出檐深远、型制古朴。上层歇山顶四角、下层檐缘四角，故又名八角亭。亭中部四根木圆柱通至顶层，每面的梁架设三组斗栱；木柱外为四根六面体花岗石檐柱，檐柱矮，内柱高，檐柱上每面设五组斗栱，亭檐外伸1米，角脊外端往上翘起。石檐柱上镌刻"大清咸丰岁次丙辰本坊重建，里市新利店造石"，主梁上刻"大清光绪岁次癸未拾贰月吉旦重建"。

3. 魁星塔（冯氏祠塔）（九江镇夏北铁滘村，清嘉庆五年·1800年）

魁星塔又名冯氏祠塔，位于九江镇夏北铁滘村。为青砖结构，六角形，两层，高6米。塔顶为陶质葫芦顶，六面有灰塑。据《九江儒林乡志》① 记载，在现塔所在地方于乾隆四十六至四十七年（1781—1782）间有彗星扫过。该村村民为此于嘉庆五年（1800）在冯氏宗祠建塔立祭。现为市级文物保护单位。

二、顺德区

1. 青云塔（神步塔）（大良街道，明万历壬寅年·1602）

青云塔（图3.186至图3.188）位于大良街道东南的神步岗上，原名为"神步塔"。缘岗下有青云路直抵县城东门，故群众习呼为青云塔。该塔建于明代万历壬寅（1602），由知县倪尚忠②联合士绅捐建而成。1985年进行了维修。现为省级文物保护单位。

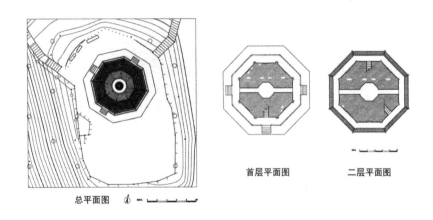

图3.186　青云塔（神步塔）总平面图，首层、二层平面图
资料来源：程建军. 梓人绳墨——岭南历史建筑测绘图选集［M］.
广州：华南理工大学出版社，2013。

清《五山志林》有《双塔记》："辛丑十二月廿八，命工兴建，六阅月而神步成，视大平大杀之，高倍之，工致伍之。中为空洞，外为井干，旋转而上，梵铃金顶，碍日飘风……"又据《（咸丰）顺德县志》载："塔高十有二丈，七级，级有扶栏，可登临，八角皆铁风衔钟，风来，声闻十里。"又据《凤城识小录》载："从前重修，次数未详，清道光辛卯，

---

① 清光绪癸未十月版。
② 倪尚忠（1550—1609），字世卿，号葵明，宣府龙门卫（今张家口赤城县）人，原籍江苏省淮安府盐城县。进士，明万历戊戌（1598）任顺德知县。曾主持筹建太平、青云两塔。

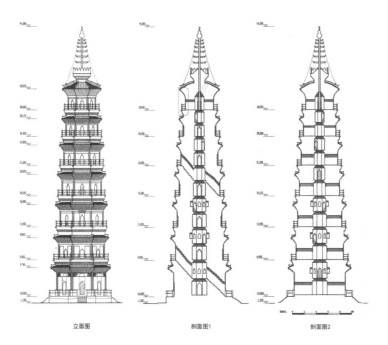

立面图　　　　　剖面图1　　　　　剖面图2

图 3.187　青云塔（神步塔）立面图、剖面图

资料来源：程建军. 梓人绳墨——岭南历史建筑测绘图选集［M］.

广州：华南理工大学出版社，2013。

图 3.188　青云塔（神步塔）

资料来源：吕唐军摄。

重修一次，两塔规模仍旧。"

　　青云塔为七层六角形青砖楼阁式塔，高 45.4 米。正门方向西南，阔

0.76 米，高 2.8 米；登塔门北向 70°，门阔、门高与正门同。塔底层外围每角面阔 3.3 米，内径宽 2.53 米。二层内径宽 2.47 米，窗六个，每个宽0.45 米，高 0.78 米。绕塔身外通道面宽 0.77 米。门两道，接连绕塔身外的围栏通道。层层如是。塔第四层外洞门上，嵌有石匾一块，中刻"三元挺秀"横批，上款刻"万历壬寅秋八月吉旦"，下款署"东浙浦江倪尚忠谨题"。相传塔身施用的颜料中掺有朱砂末，故色彩古雅，历久不褪。民谣云"青云塔演①新不演旧，旧寨塔演旧不演漏"，似亦据此而言。

塔基周围八面，各镶嵌石雕托塔力士俑一个，包头束腰，古代武士装，跪姿各异，均双手高举向上，作托举状，线条粗犷有力，为粗面红砂岩雕造。石像连上下座每个长 0.70 米，面宽 0.44 米，整个人物原长 0.54米，宽 0.42 米。八个石人像托塔姿势不同，分四类：①单左膝侧身下跪的两人，但侧身方向相反；②单右膝侧身下跪的两人，侧身方向相同；③双膝正面下跪的三人；④双腿屈膝正面下蹲的一人。

2．桂州文塔（聚奎阁）（容桂街道，清乾隆五十九年·1794）

桂洲文塔（图 3.189）位于容桂街道。"桂洲文塔"一名是《（咸丰）顺德县志》"建置"篇里的名称，始建于清乾隆五十九年（1794）。1989年修缮。现为省级文物保护单位。

图 3.189 桂州文塔
资料来源：吕唐军摄。

---

① 俚语，准的意思。

塔正面朝东，为七层六角形楼阁式塔，砖木结构，每角墙宽 4.1 米，总高约 34.2 米。塔身为青砖构筑，塔砖砌法有一特点，即每五行变一款式：一顺一横、两顺一横、三顺一横、四顺一横、五顺一横。此为顺德现存古塔砖砌法中的孤例。正向每层均有石楣刻字，第一层"飞出上青霄"，第二层"秀甲狮阳①"，第三层"聚奎阁"，第四层"题名处"，第五层"涵高下"，第六层"凤鸣"，第七层"灵照"，无款识。楣额书体包括楷、草、篆、隶、行五类，据传为胡俊②手笔。如此说可信，则可为建塔年代的佐证。

3. 太平塔（旧寨塔）（大良街道，明万历庚子年·1600）

太平塔（图 3.190）位于大良街道南约 2 公里的太平山顶，因山下为旧寨村，故又称旧寨塔。据《（咸丰）顺德县志》载，该塔于明万历二十七年（1599）由知县倪尚忠倡建，百姓助捐，次年建成。县志载："鸠工肇于己亥七月初五日，落成于庚子十一月二十五日。为级者七，为洞者二十四，空其中，缀梯缘上，无门通于外，使坚实久远。"1987—1989 年重修，现为市级文物保护单位。

图 3.190　太平塔（旧寨塔）
资料来源：吕唐军摄。

---

① 塔在桂洲狮山之南。
② 胡俊为桂洲人，清乾隆壬子（1792）科副贡生。

太平塔为七层八角形楼阁式塔，高25.58米。塔身为青砖构筑，底层每角墙宽4.1米，厚3.28米，入口处为一券门，宽1.14米。第三层有两块红砂岩隶书石匾，朝东一块刻"天门瑞气"，朝西一块刻"震旦玄光"。

4. 龙江文塔（七层塔）（龙江镇集北村，清乾隆二十九年·1764）

龙江文塔（七层塔）（图3.191）位于龙江镇集北村，"七层塔"一名，是《龙江乡志》载的名称。按《顺德县续志》介绍，该塔始建于清乾隆二十九年（1764）。道光二十一年（1841）曾遭雷击，越年（1842）三月重修。现塔身完好，塔顶及塔内木质结构已损毁，不能攀登。现为市级文物保护单位。

图3.191　龙江文塔（七层塔）
资料来源：吕唐军摄。

塔正面朝东南，为七层六角形楼阁式塔，全高约36.2米。砖木结构，券顶门口，角墙每面阔4.2米，厚1.25米。塔身为青砖构筑，采用三顺一横的砖砌法。每层石楣额均有刻字，第一层"光昭云汉"，第二层"文阁"，第三层篆字"大观"，第四层"捧日"。五至七层曾遭雷击，道光间重修时没有重刻补上，故缺。题额字为周天柱①所书。

---

① 周天柱，顺德龙江人，字岐甸，号凤台，清乾隆甲戌（1754）科进士，乾隆三十六年（1771）初任蓬州知府，戊寅年（1758）死于任内。善诗文，工书法，师承颜柳，笔力遒劲。

三、三水区

魁岗文塔（西南街道河口社区魁岗村，明万历三十年·1602）

魁岗文塔（图3.192）坐落于河口社区魁岗村旁，东距西南镇1公里。始建于明万历三十年（1602），邑人李希孔①所倡建，三水县知事（县宰）陈厚道总其成。清道光三年（1823），知三水县事李再可②重修文塔。自1986年起，数次修复文塔，现今塔已基本恢复原貌。1984年列为市级文物保护单位。

据文献记载：魁岗在城外东南二里许，盖护邑不砂也。从县署望之，属巽巳方。万历三十年，邑侍御李希孔为诸生时，倡议建浮图其上。知县罗点③可其议。于是刻期营成，突兀障江，峥嵘插汉，遂辟文明奇观。是役也，县正捐资为倡，乡绅民乐助，计费金八百有奇。④其时，督建文塔者为坊老严戍诚。⑤

魁岗文塔为平面八角形、九层仿楼阁式砖石塔。塔身连洞顶共高40余米⑥，坐东向西。青砖建筑，内壁为直筒式，红木为阁，设有扶梯。塔基为花岗石构成，基面距地1.1米，面阔2.2米，有石阶8级，每级长2米，宽0.4米。底层内宽7.48米，高4.07米，逐层缩小，至第九层内宽3.73米，高4.07米。底层每边阔3.18米，门阔0.95米，门高2.05米。每层八角檐翼覆以琉璃瓦，8个翘角挂有铜铃，风动铃响，绕有趣味。塔顶安装有铜铸葫芦，最宽直径为1.3米，高达4米。据当地耆老介绍，该铜葫芦全长比第九层还高，横放时（宽约4.7米）连县城南门亦不能过，其安装工程之艰辛，可想而知。

门前上额题"文星开运"篆书，为道光三年两广总督阮元所题。门两旁有一对联"奎炳三垣光肆水，笔扬七曜贲昆山"，楷书，道光癸未畅月知三水县事李再可题。第三层和第五层分别题有"灵杰楼"和"大奎阁"，

---

① 李希孔，字子铸。三水金本洲边村人。明万历三十七年（1609）考中举人，翌年中进士。历任吏部见习、中书舍人、南京江西道御史。李希孔不畏权势，直言忠谏，上疏《上修两朝实录公论疏》、《奏请出客氏疏》等，被时人称为海瑞复出。后人将其在洲边村出生的里巷命名为御史里。万历三十年（1602）倡建魁岗文塔，五年后又倡建尊经阁。

② 李再可，清嘉庆十四年（1809）中式己巳恩科三甲进士，道光初知广东三水县事。道光五年（1825）任广东新会县知县。今三水魁岗文塔有其墨迹。

③ 罗点，广西陆川人，举人，明万历二十七年（1599）任三水知县。

④ 据县志（戊寅重修本）"魁岗文塔"条记载。

⑤ 县志《历年大事记》。

⑥ 《塔志》记载，共高十一丈四尺五分。

均为阮元所书。塔外原筑有围墙，高丈余，墙上附有石碑多件，多记载建筑年代、修建经过及主事人和捐款人的芳名等①，现已散失殆尽。

图 3.192　魁岗文塔

资料来源：吕唐军摄。

　　文塔自明代修建至今，已有 300 多年历史，是三水县遗留下来的较完整的古建筑之一。自远眺望，塔影玲珑，高入云霄，擎天玉立，蔚为壮观。故历有"雁塔瑶"之誉。

四、高明区

1. 灵龟塔（龟峰塔）（荷城街道龟峰山，明万历二十九年·1601）

　　灵龟塔（图 3.193）在荷城街道龟峰山上，故又称龟峰塔。建于明万历二十九年（1601），重修于 1984 年。1989 年列为省级文物保护单位。

　　传说在很久以前，此地祸水四起，蛇蝎为患，民不聊生。神龟发威，驱邪去魔，救民于水火。后神龟因精疲力竭，睡在江畔，变为小山，而成

---

① 与现存《塔志》内容略同。

图 3.193　灵龟塔（龟峰塔）
资料来源：吕唐军摄。

现在的龟峰山。人们为了感谢神龟恩德，家家设神位供奉。明万历二十九年，由高明才子、进士区大相①倡议建起此塔。

塔为七层八角楼阁式砖塔，高 32.3 米，塔首层直径 7.2 米，内径 2.4 米，各层原有木楼梯，塔外各层均置 0.66 米宽平座。后来重修时，木板楼梯改为砖结构，木栏杆改为铁栏杆。各层檐口饰以琉璃瓦。塔第一层本供两座石佛像，后散失。300 多年以来，灵龟塔历经雷击和风雨破坏，日寇侵华期间又遭炮轰枪击，塔身弹痕累累，塔各层人行道毁坏，濒于倒塌。后在 1984 年进行重修。灵龟塔屹立于西江河畔，远眺西樵，近观西江，区大伦②曾写下传颂至今的《龟峰塔铭》："峨峨龟峰，拔乎中川，塔势涌出，作柱于天。应祥以兴，维兹多贤，翼翼佐帝，亿万斯年。"

① 区大相（？—1614），字用儒，号海目，高明阮埇村阮东人，诗人。明万历癸酉（1573）与兄大枢举于乡，己丑（1589）与弟大伦中进士。历赞善中允，掌制诰，后任太仆丞，移疾归卒。工诗，格律严谨，讲究词句，为明代岭南诗人之最。著有《太史集》、《图南集》、《濠上集》。

② 区大伦（？—1628），字孝先，高明阮埇村人，明代学者。中举人后与胞兄区大相到设在南京的太学学习，与海瑞交情甚厚。万历己丑年（1589）中进士，出任山东东明县知县。后调任御史，因上疏劝谏神宗皇帝应亲自主持郊祭典礼，引致神宗不高兴，被革职还乡。

2．文昌塔（明城镇，清嘉庆二十二年·1817）

文昌塔（图3.194）位于明城镇东门外半里许，脚临沧水，后映玉山，形象文笔，上应文星，雄伟壮观，"凌空耸秀与文笔对峙，塔之得名其以此"。《（光绪）高明县志》载：明万历十一年（1583）秋，肇庆知府王泮视察高明，建议"建塔以昌明高明文运"，得到知县张佐治及乡绅的赞同，旋于十二月动工兴建，十四年（1586）十月建成。文昌塔建成后，科甲连绵，有"高明文风甲端郡"之称。清乾隆二十八年（1763）、嘉庆元年（1796）各重修一次。嘉庆二年（1797）五月二十三日夜毁于火灾，"塔顶火光冲天直驱云汉，城中居民悉见之。越日，塔忽无故倾颓"。嘉庆二十二年（1817）邑绅士集众捐资四千余金，按原塔形重建。1959年、1985年、2004年再次修葺。1983年列为市级文物保护单位。

图3.194　文昌塔
资料来源：吕唐军摄。

文昌塔坐北向南，为七层八角楼阁式砖塔，红墙碧瓦，高37米。首层直径8.56米。每层角檐上塑有鳌鱼，角檐下塑有龙吻。内部原有木楼梯，最近一次修葺时改为水泥结构，并在四周装上铁栏杆。塔顶原有铁圆轮及铜座覆盖，铜座在1950年刮台风时失落。

第六节　佛山地区其他类型建筑

一、禅城区

1. 中山公园李氏牌坊（中山公园，明崇祯十年·1637）

李氏牌坊原位于栅下崇庆里参军李公[1]祠内，是该祠内两个建筑形式和结构完全相同的牌坊之一。牌坊建于明崇祯十年（1637），1960年迁建其一于祖庙作门楼，其二亦在同年迁建于中山公园秀丽湖大门口。现为市级文物保护单位。

牌坊为四柱三间三楼式木石混合结构，通面阔6.2米。台基、抱鼓石及柱子均用咸水石，梁枋、栌墩及斗栱等均以硬木制作，纹饰简练古朴，绿琉璃庑殿顶，如意斗栱，明代古风犹存。屋脊上还有红珠、鳌鱼及陶塑花鸟瓦脊等加以修饰。

2. 莲峰书院（石湾镇中路，清康熙五十七年·1718）

莲峰书院（图3.195）在石湾镇中路莲子岗南麓，清康熙五十七年（1718）知县宋玮偕大江、大富、魁岗、深村、榕州、张槎、土炉七堡乡绅捐建。乾隆己卯年（1759）重修，嘉庆乙亥（1815）增建奎星楼。清同治、民初又经两次维修。始建时"原为昌兴文运七堡会课之所，故又称七堡莲峰书院"。其后又成为七堡乡绅议事之地，光绪十年（1884）又设七堡团练总局，成为七堡以石湾为中心的政治、经济、文化中枢。现为市级文物保护单位。

书院南北长53.74米，东西宽11.95米至12.14米，建筑总面积约644.88平方米。平面布局由山门、拜亭、正殿及奎星楼组成。今仅余山门、拜亭。山门筑在1.1米平台上，面阔三间，通面阔11米，通进深7.08米，石檐柱，檐廊三架梁，雀替镂饰卷草木雕，做工精细。梁架以瓜柱相承，人字形山墙。山门与拜亭之间隔小院，通面阔11.28米，通进深7米。拜亭高于小院0.75米，为琉璃瓦卷棚方亭，方石柱，钢筋水泥梁架结构。拜亭与正殿之间为一小院，地面又升高0.45米，进深4.92米。原正殿进深8.02米，建筑已毁。奎星楼为二层楼房，下层广深均三间，进深

---

[1]　即李舜孺。

图 3.195 莲峰书院

资料来源：吕唐军摄。

10 米，右侧为楼梯，一层高 4.75 米，二层高 3.35 米，顶部为平天台。该书院曾作为山水茶林，现修葺后作石湾展览馆用。

3. 佛山精武体育会会址（中山公园，民国 23 年·1934）

佛山精武体育会位于中山公园内，建于民国 23 年（1934）。霍元甲①于 1910 年 3 月 3 日在上海创立我国第一个精武体育会，随后汉口、广州、佛山、汕头、厦门亦相继建立会址。影响所及，香港、澳门、东南亚等凡有华侨聚居之商埠，均有精武体育会成立，共计 42 所之多。② 精武体育会提倡练武强身、投身革命、振兴中华，影响实为深远。现为市级文物保护单位。

1920 年春，上海精武体育会创始人之一陈公哲偕胞妹陈士超到广州参加广州精武体育会第一周年纪念会之后，到佛山讲述精武体育会宗旨，并登台表演武术。开明人士赞同精武宗旨，极力要求成立佛山精武体育会，并于 1921 年正式筹办，会址初设佛山西街，后迁莲花路李氏宗祠，再迁长兴街，延请上海武术教练来佛山教授武术。其后向政府申请得到一片土地辟为广场，集资筹建现馆。其中，佛山成药业有名望的实业家李众胜堂兆基先生独捐白银一万元，为实现建馆作出了决定性的卓越贡献。现馆终于

---

① 霍元甲（1868—1910），字俊卿，清末直隶静海（今属天津市）人。出身武术世家。光绪二十六年（1900）八国联军侵占天津后，回乡训练乡勇，进行抵御。宣统元年（1909）在上海创办近代第一个民间体育组织"中国精武体育会"。

② 据了解，国内精武馆至今仅余两间，一在上海，一在佛山。

在 1936 年落成。同年，梁敦远①先生捐资在本馆右侧兴建了精武国术学院。抗日战争胜利后，卢正心②先生改国术学院为元甲中学③，任第一任校长。1986 年，佛山精武体育会重修，向群众开放。

精武体育会是一座民初仿清代殿堂式的单体建筑，建筑面积约 700 平方米，建筑为绿瓦重檐歇山顶，依清代形式以钢筋混凝土结构建成，内部梁架以工字钢构成金字。红墙红柱绿瓦，门前有一个面积为 128.5 平方米的平台，平台前用八级长短一致的条石砌成垂带台阶。平台以砖砌石米批荡的云龙纹栏板围绕。主体建筑面阔五开间，纵深 22.23 米。梁架为钢铁架，木排梁。柱头、檐头饰以水泥斗栱，富于民族风格。整座建筑坐落在高 1 米的台基上，基座以灰土、碎砖夯筑而成，周围包有一层用砖石垒砌的座壁，一方面显得建筑物高大雄伟，另一方面又有保护建筑物的作用。门前有宽阔的广场，越过广场便是树木扶疏的中山公园，环境幽美。大门上镶"佛山精武体育会"石额，为林森所题；檐口镶"纪念李众胜堂兆基先生"石额，为胡汉民所题。现为佛山市精武体育会活动场所。

二、南海区

1. "良二千石"牌坊（九江镇下西村，明万历二十六年·1598）

"良二千石"牌坊（图 3.196）在九江镇下西村西坊。始建于明万历二十六年（1598），清乾隆四十三年（1778）重修。现为省级文物保护单位。

图 3.196　"良二千石"牌坊
资料来源：吕唐军摄。

---

① 梁敦远（1882—1943），佛山精武体育会会长。祖籍南海石碣，出生于佛山。
② 1987 年在美国去世，享年 80 余岁。
③ 新中国成立后，元甲中学并入佛山联合中学。

牌坊高7米，面阔11.94米，四柱三间楼阁式，花岗石构筑。有蹲伏狮子及花鸟图案石雕，正面上纵刻"恩荣"，下方横刻"良二千石"，右侧刻"两广军务巡抚广东地方□□□右都御史兵部右侍郎殷正"，左侧刻"万历二年甲戌科进士朱壤"；牌坊背面刻"赐进士第中宪大夫，四川夔州府知府前福建延平府南平县知县，江西樵州府临川县知县，南京户部主事，户部员外郎，钦差督理浙江北新关税务，户部郎中，赠兵部左侍郎崇杞府县乡贤朱壤"。

2. 慈悲宫牌坊（九江镇下西翘南村，明）

慈悲宫牌坊（图3.197）在九江镇下西翘南村慈悲宫（观音庙）院落内，始建于明代。现为省级文物保护单位。

牌坊四柱三间三楼式，高6米，柱上抬梁，大青砖饰砌斗栱，歇山顶，琉璃瓦滴水，四柱为西樵山粗面岩石，柱下镶嵌石雕抱鼓石，石板上有精致的龙凤浮雕。牌坊正面刻"善应诸方"，字匾下有龙凤浮雕，字匾上石板饰人物砖雕，并有梅花、喜鹊、松竹、飞凤、狮子等浮雕。

图3.197　慈悲宫牌坊

资料来源：吕唐军摄。

3. 苏坑贞烈牌坊（丹灶镇苏坑村，明）

贞烈牌坊位于丹灶镇苏坑村，是明代为表彰梁氏孝节而立。梁氏为三水尧邓乡人，嫁与南海磻溪堡苏坑乡民黄志麟为妻。其夫病故后，事媚姑九年如一日，孝节两全，年未满三十而卒。现为市级文物保护单位。

4. "旌表节孝"牌坊（九江镇烟桥新庄，清道光年间·1821—1850）

"旌表节孝"牌坊（图 3.198）位于九江镇烟桥新庄，建于清道光元年（1821）。以花岗石构筑，四柱三间冲天式，高 5.42 米，通面阔 6.95 米，左右开间面阔 1.72 米。右间刻有"百世"，左间刻有"流芳"，中间为"旌表节孝"，竖刻"道光元年六月为处士何蕴斯之妻节妇何程氏建"。据族谱记载，何蕴斯之妻程氏在其夫去世后克守妇道，守义 40 年。其夫弟何文绮在京师为官，留下其长子给程氏抚养，程氏视若己出。其行闻于朝，道光元年文绮奉旨建坊旌表。现为市级文物保护单位。

图 3.198　烟桥"旌表节孝"牌坊

资料来源：吕唐军摄。

5. 树本善堂（狮山镇狮北银岗，清光绪十四年·1888）

树本善堂位于狮山镇狮北银岗西侧，清光绪十四年（1888）由狮山良凿围七十二乡群众联合华侨和港澳同胞集资兴建，是当地赠医施药的慈善机构。现为市级文物保护单位。

建筑面阔三开间，硬山顶，全部青砖墙。主间为大厅，次间分别为客厅、住房和厨房。大厅正门石额刻"树本善堂"四字，两旁石刻联为"襟横石以焕明堂，北象南狮，福地天成开善界；枕银岗而敷仁泽，飞鹅伏虎，吉星云集耀狮山"。

三、顺德区

据记载，明清两代顺德有牌坊共 139 座①，现仅存少量牌坊。

1. 冯氏贞节牌坊（北滘镇林头村南村，清康熙三十七年·1698）

冯氏贞节牌坊（图 3.199）位于北滘镇林头村南村牌坊街，建于清康熙三十七年（1698）。该牌坊是顺德牌坊制作中最为精细的一座，现为省级文物保护单位。

牌坊坐西向东，占地面积 41 平方米，为四柱三间三楼式牌坊，咸水石构筑。面阔 8.34 米，进深 2.4 米，高 6.5 米。歇山顶，脊顶饰鳌鱼。前后两面的结构、装饰图案相同。明楼中悬"圣旨"牌匾，匾框高浮雕云龙纹饰。坊额正背面阳刻"贞节"楷书，并署有"顺德县知县何玉度"字样，边缘饰龙、凤、麒麟、云鹤、梅菊、萱草、西番莲等。次楼额枋上亦雕有瑞兽花草纹饰。枋下雀替精致。前后柱根以高大抱鼓石夹护，抱鼓石一面雕龙纹，一面雕折枝花纹。

图 3.199　冯氏贞节牌坊

资料来源：吕唐军摄。

---

① 顺德市地方志编纂委员会. 顺德县志［M］. 北京：中华书局，1996.

2. 钟楼（大良街道凤山东路，约明隆庆四年·1570）

钟楼位于大良街道凤山东路，始建于明嘉靖四十三年（1564），初建在梯云山麓上。后顺德知县胡友信[1]，大约于隆庆四年（1750）将钟楼拆迁，移至环城路原孔庙（学宫）东面，楼为木石结构，高数丈。清代初期（1658—1661），知县张其策再次重修，后来因自然灾害损坏。康熙年间（1690—1722），知县徐勃[2]倡议重修。钟楼自移建以后，乾隆三十九年甲午（1774）、光绪十一年乙酉（1885）、1985年皆有重修。原钟已毁，现楼上悬挂的大钟（图3.200）铸于清乾隆二十九年（1764）。现为市级文物保护单位。

图 3.200 钟楼内部
资料来源：吕唐军摄。

按郑际泰[3]记录："左溪李公名有则，福建建阳人，明嘉靖甲子（1564）出任顺德县，建钟楼于梯云之麓，德清思泉胡公，移建于棂星门之东。跨路为楼，前亚城墙，其高外见。岁久朽泐[4]，为巨风所摧堕，其

---

① 胡友信（1516—1572），字成之，号思泉，浙江德清县文昌里人。明隆庆二年（1568）进士。隆庆四年（1570）官顺德知县，有惠政。博通经史。史称明代科举最有名者，前有王鏊、唐顺之，后则震川、思泉。卒官。

② 徐勃（音 qíng），号敢斋，浙江鄞（音 yín）县人，清康熙甲辰（1664）科进士，康熙二十九年（1690）任顺德知县。

③ 郑际泰（1642—1726），字德道，号珠江，广东顺德人。清康熙丙辰（1676）科举人，授翰林院检讨、吏科给事中，曾参与编纂《大清一统志》。书法传世极稀。

④ 泐（音 lè），指石头依其纹理而裂开。

钟毁焉。邑人屡请修复，阅十年未有成议。我徐侯之下车也，慨然曰……捐清俸为倡，一时当事诸公及邑之绅士耆老，咸乐助焉。乃即其故地，结石为台，下阙为门，可通车盖。上架十六楹为楼，内木而外石，以御风雨，重檐四柱，层辕八达，雄丽坚致踰①其初。命工铄铜为巨钟，一铸而就，其重千斤，诹②日月之吉焉，晓夕噌吰③之声，彻于百里……"

　　钟楼两层双檐，基座以红砂岩砌成，下开拱道，贯穿东西。楼上为十二檩四面出廊式结构，四畔围以红砂岩石栏，上下檐相距1米许，分别用木柱、石柱承托。楼上刻有木匾一方，文字为"洪宣圣铎，铜钟千斤，朝暮扣击，声闻十里"。

3．百岁坊（杏坛镇古朗村，清乾隆十七年·1752）

　　百岁坊（图3.201）位于杏坛镇古朗村，坊旧县志漏载，今为补记。建于清乾隆十七年（1752），为耆儒伍得觉妻梁氏立。现为市级文物保护单位。

图 3.201　百岁坊

资料来源：吕唐军摄。

---

① 踰（音 yú），同"逾"。
② 诹（音 zōu），在一起商量事情，询问。
③ 噌吰（音 chēnghóng），象声词，多用以形容钟鼓声。

百岁坊方向南偏西20度，是四柱三间三楼式庑殿顶石牌坊，红砂岩构筑。坊高约4.25米，心间门宽1.43米，次间门宽0.78米。上盖有石雕斗栱装饰，横梁和柱为花岗石，柱根前后均有抱鼓石，左面已缺一。顶饰吻兽两对，其一已毁。牌坊正门背刻"寿母梁氏皇清耆儒得觉伍公之妻，生于顺治九年八月初四，今届乾隆十七年卒，一百一岁，奉旨坊表百龄，特赐龙缎帑金"。

4. 节孝坊（杏坛镇古朗村，清嘉庆三年·1798）

节孝坊（图3.202）位于杏坛镇古朗村，前临小涌，距百岁坊不远。建于清嘉庆三年（1798）。为旌表伍文光妻子林氏孝奉家姑而立。现为市级文物保护单位。

牌坊方向东偏南20度，为四柱三间三楼式，庑殿顶，高4.25米，底基宽5米，牌坊宽3.3米。柱根有抱鼓石，现存四块。坊表上额两面刻字，正面中央石匾竖刻"圣旨"，其下横批刻"节孝"，两旁石柱分别刻"钦命广东布政使□□布政司□□处士伍文光妻林氏立"，"嘉庆三年立夏吉日建"。背面横批石匾刻"奕世流芳"。坊为花岗石构筑。

图3.202 节孝坊

资料来源：吕唐军摄。

5. "升平人瑞"牌坊（杏坛镇上地村，清同治六年·1867）

"升平人瑞"牌坊位于杏坛镇上地村南安巷，临小涌，建于清同治六年（1867），为旌表该乡百岁老人何大宽而建。该牌坊是顺德仅有的几座清代牌坊之一，并具有清晰的纪年和建造目的等重要信息，形制完整美观。现为市级文物保护单位。

牌坊坐西北向东南，为四柱三间两层冲天式，花岗石建筑。坊高5.35米，面阔4.5米，柱顶饰宝珠。前后柱根有八块抱鼓石夹护。坊额上正中石匾刻"圣旨"，其下横批石匾阴刻"升平人瑞"四个行楷大字，落款为"同治六年奉旨旌表百岁，教授文林郎何大宽立"。枋下雀替饰浮雕博古、花卉纹。

6. "奕世科第"牌坊（乐从镇沙滘小布村，明嘉靖十五年·1536）

"奕世科第"牌坊位于乐从镇沙滘小布村，原有何姓大宗祠一座，今祠堂已毁。

牌坊四柱三间，六棱柱式，红砂岩石质构筑，面阔8.6米，高4.25米，抱鼓石已毁，顶脊无存。建于明嘉靖十五年（1536），横石额刻"奕世科第"四个大字，额旁刻有"广东□□承宣布政使司左布政使王俊良、广东□□提刑按察司按察柴经等，为广东□□承宣布政使左参议何瑗①立"。

7. "累朝恩宠"牌坊（乐从镇沙滘小布村，明）

"累朝恩宠"牌坊位于乐从镇沙滘小布村澜石大桥脚的基围边，面向海，面阔三间，六棱柱四条，石质为粗面岩。顶脊无存，现存抱鼓石四块，面阔9.9米，高约6米。这里原有何姓祠堂一座，现已毁。石额字迹无存，根据当地人介绍及县志记载，原来名称是"累朝恩宠"。

据资料记载，何球，小布乡人，明成化甲午（1474）举人，出任两淮通判。有子何汴，字宗豫，弘治辛酉（1501）举人，曾任广西苍梧、贵县两地知县。有孙何右之，字克左，嘉靖丁酉（1537）举人，出任石城知县。由于三代都考获举人，故牌坊名"累朝恩宠"，表示皇朝封赠的恩典。

8. "贞烈可嘉"牌坊（容桂街道四基居委，清道光十七年·1837）

"贞烈可嘉"牌坊（图3.203）位于容桂街道四基居委烟管山。建于清道光十七年（1837）。为旌表林信文之女林司观而建。县志载："信文

---

① 何瑗，字汝璧，顺德沙滘小布乡人，明正德甲戌（1514）科进士，曾任员外郎，官至山东参议，后调往广西任承宣布政使。该牌坊是广东布政使王俊良和广东按察使柴经为何琼建立的。

女，家贫，纺织养父。或艳之，掷以金，女怒詈①之；又窥其父出，踰②垣挺刃，将从焉，女急出，中刃而死。"

牌坊方向正北，四柱三间两层冲天式，花岗石构筑。通高 5.5 米，面阔 4.67 米。正面柱顶饰石葫芦一对，两旁柱顶饰石狮一对。坊表上层正中石匾竖刻"圣旨"，下横批刻隶书"贞烈可嘉"，两旁石额刻隶书"厉俗"、"旌风"，柱刻"道光十七年为林信文之女林司观建，大良张源盛造"。

图 3.203　"贞烈可嘉"牌坊

资料来源：吕唐军摄。

四、三水区

1. 仁寿坊（河口镇，清光绪十五年·1889）

仁寿坊位于河口镇察院街北端。始建于明万历四十二年（1614），重建于清光绪十五年（1889）。万历四十二年，知县闵之闻③经本县父老、名

---

① 詈（音lì），责骂。

② 踰（音yú），同"窬"，从墙上爬过去。

③ 闵之闻，四川仁寿县人，为官居清廉，颇有政绩，后升任广西桂林知府。

流推荐，选出当时已故百岁老人李开[1]，上报广东省藩台、臬台两司批准，由乡绅里老捐资建坊。于是年三月开工，九月落成。李开之名还同时刻上省城的"百岁坊"。后原坊塌毁，李开后人于光绪十五年重建。

牌坊四柱三间冲天式，花岗石砌筑。各门楣嵌有石碑，正中书"仁寿坊"，顶上石碑刻有"思荣"。"仁寿坊"三字是广东布政使乔学诗[2]所书，闵之闻曾为之作"李开仁寿坊记"。两旁侧门上端石碑刻有简单记事："万历四十二年甲寅仲春谷旦，广东□□承宣布政使司，……为百岁冠带李开立。光绪十五年□房裔孙重建。"阳面从右至左，阴面从左至右的文字完全相同。今石碑已无存。

2. 梁士诒墓石牌坊（白坭镇岗头村，民国22年·1933）

梁士诒墓（图3.204）在白坭镇岗头村，建于民国22年（1933），占地面积约6000平方米，有碑亭、石拜桌、墓道、石牌坊。石牌坊四柱三间冲天式，花岗石砌筑，阳面刻名书法家叶恭绰所书"梁氏佳城"，阴面刻段祺瑞所题"将相联辉"。

图3.204　梁士诒墓石牌坊

资料来源：吕唐军摄。

---

① 李开，字兆启，三水县洲边人，生于明嘉靖年间。一生淡薄功名，闲居乡里，家道富裕。生平养恬守朴，乐善好施，对贫穷无力婚娶、殡葬者，均乐于帮助。遇到灾年，常又带头赈济灾民。死时实为九十八岁，依时俗，称其为百岁老人。

② 乔学诗（1557—1630），字言卿，别号皓硅，山东平阴县东阿镇人。明万历丁丑（1577）科进士。历任司理永平、缮部、副川东臬、参藩陇右、晋臬右布政使、广东左布政使。

五、高明区

1. 文选楼（更合镇小洞村委塘角村，清宣统三年·1911）

文选楼在更合镇小洞村委塘角村东北角。建于清宣统三年（1911），1986 年重修，原为防盗护村的更楼。现为市级文物保护单位。

文选楼坐北向南，面阔 8 米，进深 4 米，建筑面积 400 平方米，是一幢砖木结构的两层木板楼房，下层花岗石砌筑，上层用青砖砌筑，中间隔层为木板。镬耳山墙，灰塑博古脊，四周有护墙。

2. 青云门（明城镇，明成化十五年·1479）

青云门在明城镇明城小学内，建于明成化十五年（1479），是黉宫建筑组成部分。青云门为石砌四柱三间冲天式牌坊，通面阔 5.88 米，中间两柱高 3.85 米，两侧矮柱高 3.48 米，柱直径 0.33 米，正中刻楷书"青云"。

黉宫是古代高明的最高学府。黉宫建置后，在明代增建和修葺 14 次，明末清初毁于兵乱，清顺治八年（1651）重建，重建后又修葺四次。民国期间在这里办高等小学和初级中学。1940 年 8 月，日本飞机轰炸明城，黉宫内部分建筑被炸毁；1948 年，黉宫又遭火灾。一直以来，受自然和人为的损坏，黉宫已不存在。现在只剩下大成殿白基和青云门。

第七节　佛山地区西式、近代建筑

一、禅城区

1. 简氏别墅（岭南天地，民国初年·1912—1927）

简氏别墅（图 3.205 至图 3.208）位于岭南天地（原臣总里），为民国初年（1912—1927）简照南所建。原建筑物规模较大，有池、亭、花圃及楼房等，现仅余两座西式楼房，保存完好。现为省级文物保护单位。

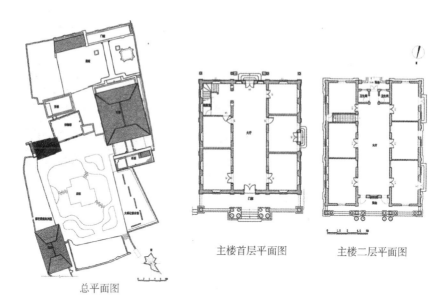

总平面图

主楼首层平面图　　主楼二层平面图

图 3.205　简氏别墅总平面图，主楼首层、二层平面图

资料来源：程建军. 梓人绳墨——岭南历史建筑测绘图选集.

广州：华南理工大学出版社，2013.

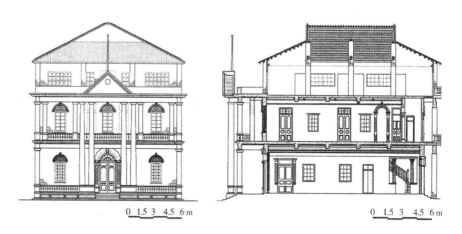

0 1.5 3 4.5 6m　　　　　　0 1.5 3 4.5 6m

图 3.206　简氏别墅主楼正立面图、剖面图

资料来源：程建军. 梓人绳墨——岭南历史建筑测绘图选集 ［M］.

广州：华南理工大学出版社，2013。

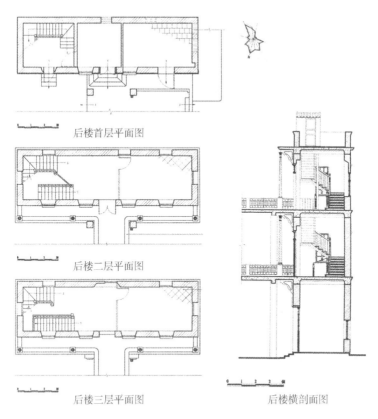

后楼首层平面图

后楼二层平面图

后楼三层平面图

后楼横剖面图

图 3.207　简氏别墅后楼平面图、剖面图

资料来源：程建军. 梓人绳墨——岭南历史建筑测绘图选集［M］.

广州：华南理工大学出版社，2013。

图 3.208　简氏别墅

资料来源：吕唐军摄。

2. 华英中学旧址（文沙路，民国 2 年·1913）

华英中学（图 3.209）于 1913 年由基督教中华循道会创办，校址位于文沙路，即现佛山市第一中学校址。1952 年，华英中学并入佛山中学，校址在华英旧址。1954 年改名佛山市第一中学至今。现该校仍有不少华英中学旧建筑物。现为市级文物保护单位。

图 3.209　华英中学旧址民国建筑地图
资料来源：吕唐军摄。

循道医院旧址在文沙路。光绪七年（1881），英国伦敦惠司礼宗差会派遣人员前来佛山创办医院并借以传教，于 1908 年建立。医院颇具规模，共有西式楼房五座，分别以"美利"、"三暖"、"和安"、"大卫"、"雅各"命名。此后，该院一直是佛山规模最大的西医院。循道医院的建筑物多有保存。现已并入佛山市第一中学校区。

3. 基督教赉恩堂（基督教神召会礼拜堂）（莲花路，民国 12 年·1923）

基督教赉恩堂（基督教神召会礼拜堂）位于莲花路，民国 12 年（1923）建，至今建筑物保存完好。该教堂为美籍修女所倡建，为三层哥特式建筑，占地面积约 500 平方米。礼拜堂内尚保存碑纪一通。现为市级文物保护单位。

二、南海区

1. 傅氏山庄（西樵山碧云村，民国 21 年·1932）

傅氏山庄位于西樵山碧云村，始建于民国 21 年（1932），是澳门第二代赌王傅老榕的故居所在地。占地面积为 5700 平方米，建筑面积为 1265 平方米，是由傅氏宗祠、山庄南门、敦义崇礼碉楼、傅老榕故居及数间民居组成的建筑群落，是一组既具有岭南建筑风格又具有西洋建筑风格的民国建筑群，恢弘大气，保存比较完好。现为市级文物保护单位。

2. 九江岑局楼（九江镇上东沙村红旗村，民国 21 年·1932）

岑局楼位于九江镇上东沙村红旗村，楼主人名岑德渠[①]，民国 21 年（1932）筹资 10 多万银元回家乡建造了这座豪宅。岑局楼占地面积 2000 多平方米，主建筑为三幢相连的楼房，高两层，顶层建有圆形阁楼。该楼外形建筑基本采用欧式风格。门窗安装玻璃，室内布局和装饰基本以中式为主，有木式屏风、酸枝家具、龙凤图案等。这是一座融中西建筑艺术风格于一体且保存基本完好的民国建筑物。

3. 九江吴家大院（九江镇下北村，民国）

吴家大院位于九江镇下北村，建于民国时期。该建筑群由当地一位吴姓商人筹资 10 多万银元于民国初年建造。建筑面积 2000 多平方米，楼高三层。建筑风格以中式为主，在装饰上采用了一些西方建筑技巧，是一组具有中西建筑风格的民国建筑群。此建筑群保存基本完好，并仍在使用。

三、顺德区

1. 冰玉堂（均安镇沙头村，光绪八年·1882）

冰玉堂（图 3.210）位于均安镇沙头村，始建于光绪八年（1882），近年重修。由沙头旅居新加坡的自梳女集资建成，以作养老之用。现为省级文物保护单位。

冰玉堂坐北向南，通面阔 23.4 米，通进深 52.46 米，占地面积 1228 平方米，建筑面积 426.7 平方米，两进。由门厅、庭院、前堂、冰玉堂、偏间等组成。门堂为凹斗门式，面阔三间 14 米，进深 7.3 米。墙楣上绘有古代人物和花鸟等精美传统壁画。门口有趟栊门，门楣上刻"鹤岭静安

---

① 岑德渠，旅居越南西贡商人。

舍"五字。

冰玉堂堂前有一小天井，两侧为廊，左侧有神龛一座。堂前门窗俱为圆拱式，南洋风格。两侧建筑则为普通民居的两层木楼，有木梯。主体建筑高两层，面阔三间 13.64 米，进深两进 23.13 米。砖木结构，硬山顶，灰筒瓦，青砖墙。

图 3.210　冰玉堂
资料来源：吕唐军摄。

2. 大光明碾米厂①办公楼（龙江镇龙江居委，民国初期·1912—1927）

大光明碾米厂位于龙江镇龙江居委，建于民国初期，现仅存碾米厂的办公楼。其办公楼旧址能一定程度上反映碾米厂的面貌。现为市级文物保护单位。

办公楼坐西南向东北，砖木、砖混结构占地面积 172 平方米，总宽 10.6 米，深 16 米。主体采用中国传统的硬山顶、青砖石脚等元素，大门设计为拱门，由四根爱奥尼柱支撑，柱子和建筑正面墙上批石米，具有相当明显的民国建筑特色。门前有平顶的走廊。

3. 四基天主教堂（容桂街道四基居委，民国 17 年·1928）

四基天主教堂（图 3.211）位于容桂街道四基居委，始建于清光绪二十七（1901）年，民国 17 年（1928）重建，1984 年重修。四基天主教堂是顺德极少见的天主教建筑。现为市级文物保护单位。

天主教堂坐西北向东南，占地面积 339 平方米，由五座房屋组合成一

———————————————

① 大光明碾米厂曾是顺德较早、规模较大的粮食加工厂和机械化工厂。

庭院，包括玫瑰堂、门堂、招待所、告解室两个。玫瑰堂仿哥特式建筑风格，高四层，面阔 15 米，进深 36.9 米，混凝土结构，高耸尖顶上置十字架。门窗上部呈拱形，置彩色玻璃。平面呈拉丁十字架布局。

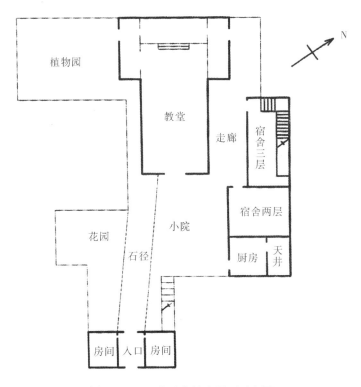

图 3.211 四基天主教堂平面示意图

资料来源：杨小晶. 广东省岭南近现代建筑图集（顺德分册）［M］. 2013。

4. 腾冲刘氏宅第（乐从镇腾冲村，民国 22 年·1933）

腾冲刘氏宅第位于乐从镇腾冲村，建于民国 22 年（1933），由旅居南非的刘荫兴建，是珠江三角洲地区罕见的、高质量的近现代民居。现为市级文物保护单位。

宅第坐南向北，占地面积 185 平方米，砖混结构，面阔 10 米，进深 17.2 米，两层，平顶，青砖墙，花岗石墙脚。建筑为中西合璧风格。正面为水磨青砖墙，平整细密。正门回字门，花岗石门框。墙上开窗，花岗石窗框，铁窗枝，彩色玻璃窗门。窗楣上有拱形、直线、花形的砖雕窗饰，砖雕人物故事场景非常精致，并雕有"民国癸酉"、"新同泰造"字样。砖雕墀头相当细致。屋内的密排梁规格较高。房屋建筑本体和木雕饰件、趟栊门、民国时的木对联、水井、井泵、家具等室内陈设较完整保存。

5. 简竹村牌坊、六角亭（北滘镇北滘居委，民国 23 年·1934）

简竹村牌坊、六角亭位于北滘镇北滘居委简岸路北侧，是民国 23 年（1934）顺德县长陈同昶[①]向广东省政府呈请修建，以纪念岭表鸿儒简朝亮[②]先生。该建筑是顺德难得的、较完整的民国纪念性建筑。现为市级文物保护单位。

建筑占地面积 35 平方米，共包括六角亭两座与牌坊一座，呈品字形分布，临河而建。牌坊坐西南向东北，为四柱三间冲天式牌坊。通面阔 6.3 米，明间面阔 3.2 米。柱顶饰云纹。钢筋混凝土结构，牌坊通体饰有石米。额枋尚存"经明行修"四字，依稀可见。六角亭为钢筋混凝土结构，对角线约 5 米，攒尖顶，顶饰宝珠，绿琉璃瓦当，滴水剪边。

6. 千里驹故居（载兰园）（伦教街道三洲居委，民国）

千里驹故居又名"载兰园"，位于伦教街道三洲居委，建于民国时期，原屋主是粤剧名伶千里驹[③]。现为市级文物保护单位。

故居坐东北向西南，砖混结构，占地面积 295 平方米，通面阔 10.5 米，通进深 28.2 米。由前花园、后正屋及偏间、厨房等构成。正屋为传统硬山顶建筑，共二十一檩搁墙，趟栊门，花岗石门框。正屋前为西式柱承托拱券形门廊，大厅与卧室以木雕隔扇隔开，隔扇门镶嵌彩色玻璃。花园内拱门和窗台上的弧型设计，具有西式建筑风格。

7. 罗家树故居（罗氏宅第）（均安镇沙浦村，民国）

罗家树故居位于均安镇沙浦村，建于民国，为著名粤剧乐师罗家树[④]及粤剧名伶罗家宝[⑤]的故居。均安沙浦罗氏一族名伶迭出。故居融合中西建筑风格，装饰精致，现为市级文物保护单位。

故居坐东南向西北，占地面积 68 平方米，砖混结构楼房。宽 7.7 米，长 12.4 米，高两层半。青砖墙，正面饰石米。花岗石门框，地铺阶砖、花

---

① 昶，音 chǎng。

② 简朝亮（1851—1933），字季纪，号竹居。顺德北滘简岸人，是岭南学派朱次琦（朱九江）的传人。研习经史、性理、词章之学，是近世有名的鸿儒，但高尚不仕，潜心讲学著述。

③ 千里驹（1886—1936），原名区家驹，字仲吾，顺德乌洲乡人，著名粤剧表演艺术家，工花旦，有"花旦王"、"悲剧圣手"、"滚花王"之称。蜚声粤剧艺坛 20 年，逐步形成"驹派"艺术。

④ 罗家树（1900—1972），原名罗炳生，顺德均安沙浦村人。粤剧乐师，历为朱次伯、千里驹、白驹荣、薛觉先等名演员掌板，无论文武场均特别出色，有"打锣王"之誉。新中国成立后，到广东省粤剧学校任教。平生收藏粤剧传统乐曲牌子谱、锣鼓谱甚丰，对挖掘整理粤剧传统曲艺贡献颇大。

⑤ 罗家宝，1930 年生，顺德人，罗家树之子。粤剧表演艺术家，国家一级演员，创造了独树一帜的"虾腔"。2002 年获得广东省所授予的粤剧"突出成就奖"。

阶砖。女儿墙上灰塑瑞兽，二楼阳台、窗楣上的拱形灰塑，皆精致细腻、形象生动，并有"为善最乐"、"吉祥如意"等篆书。

8. 鸣石花园（伦教街道羊额村丰埠坊，民国）

鸣石花园（图3.212、图3.213）位于伦教街道羊额村丰埠坊，是民国年间何鸣石[①]先生所建。鸣石花园是顺德少见的保存完整、做工精致的大型民居，庭院拱门及中西合璧的楼房尤为突出，是反映民国时期顺德华侨历史、乡土建筑变迁史的重要实物，具有较高的历史、艺术、建筑价值。现为市级文物保护单位。

花园原占地面积500平方米，后扩建到约2000平方米。园内建筑有中国传统风格和中西结合风格。传统大屋为硬山顶、高大镬耳山墙、青砖墙，红砂岩石脚，屋内存精致的鎏金几脚花罩。砖混结构的两层楼房、庭院拱门，则混合中西建筑风格，有爱奥尼式罗马柱等。庭院的八角凉亭为攒尖顶、绿琉璃瓦面；花园内花圃、喷水池、古井仍存。当年建园时所植的玉堂春、夜合仍青葱绿郁。

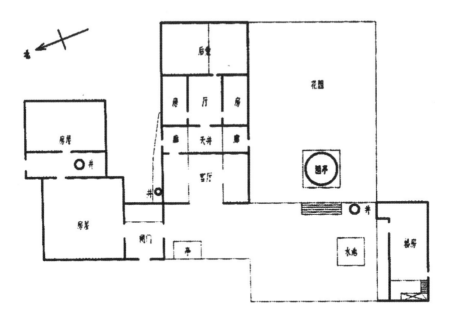

图3.212 鸣石花园平面

资料来源：杨小晶. 广东省岭南近现代建筑图集（顺德分册）［M］. 2013.

---

① 何鸣石（1886—1936），顺德伦教羊额人，橡胶商人，清末顺德首富。

图 3.213　鸣石花园
资料来源：吕唐军摄。

9. 中山纪念亭（陈村镇赤花居委，民国 20 年·1931）

中山纪念亭位于陈村镇赤花居委。民国 20 年（1931）陈村商会集资兴建中山公园时，一并建了中山纪念亭。纪念亭融合中西建筑风格，是顺德较少见的亭式建筑。现为佛山市优秀历史建筑。

该亭坐北向南，占地面积 36.5 平方米，平面呈六角，长 8.6 米，宽 5.2 米。混凝土结构拱顶。纪念亭为六角亭形式，采用拱顶、罗马圆柱、洗石米等建筑形式或材料。六根罗马圆柱支撑，地面铺大理石。通体饰石米。石米牌匾阳刻红字"中山纪念亭"，柱上有黑色阳文对联"革命尚未成功，同志仍须努力"。八字台阶上落凉亭，台阶设洗石米栏杆。

10. 旧圩麦氏民宅（陈村镇旧圩居委，民国 22 年·1933）

旧圩麦氏民宅位于陈村镇旧圩居委，由陈村商会会长麦淘初建，民国 22 年（1933）落成。该民宅以中国传统风格为主，融入西方建筑符号，是顺德保存较好的近代民居。

民宅坐北向南，占地面积 360.7 平方米，砖混结构。民宅由门廊、主楼、花园等组成。门廊为凹斗门式，青砖墙，洗石米门框。由门廊通过圆光罩进入庭院及主楼。主楼由两间紧密相通的两层楼房相接组成，楼房共用一砖墙。两者格局一致，三开间，宽 5.3 米，深 22 米。青砖墙，墙楣壁画既有传统花鸟，也有带油画风格的风景画，花岗石墙脚，趟栊门，门框、石脚饰石米，以花阶砖铺饰地面。二楼隔扇门的彩画玻璃比较精致美观。

11. 潭洲何氏洋楼（陈村镇潭洲村，民国24年·1935）

潭洲何氏洋楼位于陈村镇潭洲村，是南洋商人何源于民国24年（1935）所建，是顺德保存较好、制作精良的近代民居。

建筑占地面积469平方米，由前院、主楼、后花园组成。前院青砖墙饰石米，花岗石墙脚。顶部饰有红色陶塑宝珠及荷花纹、圆镂空格。主楼坐南向北，为三层楼房，钢筋混凝土结构。白石门框，趟栊门。正面及左右环以走廊，走廊以罗马柱支撑。一楼墙面、地面、栏杆、台阶、罗马柱皆铺石米，石米精细。二楼门窗存有部分精致四色旧玻璃。窗上方饰圆拱形灰塑装饰。客厅以柚木的小台及罗马柱间隔。洋楼内遗存"民国廿四年陈壮记造"铭文。

12. 何沛安宅（乐从镇平步居委，民国26年·1937）

何沛安宅位于乐从镇平步居委，建于民国26年（1937）。该建筑是一所带有明显近代建筑风格的民居，中西方建筑风格融合，雕饰精美。

住宅坐西向东，占地面积137平方米，面阔14.2米，进深9.7米，为二层半洋楼，平面呈三间两廊式布局。正屋街门向东。砖混、砖木结构，青砖墙体，墙脚批荡洗石米。墙上开花岗石窗框，加安外铁框、铁窗枝。窗楣、窗边及窗下洗石米装饰图案丰富，并有"民国廿六年"、"平步泗合建造"、"任振华批挡"字样。庭院围墙有"天官赐福"砖雕，砖雕有花果纹、楼阁纹。门口有"五福临门"砖雕，非常精致。楼内布置运用了彩色玻璃、花阶砖等当时的时尚因素。以木楼梯上落，天台的洗石米长椅上有"禅城振华制"字样。

13. 大都梁氏洋楼（陈村镇大都村，民国）

大都梁氏洋楼（图3.214）位于陈村镇大都村，是民国时期由在上海做事的梁姓人所建。该洋楼是顺德融合了中西建筑风格的民国建筑，现为佛山市优秀历史建筑。

洋楼坐西北向东南，占地面积108.5平方米，前为花园，后为主楼，钢筋混凝土结构。花园拱门及栏杆均批石米，饰宝珠及五角星图案。园内有洗石米花圃五个。主楼由回廊与主体建筑组成，三开间，宽6.8米，深13.4米，高三层。回廊由罗马柱支撑。墙与柱接合处成弧形。一楼前厅后房。二楼、三楼带半圆形阳台。混凝土楼梯上落，存部分刻有菱形花纹的防滑铁板。建筑的栏杆、柱子、部分墙身、地面均批洗石米。

图 3.214　大都梁氏洋楼
资料来源：吕唐军摄。

14．复兴别墅（大良街道文秀居委，民国）

复兴别墅位于大良街道文秀居委，兴建于民国。别墅保存明显的民国建筑特色，中西合璧建筑风格，是目前顺德大良极少见的近代民居和反映顺德建筑历程的重要实物。

别墅占地面积 126 平方米，为砖混结构，由正楼和小楼组成。坐西北向东南。面阔三间 8.7 米，进深五间 11.7 米，高两层半。正楼仿古歇山顶，绿筒瓦，绿琉璃瓦当，滴水剪边。明间凹进，次间呈梯形。大门立饰仿罗马柱。二楼、三楼置阳台。墙面饰洗石米，设立多个长方形大窗，以利采光。部分窗楣上置雨檐。屋内保存木大门、木楼梯及蚀色玻璃窗。

四、三水区

1．广三铁路西南三水站旧址（西南街道河口镇，清光绪二十九年·1903）

广三铁路西南三水站旧址位于三水区西南街道河口镇，是广三铁路终点站，清光绪二十四年（1898）兴建，光绪二十九年（1903）建成。站内设两股道，站台长 500 米，宽 5 米。火车站主体建筑为砖木结构两层楼房，坡屋顶，烟囱等局部造型独特。现为市级文物保护单位。

广三铁路为广东铁路之始，由美国合兴公司修筑，于清光绪二十七年
（1901）一月动工，是年十月由石围塘筑至佛山，钢枕双轨，长 16.2 公里
先行通车。翌年十月，佛山到三水段竣工，长 32.7 公里，广三铁路全长
48.9 公里。广三铁路以及三水站的建成，使三水成为重要的集散中心。河
口是当时的三水县城，又地处西、北、绥①三江汇合处，大量客运、货运
从省会广州到各地，往返频繁。

2. 河口海关大楼（三水区河口镇，清宣统元年·1909）

河口海关大楼（图 3.215）位于肆江②下游东岸，离三水区河口镇 1 公
里，建于清宣统元年（1909）。原来一共两幢，为洋房式的混凝土和青砖
建筑。楼高四层，外廊式楼房，底层砖砌拱券，弧形阳台。在抗日战争期
间，海关大楼其中一幢及其大部分附属建筑被日本飞机炸毁，现只存一
幢。现为市级文物保护单位。

图 3.215　河口海关大楼

资料来源：吕唐军摄。

---

① 绥（音 suí）江为北江西岸支流，在广东省西部。源出连山壮族瑶族自治县城东南边缘擒
鸦顶，南流经连山、怀集、广宁、四会等县市境，在四会市东南隅马房注入北江。长 226 公里，
流域面积 7184 平方公里。

② 北江会西江，东过三水区南面，为肆（音 yì）江。

清光绪二十三年（1897），根据《中英缅甸条约》，三水河口辟为开放通商口岸，英帝国主义在此设海关及税务司，查验过往商船，垄断西江、北江航运，常派军舰停泊于此。又在大闸沙设汽油库、煤油库，垄断汽油和煤油专卖权。河口海关大楼是清末外国列强侵华史的罪证，也是广东较早的海关之一，对研究佛山地区对外开放通商具有重要的历史价值。

五、高明区

康泰天主教堂（更合镇康泰村，民国24年·1935年）

康泰天主教堂在更合镇康泰村中部，建于民国24年（1935），重修于1986年。教堂的建造是由于康泰村与邻村发生激烈的山界争执，村民借助肇庆市天主教势力平息纠纷，于是村民建起教堂，立耶稣像，用以供奉。当时康泰村有80多人加入天主教。

康泰天主教堂坐南向北，砖木结构二层建筑，通面阔5.6米，通进深13.31米，面积76平方米，屋顶呈尖状，具有西方教堂建筑色彩。1986年对教堂进行修葺，恢复被涂去多年的"天主堂"三字，屋顶重装十字架。

第四章　佛山传统建筑形制特色

第一节　环境特色

一、背山面水的风水理念

岭南传统建筑讲究"枕山、环水、面屏"的风水理念，崇尚风水堪舆学说。众多聚落的族谱中都有迎合最优风水格局的记载。"左青龙，右白虎，前朱雀，后玄武"的风水格局极为频繁地出现在建筑的风水意象中，靠山面水是最理想的建筑环境。

对于水源的利用，或是引水成塘，或是挖塘蓄水。池塘一般在前面，采用前塘后村的总体布局方式。

二、朝向与景观

建筑选择背靠山地、面临水源的地方，建于山阳，朝向好，有阳光，通风好，冬季可防寒风。池塘亦通常在村落南、东南或西南方向，称为"风水塘"。

但很多村落与建筑因地制宜，依据环境的不同而改变朝向。如三水大旗头村，则是东西向的聚落布局，风水塘位于东面。对于不理想的地形，人们则积极处理，使之顺应聚落需要，如引水成塘或挖塘蓄水。堪舆学说还广泛采用太极图、八卦图、镇山海、照妖镜以及其他符镇图案与文字来作为心理补偿。

三、步步高升的景观意象

佛山地区的村落和建筑多为顺坡而建，前低后高，很有气势，与"步步高升"的风水格局相吻合。这种前低后高式的整体态势,威严、稳固,正好迎合了堪舆文化的风水图式。特别是祠堂,即使是在平地上,亦通过台基建成每一进向上抬升的格局,如石头霍氏家庙祠堂群就是一例。

第二节 典型空间形制

佛山传统建筑的空间开放多元,灵活多变。我们仅选取了殿堂建筑、祠堂建筑、三间两廊式建筑、竹筒屋和园林几个类型重点阐述。其中以殿堂建筑和祠堂建筑的空间特色最具有代表性,代表了佛山地区建筑空间的最上乘水平。

一、建筑群体布局

佛山地区的祠堂建筑、宗教建筑、教育建筑等虽然功能不同,布局原理实则相同。因此我们将其作为一个整体讨论。

1. 构成元素

建筑群体的构成元素包括建筑单体、建筑前的河塘和广场、建筑后的风水林、中间的庭院等。建筑单体的主要构成元素有门堂(前殿)、中堂(中殿)、后堂(后殿)、廊庑等,少部分公共建筑拥有辅助构成元素,如衬祠(偏殿)、牌坊、照壁、拜亭、月台等。

门堂(前殿)是建筑序列的开端。根据门堂前檐是否有檐柱,可分为门堂式和凹斗门式两种主要形式。门堂式是指门堂前檐使用柱子承重的形式,使用范围较广。凹斗门式又称凹门廊式,是指门堂前檐下无檐柱,心间大门向内凹进的门堂形式。凹斗门式就等级而言低于门堂式。还有些不常见的形式,如平门式。平门式指的是门堂前檐没有柱子,门堂两次间正面墙体与大门位于同一横轴线上。平门式比凹斗门式更低一等。

中堂(中殿)是议事、集会、仪式举行之处。中堂大多没有围合,前后与门堂、后堂连通,且地平基本一致,所以中堂空间是建筑中最开阔之处,也是使用最集中的地方,在构件形制、用料、装饰等方面是建筑高等级的部分。

后堂(后殿)通常位于建筑轴线的终端,是安放神主之所,也是建筑中最有神秘色彩的空间。

廊庑主要指用于连接门堂与中堂、中堂与后堂,位于庭院两侧的廊道。廊是堂与堂之间的过渡空间，在建筑中处于次要地位，整体简单，以突出三堂的主要地位。屋顶一般为卷棚顶，少部分为硬山顶或单坡。面阔一般不超过其所在的三开间之次间或五开间之稍间。梁架形式多采用简洁、少装饰的瓜柱梁架或晚清民国时盛行的博古梁架。①

辅助元素不是构成建筑所必须具备的，而是选择性的附属构筑物。但辅助元素丰富了建筑的层次感，增加了建筑氛围的威严与壮丽。常见的辅助元素有衬祠（偏殿）、牌坊、照壁、拜亭、月台等。它们在建筑中的运用没有特别的规律，大部分建筑并不使用。部分建筑使用辅助元素中的一两种，以衬祠（偏殿）和牌坊为多。除衬祠位于中路建筑两侧外，一般来说，中路上主要元素与辅助构成元素自前至后的顺序依次为：照壁（或牌坊）、门堂、牌坊、拜亭（或月台）、中堂、月台、后堂。这种几乎把建筑所有主要元素及辅助元素都涵括在内的建筑极其罕见。

衬祠（偏殿）是位于中路建筑两侧的辅助构筑物，是辅助元素中使用最广的一个。由于两侧衬祠的使用，祠堂增加了通面阔的尺度，看起来更为壮观。

牌坊起着先导或承前启后的作用，使整个建筑群显得布局严谨、层次分明，而牌坊本身庄重肃穆，也为建筑整体氛围添上重要一笔。根据佛山地区现存的15座带牌坊的建筑（表4.1），牌坊在建筑中的位置常见的为三种：①位于建筑前；②牌坊与大门合而为一，成为"牌坊式大门"；③位于第一进院落。牌坊式大门是极具装饰性的一种，如顺德北滘镇林氏二世祖祠是座三间二进的小型祠堂，但门堂采用牌坊式大门，造型别致。

表4.1　佛山地区部分带牌坊建筑情况

序号	建筑名称	所在地	建筑及牌坊兴建年代	牌坊名称	牌坊位置	材质	牌坊形制
1	佛山祖庙	禅城区祖庙街道	灵应祠大殿为明洪武五年（1372）建，前殿为宣德四年（1429）建，三门为明正德八年（1513）建，灵应牌坊为明景泰二年（1451）建	灵应牌坊	①	木石	十二柱三间三楼歇山顶

① 赖瑛. 珠江三角洲广府民系祠堂建筑研究［D］. 广州：华南理工大学，2010.

续表 4.1

序号	建筑名称	所在地	建筑及牌坊兴建年代	牌坊名称	牌坊位置	材质	牌坊形制
2	西山庙	顺德区大良街道	明嘉靖二十年（1541）始建，历代均有重修扩建，现为清光绪年间（1875—1908）重修格局		①	砖	三间三楼歇山顶
3	西南武庙	三水区西南街道	始建于清嘉庆十三年（1808），道光二十四年（1844）、道光二十八年（1848）、光绪十五年（1889）、民国六年（1917）修葺或扩建。牌坊建于清光绪年间	岭海回澜	①	砖	四柱三间冲天式
4	慈悲宫	南海区九江镇	明	善应诸方	③	砖石	四柱三间三楼式
5	石头霍氏家庙	禅城区澜石镇	明嘉靖四年（1525）始建，清嘉庆、光绪重修	忠孝节烈之家、硕辅名儒	③	石	四柱三间冲天式
6	石头椿林霍公祠	禅城区澜石镇	明嘉靖四年（1525）始建，清嘉庆、光绪重修	祖孙父子兄弟伯侄乡贤，文章经济	③	石	四柱三间冲天式
7	沙头崔氏宗祠	南海区九江镇	始建于明嘉靖四年（1525），清乾隆四年（1739）、嘉庆二年（1797）、咸丰七年（1857）、光绪十九年（1893）四次大修，1985年、2003年重修。大门乾隆四年所建，"山南世家"牌坊为光绪十九年建	牌坊式大门	②	砖木石	四柱三间三楼，进深二间
				山南世家	③	石	四柱三间三楼
				二进牌坊两座	③	砖	三间
8	七甫陈氏宗祠	南海区狮山镇	明弘治十二年（1499），清乾隆五十八年（1793）重修	牌坊式大门	②	木石	三间歇山顶
9	寨边泮阳李公祠	南海区罗村街道	明晚期（1573—1644）	牌坊式大门	②	砖木石	三间三楼庑殿顶

续表 4.1

序号	建筑名称	所在地	建筑及牌坊兴建年代	牌坊名称	牌坊位置	材质	牌坊形制
10	林头梁氏二世祖祠	顺德区北滘镇	清中期（1736—1850）	牌坊式大门	②	木石	二柱一间一楼
11	豸浦胡公家庙①	顺德区均安镇	清乾隆元年（1736）	牌坊式大门	②	木石	四柱三间三楼
12	碧江奇峰苏公祠	顺德区北滘镇	清光绪十二年（1886）	熙朝人瑞	③	砖	三间
13	麦村苏氏大宗祠	顺德区杏坛镇	清同治年间（1862—1874）	昭兹来许	③	砖	三间
14	大都岐周梁公祠	顺德区陈村镇	民国26年（1937）	牌坊式大门	②	砖	三间三楼
15	松塘村李氏宗祠	高明区更合镇	清		①	砖	三间三楼

　　照壁在现存建筑实例中很少见。照壁有时位于大门对面，起屏蔽作用；有时位于大门两侧，起围合作用。现存照壁基本为青砖砌筑，由压顶、壁身和基座三部分组成。

　　拜亭是位于建筑中轴线上的构筑物，通常位于中堂前，增强了祠堂的序列感，并拓展了中堂的使用空间，且能遮风避雨。拜亭进深常为一间，面阔常与殿堂心间等阔，亭式，屋顶为歇山顶或重檐歇山顶，还有面阔为三间、屋顶为卷棚顶的。

　　月台位于中堂或后堂前，成为殿堂的延伸，不仅丰富了空间层次，强化了空间氛围，而且拓展了使用空间。月台进深大约为殿堂进深的2/3，

———————————

　　① 清代进士胡杰之家庙。

面阔有较多变化：有时与殿堂等面阔，如顺德区乐从镇沙滘陈氏大宗祠，中堂面阔五间，月台与此等阔；有时与五开间当中三开间等阔；有时只与心间等阔。大部分月台的台基没有过多装饰，少部分则极显石雕工艺。[①]

2. 总体形制

广府建筑的总体形制一般以路、进、间进行描述。

（1）路。建筑群内单体建筑沿一条纵深轴线分布而成的建筑序列被称为一路。[②] 基于中轴对称的传统观念，广府建筑大多为奇数路，其中又以一路、三路为多见，极少数五路。也有部分为偶数路，现存偶数路一般为两路。

一路建筑没有衬祠（偏殿），是最常见的形式。一路三进格局是现存数量最多的一种类型，广泛用于不同等级、规模的祠堂、庙宇、书院等建筑，建筑面积可大至上千平方米，也可小至 300 平方米左右。

两路建筑由主路和一侧边路组成，即中路一侧有衬祠（偏殿）。两路的建筑基本为晚清、民国时期始建。

三路建筑由中路和两侧边路组成，即两侧各有衬祠（偏殿）。由于对称布局，易于为传统礼制接受，所以三路的传统建筑数量显然比偶数路的多；又由于三路的建筑不似五路的建筑般有违礼制、耗资巨大，所以数量上也比五路的多。主路与边路之间常以青云巷连接。青云巷首进设门，门额常以"蛟腾、凤起"、"入孝、出弟"等题名。也有三路建筑不设青云巷的，而是将主路与边路连为一体，这就使中路三开间的建筑正立面看似五开间，犹如增加了两个开间，以此增显建筑的开阔与雄伟。[③]

三路祠堂中，两条青云巷的巷门有着不同的功能分配：族中子弟每天早上需到祠堂读书，左边的"礼门"用于进入，右边的"义路"则用于退出。巷门及其带领的青云巷被赋予了真正的"路"的意义——这是一条彰显礼仪以及秩序的路。[④] 由于青云巷的出现，广府建筑的"路"的概念被极大地强化了，建筑格局从单线性式逐渐发展到多线性式。

（2）进。进是主体建筑与面阔方向平行的单体建筑的称谓。前、中、后三堂分别称作第一进、第二进、第三进。"路"是纵向的，与两侧山墙平行；"进"是横向的，与堂正脊平行。路的多少影响祠堂通面阔的大小，进的多少则影响祠堂通进深的大小。

———————

① 赖瑛. 珠江三角洲广府民系祠堂建筑研究［D］. 广州：华南理工大学，2010.

② 冯江. 祖先之翼——明清广州府的开垦、聚族而居与宗族祠堂的衍变［M］. 北京：中国建筑工业出版社，2010.

③ 赖瑛. 珠江三角洲广府民系祠堂建筑研究［D］. 广州：华南理工大学，2010.

④ 杨扬. 广府祠堂建筑形制演变研究［D］. 广州：华南理工大学，2013.

两进建筑将中堂空间与后堂空间合而为一。两进祠堂明代就已出现，但大量出现则是在清中晚期。

三进建筑是广府最普遍的选择。三堂的设置，使得空间功能区分明显：门堂预示建筑的规模和等级，中堂为举行仪式和议事之所，后堂为安奉神主之所。

四进建筑是在后堂后再增加一个堂或楼，如南海区沙头崔氏宗祠的原貌。

据传禅城区石湾澜石镇石头村以前有霍氏六世祖霍韬所建霍渭厓祠，前后共七进之深，人称"七叠祠"，可惜已毁无存。[①]

（3）开间。决定建筑的规模与形制的因素除路、进外，还有开间。一般而言，一座建筑的主体部分的各单体建筑开间数是一致的。

开间最少的建筑是单开间。单开间的超小型祠堂在广府地区所占比例较小。

三开间建筑很常见，是最主要的建筑形式。《大清通礼》记载："亲王、郡王庙制为七间，中央五间为堂，左右二间为夹室，堂内分五室，供养五世祖，左右夹室供养祧迁[②]的神主，东西两庑各三间，南为中门及庙门，三出陛，丹陛绿瓦，门绘五色花草；贝勒、贝子家庙为五间，中央三间为堂；一至三品官员家庙为五间，中央三间为堂；四至七品官员家庙为三间，一堂二夹；八九品官员亦为三间，但明开阔，两夹窄。"[③] 于普通百姓而言，建筑开间数选择面甚窄，三开间遂成普遍形式；但即便是三开间，布局也变化多样。

五开间是广府建筑高等级的开间数。五开间祠堂始建年代多较早，原建筑多在明代及以前始建，其中又以明嘉靖、万历年间（1521—1619）居多。[④]

3. 路、进、间组合形制

我们以佛山地区的祠堂建筑、宗教建筑、教育建筑等不同功能的建筑为例，分析路、进、间的组合形制。

一路两进单开间型制是规模最小、等级最低的一种。

一路两进三开间（图4.1）形制在数量上仅次于一路三进三开间。凹

---

① 赖瑛. 珠江三角洲广府民系祠堂建筑研究 [D]. 广州：华南理工大学，2010.

② 祧（音 tiāo）迁，指隔了几代的祖宗的神主迁入远祖之庙。

③ 孙大章. 中国古代建筑史：第五卷（清代建筑）[M]. 北京：中国建筑工业出版社，2004.

④ 赖瑛. 珠江三角洲广府民系祠堂建筑研究 [D]. 广州：华南理工大学，2010.

斗门式一路两进三开间（图4.2）形制等级稍低于门堂式，数量上平分秋色。①

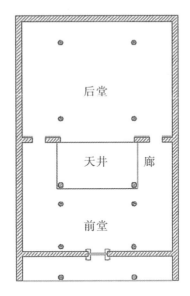

图4.1　门堂式一路两进三开间建筑案例平面图

资料来源：赖瑛. 珠江三角洲广府民系祠堂建筑研究［D］. 广州：华南理工大学，2010。

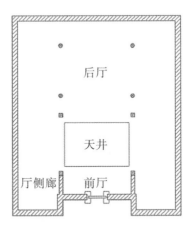

图4.2　凹斗门式一路两进三开间建筑案例平面图

资料来源：赖瑛. 珠江三角洲广府民系祠堂建筑研究［D］. 广州：华南理工大学，2010。

一路三进三开间形制是广府宗教、礼制建筑中最为常见的形式。凹斗门式等级较门堂式低，较少为三进建筑所选择，现存数量也明显少于一路三进三开间门堂式建筑。顺德区沙边何氏大宗祠即为门堂式一路三进三开

① 赖瑛. 珠江三角洲广府民系祠堂建筑研究［D］. 广州：华南理工大学，2010.

间建筑的案例（图3.103）。

　　两路三进三开间只有一侧有衬祠（偏殿），并不多见，此类建筑多数建于晚清、民国时期。

　　三路两进三开间或三路三进三开间形制又称广三路，在清中、晚期常见于祠堂的兴建或扩建上，彰显家族的凝聚力与财力。此形制建筑没有凹斗门形式，基本为门堂式。三路之间常以青云巷连接（图4.3），也有部分三路建筑没有青云巷（图4.4）。[①]　在时间范围内，明至民国都有分布。《顺德文物》所列举的81座祠堂中，有25座为"广三路"格局，占31%；《南海文物志》所列举的21座祠堂中，有8座为"广三路"格局，占38%。

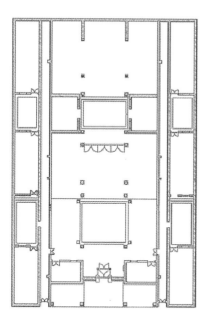

图4.3　有青云巷的三路三进
三开间建筑案例平面图
资料来源：赖瑛. 珠江三角洲广府民
系祠堂建筑研究［D］. 广州：
华南理工大学，2010。

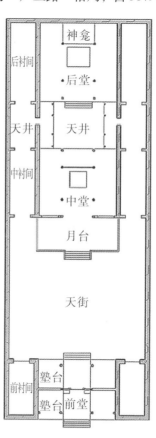

图4.4　无青云巷的三路三进
三开间建筑案例平面图
资料来源：赖瑛. 珠江三角洲广府民
系祠堂建筑研究［D］. 广州：
华南理工大学，2010。

---

① 赖瑛. 珠江三角洲广府民系祠堂建筑研究［D］. 广州：华南理工大学，2010.

一路三进五开间建筑是等级高、占地面积较大的大型建筑形制。① 顺德区北滘镇碧江尊明祠、杏坛镇右滩黄氏大宗祠（图3.105）等是一路三进五开间祠堂的案例。表4.2是佛山地区部分五开间祠堂列表。三路四进三开间形制完整留存的仅有禅城区兆祥黄公祠和南海区里水主帅庙；但从复原图中可知，南海区九江沙头崔氏宗祠（图3.73）、黄岐激表李氏大宗祠、禅城区南庄三华罗氏大宗祠亦是案例。三路三进五开间形制现存的案例仅有顺德区乐从镇沙滘陈氏大宗祠（图3.37）、北滘镇林头郑氏大宗祠（图3.114）、杏坛镇逢简刘氏大宗祠。五路两进三开间的有顺德区小布何氏大宗祠。还有传说中的禅城区石湾澜石镇石头村霍氏六世祖霍韬所建霍渭厓祠，前后共七进之深，人称"七叠祠"。这些建筑都是等级形制崇高，为数甚少，加上很多已毁坏不存，令人惋惜。

表4.2　佛山地区部分五开间祠堂

序号	区位	宗祠名称	年代	平面形制
1	禅城区张槎街道	大沙杨氏大宗祠	清康熙二十五年（1686）	五开间，仅存门堂
2	顺德杏坛镇	逢简刘氏大宗祠	明永乐十三年（1415）	三路三进五开间
3	顺德北滘镇	碧江尊明祠	明嘉靖年间（1511—1566）	一路三进五开间，仅存前面两进
4	南海大沥镇	"朝议世家"邝公祠	明隆庆、万历年间（1568—1580）	一路三进五开间
5	顺德杏坛镇	杏坛镇苏氏大宗祠	明万历年间（1573—1620）	一路三进五开间
6	顺德北滘镇	林头郑氏大宗祠	清康熙五十九年（1720）	三路三进五开间，门堂已改建（图3.114）
7	顺德杏坛镇	右滩黄氏大宗祠	明始建，清咸丰年间（1851—1861）、民国21年（1931）重修	一路三进五开间（图3.104）
8	顺德乐从镇	沙滘陈氏大宗祠	清光绪二十一年（1895）	三路三进五开间（图3.37）

① 赖瑛. 珠江三角洲广府民系祠堂建筑研究［D］. 广州：华南理工大学，2010.

4. 单体平面形制

（1）门堂平面构成与类型。

门堂依前檐有无檐柱分为门堂式及凹斗门式。门堂式由塾台、塾间、屏风（挡中）、前后柱廊等几大要素变化组合成丰富多彩的平面布局形态。

"塾"是一古老的礼制构筑物，宋代以后在中原地区就逐渐消失，但在广府建筑中依然保存。许慎《说文》曰："塾，门侧堂也"；《尔雅·释宫》曰："门侧之堂谓之塾"；三国孙炎注曰："夹门堂也"。古人对塾的功能也进行了解释，汉代郑玄注："古云仕焉而已者，归教于闾里，朝夕坐于门，门侧之堂谓之塾。"《中华古今注》："塾之为言熟也。臣朝君至塾门，更详熟所应对之事。"广府民系建筑将其功能发扬光大，将内塾用于宾客休息，外塾用于大型祭祀庆典活动时的鼓乐台，所以在很多村落塾台又被称为鼓台。塾分为内塾与外塾，故一门有四塾，这在周时属天子诸侯级别，一门二塾则是大夫、士的级别，一般百姓不能有塾。就现存门堂实例而言，一般门堂式门堂所采用的是一门两塾制。也有部分采用一门四塾，如顺德区乐从镇沙边何氏大宗祠、沙滘陈氏大宗祠、杏坛镇逢简和之梁公祠等。图4.5为按门堂平面与塾台数量多少区分的门堂建筑构架类型。

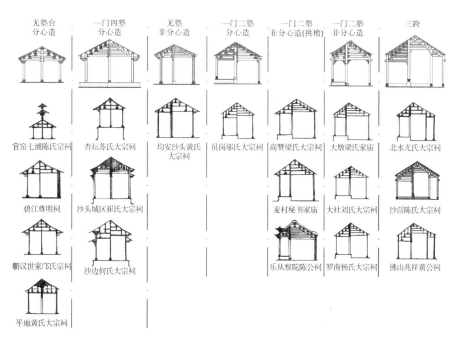

图4.5 门堂建筑构架类型划分

资料来源：杨扬. 广府祠堂建筑形制演变研究［D］. 广州：华南理工大学，2013。

早期门堂形制的特征为采用分心造的平面布局，前后檐出挑，与《营造法式》中的分心用三排柱子的厅堂式构架类似。在台基部分也会强调这种前后的平衡——要么没有塾台，要么一门四塾。门堂中墙的前移导致了门、栋两者的分离，出现了不分心的构架。不"分心"的构架类型不仅表现在梁架的尺度区别上，在梁架的形式上也表现出强烈的前后不一致。如大墩梁氏家庙，中间的一墙之隔，门堂前檐梁架的雕刻细致入微，后檐梁架则是最为简单的瓜柱式梁架。随着时间推移，出现了一门二塾的门堂类型。随着门堂规模的增大以及挑檐的消失，门堂后檐增加立柱以形成两跨，成为三跨的构架类型。[①]

屏门又称为"挡中"，置于一入大门处、挡住中间前行的路。门前设屏，是古时天子之制，部分建筑借鉴了这一建筑元素。屏门主要由三部分组成：顶部横披窗、中间门扇、底部地栿[②]。底部地栿由两柱础相夹，底为石地栿，上为木地栿。中间木门由础上两木柱相夹。顶部横披窗有的贯穿心间，连接心间两梁，也有的与屏门等宽。屏门的装饰相对整座建筑而言是朴实的，个别祠堂雕刻文字，如顺德均安豸浦胡公家庙门堂屏门刻"加官"、"晋爵"字样。

在塾台、塾间、屏门的多种组合下，佛山传统建筑的门堂平面布局丰富多彩。[③]

（2）中堂平面构成。

三开间的中堂最常见的形式是由前檐柱、前金柱、后金柱、后檐柱八根柱子来支撑中堂的梁架。有时在后檐柱两侧砌筑墙体，有时因为有墙体而取消后檐柱，以护角石[④]代替。中堂一般没有侧室，但也有少数五开间建筑将稍间设为侧室。

屏门是中堂不可或缺的重要元素。屏门由两后金柱相夹，与门堂挡中类似，由三部分组成：顶部横披窗、中间门扇、底部地栿。底部地栿由两柱础相夹，底为石地栿，上为木地栿。中间木屏门由础上两木柱相夹，门开四或六扇（以六扇为多见），平素关闭，家族举行大型活动时开启。在屏门之上的横披窗上悬挂堂号牌匾，在屏门两柱（一般亦为后金柱）上悬挂与堂号相匹配的木制对联（图4.6）。[⑤]

---

① 杨扬. 广府祠堂建筑形制演变研究［D］. 广州：华南理工大学，2013.

② 地栿，又称地栿。在唐、宋建筑中，建筑物柱脚间贴于地面设置的联系构件，有辅助稳定柱脚的作用。重台钩阑或单钩阑最下层的水平构件也称为地栿。除木质地栿外，还有石质地栿。明、清建筑栏杆最下层的水平构件，也沿用此名称。

③ 赖瑛. 珠江三角洲广府民系祠堂建筑研究［D］. 广州：华南理工大学，2010.

④ 护角石，又称角石，是砌筑在石砌体角隅处的石料。

⑤ 赖瑛. 珠江三角洲广府民系祠堂建筑研究［D］. 广州：华南理工大学，2010.

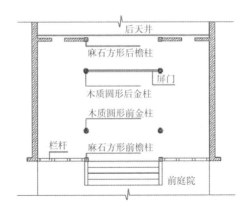

图4.6　南海区颜边颜氏大宗祠中堂平面图

资料来源：赖瑛. 珠江三角洲广府民系祠堂建筑研究［D］. 广州：华南理工大学，2010。

（3）后堂平面构成。

后堂心间是置放神龛、供奉祖先神位的地方，神龛往往紧靠后墙。次间则多为两种形式：一种是开放式，即三个开间没有以墙围合起来而显得开阔；另一种是围合式，即三开间之次间、五开间之稍间设为侧室。一般而言，建筑的门堂与后堂是不等面阔的，常见情况为前小后大，呈微喇叭状。也有一些祠堂前后通面阔相差较大，即祠堂前面为三路，到后堂收为一路，所以通面阔明显小很多，如顺德区北滘镇林头郑氏大宗祠（图3.114）。

（4）廊庑平面构成。

佛山传统建筑常见为前后两院两侧各一侧廊，其宽度不超过三开间之次间、五开间之稍间，在长度上有单间、三间、五间等奇数开间，面积上经历了由小到大的一个过程。侧廊面阔一般略小于中堂次间。侧廊的形制相对其所连接的三堂而言简单很多，也因此而突出了中轴三堂的主要地位。屋面大多采用卷棚式屋顶、灰筒瓦面，也有少量建筑侧廊为歇山式屋顶。

除此之外还有一种廊叫轩廊，主要位于中堂或后堂前廊，有时也位于前院两开阔侧廊的前檐。

（5）拜亭平面形制。

拜亭位于中堂前面，如建筑只有两进，则位于后堂前。拜亭一般与中堂心间同宽，四柱，进深一间。屋顶形式有歇山或重檐歇山等。禅城区兆祥黄公祠拜亭（图3.68）即是一例。图4.7是顺德区大敦梁氏家庙拜亭的剖面图。

（6）衬祠（偏殿）功能与形制。

衬祠（偏殿）是相对中路建筑而言的，位于中路两侧，大多单开间，

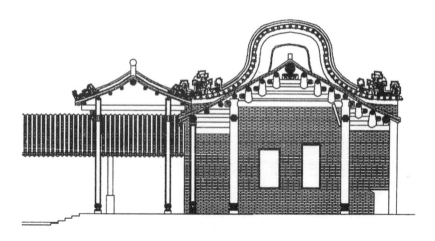

图 4.7　顺德区大敦梁氏家庙拜亭剖面图

资料来源：冯江. 祖先之翼——明清广州府的开垦、聚族而居与宗族祠堂的衍变［M］.

北京：中国建筑工业出版社，2010。

与主体建筑等深。衬祠（偏殿）是次轴线上的辅助建筑。中路与衬祠（偏殿）之间有时设青云巷作过渡空间，有时无青云巷直接连接在一起。衬祠（偏殿）一般对称分布在中路两侧形成三路建筑，少部分建筑仅一侧有衬祠（偏殿），形成两路建筑。此外还有个别建筑两侧各两路衬祠，共四衬，形成五路建筑，如顺德区小布何氏大宗祠。

衬祠（偏殿）无论是在平面、梁架，还是在装饰等方面都较朴素简单，以衬托中路建筑的主导地位。平面上与中路建筑相配适，衬托中路建筑三间或五间的宏伟气势。与中路建筑前、中、后堂相对应的是前、中、后衬间，与中路庭院对应的则为庭院或侧廊。在梁架形式上，一般无须柱与梁，大多采用硬山搁檩形式。在立面上，衬祠（偏殿）的高度会略矮于中路建筑，以衬托中路建筑的核心地位。在装饰上，因无梁架，所以少了许多木雕和石雕工艺，砖雕、彩绘等工艺也使用不多。[①]

二、殿堂建筑与厅堂建筑

《营造法式》所录宋代结构形式按殿堂、厅堂两类制定（图 4.8、图 4.9）[②]，潘谷西先生在《〈营造法式〉解读》一书中对该两类结构形式进行了区分，其区别如表 4.3 所示。

---

① 赖瑛. 珠江三角洲广府民系祠堂建筑研究［D］. 广州：华南理工大学，2010.
② 陈明达.《营造法式》辞解［M］. 丁垚，等整理补注. 天津大学出版社，2010：383.

表4.3 《营造法式》中殿堂和厅堂建筑的区别

类型	构架类型	内外柱	构架	柱檩关系
殿堂建筑	层叠构架	几乎等高	檐柱与内柱之间无直接联络构件	不存在必要的对位关系
厅堂建筑	混合整体构架	内柱高于外柱	梁栿等联络各柱，使木构架联结成整体框架	对位，但柱不抵檩

资料来源：潘谷西，何建中.《营造法式》解读［M］. 南京：东南大学出版社，2005。

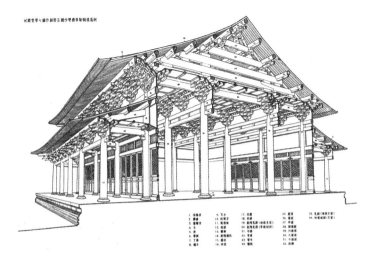

图4.8 《营造法式》殿堂建筑示意图

资料来源：刘敦桢. 中国古代建筑史［M］. 北京：中国建筑工业出版社，2013。

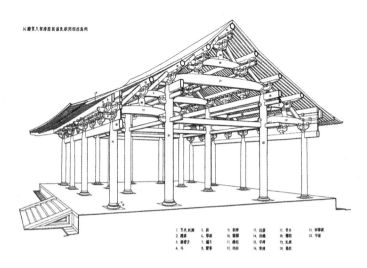

图4.9《营造法式》厅堂建筑

资料来源：刘敦桢. 中国古代建筑史［M］. 北京：中国建筑工业出版社，2013。

231

程建军教授在《岭南古代大式殿堂建筑构架研究》一书中以主要承重形式、柱梁形式、屋顶形式等几项主要构架形式要素区分岭南殿堂建筑与厅堂建筑。广府殿堂建筑与厅堂建筑之间的界限十分模糊，许多建筑构架同时具备两者的特征。岭南殿堂和厅堂建筑构架的主要特征如表4.4所示。

表4.4　岭南殿堂和厅堂建筑构架的主要特征

建筑构架	主要承重方式	使用梁式	承椽结构	挑檐构造	屋顶形式
殿堂构架	内外柱	月梁、平梁	槫①、枋	斗栱，插栱	歇山（重檐或单檐）
厅堂构架	内柱、山墙	平梁	桁	无挑檐	硬山

佛山地区的殿堂建筑与厅堂建筑有众多共同点，其平面构成仍保持着中国古代建筑平面规整、柱网整齐和建筑开间心间大、两边逐渐减小的中轴对称构成规律。柱网布置形式大部分是满堂式，规模大的建筑也有采用金厢斗底槽②式，还有分心槽式、副阶周匝③式等。室内都不设天花，内柱高于外柱，顺槫方向有梁架联络相邻的横架与山墙，使木构梁架和两列山墙联结成整体混合结构，柱子直接承檩。

屋顶形式很好地将殿堂建筑与厅堂建筑区分开：殿堂建筑用歇山式屋顶，厅堂建筑用硬山式屋顶（图4.10）。南方建筑的平面宽深比小，宽深比小的建筑是不能做庑殿顶的，因为屋脊会很短，因此多做成歇山顶。歇山顶的等级在岭南地区来说是第一位的。④ 案例可见佛山祖庙灵应祠的前殿和大殿。

---

① 槫（音 tuán），设置在梁架间，用以支承椽、屋面板的构件。宋式建筑名称，清式建筑称桁（大木大式）或檩（大木小式），现称檩条或桁条。

② 柱网平面布局方式。槽，指柱列和斗栱。金厢斗底槽又称内外槽。其平面由内外两周相套的柱网组成，形成环绕一周的外槽和长方形的内槽两个不同空间的柱网布置形式。内外两周柱的柱头上均有斗栱等结构构件纵向联系形成框架体系，整体性强，有套筒结构功能。

③ 副阶，古代殿堂建筑殿身外侧加设的柱廊，唐、宋时称副阶。副阶周匝，宋式名称。在建筑主体以外，再加一圈回廊，这种建筑形式叫作副阶周匝。它多用于大殿、宝塔等比较庄严的建筑。

④ 程建军．岭南古代大式殿堂建筑构架研究［M］．北京：中国建筑工业出版社，2002．

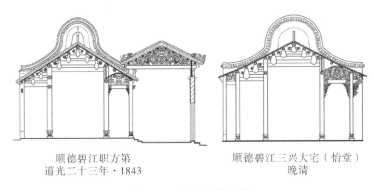

顺德碧江职方第
道光二十三年·1843

顺德碧江三兴大宅（怡堂）
晚清

图 4.10　厅堂建筑案例

资料来源：杨扬. 广府祠堂建筑形制演变研究［D］. 广州：华南理工大学，2013。

三、三间两廊建筑

三间两廊是广府地区的传统住宅形制，即"门"字形三合院，三开间，两个门廊。平面呈一厅两房的对称布局，两房前各设廊庑兼做厨房使用，由两侧巷道经廊庑入户，厅的前部为廊下，成为厅堂的扩展部分（图4.11）。

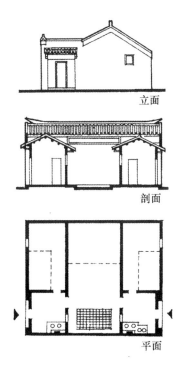

立面

剖面

平面

图 4.11　三间两廊式住宅

资料来源：孙大章. 中国古代建筑史：第五卷（清代建筑）［M］.

北京：中国建筑工业出版社，2004。

本地宗族观念深厚的村镇，同姓宗族居住在一起，往往采用三间两廊住宅为基本单元规划全村，形成梳式布局的村落。全村划出南北向巷道若干，巷道间毗连布置若干幢三间两廊住宅，由巷道进入宅侧大门，富裕人家可占用两进宅基。村前为祠堂、私塾、阳埕①及半圆形池塘，村后及左右为山体、树林。布局严整划一，通风良好。②

最基本的三间两廊式建筑为一列三间悬山顶房屋，即所谓"三间"。中间是厅堂，两侧是居室。有些厅堂后部加建神楼，神楼一般为卷棚顶的二层建筑，上层靠厅堂一面用以供奉祖先牌位，叫神后房。卧室在厅堂两旁，房门一般由厅堂出入，也可由厨房出入。卧室后部上面置阁楼，作储存稻谷和堆放农具、杂物用。卧室后部不开窗，只在东、西侧面各开窗一个，宽约0.8米，高约1米，用来采光和通风。厨房顶上一般做成平顶晒台，两个房间阁楼开窗口通出晒台，称为水窗。遇洪水时，人们可从房间用靠梯上阁楼，经水窗出晒台避洪水。厅堂前为庭院，堂与庭院之间可以有墙间隔，正中开门，即厅门，高3米左右，宽1.3米左右；也有的不设墙，为全开敞式。厅堂后墙不开窗，怕"漏财"。庭院两旁为廊，即"两廊"，廊门与街道相接。开门的一侧廊庑一般作门房，另一侧廊庑多作厨房、柴房和杂物房。两廊的前檐要斜向内庭院，认为"财水"要内流。走廊和庭院一般用花岗石条石铺砌，庭院的围墙叫作"看墙"或"照墙"。庭院内通常打一水井。其中一侧走廊外以凹斗门作为大门，一般凹入0.3~0.5米。另一侧走廊可开门，但不作凹斗方式，以表示非主要大门。也有两侧都是凹斗门的，则表示该宅是两家合用。整个房屋平面作规矩的长方形。以三间两廊为基本格式，还可以有很多变化，如因屋地狭小而舍去一廊一间（称"一偏一正"），或由数座三间两廊组成建筑群落，等等。

四、竹筒屋建筑

竹筒屋是广府地区的单开间传统住宅。平面呈纵向条形，进深可达20米左右，采光、通风、排水靠庭院及宅内巷道解决，大型的向纵深延伸，中间设若干庭院，有的并建成楼房。其平面布置前为厨房，中夹庭院，中间为厅堂，后为卧室。这类民居的内部交通往往是穿屋而过，无明确的走道。这类单开间民居可以并联建造，节约用地，而且便于采用硬山搁檩的构造方式，减少了木材用量，且规格统一。还有一种扩大的竹筒屋，为两

① 俗称地堂，即广场、晒谷场。
② 孙大章. 中国古代建筑史：第五卷（清代建筑）[M]. 北京：中国建筑工业出版社，2004.

开间，组合原则相同，进一步增加了布置的灵活性。①

五、园林

佛山传统园林呈现浓厚的地方和民间色彩。从大型园林的角度看，随着宗教的传入，绚丽的名山大川如西樵山等，陆续建设庙宇道观，自然风景逐渐为民众所赏识。其建筑重在选址，具有简朴清新的岭南气息，此风格一直沿袭至今。

佛山传统园林因地制宜、自由随意。它无严谨的章法，从适用出发，具有较明显的随意性，更富有民间气息，洒脱自如。

由于佛山地区园林占地小，建筑在园中的比重又较大，要取得"主人不出门，览尽天下景"的效果，只能引园外风光入室，方能达到目的。在园中描摩自然山水，譬如叠山，分壁型、峰型、孤散三式。壁型山是依附于建筑壁上的浮雕式叠山，只能在主要观赏方位上观赏，但它有效地模仿出建筑物立基于山崖峭壁之势。峰型山是庭中自成一体的小堆山，可以四面观赏，常常与亭台结合，构出自然山貌，耐人寻味。孤散法是岭南由来已久的石谱，梁园群星草堂内庭的"十二石斋"，奇石企卧有序、峰岭互应，构出孤散石景。与叠山原理相关联的理水亦有自身特色，一般不用自然式池型水面，喜用较规则的曲池、方池，甚至仿西洋的回型水面等。

厅堂、居室、书斋以及其他辅助用房有韵律地接踵而建，在民居的传统基础上成为"联房博厦"式，以冷巷、桥廊联系。内庭以水为题，意境深远。佛山传统园林喜用船厅和壁潭②二法，水从建筑地下（或旁侧）流过。船厅的做法在群星草堂、清晖园中均有。清晖园的船厅仿珠江上的紫洞艇，以楼阁形式出现，尤显突出。甚至缺水的山区也启用，如西樵山白云洞在临崖处所建的船厅，题匾为"一棹入云深"，寓船于云海，别饶风趣。③

---

① 孙大章. 中国古代建筑史：第五卷（清代建筑）[M]. 北京：中国建筑工业出版社，2004.

② 将廊榭围绕小水庭而设，以石山崖壁构出清幽之景。

③ 刘管平. 岭南古典园林 [J]. 广东园林，1985（10）：1–11.

第三节　结构形制

一、结构材料

1. 木

佛山传统建筑大木构件多使用硬木，如铁木、菠萝格、坤甸等木材，木质坚硬、纹理美观。硬木具有很高的密度，不像杉木、松木等较易出现开裂或爆口，雕刻刚挺有力，受到业主的普遍青睐。民居建筑很少采用梁架结构，全部用墙承杉檩条。祠堂、庙宇等较高级的建筑物，梁架多用坤甸、东京等高级硬木。

木构件表面处理的传统做法是施油不用漆，极少用彩画，处理工艺与手法类似广东的红木家具。对构件表面的加工要求平整光滑，以便于油饰，少用腻子，且常用雕刻的手法来装饰，注重材料自身的表现力。

2. 石

石材也是佛山传统建筑的常用材料，具有更好的抗压、防潮能力。由于石匠技艺高超，以及清代加工器具（尤其是铁器）的发展，石材的可塑性并不亚于木材。在佛山传统建筑中，大量的柱础、檐柱、阑额[①]等都用石材加工而成，不同种类的石材在一定程度上反映了不同的建造时间，如红砂岩、咸水石多用于早期，更为坚硬的花岗石则多用于后期。

红砂岩是明中晚期建筑中倍受青睐的一种石材。红砂岩因富含氧化物而呈红色或褐红色，有较易风化、崩解等缺点，但因其质地不够坚硬而易于开采，在开采技术还不很发达的时候被广泛使用。珠江三角洲当时有着丰富的红砂岩资源，红砂岩自然成为建造的主要用材。对红砂岩的青睐除了丰富的石材资源外，人们的审美情趣、对于红色的钟爱也是重要的原因。《明会典》载，颜色中以黄为尊，其余依次为赤、绿、青、蓝、黑、灰。明代对色彩有严格规定，如建筑上有"亲王宫得饰朱红、大青绿，其他居室止饰彤碧"的规定，所以民居建筑多以黑灰为主。明晚期盛行色彩排位第一是红色，民间对红色甚是喜好，以致小康人家"非绣衣大红不服"，大户婢女"非大红裹衣不华"，大红等色在民间成为富有的象征而广

---

① 即额枋。

为流行。在这种社会背景下，建筑选用红砂岩作为材料是水到渠成的事。民间采用红砂岩这一天然材质，既可以满足"尚红"的审美需要，又有效地规避了色彩方面的等级限制。

咸水石来自大海，在清康熙迁海①（顺治十八年·1661）以前，因取材较为便利而成为建筑的主要用材之一。清康熙迁海以后，随着清中期花岗石的广泛使用，咸水石渐渐淡出使用。

清代花岗石得到广泛应用。花岗石因其材质的坚硬、开采技术的发展而渐渐开始被大范围地在墙裙、地面、柱子等部位采用。方形的花岗石柱子成为建筑门堂檐柱的常式。由于广府地区雨水充沛，位于前檐的木梁易因雨水侵蚀而腐烂，清中期建筑开始大量使用花岗石梁，梁头雕刻以人物为常见。

3. 砖

青砖是佛山传统建筑中大量使用的主要材质。早期（明代及明以前）的房子用砖较少，清代则多用青砖建造。综观青砖在建筑中的形制变化，有越来越轻巧、越来越细腻的趋势。

由于砖作技术的成熟，砖墙往往可以代替柱子参与承重。例如，山墙、前后檐墙可直接搁置梁架而不需要柱；门堂前后檐的梁架直接与中墙搭接，梁端插入墙体内。

4. 蚝壳

清早期以前，尤其是明中晚期，蚝壳曾经广泛用于珠江三角洲的建筑，是广府地区特有的建筑材料，清中期以后渐渐消失。蚝壳墙（图4.12）最早的文字记载见于唐刘恂《岭表录》："惟食蚝蛎，垒壳为墙壁。"明代以来，关于蚝壳为墙的文字记载见于众多文献。明人谢肇淛说："昔人以闽荔枝、蛎房、子鱼、紫菜为四美。蛎负石作房，累累若山，所谓蚝也。"俗话说"千年砖万年壳"，蚝壳墙由于坚固耐用、取材便利、有利于结构隔热等原因，在青砖烧制还不娴熟的明中晚期广泛使用。

---

① 清王朝为切断大陆人民与郑成功抗清军队的联系所实行的禁海法令，史称"迁海"或"迁界"。顺治十八年（1661）南明永历政权灭亡，郑成功从荷兰殖民者手中收复台湾，作为抗清根据地，积蓄力量，以求大举。是年，清廷勒令江南、浙江、福建、广东沿海居民分别内迁三五十里，尽焚船只，片板不许下海，越界者立斩，使沿海人民无家可归，引起激烈反抗。至康熙二十年（1681）该法令不得不废除。

图 4. 12　顺德区碧江金楼蚝壳墙
资料来源：吕唐军摄。

二、梁架结构

在结构形式上，我们以佛山地区的殿堂建筑与厅堂建筑为代表进行讨论。宋式殿堂建筑的构架方式是其全部结构按水平方向分为柱额、斗栱铺作、屋顶三个整体构造层，自下而上逐层安装，叠垒而成；宋式厅堂构架是以平行于山墙的垂直屋架为结构单元，每个屋架由若干长短不等的柱梁组合而成，用桁枋、襻间①等构件可将两个屋架连接成"间"。即是说，殿堂建筑是水平构架构成，而厅堂建筑是垂直构架构成。但到明清时期，官式建筑结构方式发生了很大的变化，纯粹以水平构架构成的殿堂建筑已少见，殿堂建筑构架仅存表面的外观形式，实际上是带斗栱铺作的厅堂构架。所以等级较高的厅堂建筑，若外檐上使用较规范的斗栱铺作，明清时称为"大木大式"构架。不使用斗栱铺作的厅堂结构则称为"大木小式"构架。这种梁柱直接交接的厅堂构架称为"柱梁作"。

佛山传统建筑梁架结构兼具抬梁与穿斗的特点，主要表现为：它主要

---

①　襻（音 pàn）间是槫下附加的联系构件，与各架槫平行，联系各缝梁架的长枋木。宋代建筑大木构件之一。其主要功能是襻拉相邻两架梁使之联为一体。宋《营造法式》载："凡屋如彻上明造，即于蜀柱上安斗，斗上安随间襻间，或一材或二材。"或每间都用，或隔间而用。其两端往往插在蜀柱或驼峰上，将相邻的两片梁架拉紧，以加强屋顶结构的整体刚性。其断面为一材大小的枋木，叫单材襻间；如不够大，则两层枋木叠用，叫两材襻间。明间用两材，次间用单材，谓之"隔间相闪"。无论一材或二材襻间，上一材上应用替木承槫。

以承重梁传递应力，具有抬梁的特点；檩条直接由柱子或类柱承托，且梁头节点尤其是穿过瓜柱的做法则呈现出穿斗的特点。

佛山地区殿堂与厅堂梁架结构特征为：总体为硬山搁檩，外墙内柱结构。横架方向上，内柱高于外柱，柱子直接承檩，因而柱檩对位。柱缝以外的檩条以下皆有一"类柱"（瓜柱或驼峰斗栱）对位支撑，类柱置于下面的梁上，把其上及自身的荷载传递至该梁上，而梁端插入临近两端的柱或类柱，并将荷载继续往下传递，依此类推。最下端的大梁必定两端插入柱身，所有荷载最终集中传递到柱子上，柱列及其上的梁架共同组成一榀横架。前后用乳栿①，中用六椽栿，个别用八椽栿。前后檐多用斗栱铺作或插栱出跳②，金柱则直通到顶，柱头做成栌斗③状，承托承椽枋。顺檩方向上，有纵架串联相邻的横架与山墙，从而使木构梁架和两列山墙联结成整体混合结构。

层叠式与连架式是张十庆先生在《从建构思维看古代建筑结构的类型与演化》一文中提出的基于建构思维视野下的两类结构类型。④ 佛山传统建筑的构架类型兼具抬梁与穿斗的结构特点；从建构思维的角度观察，构架整体属于连架式，而局部构件及其组合属于层叠式。

1. 整体梁架结构分类

从整体结构形式分析，佛山传统建筑的大木构架可分四种类型：

（1）大式斗栱梁架。

前后檐柱用斗栱铺作，中为厅堂梁架。在构架方式上类似带斗栱的唐宋厅堂梁架，即前后檐柱和山柱⑤普柏枋⑥上用斗栱铺作层，里面为唐宋厅堂梁架，不同之处是老檐柱和金柱柱头直接与槫檩交接。该式斗栱雄大，铺作多寡基本依宋制，个别斗栱使用真昂，梁架中多使用月梁、梭柱等，

---

① 栿（音 fú），梁。乳，言其短小。乳栿，宋式建筑中梁栿的一种，是长二椽架（清称步架）的梁，相当于清式的双步梁，位置与清式建筑中的桃尖梁或抱头梁相当。在殿堂结构中，置于内柱与檐柱柱头上，与斗栱结合成一个结构整体。在厅堂结构中，一端插入内柱柱身，另一端与檐柱柱头斗栱结合。尾端置于梁架上，并与梁架丁字相交的乳栿，又称丁栿。

② 斗栱自柱中心线向前、后逐层挑出的做法。每挑一层称为出一跳；挑出的水平距离为出跳的长，或称为跳，清代称为拽架。出跳为宋时名词，意思与清式出踩相似，但计算方法略有不同。《营造法式》称，凡铺作自柱头上栌斗口内出一栱或一昂，皆谓之一跳，传至五跳止。五跳，相当于清式的十一踩。

③ 宋时名称，即坐斗，是在全攒斗栱的最下层，直接承托正心瓜栱与头翘或头昂的斗，也叫大斗。

④ 张十庆. 从建构思维看古代建筑结构的类型与演化［J］. 建筑师，2007（2）.

⑤ 在山面或山墙中，除角柱以外的各种由下达上的通柱。

⑥ 宋式名称，相当于清式的平板枋。最早见于辽代后期。普柏枋形状扁宽，搁在阑额并及柱头之上，柱头斗栱则坐于普柏枋上，从而加固了柱子与阑额的连接。特别是由于补间铺作的加多，补间不用蜀柱、驼峰、人字栱之类，而用大斗；窄而薄的阑额不宜坐大斗，普柏枋由此产生。

型制较古，梁架的等级较高。

大式斗栱梁架可按有无使用真昂而分为两类。没有使用真昂的大式斗栱梁架，其规律是，檐柱柱头用阑额拉结，其上施普柏枋，普柏枋上放置斗栱，梁栿放置在斗栱之上，梁头作衬枋头①。除檐部外，大式斗栱梁架与小式瓜柱梁架、插栱襻间斗栱梁架采用一致的构造与形式（尺度上有区别）。使用真昂的仅为佛山祖庙大殿，其特点为：真昂昂尾止于劄牵②（图4.9中9部位）或托脚之下，如一杠杆支撑挑檐部分屋面的荷载，且第三跳以上的昂只增加出跳长度而不增加或极少增加跳头高度（图4.13）。

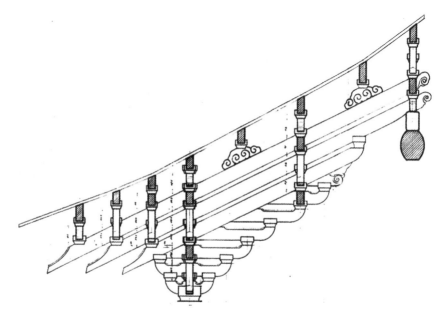

图 4.13　佛山祖庙大殿明间平身科侧面图

资料来源：程建军. 梓人绳墨——岭南历史建筑测绘图选集 ［M］.

广州：华南理工大学出版社，2013。

无论是否使用真昂，柱头用大式斗栱梁架的动机都是相同的，就是增加屋面的出檐深度，以及提高出檐构件的复杂程度以达到提高装饰等级的目的。

---

① 为斗栱中耍头以上，桁椀（在梁头上面的左右两边，剜出各为1/4梁厚的半圆形椀口，用以支承桁条，并使其坐稳于桁椀内，避免前后滚动及左右移动。另外，斗栱撑头上，承托桁的凹形木亦称桁椀。）之下，与耍头平行之构件。宋式斗栱中称衬枋头、水平枋，清式称撑头。用来固定挑檐枋和正心枋。

② 劄（音 zhā，同"扎"）牵，宋式名称，指架于双步梁上的瓜柱之上的短梁。清式称为单步梁。

（2）小式瓜柱梁架。

该种梁架在构架方式上略似唐宋的"柱梁作"或明清的大木小式梁架（图4.14），内外柱梁不施斗栱，整体梁架为厅堂式梁架。其主要特点是不用月梁，上下梁之间净间距小，密集排列，以长瓜柱、短圆瓜柱或筒柱联系支撑上层梁头，梁柱层叠而上完成整个梁架。瓜柱和筒柱间常用穿枋①或弯枋联系拉结，此部分有些穿斗构架的特征。该种梁架等级较低，工艺简单，花费较少。室内都不设天花，内柱高于外柱，梁栿直接插入内柱柱身，柱子直抵檩条。

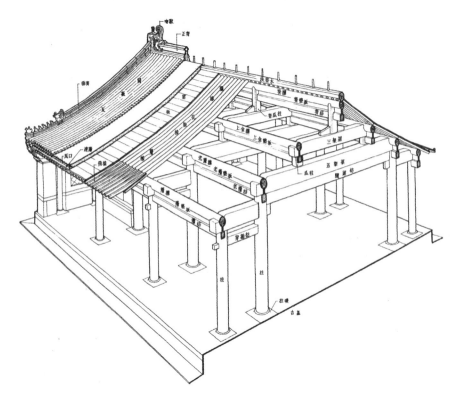

图4.14　明清的大木小式梁架

资料来源：刘敦桢. 中国古代建筑史 [M]. 北京：中国建筑工业出版社，2013。

由于瓜柱和梁栿之间存在穿插关系，相比起大式斗栱梁架，小式瓜柱梁架更接近"连架式"的建造逻辑。

（3）插栱襻间斗栱梁架。

该种梁架形式和等级介于前两者之间（图4.15）。挑檐用乳栿穿檐柱

---

① 枋是横栱上的联系构件，横向，与桁平行。枋的大小等于一个单材的大小。

而出，与檐柱插栱出跳共同支撑挑檐桁，中部为较规范的厅堂梁架，上下梁枋间以驼峰襻间斗栱联系支撑，多用月梁、直柱。较明显的特征是前后檐部分保留了南方穿斗结构的构造方式。梁架中部特征与小式瓜柱梁架同。

图 4.15 顺德区碧江尊明祠中堂梁架
资料来源：吕唐军摄。

（4）混合式梁架。

同一个建筑前后或上下采用不同的构架形式。案例有佛山祖庙的前殿（图 3.13）与大殿（图 3.15），如佛山祖庙大殿前檐用了大式斗栱梁架，而后檐却用插栱襻间斗栱，中为小式瓜柱梁架。此种梁架说明佛山传统建筑的兼容性、自由性特点，同时也从经济角度和观瞻角度考虑。

2. 横架形式

传统建筑中，与正立面垂直、与山墙平行的梁架，称为横架（图 4.16）。传统建筑中横架主要起承重作用；相对的，纵架主要起拉结作用。佛山殿堂建筑与厅堂建筑横架的中跨部分，所采用的形式与构建逻辑是相同的，主要区别在于前后跨的构架中是否使用斗栱。但如若将檐柱上施斗栱挑檐等效为檐柱施插栱挑檐的一种变体，那么殿堂建筑与厅堂建筑在横架上并没有发生结构性的改变，体现出很强的同构性（图4.17）。

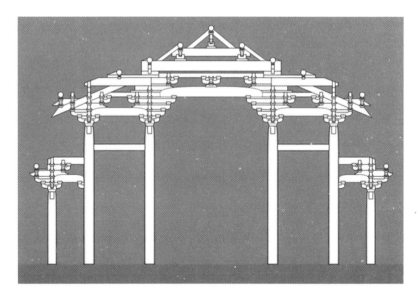

图4.16　殿堂建筑横架形式

资料来源：百度图片。

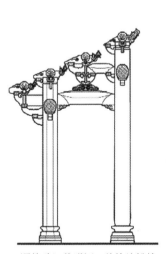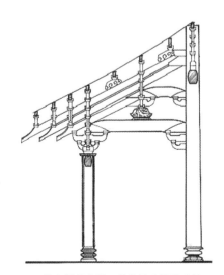

顺德碧江尊明祠·前檐施挑檐　　　　佛山祖庙大殿·前檐施斗栱带真昂

图4.17　檐柱施插栱与施斗栱的对比

资料来源：杨扬. 广府祠堂建筑形制演变研究［D］. 广州：华南理工大学，2013。

　　即使在使用真昂的祖庙大殿大式斗栱梁架中，其横架的概念及其形
式，和佛山地区的厅堂建筑横架也没有明显的区别（图4.18），"连架"、
"插梁"的特性大量地出现，如内柱高于外柱、梁栿直接插入金柱柱身等。

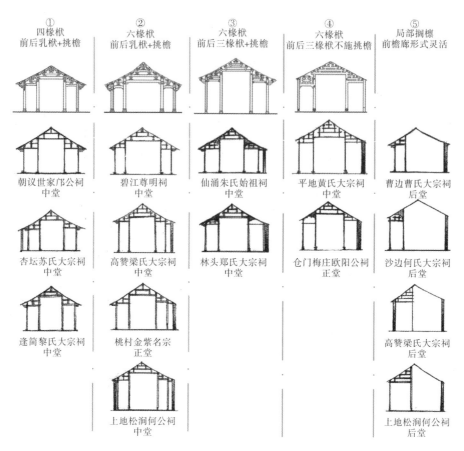

① 四椽栿 前后乳栿+挑檐
② 六椽栿 前后乳栿+挑檐
③ 六椽栿 前后三椽栿+挑檐
④ 六椽栿 前后三椽栿不施挑檐
⑤ 局部搁檩 前檐廊形式灵活

朝议世家邝公祠 中堂
碧江尊明祠 中堂
仙涌朱氏始祖祠 中堂
平地黄氏大宗祠 中堂
曹边曹氏大宗祠 后堂

杏坛苏氏大宗祠 中堂
高赞梁氏大宗祠 中堂
林头郑氏大宗祠 中堂
仓门梅庄欧阳公祠 正堂
沙边何氏大宗祠 后堂

逢简黎氏大宗祠 中堂
桃村金紫名宗 正堂
仓门梅庄欧阳公祠 正堂
高赞梁氏大宗祠 后堂

上地松涧何公祠 中堂
上地松涧何公祠 后堂

图 4.18　佛山地区传统建筑横架类型划分（按《营造法式》）

资料来源：杨扬. 广府祠堂建筑形制演变研究［D］. 广州：华南理工大学，2013。

如图 4.18 所示，按《营造法式》的类型划分，佛山传统建筑横架的基本类型为"①型"：前后金柱等高，共同承托中跨大梁，金柱高于檐柱，乳栿插入金柱柱身。以"①型"为基础，通过增减跨数、前后是否挑檐、以檐墙代替檐柱等方式，可以发展出其他横架类型。例如通过增加中跨步架数，可以实现从"①型"至"②型"的转变。

佛山传统建筑横架基本采取一种结合抬梁式构架和穿斗式构架的混合构架，其结构特色是承重梁端插入柱身（一端或两端插入），即组成屋面的每一根檩条下皆有一柱，或瓜柱、或驼峰（柁墩）、或金柱、或檐柱、或中柱等，屋架上不立于地面的每一个瓜柱骑在或压在下面的梁上，而梁端插入临近两端的瓜柱柱身。为加大进深，还可增加前后廊步，以及用挑出插栱的办法，增大出檐。以柱、梁直接结合的佛山传统建筑横架又可大致分为驼峰斗栱横架、瓜柱横架、博古横架等常见形式。①

（1）驼峰斗栱横架。

驼峰斗栱横架（图4.19）因其使用斗栱形制而成为三种横架形式中最为讲究的一个。驼峰斗栱横架的结构特点是：梁上立驼峰，顺檩方向驼峰上置一跳或两跳或三跳斗栱承托梁及檩条，顺梁方向托脚、上层梁梁端常作为联系构件参与到斗栱的组织当中，构件的搭接方式呈层叠式。驼峰、斗栱和托脚等组成一组驼峰斗栱。

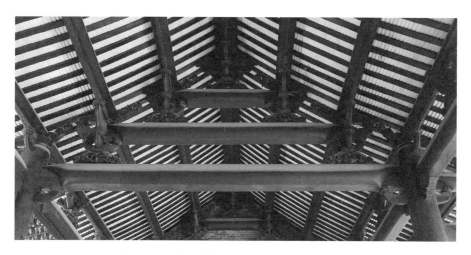

图4.19　顺德区碧江尊明祠中堂驼峰斗栱横架
资料来源：吕唐军摄。

（2）瓜柱横架。

瓜柱横架是指主要以瓜柱和梁组成的横架形式。根据瓜柱与梁交接的方式，瓜柱横架又可分为穿式瓜柱横架、沉式瓜柱横架两类。

穿式瓜柱横架的典型特征是梁穿过瓜柱并出扁平状梁头。穿式瓜柱横架构架方式大体相同：九架梁插在前后金柱上，梁上立两瓜柱，两瓜柱上各承一檩；七架梁穿过九架梁上所立两瓜柱，梁头呈扁平状作龙头雕刻，七架梁上又立两根瓜柱，两瓜柱上各承一檩；……以此类推，层层叠加；三架梁穿过五架梁上两瓜柱，梁头雕成龙头状，三架梁上承托一驼峰，驼峰上一斗，斗上直接承脊檩。此外，也会见到用一个瓜柱来承托脊檩的情况。沉式瓜柱横架的典型特征是梁由瓜柱上端放入瓜柱内。②

---

①　赖瑛. 珠江三角洲广府民系祠堂建筑研究［D］. 广州：华南理工大学，2010.
②　赖瑛. 珠江三角洲广府民系祠堂建筑研究［D］. 广州：华南理工大学，2010.

（3）博古横架。

博古横架是由一层层的梁叠加组成的、每两层梁之间用简单的垫木托垫而成博古架的形式，中间有时加入瓜果、花篮、蝙蝠等纹。博古横架使用位置也较广，但主要使用在建筑庭院的两侧廊，前、中、后堂的前檐或后檐步架也是博古横架使用较多的地方。

博古横架是侧廊中较为常见的横架形式，即横跨在山墙与檐柱的大梁之上采用博古形式的横架承托檩条。大梁插入檐柱和外墙上，大梁上立博古架，博古架上立檩条。博古的形式也多种多样。有的在梁与椽子间较为高敞，作一整版博古，上面浅浮雕纹饰；有的侧廊屋面较为低缓，横架较为低沉，仅在大梁上作一简单博古横架，檩条置于博古间上（图4.20）。少部分建筑在兴建或维修时将门堂前檐梁架采用博古形式，如南海区大沥镇曹边曹氏大宗祠。该祠门堂还保留有中柱分心造、方檩等明晚期祠堂特点，但在横架形式上则是清光绪重修时所用博古横架（图4.21），中间两根方檩下有一柱承托，柱立在大梁上，柱间因形就势地穿插博古纹，博古纹内饰以花瓶、佛手瓜、石榴等。有些建筑会在中、后堂的前檐柱和前金柱之间采用内卷棚顶与硬山顶相合的屋顶形式，为适应前檐步架卷棚顶式，常作博古横架。当然，也有建筑在前檐柱和前金柱间不用轩廊，而是就坡面作三角形博古横架，如三水大旗头村振威将军家庙中堂前檐。

图4.20　右滩黄氏大宗祠侧廊博古横架

资料来源：吕唐军摄。

图 4.21　南海区曹边曹氏大宗祠门堂博古横架
资料来源：吕唐军摄。

　　一般而言，佛山传统建筑内会将几种横架形式组合使用，而这几种横架因形制与造型之差异而有位置之区别（图 4.22）。在同一组建筑中，甚至在同一个单体建筑中，如前、中、后堂等建筑，常常采用不对称的横架，如前檐用驼峰斗栱横架，后檐用瓜柱横架或硬山搁檩等其他形式，甚

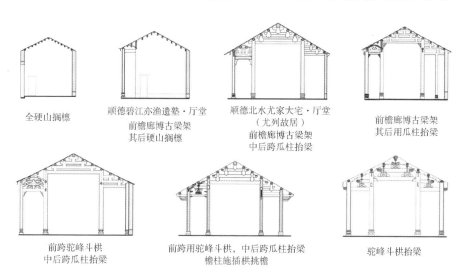

全硬山搁檩　　顺德碧江亦渔遗塾·厅堂　顺德北水尤家大宅·厅堂　前檐廊博古梁架
　　　　　　前檐廊博古梁架　　　（尤列故居）　　　其后用瓜柱抬梁
　　　　　　其后硬山搁檩　　　前檐廊博古梁架
　　　　　　　　　　　　　　　中后跨瓜柱抬梁

前跨驼峰斗栱　　前跨用驼峰斗栱，中后跨瓜柱抬梁　　驼峰斗栱抬梁
中后跨瓜柱抬梁　　檐柱施插栱挑檐

图 4.22　佛山传统建筑部分横架形式

资料来源：赖瑛. 珠江三角洲广府民系祠堂建筑研究 [D]. 广州：华南理工大学，2010。

至在同一榀横架中也是瓜柱、驼峰斗栱等交错使用。通常情况下，在同一组建筑中瓜柱横架比驼峰斗栱横架运用的位置要次要。几进院落，若同时使用驼峰斗栱横架和瓜柱横架，中堂如使用驼峰斗栱横架，则后堂使用瓜柱横架，侧廊使用博古横架。①

3. 纵架形式

传统建筑中，与正立面平行，与山墙垂直的梁架，称为纵架。纵架主要起拉结作用，与横架共同构成"间"的概念。

门堂纵架是传统建筑整体面貌的重点区域，纵架的位置、纵梁的用材及梁端的形态、梁上斗栱的数量及形式，都是关注的重点。

纵架材料可分为木、石两大类。石阑额与石隔架科总是出现在门堂、中堂或拜亭的前檐纵架之上，而横架上从不使用石材。纵架经历了从木到石的材料转换，呈现一个从"木直梁木驼峰斗栱"形式向"石虾弓梁石金花狮子"形式转变的明显规律。

在清早期及以前，纵架与横架采用类似的形式，如明隆庆至万历年间（1568—1580）南海区大沥镇的"朝议世家"邝公祠（图4.23）。此时期檐枋纵架常为"木直梁木驼峰斗栱"，指连接心间檐柱与次间檐柱或侧边山墙的是木质直梁，截面为琴面②形，梁中间置一攒驼峰斗栱。斗栱部分一般为一斗三升③，也有重栱，个别为三重。使用"木直梁木驼峰斗栱"纵架形式的建筑有心间、次间均使用以及心间不使用、次间使用的情况，次间多为一攒驼峰斗栱。如果心间也有檐枋纵架，那一般是心间木直梁上为两攒驼峰斗栱，比次间多一攒。也有个别例外的情况。另外，有个别建筑不采用圆形木直梁，而是采用方形枋木。

石纵架刚诞生的时候，无法摆脱对于木纵架的模仿。如建于清乾隆三年（1725）的顺德区杏坛镇北水尤氏大宗祠门堂，其前檐纵架（图4.24）的加工方式仍然接近于木纵架，与同时期的木纵架具有很多类似之处。清中期以后，具有浓厚广府特色的石纵架几乎摆脱了对木纵架的模仿，其梁截面为矩形，线脚棱角分明。檐枋纵架更多为"石虾弓梁石金花狮子"形式所代替。石梁上置放同材质的金花狮子或金花柁墩（图4.25），即由原来的驼峰斗栱之底部驼峰演变为石柁墩（与木质形状有区别）或狮子形式，上部之斗栱则多演变为类似民间工艺"金花"形式。④

---

① 赖瑛. 珠江三角洲广府民系祠堂建筑研究［D］. 广州：华南理工大学，2010.
② 梁的截面如琴面般凸起。
③ 斗栱因层数或拽架之增减，有简单复杂之分。其中最简单的，就是在坐斗上安正心瓜栱一道，栱上安三个三才升，叫作一斗三升。
④ 赖瑛. 珠江三角洲广府民系祠堂建筑研究［D］. 广州：华南理工大学，2010.

图 4.23 "朝议世家"邝公祠门堂前檐纵架
图片来源：吕唐军摄。

图 4.24 顺德区北水尤氏大宗祠门堂前檐纵架
图片来源：吕唐军摄。

图 4.25 芦苞镇大宜岗李氏生祠门堂檐枋纵架
资料来源：吕唐军摄。

纵架配置按心间有无纵架以及次间斗栱数可分为三类：①心间设置纵架（如"牌坊式"门堂）；②心间无纵架，次间斗栱超过一朵；③心间无纵架，次间斗栱为一朵。

三、屋面

1. 屋顶类型

佛山传统建筑的屋顶形式有歇山顶、硬山顶、卷棚顶、悬山顶、攒尖顶等。

岭南建筑屋顶的最高形制是歇山顶，包括单檐歇山顶与重檐歇山顶。本地建筑的平面宽深比小，因此不能做庑殿顶（因为屋脊会很短），多做成歇山顶。① 佛山传统建筑中还有将卷棚顶与歇山顶结合的卷棚歇山顶，如禅城区的国公庙、丰宁寺、兆祥黄公祠等。屋顶形式很好地将殿堂建筑与厅堂建筑区分开：殿堂建筑用歇山式屋顶而厅堂建筑用硬山式屋顶。佛山地区殿堂建筑的收山很大，接近一开间，较北方建筑的收山大得多，在外观上形成了鲜明特征。这种结构方法应是来自当地干阑式歇山顶建筑的结构方法。②

硬山顶是佛山传统建筑中最常见的屋顶形制。由于硬山顶的广泛应

① 程建军. 岭南古代大式殿堂建筑构架研究［M］. 北京：中国建筑工业出版社，2002.
② 程建军. 广府式殿堂大木结构技术初步研究［J］. 华中建筑，1997（4），59－65.

用，其与镬耳山墙、人字山墙、水式山墙、博古山墙等各式山墙完美结合的外形成为佛山地区传统建筑的鲜明特征。

卷棚顶多用于厅堂前檐、轩廊、拜亭和两侧廊庑厢房等辅助部分，是本地建筑中很有特色的一种屋顶形式。

悬山顶、攒尖顶等在佛山传统建筑中使用的频率不高。攒尖顶多用于亭、塔等建筑，有四角攒尖、六角攒尖、八角攒尖等形式。

2. 正脊类型

佛山传统建筑正脊有平脊、龙船脊①、博古脊②、花脊③等（表4.5），按用材来分有瓦砌、灰塑、陶塑等。

表4.5　佛山地区部分传统建筑的屋脊形态

序号	区位	名称	年代	正脊	垂脊
1	禅城	佛山祖庙	明洪武五年（1372）建，清光绪二十五年（1899）重修	花脊	花脊
2	三水芦苞镇	胥江祖庙	清光绪十四年（1888）	花脊	直带
3	禅城	兆祥黄公祠	民国9年（1920）	平脊	直带
4	南海大沥镇	曹边曹氏大宗祠	明崇祯九年（1636）	龙船脊	飞带
5	南海九江镇	沙头崔氏宗祠	明嘉靖四年（1525）始建	龙船脊	飞带
6	南海西樵山	简村绮亭陈公祠	清光绪十三年（1887）建	博古脊	镬耳
7	顺德乐从镇	沙边何氏大宗祠	明始建，康熙四十九年（1710）重修	龙船脊	镬耳
8	顺德乐从镇	沙滘陈氏大宗祠	清光绪二十六年（1900）建	博古脊	直带式垂脊脊端作博古形式收尾

---

① 又称船脊，是珠江三角洲地区祠堂建筑中采用的较为古老的屋脊形式。因正脊两端高翘形似龙船，而被称作龙船脊或龙舟脊。

② 指平脊身中间以灰塑图案为主、脊两端以砖砌成几何图案化的抽象夔龙纹饰的屋脊，因其类似于博古纹，民间又称其为博古脊。

③ 即陶脊。

续表4.5

序号	区位	名称	年代	正脊	垂脊
9	顺德杏坛镇	右滩黄氏大宗祠	明晚期（1572—1644）	博古脊	直带式垂脊脊端作博古形式收尾
10	顺德北滘镇	碧江募堂苏公祠	清光绪戊戌（1898）	博古脊	直带式垂脊脊端作博古形式收尾

佛山地区等级较高的传统建筑正脊，大体上经历了由灰塑龙船脊到灰塑博古脊、陶塑花脊的演变过程，但这只是一种层进式的演变，而非替代性的演变。换句话说，在龙船脊盛行的明末清初年代，博古脊不多见，花脊则几不可见；在花脊盛行的年代，依然有大量的建筑保留或沿用龙船脊、博古脊。屋脊形式的发展呈现出一种由低矮到高大、由古朴到繁复、由简单到丰富的演变，这与建筑的整体发展趋势是吻合的。[①]

（1）龙船脊。

龙船脊是广府极为普遍的正脊形式之一，特别是清初及清初以前。龙船脊的盛行源于珠江三角洲赛龙舟的习俗和水文化传统；再者，龙船脊因名字带"龙"而显得吉祥富贵。在佛山传统建筑中，始建于清初及以前的建筑大多使用龙船脊，其中绝大部分龙船脊建筑始建于明晚期，在历次维修中仍然保留船形屋脊的形式。

龙船脊大都简洁和朴实。年代较早（如明晚期）的龙船脊通常只在脊身上灰塑浅浮雕的卷草纹。随时代变迁，到清代上半叶，脊上的灰塑内容逐渐丰富起来，脊身开始有了中间主画和两侧辅画之分。构件亦逐渐增多，如在龙船脊两侧起翘部分的底部安装船托。主要的装饰材料为灰塑。

在现存的龙船脊建筑中，有相当部分在脊的两端安置鳌鱼一对。鳌鱼起初应是如北方大式建筑屋脊上之鸱吻般咬住两脊端。保留鸱吻式鳌鱼的建筑已是凤毛麟角。后来鳌鱼移至离脊端三四尺的地方，成为独立的装饰，材质大多为琉璃。

（2）博古脊。

博古脊基本以灰塑造型，博古纹的原型为夔纹[②]。夔是一种独角兽，

---

① 赖瑛. 珠江三角洲广府民系祠堂建筑研究［D］. 广州：华南理工大学，2010.
② 即夔龙纹。图案表现传说中的一种近似龙的动物——夔，主要形状近似蛇，多为一角、一足，口张开，尾上卷。有的夔纹已发展为几何图形。

为群龙之首。岭南地区蛇崇拜古已有之,并逐渐由蛇崇拜转为龙崇拜。然而,用龙造型装饰屋脊显然不合礼制,而用龙子之一的夔作为纹饰则既满足龙崇拜的精神需求,又避免了僭越礼制。

博古脊一般由脊额、脊眼、脊耳三个部分组成。脊额是正脊正中的匾额部分,脊额顶部通常不设屋顶脊刹,额上常采用灰塑浮雕或彩绘,图案为各种祥瑞主题的图画,内容有花草、松竹、麒麟、龙凤、狮马等。脊眼是脊额两侧的孔洞,洞中常置雕塑,造型有小兽或宝瓶等。有的博古屋脊不设脊眼,脊额为整块灰塑图画。脊耳是最能体现博古屋脊特色的部分,即正脊两端弯曲的博古形的灰塑条棱塑像,形式左右对称,与脊额等高或高过脊额(图4.26)。①

图 4.26　灰塑博古脊

资料来源:吕唐军摄。

在现存的博古脊建筑中,有相当部分在脊耳上安置鳌鱼一对。鳌鱼的位置也各有差异,通常位于脊耳上方,有些在脊耳中间,有些在靠近脊额的脊耳上,还有些在靠近脊耳的脊额上面,与龙船脊类似。②

(3)花脊。

花脊又称瓦脊或陶脊,是装饰在屋脊上的各种人物、鸟兽、虫鱼、花卉、亭台楼阁陶塑的总称,是岭南传统建筑独有的屋脊形式。清代花脊在佛山地区非常常见,从大户豪宅到祠堂庙宇的屋脊上都有使用。花脊位于

---

① 周彝馨,吕唐军. 石湾窑文化研究 [M]. 广州:中山大学出版社,2014.

② 赖瑛. 珠江三角洲广府民系祠堂建筑研究 [D]. 广州:华南理工大学,2010.

建筑的正脊、看脊①和垂脊②上，丰富多彩。

现所见记载中最早的花脊当属明万历年间（1573—1620）从禅城区霍氏祠堂撤下来的花脊——仿唐三彩釉鳌鱼。国内现存于建筑上最早的岭南花脊残件制作于清乾隆五十八年（1793，胥江祖庙）。

佛山地区使用花脊的历史建筑，现存的有佛山祖庙（图4.27）、胥江祖庙（图4.28）和顺德区乐从镇腾冲福善堂三处；清代佛山关帝庙等建筑屋脊亦为花脊，惜建筑已毁，花脊存于佛山祖庙大院③。佛山祖庙灵应祠的三门瓦脊，清光绪乙亥年（1875）制作，高1.6米，长31.6米，正反两面各有人物150多个，可谓花脊之王。

图4.27　佛山祖庙灵应祠"三门瓦脊"
资料来源：吕唐军摄。（周彝馨，吕唐军. 石湾窑文化研究［M］.
广州：中山大学出版社，2014）

现存的花脊，多数是在清末新建或者重修建筑的时候装配到建筑屋脊上的。佛山祖庙于清光绪二十五年（1899）重修，三水胥江祖庙于光绪十四年（1888）重修，顺德腾冲福善堂于光绪三十年（1904）重修。"岭南三大庙宇"——佛山祖庙、三水胥江祖庙、德庆悦城龙母祖庙，在19世纪末重修的时候都不约而同地以花脊代替原有的脊饰，可见当时花脊已成为岭南地区最受推崇的建筑屋脊形制。

较早的花脊题材全部为花果、鸟兽、器皿等，后期的花脊题材则几乎

---

① 建筑物两边厢房或者走廊上的脊带，一般只有站在庭院内才得见，并只见其一面。
② 在建筑的屋顶上，与正脊或宝顶相交，沿屋面坡度向下的屋脊。例如庑殿屋顶正面与侧面相交处的屋脊，歇山、悬山、硬山前后两坡从正吻沿博风下垂的屋脊，攒尖屋顶两坡屋面相交处的屋脊，等等。它是四角的由戗和角梁上的结构，有垂兽作饰物。分为兽前、兽后两大段。以安在正心桁的中心线上（或正、侧正心桁相交点上）的垂兽为界，垂兽以前的一段叫兽前，垂兽之后的一段叫兽后。
③ 佛山祖庙除灵应祠屋脊上有六条花脊，另有九条花脊存于大院中，均收集自已经拆毁的建筑。

图 4.28　胥江祖庙花脊

资料来源：吕唐军摄。

全为人物故事类。花脊的表现手法也不断地发生变化，最初的花脊为半浮雕做法，及后出现高浮雕，最后发展到圆雕（图 4.29）。花脊的风格开始比较简单，到清晚期发展成熟，群雕布局完美，疏密得当。①

图 4.29　佛山祖庙灵应祠正殿圆雕陶脊

资料来源：吕唐军摄。（周彝馨，吕唐军. 石湾窑文化研究［M］.
广州：中山大学出版社，2014）

---

① 周彝馨，吕唐军. 石湾窑文化研究［M］. 广州：中山大学出版社，2014.

3．垂脊类型

广府建筑最常见的屋顶形式是硬山式，硬山式建筑垂脊最常见的形态为直带式和飞带式。

直带式垂脊主要分布在禅城、南海、顺德、三水。直带式垂脊为其装饰提供了条件，排山①滴水的使用使垂脊看起来更刚劲有力，也更显威严。直带式垂脊分为两种：一为一直到底，即由脊顶向下为一条直线到底，没有抛物线的弯曲；二为直脊端部演变为博古纹或狮子，以博古纹为多见（图4.30）。②

图4.30　沙滘陈氏大宗祠直带式垂脊

资料来源：吕唐军摄。

飞带式垂脊的特征是：从建筑物的侧面看，两条垂脊的上部相交于山墙的顶端，形成一个近似三角形的立面，从尖锐的顶部以倒置的抛物线向下面前后两坡延伸，形成人字形山墙。飞带式垂脊有两种类型，一为大式，一为小式。大式用于公共建筑，小式用于民居。大式飞带下延到檐口时转为上翘，并承以人物或蹲兽作为收束；小式飞带下延到中下部后，由抛物线变为直线，继续下延至檐口。③大式飞带垂脊又分为两种：一种脊顶呈山峰状、脊底如正脊龙船脊般，末端向上翘起。在前檐或前后檐脊底常见有一彩带狮子；另一种是脊顶仍呈山峰状，但脊底端演化为博古纹或狮子造型，或者博古纹、狮子兼而有之。垂脊博古纹应与博古正脊是同时兴起与盛行的，有时一个建筑会同时出现这两种情况（图4.31）。

---

① 硬山或悬山屋顶位于山部的骨干构架。

② 赖瑛．珠江三角洲广府民系祠堂建筑研究［D］．广州：华南理工大学，2010．

③ 张一兵．飞带式垂脊的特征、分布及渊源［J］．古建园林技术，2004（4）：32－36．

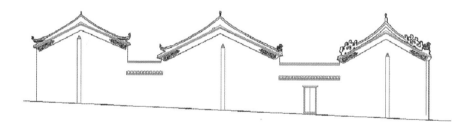

图 4.31 大式飞带垂脊

资料来源：赖瑛. 珠江三角洲广府民系祠堂建筑研究［D］. 广州：华南理工大学，2010。

4. 屋顶构架构件

佛山传统建筑的屋顶构架主要由檩条、桷板等构成。

（1）檩条。

檩条分为方檩[①]与圆檩。使用圆檩的建筑物在数量上大大超过使用方檩的。

在佛山传统建筑的早期案例中，檩条截面多作矩形。我们调研了 11 个使用方檩的建筑案例，其中有 9 例为明代案例（表 4.6）。在这些案例中，方檩都不作为脊檩，而出现在脊檩以外的位置上。

表 4.6　使用方檩的建筑案例

序号	纪　年	案　例	方檩所在位置
1	明天顺四年（1460）	桃村报功祠	后堂（整体）
2	明成化年间（1465—1487）	逢简存心颐庵刘公祠	后堂（心间柱缝以外）
3	明弘治八年（1495）	良教诰赠都御使祠	后堂（整体）
4	明弘治十二年（1499）	七浦陈氏宗祠	后堂（整体）
5	明嘉靖甲申年（1524）	仙涌翠庵朱公祠	后堂（整体）
6	明隆庆至万历间（1568—1580）	朝议世家邝公祠	门堂（整体）/中堂（尽间用方檩）
7	明万历年间（1573—1620）	杏坛镇苏氏大宗祠	门堂（后檐）
8	明万历三十七年（1609）	逢简黎氏大宗祠	后堂（金柱心间柱缝以外）
9	明崇祯九年（1636）	曹边曹氏大宗祠	中堂（整体）/后堂（整体）
10	清乾隆十三年（1748）	高赞梁氏大宗祠	后堂（整体）
11	清光绪五年（1879）	上村李氏宗祠	后堂（柱缝以外）

---

　　① 在岭南传统建筑的早期案例中，檩条截面多作矩形而更接近"枋"的概念，一般称之为方檩。

门堂使用方檩的几率较小，而后堂使用方檩的几率较大。这可能是后世重修的结果。例如，在普遍使用圆檩的清代，祠堂重修时往往把原有方檩换成圆檩。

（2）桷板。

桷①是椽的一个古称，也是《营造法式》提及的一种椽的类型（方形的椽子），其制甚为古老。桷是架在桁上的构件，承受屋面瓦件的重量。桷板即承瓦的椽板，北方叫椽子，是圆形的构件，飞椽②则用方形的，以便于固定。在广府地区，屋顶不覆泥背，较为轻薄，重量小，不用圆形断面的椽子，而用扁形木材，厚一二寸，称为桷板，民间更多地叫作"桁条"。佛山传统建筑使用的桷板截面约100毫米×25毫米。桷板直接承托瓦件，因桷板间距与瓦片配合严密，便于瓦片的铺设且保证瓦面的通畅，在单坡上常用一根通长桷板跨几个步架铺定。

佛山传统建筑上保留了刻桷③的古制。刻桷指飞椽部分依据不同的官爵等级进行装饰处理的规定。本地区飞椽的加工有两种方式：一种是椽头作斩削状，使其成为一种优美的弧面；二是仅作收分处理，与北方相同。这一古制在广东以外的地区早已不存，很有史证价值。较易替换的飞桷④保护了桷板端部。由于桷板的扁平截面，飞桷造型为扁平状，且两侧削尖呈船状。扁平截面的桷板促进了封檐板的设置，同时封檐板的设置亦更好地保护了桷板端部。

（3）翼角结构。

佛山地区殿堂建筑的翼角构造是仔角梁⑤的后半部平压在老角梁⑥上，前半部则做成上翘的曲线状，俗称"鹰爪"式（图4.32）。

在角椽⑦的排列方式上，佛山地区明代以后的建筑多用平行椽构造，

---

① 桷，音 jué。

② 在大式建筑中，为增加挑出的深度，在圆形断面的檐椽外端，还要加钉方形断面的椽子。这段方形断面的椽子，就叫飞椽，又叫飞檐椽。

③ 雕刻花纹的方椽。

④ 广府地区扁形木材的飞椽。

⑤ 指在老角梁上面，外端从老角梁挑出至翼角飞椽椽头部位的角梁。它长于老角梁的部分接近水平，前端有榫，为安放套兽之用；后端下皮刻檩椀（承接并避免圆形截面檩（桁）滚动的古建筑构件中的刻槽，用于梁头、脊爪柱头、角云头等部位）或桁椀，以盖住来自正侧两面的金檩或金桁。宋称小角梁，清称子角梁或仔角梁。

⑥ 庑殿或歇山大木四角或攒尖大木转角处沿分角线直接置于檐檩枋或槫（桁、檩）上，两层角梁中下面的叫老角梁。为其外端伸出至翼角檐椽椽头部位，尾端达于下平槫（金檩或金桁）相交处，上承仔角梁。它的梁身以檐檩或正心桁相交处为支点，前端伸出，端面做霸王拳一类雕饰；后端上皮刻出檩椀或桁椀，托住正侧两面的金檩或金桁。宋《营造法式》称大角梁，清称老角梁。清式重檐大木之下檐的老角梁后尾一般插入角金柱中。

⑦ 即翼角椽，古建筑转角部位的特殊形态的椽。

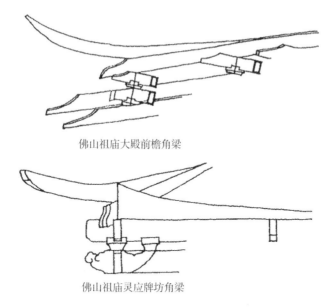

佛山祖庙大殿前檐角梁

佛山祖庙灵应牌坊角梁

图 4.32 佛山祖庙大殿前檐角梁、灵应牌坊角梁构造

资料来源：程建军. 广府式殿堂大木结构技术初步研究［J］. 华中建筑，1997（4）：59－65。

使用的椽是宽 10～15 厘米、厚 4～6 厘米的桷板。平行椽构造唐代以后已少见于北方，而岭南还保留这种古制。[①]

四、山墙

传统建筑中山墙是比较讲究的部位，一些阴阳五行学说也对它起着影响，因此它成为建筑形制的重点部位之一，同时也形成了建筑丰富的侧面。

1. 山面[②]

佛山地区殿堂建筑（歇山顶）的山面皆用博风[③]和悬鱼，桁枋、替木、斗栱则部分突出至山花板外。

由于佛山传统建筑较多采用硬山顶，垂脊与山墙有机地组合在一起，形成各种山墙形式。佛山地区传统建筑的山墙形式主要有三种：镬耳山墙、方耳山墙、水式山墙、博古山墙、人字山墙（图 4.33）。多数建筑用

---

① 程建军. 广府式殿堂大木结构技术初步研究［J］. 华中建筑，1997（4），59－65.

② 山墙正面。

③ 即博风板，又称博缝板。悬山和歇山屋顶，桁（檩）都是沿着屋顶的斜坡伸出山墙之外。为保护这些桁头而钉在它们上面的木板，就叫博风板。

镶耳山墙、博古山墙或人字山墙，个别建筑则用方耳山墙和水式山墙。山墙的形制重点在上半部。瓦当滴水沿山墙铺就排山滴水。

镶耳山墙　　　　　　　　　方耳山墙　　　　　　　　　水式山墙

博古山墙　　　　　　　　　人字山墙

图4.33　镶耳山墙（南海区烟桥何氏六世祖祠）、方耳山墙（胥江祖庙）、
水式山墙（三水区西村陈氏大宗祠）、博古山墙（顺德区沙滘陈氏大宗祠）
和人字山墙（顺德区逢简黎氏大宗祠）
图片来源：吕唐军摄。

镶耳山墙使用范围广，造型独特优美，成为广府建筑的一个重要特征。镶耳山墙主要使用于高等级的建筑，如寺庙、书院、祠堂、府第等。镶耳山墙因似"镶"的两耳形状而得名，亦与明代官帽两耳相似，民间相传一相关典故：名满珠江三角洲的太师梁储告老还乡之时得到皇帝特许，得以在家乡建造具有皇宫、府衙特点的建筑以解思念皇帝之情，因此出现了与明朝文官官帽颇为形似的镶耳山墙（图4.34、图4.35）。所以镶耳山墙更蕴含有独占鳌头、富贵吉祥的意味，在明晚期仅限获取功名的官宦人家方可使用。到清中期，虚拟造族现象盛行，不少宗族虚构有官宦功名的人物为自己的祖先[1]，镶耳山墙逐渐平民化，成为本地区极为常见的山墙形式。镶耳山墙还寓意镇火。在五行中，镶耳山墙外形属金。珠江三角洲地处南方，南处丙丁，属火。金生水，水克火，山墙取"金"形寓意镇火。此外，山墙博风处刷成黑色，在五行中黑色属水，亦可压镇南方火邪和住宅丁火[2]。单体镶耳建筑堂皇美观，镶耳建筑群则更显气势。广府的镶耳山墙主要集中在顺德、南海等地，城镇与村落中镶耳山墙此起彼伏，

---

① 朱光文. 岭南水乡［M］. 广州：广东人民出版社，2005.
② 在五行中北方属水，水能克火，因而珠江三角洲地区常借用北方玄武水神的黑色来压镇南方火邪和住宅丁火。

蔚为壮观。

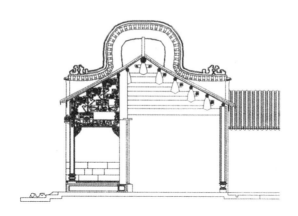

图4.34　顺德区大敦梁氏宗祠镬耳山墙

资料来源：冯江. 祖先之翼——明清广州府的开垦、聚族而居与宗族祠堂的衍变［M］.

北京：中国建筑工业出版社，2010。

图4.35　镬耳山墙与水式山墙

资料来源：陆琦. 广东民居［M］. 北京：中国建筑工业出版社，2003。

镬耳山墙的造型有两种。第一，扁"几"形。整个山墙顶部呈较规整、扁平的"几"字形，即"几"形山墙的顶部和底部两肩都较平直，脊尾有时向上翘起。第二，溜"几"形。在南海、顺德等地，整个山墙虽也呈"几"字形，但整体圆润柔和，如一抛物曲线，而且底部两肩朝下作溜肩状，脊尾一般不向上翘起。这一特征在顺德尤为明显。[①]

部分佛山传统建筑使用水式山墙，山墙的形式与建筑的朝向、主人的生辰八字等相匹配，三水区乐平镇西村陈氏大宗祠就是一例。

方耳山墙为三级平台式，案例有胥江祖庙与顺德区北滘桃村水月宫等。

博古山墙常与博古脊配合，即带博古纹的直带式垂脊所形成的山面，如顺德区乐从镇沙滘陈氏大宗祠。

————————

① 赖瑛. 珠江三角洲广府民系祠堂建筑研究［D］. 广州：华南理工大学，2010.

人字山墙常与龙船脊配合，即飞带垂脊所形成的山面。

2. 墀头

墀头①，是指硬山山墙檐柱以外的部分，是广府传统建筑正立面重点装饰部位之一，有石雕墀头、砖雕墀头和灰塑墀头，是砖雕工艺的主要表现处之一。砖雕墀头和灰塑墀头的建筑在墙裙之上均为青砖砌筑。作为装饰重点部位的墀头部分，在砖雕工艺尚未普及之时多用灰塑，当砖雕工艺盛行后，砖雕就占主流了，灰塑只在少部分建筑墀头上使用。佛山传统建筑的墀头砖雕主要体现在门堂的墀头部分。墀头的发展经历了由简短到繁长的过程，起初墀头是一段式，到晚清民国则是程式化的三段式了。

一段式墀头，指墀头只有一段主要构成部分。一段式砖雕墀头较为少见。明晚期始建的顺德杏坛镇苏氏大宗祠（图4.36），墙体砖的规格为270毫米×105毫米×70毫米，两侧山墙厚61.5厘米，砌筑方法是每排两顺一丁②。山墙顶部砖雕墀头部分用砖有所不同，由六层砖组成，高约42厘米，每层五个砖雕丁头栱③，栱间各间隔一块砖，丁头栱共出三跳，栱

顺德区杏坛镇苏氏大宗词　　　　　禅城区兆祥黄公祠

图4.36　一段式墀头

资料来源：吕唐军摄。

---

① 硬山的山墙，是以台基直达山尖顶上的。如果要出檐，那么山墙的前后都要伸出檐柱之外，砌到台基边上。硬山山墙两端檐柱以外部分就叫墀头。后檐墙为封护檐墙时不设。墀头外侧与山墙在同一直线上，里侧位置在柱中加"咬中"尺寸处。

② 每砌两个顺砌层后，砌一个丁砌层，上、下皮顺砖相互搭接二分之一长，顺砖与丁砖相互搭接四分之一砖长的砖墙组砌型式。

③ 即插栱。

顶部约占栱整体的三分之一，似仿斗栱，又似莲花雕刻。底层栱底还有一层中间雕龙纹、两侧雕卷草的砖，该层砖只是给丁头栱砖雕作一个收尾，不足以独自形成一段。

二段式墀头，指墀头由两段组成。二段式墀头不多见，由上下两组构成。顺德区杏坛镇右滩黄氏大宗祠（始建于明末）的门堂砖雕墀头（图4.37），上面斗栱为人字栱[①]，共四排，每排五个，以楼阁为活动场景，楼上楼下人物相互呼应，生趣盎然。

图4.37 顺德区右滩黄氏大宗祠二段式墀头
资料来源：吕唐军摄。

三段式墀头，指墀头由三段组成：墀头顶、墀头身、墀头座，在顶与身、身与座之间各有一个过渡层，即由上至下分别为墀头顶、过渡层、墀头身、过渡层、墀头座。这是发展成熟的砖雕墀头形式，盛行于清光绪年间至民国时期。期间墀头雕工上经历了由精细到繁复的过程，下沿高度由起初与虾弓梁梁身大致等高发展至与虾弓梁梁底雀替大致等高，再发展至虾弓梁梁底雀替下一尺余。到晚清民国时期，砖雕内容有所变化，尤其是墀头身的内容变化为以戏曲故事为主，雕工精细，并注意近大远小的观感效果，在人物体形处理上亦可圈可点，整个故事场景错落有致，令人叹为观止，如南海区大沥镇钟边钟氏大宗祠墀头（图4.38）。

----

① 形状如"人"字或倒写的"V"字的建筑构件。一般在顶端置一小斗，以承托其上之梁枋。通常作补间铺作之用。

图 4.38　南海区钟边钟氏大宗祠三段式墀头

资料来源：吕唐军摄。

五、柱

1. 柱材

柱身有木柱和石柱两种，柱础则全部为石柱础。柱櫍部分有的为木柱櫍，有的为石柱櫍。

内柱基本使用木柱身，且都用原木，以质坚纹密者为上乘，如东京木、铁梨木等，部分建筑更是以红木为柱材。檐柱的用料则从早期到晚期经历了转变，其形式也随之发生变化。檐柱柱身按材质可以分为木、石两大类。

石柱身和石柱础的材质又可以分为咸水石、红砂岩、花岗石三类。

2. 柱头

早期的柱头上会刻画出"栌斗"的形象，斗腰[①]清晰可辨，斗上有雀替，其上是檩条。在佛山传统建筑中未发现柱上安放栌斗的案例，即栌斗与柱身是一体的，只是在柱头位置雕出栌斗的形象而已。根据柱头对栌斗

---

① 斗与升上部斗耳、斗口与下部斗底之间的部分。宋式称斗平，明清时称斗腰。其高度为斗或升全高的五分之一，宽度为斗耳与斗口水平长度之和。

形象模仿的不同程度，可以分为三类：形象的栌斗，象征性的栌斗，没有作栌斗（图4.39）。所有的"柱头"实际上都是象征性的。普遍认为，栌斗与木柱分置，两者的木纹方向相互垂直，可以有效隔断水汽向柱内蔓延，起到一定的保护作用，并且栌斗易于替换。显然，在佛山传统建筑中，栌斗的保护作用已无，仅作为一种记忆得以保留。

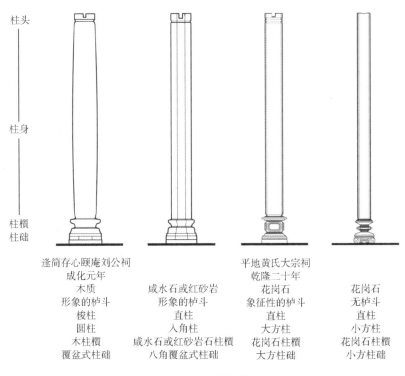

图4.39　柱分型

资料来源：杨扬. 广府祠堂建筑形制演变研究［D］. 广州：华南理工大学，2013。

3. 柱身

柱身有两种类型，一为梭柱，一为直柱。梭柱为古制（图4.40），宋以后在中原地区和江南地区均已少见，但在岭南建筑中多有使用。佛山传统建筑中的梭柱收分较大，卷杀缓和，使原本笨拙的柱子显得丰盈优雅。佛山传统建筑中少见真正中间大两端小的梭柱，却有不少下部卷杀的梭柱，亦有石柱模仿梭柱下部的卷杀，佛山祖庙便是一例。早期的木柱、八角石柱、大方石柱有略微收分的做法，但不明显；到了中后期，无论木柱或石柱，皆无收分，且纤细笔挺，仅在木柱底部作卷杀处理。此外，个别建筑的檐柱还保留有唐宋建筑侧脚和生起的做法。

柱身截面方面，木柱皆为圆柱；石柱按截面形状则可分成八角柱、大

图 4.40 　《营造法式》梭柱立面图

资料来源：刘敦桢. 中国古代建筑史［M］. 北京：中国建筑工业出版社，2013。

方柱、小方柱三种，柱身截面与材料的对应关系大致为：八角柱或大方柱对应咸水石或红砂岩，小方柱对应花岗石（图 4.39）。柱面一般光身；也有做凹槽的，比较华丽，在殿堂与厅堂建筑中才见采用。

　　木柱身都用原木，柱身面层可涂桐油，也可油漆，一般为栗色。个别建筑木柱身下有一段高大木鼓座，估计是用以解决木材长度不够的问题。案例有顺德区北滘镇的桃村报功祠与金紫名宗（图 4.41）等。

图 4.41 　顺德区桃村金紫名宗后堂金柱木鼓座

图片来源：吕唐军摄。

因为潮湿易使柱脚榫头腐烂，柱身与柱础的交接，并不似北方大多数建筑那样做榫卯，而是将柱身放置于柱顶石上，柱身底部周边留平宽3～4厘米，中间部分则上凹1厘米左右，使柱身周边受力，从而加强了柱身的稳定性，利于防潮。

4. 柱櫍

木柱柱身与石柱础之间，有一个独立的构件——柱櫍。柱櫍是一种古制。櫍与鑕、礩通用，可从金、从木、从石。事实上，櫍的发展也大致经历了铜鑕—木櫍—石礩的演变过程。最早的柱櫍为铜鑕，但铜是贵重的金属材料，且加工工艺要求较高，所以后来就为木櫍和石礩所代替。

柱櫍能起防潮的作用。木柱的木纹是垂直方向的，木柱櫍的木纹是水平方向的，所以木櫍可以有效地阻止水分顺着纹路向上渗透。木櫍的朝向也颇有讲究，一般木櫍纹路顺建筑通风方向更有助于通风除湿。木櫍腐朽后可以局部更换，而不至于影响到整根木柱。但柱櫍并非木柱所独有，大量的石柱身和石柱础之间都存在石礩①。石柱下出现柱櫍，与石柱下出现柱础一样，是出于建造或视觉上的惯性对木柱的模仿。

《营造法式》中规定用木櫍，"凡造柱下櫍，径周各出柱三分，厚十分；下三分为平，其上为欹②；上径四周各杀三分；令与柱身通上匀平"。佛山地区建筑中的柱櫍在形式上与法式相反，即平在上，欹在下。这样柱与櫍的交接更容易，与高柱础配合得更好，更显其轻盈，符合岭南建筑的整体思路。③ 在清中期以后，建筑中柱础的櫍部分就逐渐更多地采用石礩了。石礩显然比木櫍更能防止柱身受潮，其造型也由起初单一的圆形截面发展成八角形、方形等丰富截面，以达到与柱身更和谐统一的效果。虽然石礩截面丰富，但雕刻较为简单，以此衬托础身的核心地位。

5. 柱础

在潮湿多雨的广府地区，木柱身的防潮尤为重要。佛山传统建筑中，大部分檐柱皆为石柱，金柱则为木柱。为了防止木柱身底部和地面直接接触，木柱身之下有石柱础承托，即使大雨没至室内，也难以浸到柱身。石础可以防潮和防碰撞，并能加强柱子的稳定性，使柱子坚固耐久。柱础与柱身紧密相连，造型完整。柱础在建筑体系中既是受力构件，又具有较强的装饰作用。

柱础的外形由上而下大致可分为两个部分：础身、础座。

---

① 石礩与石柱础是一体的。
② 欹（音 qī），古同"攲"，倾斜。
③ 程建军. 岭南古代大式殿堂建筑构架研究 [M]. 北京：中国建筑工业出版社，2002.

础身是柱础最富于变化、显现个性、精雕细琢的部分，其外形呈现各种变化：立面有覆盆形、覆莲形、鼓形、半凹鼓形、束腰形、花篮形等，截面有圆形、方形、六方形及八方形等（图4.38），也是时代性特征突出的部分。在柱础上常雕有线脚和花纹，随雕饰形式、雕刻方法不同而风格各异。础身按其主要形态分为四大类：覆盆式、八角覆盆式、大方式、小方式。柱础分类与柱身截面的对应关系大致为：覆盆式对应圆柱，八角覆盆式对应八角柱，大方式对应大方柱，小方式对应小方柱。出现这种对等关系的原因是，柱础与柱身在形态上的交接要求两者采用接近的形式。

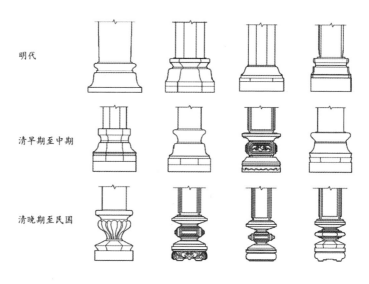

明代

清早期至中期

清晚期至民国

图4.38　不同时期的柱础形态

资料来源：杨扬. 广府祠堂建筑形制演变研究［D］. 广州：华南理工大学，2013。

础座一般为方形，较少雕饰；但到晚清民国，也做成须弥座①的圭角②形式，有时也作一些复杂的浅浮雕纹饰，为表现纹饰的立体感，底部局部常常透雕，因而直接接触地面的面积也相应减少。个别建筑采用双柱础形式以抬高高度，从而减低柱子的高度。如顺德区杏坛镇昌教林氏大宗祠，由于维修或兴建时高度已定，但用以作柱的木材不够长，用双柱础就可以有效地解决这一问题，而且也显得别具一格（图4.39）。

---

　　①　俗称细眉座或金刚座。一种叠涩（线脚）很多的台座，由圭角、下枋、下枭、束腰、上枭和上枋等部分组成，常用于承托尊贵的建筑物。须弥座是从印度传来的，原作为佛像的底座，后来演化成为古代建筑中等级较高的一种台基。须弥即指须弥山，在印度古代传说中，须弥山是世界的中心。

　　②　又称龟脚。须弥座最底部的水平划分层，位于土衬石上方。一般都要雕做如意云的纹样。

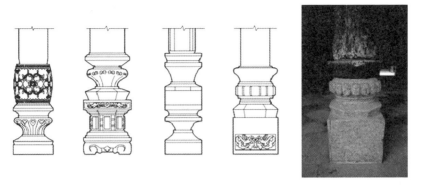

（左）四种双柱础形式　　　（右）顺德区昌教林氏大宗祠
双柱础形式

图4.39　双柱础形式

资料来源：（左）赖瑛．珠江三角洲广府民系祠堂建筑研究［D］．
广州：华南理工大学，2010；（右）吕唐军摄。

六、梁

1．梁的材质

按照材质，梁可分为木梁与石额①两种。

随着石材加工的成熟，前檐纵架木梁渐渐被石额替代。木石转换的开始阶段，石作总是不可避免地要去模仿木作；随着石作的成熟，逐渐摆脱了木作的影响，发展出石作特有的造型与构造。

2．木梁形态

木梁形态分为月梁、仿月梁与直梁三类（图4.40）。为突出梁所在位置的重要性，多采用月梁形式。一般与驼峰斗栱相对应的梁多为月梁，以显示梁架及其所处的门堂前檐、中堂等位置的重要程度；其他地方与瓜柱及博古相对应的梁则多为直梁，少部分使用月梁。梁的各个侧面都有可能成为木雕装饰面。

早期建筑多用月梁，月梁的形态为木材赋予了诗意，梁身轻微地起拱，卷草雕饰集中在剥鳃和雀替上，木材坚硬的质感、优美的纹理得到了很好的表现。月梁是古制（图4.41），在中原地区宋以前的等级较高的建筑中，露明的梁栿多采用月梁做法，在明清官式建筑中已不多用，但在江

① 即石阑额。

朝议世家邝公祠
月梁　　　　　仿月梁　　　　　直梁

图4.40　木梁分型

资料来源：杨扬. 广府祠堂建筑形制演变研究［D］. 广州：华南理工大学，2013。

南和岭南建筑中仍有沿用。其加工较难，费时费工，但造型优美，是较高级的一种梁式。佛山传统建筑中的月梁形制与《营造法式》有异（图4.41、图4.42）。其一是梁的高宽比不同。《营造法式》为扁平式月梁，佛山地区的月梁为圆形式月梁。其二是梁尾不同。《营造法式》的梁肩卷杀后，梁尾高度仅是原梁高的一半左右；佛山地区的月梁梁尾的高度实际上并未减少，即入榫部分高度不减，厚于榫厚的部分上作卷杀、下作斜顶，这样在梁尾入榫处加强了结构的抗剪性能，又不失梁肩卷杀的美观。其三是斜顶做法不同。《营造法式》和江南地区的月梁斜顶是一直线；佛山地区则为曲线，且形式多样。[①]

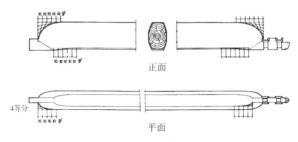

正面

4等分

平面

图4.41　《营造法式》月梁平面、立面图

资料来源：刘敦桢. 中国古代建筑史［M］. 北京：中国建筑工业出版社，2013。

图4.42　顺德区碧江尊明祠月梁

资料来源：吕唐军摄。

---

① 程建军. 岭南古代大式殿堂建筑构架研究［M］. 北京：中国建筑工业出版社，2002.

木梁的形式演变可以概括为从形态到样式的转换过程：一方面，木梁在形态上的加工逐渐受到削弱，使木梁的原本形态逐渐显露；另一方面，随着木梁用料的减小，社会审美情趣的转移，木梁逐渐从月梁演变成雕刻画的布景板，样式变得丰富多变。

梁柱交接是通过榫卯构造完成的，其中梁端截面接近圆形，榫头截面则为矩形。为了消解梁端及榫头截面之间的突变，不同时期采取不同的处理手法。

根据横梁的梁端形态，以及梁肩卷杀、梁底起拱、搭配的雀替（或丁头栱）形式，可以将横梁形态大致分为早、中、晚三期（图4.43）：早期为明晚期以前，中期为明晚期到清中期，晚期为清晚期及以后。

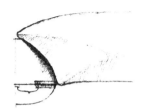  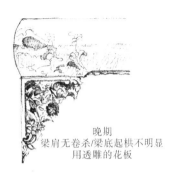

早期
梁肩卷杀/梁底起栱
用丁头栱或卷草纹雀替

中期
梁肩仿卷杀/梁底起栱
用卷草纹雀替

晚期
梁肩无卷杀/梁底起栱不明显
用透雕的花板

图4.43 木梁梁端形态分型

资料来源：杨扬. 广府祠堂建筑形制演变研究［D］. 广州：华南理工大学，2013。

早期木梁梁端形态可以细分为两类（图4.44）。早期的木梁梁端形态多出现于明代建筑，但清代也有个别建筑使用此种式样，如清光绪五年（1879）的上村李氏宗祠后堂。早期梁端形态②为梁端处作斜杀，从而使梁截面从椭圆削减成矩形；早期梁端形态①处理得更为微妙，自梁肩最外端向下反弯形成剥鳃，剥鳃呈立体细腻的曲面，剥鳃以外之处则是方形截面的榫头。梁端通过弧形梁肩、剥鳃、梁底起拱、雀替等处理，使整个梁端一气呵成。有实例在同一建筑单体内同时出现上述两种处理方式，如始建于明成化年间（1465—1487）的顺德杏坛镇逢简存心颐庵刘公祠后堂，中跨大梁采用早期梁端形态①型，大梁以上的二梁、三梁则采用早期梁端形态②型。

早期木匠注重木材自身的表现力，如对木构件表面的加工要求平整光滑以便于油饰，较少用彩画或贴金，以表现优美的纹理。梁架各个构件多用圆弧卷杀，使构件外观富有弹性、刚柔并济。梁端下可搭配丁头栱或卷草纹雀替。

 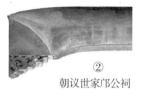

逢简黎氏宗祠 ①　　　　朝议世家邝公祠 ②

图 4.44　早期木梁梁端形态分型

资料来源：杨扬. 广府祠堂建筑形制演变研究［D］. 广州：华南理工大学，2013。

中期木梁梁端形态可以细分为两类（图 4.45）。明晚期之后，中期木梁梁端形态取代早期梁端形态成为主流。清代的梁柱交接处理发生了微妙的变化。中期梁端形态①中的大梁用料变小，梁肩并无削透，仅模仿性地将梁肩砍出，榫头截面高度接近总梁高，且榫头少见穿透柱身，出头的次数减少，剥鳃线条更为复杂，剥鳃以内可以进行雕饰，并带动其下的雀替在形式上发生变化，使两者的结合度更高。中期梁端形态②与早期形态相比，此时的木材不再完全通过自身造型、纹理来表达美感，而主要通过雕刻来进行表达。中期梁端形态②型木梁采取雕满梁身的做法，梁端所配套的雀替在梁底起栱处结束，形式上很好地与梁端结合。中期梁端形态①及中期梁端形态②往往同时存在于同一座建筑的不同位置上。

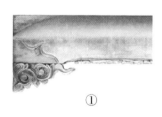 

平地黄氏大宗祠
①　　　　　　②

图 4.45　中期木梁梁端形态分型

资料来源：杨扬. 广府祠堂建筑形制演变研究［D］. 广州：华南理工大学，2013。

后期木梁梁端形态也可以细分为两类（图 4.46）。后期木梁梁端形态在清代晚期之后取代中期木梁梁端形态成为主流，进入程式化阶段。到了晚期，在形态上，木梁作为一根圆形木料的本质被诚实地表现出来，成为一根平直的圆木——梁肩与剥鳃几乎彻底消失，梁端处作浅雕，梁柱交接处沿着柱身剜挖，直接插入柱身。与之搭配的雀替在形式上也发生了较大的变化，形态上面积变大、形状变高，题材上从卷草纹变为更具装饰性的各类花鸟人物。有时会采用满雕梁身的做法。此时，梁身被雕成一幅场景画，两边梁端浅雕卷云纹，成为画框。清末，当梁的高度已经无法满足更宏大的场景刻画时，雕刻题材可以突破梁身的边界，将画面延伸至梁上的柁墩（图 4.47）。这个时候，梁及其上的柁墩共同成为这幅场景的布景板，结构逐渐让位于装饰，以至于柁墩在结构不需要的位置上出现了。

罗南杨氏大宗祠
②

图 4.46 后期木梁梁端形态分型

资料来源：杨扬. 广府祠堂建筑形制演变研究［D］. 广州：华南理工大学，2013。

图 4.47 禅城区兆祥黄公祠门堂横架

资料来源：吕唐军摄。

后期的木梁中，木梁的形式表达重点逐渐从形态转移到样式。清代后期的木梁，梁身满雕甚至贴上金箔或施彩画，实现了一次从诗意到世俗的转换：材料成为装饰的舞台，变得与材料自身的肌理、颜色毫不相干。月梁逐渐消失。

3. 阑额形态

阑额材料可分为木、石两大类。石额总是出现在门堂、中堂或拜亭的前檐纵架之上，而横架上从不使用石材。阑额经历了从木到石的材料转换，大致分为四个阶段（图4.48）：

①型石额是最早的纵架阑额，与木梁（见图4.40）采用类似的形式，如明隆庆与万历年间（1568—1580）的"朝议世家"邝公祠，其门堂纵架

② ③ ④

图 4.48　石阑额分型

资料来源：杨扬. 广府祠堂建筑形制演变研究［D］. 广州：华南理工大学，2013。

阑额（图 4.23）的做法与横梁非常接近。

②型石额刚刚诞生的时候，无法摆脱对木构件的模仿。如建于清乾隆三十四年（1769）的北水尤氏大宗祠门堂，其前檐石额的加工方式仍然接近于木梁：有明显栱起的梁肩，梁身两侧呈圆滑的琴面，起栱处过渡柔和；梁端仍使用剥鳃以处理琴面梁身与矩形榫头之间的突变；梁底栱起，梁下雀替在梁底起栱处结束（图 4.24）。早期的石额与同时期的木梁形制具有很多类似之处。

③型是中期的石阑额，既沿用了早期石阑额的接近于木材的椭圆形截面，也有明显的受木梁影响的剥鳃做法；同时，梁身有夸张的起栱，形态上更接近晚期的"虾弓梁"。

④型是晚期具有浓厚广府特色的石额，几乎摆脱了对于木作的模仿，其截面为矩形，线脚棱角分明。梁肩削透且往前推进，梁肩呈 S 形，梁底起栱但不用剥鳃，其造型就像一把弓，因此得名为"虾弓梁"。虾弓梁中部会夸张地栱起，其源流应来自木作月梁。

七、结构交接

结构交接的构件包括驼峰（柁墩）、斗栱和托脚。

1. 驼峰（柁墩）

驼峰是梁栿之上、斗栱之下的垫托构件，因其造型像骆驼背峰，习惯称为驼峰。在广府建筑中，斗栱总是立于驼峰之上的，并没有出现过脱离驼峰而使用的斗栱组合（部分案例中，有驼峰坐斗承脊檩的做法）。

驼峰按材质可分为木、石两大类，按其所在位置可分为横架、纵架两大类。其中，横架上必须使用木驼峰；纵架上可使用木驼峰或石驼峰，这主要取决于阑额的材质。一般情况下，阑额与其上驼峰的材质是相同的。

横架驼峰（柁墩）为木构件，按其形式可分为四类（图 4.49）：

横架驼峰①型（如意纹样）：明代形制，造型呈峰状突起，一般雕有如意纹样，雕工简洁有力。

①
如意纹样
（朝议世家邝公祠）

②
卷草样
（碧江尊明祠）

③
祥瑞样

④
戏剧样
（平地黄氏大宗祠）

图4.49　横架木驼峰（柁墩）分型

资料来源：杨扬. 广府祠堂建筑形制演变研究 ［D］. 广州：华南理工大学，2013。

横架驼峰②型（卷草样）：集中出现在明代，清代之后仍有零散案例。相比起如意纹样驼峰，卷草样驼峰装饰更为复杂，在构件上出现了纤细的卷草浮雕装饰，但如意纹的卷纹眼仍然清晰可辨，因此这是基于如意纹样驼峰的一种发展形式。

横架柁墩③型（祥瑞样）：在清代早期与中期成为主流形制，后面基本消失。祥瑞样驼峰的轮廓仍大体遵循早期驼峰呈峰状突起，但并不明显，开始向柁墩状过渡。同时，如意纹的卷纹眼已经不可辨认，取而代之的是更繁杂的花纹浮雕，其中往往出现狮子、灵鸟等形象。

横架柁墩④型（戏剧样）：集中出现于清乾隆三十四年的北水尤氏大宗祠，并在清代中后期成为主流。戏剧样驼峰基本失去了峰状突起的形态特征，而成为一块满雕的木墩。其墩的形体特征在侧面观察较为明显。装饰题材主要为世俗化的故事、戏曲等，其上往往出现人物、建筑等，情景逼真生动。连体式戏剧样横架柁墩出现在清末，深受青睐。普通尺寸的柁墩已经无法满足大型场景画面的刻画，这类柁墩甚至与满工的梁架连成一体，共同完成一幅宏大的戏剧画面，而柁墩成为这块布景板的其中一个组成要素。

纵架驼峰（柁墩）可按照用材分为木、石两大类。而按照其形式又可分为以下四类（图4.50）：

纵架驼峰①型相当于早期木驼峰，即横架驼峰①及②型（如意纹样及卷草样）。纵架驼峰①型案例皆建于明代，以南海大沥镇"朝议世家"邝公祠的造型最古。

纵架柁墩②型相当于晚期木柁墩，即横架柁墩③及④型（祥瑞样及戏剧样）。纵架柁墩②型在清代初期、中期密集出现，如顺德区杏坛镇麦村秘书家庙。

纵架柁墩③型为早期石柁墩，模仿了祥瑞样、戏剧样木柁墩的样式。柁墩上石制的一斗三升，同样逼真地模仿了木制一斗三升的形式，有显著的斗腰、栱眼①等特征，但栱、升为同一块石料。纵架柁墩③型发端于清

────────────

①　栱上部两边的刻槽。

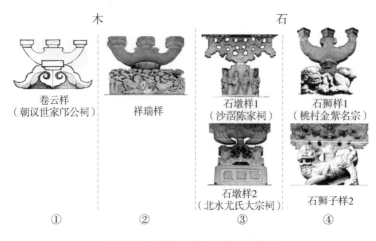

图 4.50　纵架驼峰（柁墩）分型

资料来源：杨扬. 广府祠堂建筑形制演变研究［D］. 广州：华南理工大学，2013。（作者修改）

代中期，在清代晚期曾作为主流。

　　纵架柁墩④型为晚期石柁墩，摆脱了对木驼峰或柁墩的模仿，被雕制成各式承托金花的石件，造型通透但偏于扁平化，款式丰富。纵架柁墩④型在清代晚期出现，并自此成为滥觞。梁上构建一律为金花狮子或石花篮，为固定搭配。这种类型的成熟度与相似度很高，已经相当程式化了。大量门堂石额上的石柁墩被雕刻成狮子，这与狮子在民间信仰中具有辟邪作用有关。根据石狮的形态及其上构件，可细分为两类：一为石狮上承托一斗三升，狮子作蜷缩或匍匐状，形态上较接近柁墩；二为常见的"金花狮子"，即石狮上承托一朵盛开的石花，石狮后跟多有提起，头部昂扬，表情嚣张，因此整体形态较高，与柁墩相去甚远。

　　纵架驼峰（柁墩）与纵架阑额的演变规律具有极高的契合度，证明了纵架驼峰（柁墩）需要与其下阑额在形式上匹配。

2. 斗栱

　　斗栱结构上有五种重要的分件：略似弓形，位置与建筑物表面平行的叫作栱①；形式与栱同，而方向与栱成正角的叫作翘②；翘之向外一端特别加长，斜向下垂的叫作昂；在栱与翘的相交处，在栱的两端，介于上下两

---

　　①　我国传统建筑中斗栱结构体系内重要组成构件之一，为矩形条状水平放置之受弯受剪构件，用以承载建筑出跳荷载或缩短梁、枋等的净跨。至迟在周代已经出现，汉代普遍使用。在平面上常与柱轴线垂直、重合或平行，也有呈45°或60°夹角的。

　　②　宋代称为华栱、杪栱、卷头，为斗栱中向内、外出跳之水平构件。最下层者安于栌斗口内，与泥道栱垂直相交，长七十二分，每头施卷杀四瓣，每瓣长四分。柱头铺作之华栱用足材，补间铺作用单材。华栱是宋代斗栱中唯一的纵向的栱。清代斗栱中此栱称翘，足材，其余制式同上。

层的栱间，有斗形立方块的叫作斗①；在翘的两端，介于上下两层翘间的斗形方块叫作升②。除佛山祖庙外，佛山传统建筑中的斗栱一般没有昂构件的做法，但保留有斗、栱、翘、升等部分，常见形制如图 4.51。程建军教授总结广东殿堂式建筑的斗栱形式主要有八类③：叠斗式、侧昂式、真昂式、插昂④式、无昂式、斜栱⑤式、如意栱⑥式、插栱式。其中在佛山传统建筑中常见的斗栱形式有如意栱式（图 4.52），主要见于牌坊及牌坊式大门，顺德伦教羊额月池何公祠中堂前檐也保留如意斗栱做法。无昂式与插栱式也较常见。

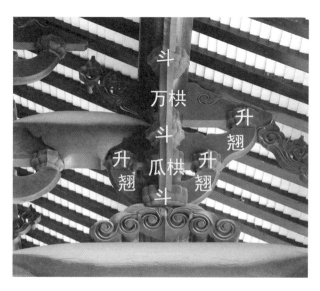

图 4.51　佛山地区祠堂常见斗栱形制之一（顺德区碧江尊明祠）

资料来源：作者绘，底图为吕唐军摄。

　　由于斗、栱两个构件常出现固定的形式搭配，因此不再分开讨论，大致可分为四种类型（图 4.53）。

---

①　栱的两端，介于上下两层栱之间的承托上一层枋或栱的斗形木块，叫升，实际上是一种小斗。升只承受一面的栱或枋，只开一面口，主要有三才升和槽升子。

②　梁思成. 清代营造则例 [M]. 北京：清华大学出版社，2006：26.

③　程建军. 广府式殿堂大木结构技术初步研究 [J]. 华中建筑，1997（4）：59-65.

④　只有昂头而无昂身、昂尾，徒有下昂形式的假昂，叫插昂。多用在四铺作上，亦有用于五铺作或六铺作者。

⑤　分为两种。一为正出华栱或昂的两侧，另加斜出45°或60°对应栱、昂的斗栱。始见于北宋，盛行于金、元，迄于明代。柱头铺作及补间铺作均有用者。增加了上部承托槫（檩）的支点和装饰性，但接榫过多，影响斗栱结构功能，施工复杂。二为斜出的栱。

⑥　即如意斗栱。

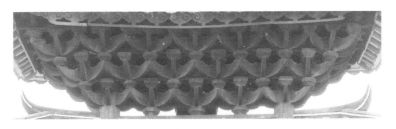

图 4.52　南海区七甫陈氏宗祠牌坊式大门如意斗栱

资料来源：吕唐军摄。

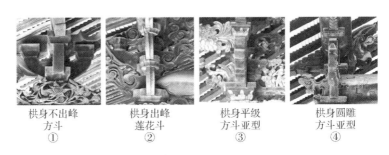

| 栱身不出峰
方斗
① | 栱身出峰
莲花斗
② | 栱身平级
方斗亚型
③ | 栱身圆雕
方斗亚型
④ |

图 4.53　横架斗栱分型

资料来源：杨扬. 广府祠堂建筑形制演变研究［D］. 广州：华南理工大学，2013。

　　①型（方斗＋栱身不出锋①）：出现在明代到清代初期，应为明代特征。栱身宽阔，作圆滑的卷杀，卷杀线条简单流畅，栱身不出锋，常与方斗搭配，浑厚有力。

　　②型（莲花斗＋栱身出锋）：在清代的中期和晚期成为主流。栱身用材明显较①型细，亦作圆滑的卷杀，但卷杀线条开始变得婉转多变，栱身出锋，常与莲花斗搭配，斗栱显得纤细而富有装饰性。

　　③型（方斗亚型＋栱身平级）：在清代晚期成为主流。栱身不再作圆滑的卷杀，而是呈阶梯状的平级，大体轮廓与前两类相近，但明显具有更强烈的装饰意味。栱身的表现力不再依靠形态的塑造而转移到样式上，栱的原有形态变得模糊。常与方斗搭配，与①型的方斗不同，斗的用材变小，斗底常带有花瓣等装饰，具有很强的装饰性。

　　④型（方斗亚型＋栱身圆雕）：完全摆脱了栱的形态，栱身不再有特定的轮廓，装饰主题主导了构件形体。常与具有装饰性的方斗搭配，方斗形式同③型。

---

　　①　构件端头以30°角或其他角度向外凸出形成尖锋。是古建筑木构件端部或尾部的装饰手法之一，常用于桃尖梁头、雀替、麻叶头、蚂蚱头、三岔头等部位。

3. 托脚

托脚在岭南地区又名"水束"，是驼峰斗栱梁架中不可或缺的组成部分。托脚是宋式大木构件，尾端支于下层梁栿之头，顶端承托上一层槫（檩）的斜置木撑，有撑扶、稳定檩架，使其免于侧向移动的作用（图4.54）。托脚与叉手的形式与作用都相似，只是位置不同；它和叉手一样在中原兴起、衰落，最后被淘汰。唐、宋、金、元建筑中常有托脚，明代则少见，在中原的清式建筑中已无托脚，而在广府传统建筑中，托脚这一古制得以保存，形式丰富，常见为S形、S+形、鳌鱼形等形式。

托脚作为驼峰斗栱横架中的承檩构件，用于拉结前后斗栱以增强横架的整体性。就其所在位置而言，托脚位于斗栱最上层，斗栱至托脚处不再出跳，与《营造法式》中的耍头[①]有共同之处。托脚根据其拉结作用可以分为两大类：一类仅用于承檩（④型）；另一类在承檩的同时具有拉结前后步架的作用，根据其形式又可分为三类（图4.55）。

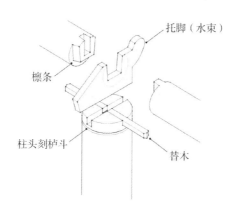

图 4.54　托脚与柱檩交接示意

资料来源：杨扬. 广府祠堂建筑形制演变研究［D］. 广州：华南理工大学，2013。

①　②　③　④
S型　S+型　鳌鱼型　仅用于承檩
造型简洁有力　卷心处出现卷草样装饰　纹样繁复，偏于平面化　不作拉结

图 4.55　托脚分型

资料来源：杨扬. 广府祠堂建筑形制演变研究［D］. 广州：华南理工大学，2013。

---

①　在顶层华栱（明清称翘）或昂上与令栱（明清称厢栱）垂直相交的构件，与翘昂平行，大小也与之相同并与挑檐桁相交。属斗栱中组合部件之一，起构造联系和装饰作用。

①型（S型托脚）：这类托脚呈"S"形，一端连接下层檩条，另一端连接上层栱头，造型简洁有力。S型托脚是较为古老久远的造型，大多是明代和清代初期，由于出现时间较早，因而在檩距较大的情况下，托脚亦较为舒展。如始建于清康熙五十九年（1720）的顺德北滘镇林头郑氏大宗祠（图4.56）。此造型托脚不仅产生年代早，而且存留时间也长，但数量不多，大多没有雕刻，因其线形流动感强，梁架也显得轻盈一些。

②型（S+型托脚）：这类托脚与①型类似，亦呈"S"形，区别在于卷心处出现卷草样的装饰，或繁或简，有些则雕刻成似龙非龙状，出现时间应较①型晚，因而在檩距变小的情况下，托脚长度亦变短。①型、②型为明代托脚的主要形制。②型从明代到清代中期一直有均匀分布，如万历乙酉年（1585）的仙涌朱氏始祖祠（图4.57）和禅城区张槎街道大沙杨氏大宗祠。

图4.56　顺德区林头郑氏大宗祠中堂前檐梁架托脚
资料来源：吕唐军摄。

图4.57　顺德区仙村朱氏始祖祠门堂前檐梁架托脚
资料来源：吕唐军摄。

③型（鳌鱼样托脚）：托脚呈鳌鱼（龙鱼）状，一般龙头朝下连接下一层檩条，龙尾连接栱头。即龙尾大多情况朝上连接栱头，但有时龙尾也朝下，两种造型都憨态可掬。这类托脚显然具有很高的装饰性，纹样繁复但造型偏于平面化，不过对于圆檩还是起到了固定及拉结作用。③型产生年代晚一些，最早出现于明晚期的沙边何氏大宗祠（图4.58），直到清代晚期几乎全面占领。清光绪年间（1875—1908）的三水大旗头振威将军家庙，光绪十六年（1890）的南海大沥镇沥东吴氏八世祖祠在大修时，门堂前檐横架托脚均采用鳌鱼样托脚。

图4.58　顺德区沙边何氏大宗祠中堂梁架托脚

资料来源：吕唐军摄。

清代中期，②型与③型有较为均匀的分布。实际上，在大量①型、②型与③型之间，存在着极多细微的区别，主要集中于样式卷摆的方向与程度，以及雕刻的深浅、造型自身的差异，等等。

4. 横架斗栱组合

在佛山传统建筑中，上层的梁和托脚会参与到一组斗栱的构成当中，通过不同的组合次序，可以分为以下四种类型（图4.59）：

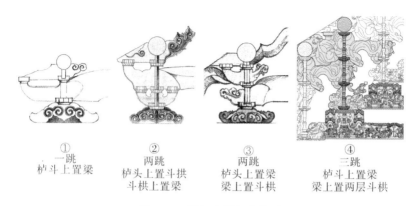

①
一跳
栌斗上置梁

②
两跳
栌头上置斗栱
斗栱上置梁

③
两跳
栌头上置梁
梁上置斗栱

④
三跳
栌斗上置梁
梁上置两层斗栱

图4.59　横架斗栱组合分型

资料来源：杨扬. 广府祠堂建筑形制演变研究［D］. 广州：华南理工大学，2013.

①型为单跳斗拱组合,坐斗上直接承梁,梁端做"斗口跳"支承托脚。

②型的案例生存年限最为短暂,且集中在明代,为当时的主流形制。②型横架斗拱组合的构造特点为:栌斗上有一组完整的十字拱,十字拱的中心及四个拱头上各置一斗(共五个);顺梁方向上第一层横拱承托上层梁,上层梁梁端作斗口跳而成为第二层横拱;顺檩方向上第二层纵拱较第一层纵拱长,置于其上,可防止上层梁在水平方向上摆动。

③型为两跳斗拱组合(图4.60),坐斗上直接承梁,梁上承第二跳斗拱,再承托脚。③型横架斗拱组合在明代晚期后取得主流位置。两类横架斗拱组合可以同时出现在同一建筑物上,如顺德区林头郑氏大宗祠,中堂心间前跨横架使用③型横架斗拱组合,次间横架使用①型横架斗拱组合。

图4.60 不同类型的两跳斗拱组成的梁架

资料来源:杨扬. 广府祠堂建筑形制演变研究 [D]. 广州:华南理工大学,2013。

④型仅存在于明晚期的顺德区沙边何氏大宗祠,为了实现心间屋面高于次间屋面的牌坊式门堂,即心间檩条搭在三跳斗拱上而次间屋面搭在第一跳斗拱上,因而采用了三跳斗拱。相比之下,②型横架斗拱组合以外的各类型斗拱构造做法,上层梁均直接置于栌斗之上,同理,第一层纵拱可以防止上层梁的摆动。

明代至清代,为了在结构上得到更高的安全系数,斗拱的主流形制实现了从②型横架斗拱组合到③型横架斗拱组合间的彻底替换,也因此产生了一系列的连锁反应。上层梁下移至栌斗之上,导致了梁间间隙变小、檩条高差变小。在举高比较为稳定的情况下,檩条高差变小,檩条间距也随之变小,而为了实现中跨举高以及跨度的维持不变,以及维持中跨大梁高度与金柱柱头的相对位置关系,需要增加架数和梁架的层数。这在构造层面解释了檩条间距随时间推移呈减小的现象。最后,举高、跨度相同的梁架,梁架的层数增加,导致了梁架构件的增多,为梁架装饰趋于丰富乃至复杂提供了基础。梁架整体被压缩而密度得到了提高,最终由明代的疏朗大气逐渐趋向清代的复杂细腻。

梁以及其上的驼峰（柁墩）、斗栱、托脚在形式上的演变具有极高的相关度。

5. 梁柱交接

大式斗栱梁架和小式瓜柱梁架的梁柱交接方式有较大差别。

大式斗栱梁架的梁柱交接方式为插梁式，大致呈圆形的大梁截面，在梁端处转换为矩形截面的榫插入柱身，根据是否穿透柱身，可分为透榫（图4.61）和不透榫两种类型。透榫的做法主要集中在明代，其后全部为不透榫的做法。由于建筑上部屋顶荷载较小，硬木的结构力学性能又高，所以构件断面相对较小，其榫卯构造较为简洁了当。柱的断面较小，除一些主梁入柱做变截面透榫外，其他次梁很少做透榫，尽量保持柱子的断面面积，利于柱子的承载性能。榫卯长度小可能会造成脱榫而破坏结构，为了避免其不足，梁榫与柱卯的交接处多做一暗榫，使梁柱连接牢固，不易脱榫。

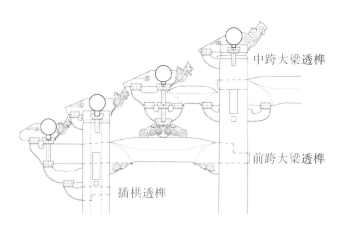

图4.61 顺德区碧江尊明祠透榫示意（资料来源：肖旻先生现场记录）

资料来源：杨扬. 广府祠堂建筑形制演变研究［D］. 广州：华南理工大学，2013。

小式瓜柱梁架的梁柱交接方式可分为穿式、沉式两类。中跨大梁与两柱的交接，是在梁柱交接处将梁剜挖成矩形，然后搁在柱中凹槽内。小式瓜柱梁架中，梁柱交接方式沿用了上层梁穿过瓜柱的交接方式，这暗示了瓜柱与柱的同构性。

穿式瓜柱横架（图4.62）的典型特征是梁穿过瓜柱并出扁平状梁头。即瓜柱中挖一个长方形的卯口，梁也由交接部分开始削成长方形的榫头，榫头穿过瓜柱卯口，梁头呈扁平状。瓜柱与梁在交接方式上的特征形成了此类瓜柱梁架造型上的特征：第一，梁头呈扁平状，常雕刻成龙头形状。

第二，瓜柱呈瘦长形。穿式瓜柱立在一根梁上，柱身又被上一根梁穿透，柱头常作一些栌斗阴刻，上还需承托一根檩条，所以相较沉式瓜柱，穿式瓜柱会较长，高度常达 0.80 米。此外，瓜柱下段与梁接触处的直径略小于所立梁的直径，上段则与插入梁的直径略相等，上下直径大小相差不大，所以整个瓜柱显得瘦长些。第三，弧线不对称。由于梁是穿透瓜柱的，所以需要在穿透部分进行削薄。为了让梁与瓜柱交接处显得更美观一些，就将梁靠近瓜柱处雕刻成")"或"("弧形，而瓜柱自身是直线，不需要弧线形雕刻，这就使得每个瓜柱侧边梁身弧线呈不对称状。

图 4.62　穿式瓜柱横架（佛山祖庙灵应祠三门后檐横架）

资料来源：吕唐军摄。

沉式瓜柱横架（图 4.63）的典型特征是梁由瓜柱上端放入瓜柱内，即在瓜柱上部挖一个槽，梁在交接口也削薄成与槽相应的形状，梁自上而下放入瓜柱预先挖好的槽内。此交接方式形成此类瓜柱梁架造型上的特征：第一，梁头呈圆柱体，如梁身。因是自上而下沉入瓜柱，所以只需将梁与瓜柱交接部位进行砍削，梁头还是可以保留与梁身相同的圆柱体形状。梁头一般浅浮雕回纹、涡卷纹等。第二，瓜柱呈葫芦状。相较穿式瓜柱梁架，沉式瓜柱上端直接承檩，柱口刚好卡住檩条，直径较小，下端靠梁处直径与所靠梁直径略等，从而上小下大，中间又有梁，使得瓜柱身呈现")("弧线，整体如葫芦状。第三，弧线对称。由于梁是沉入的，所以不仅梁在交接处需要砍削，而且瓜柱也需进行相应整削以配合梁的放入，所以每个瓜柱的两侧弧线是对称的")"及"("状。第四，替木①的增加。

---

　　① 宋式斗栱构件，是斗栱最上一层的短枋木，用以承托槫或枋的端头。它的两头带卷杀，形似栱，但断面高度低于栱。最早出现于南北朝时期，后替木逐渐加长，元代起已改为通长的构件，习称檐枋。

由于梁一般沉入在瓜柱的中部，所以瓜柱上部与檩条之间就有一段空槽，为增加梁架的牢固性，要在空槽中放置一块替木。也有部分檩条是直接放在瓜柱和瓜柱所沉入的梁上，这时就不需要增加替木了。①

图4.63 沉式瓜柱横架（南海区华平李氏大宗祠中堂）
资料来源：周彝馨绘，底图为吕唐军摄。

6. 柱檩交接

（1）柱子直接承檩。在佛山传统建筑中，一般情况下柱子直接承檩，简单有效。在柱檩交接的节点中，有时也会出现如托脚、插栱、替木等构件作为衔接。从建造年代来看，明代与清代早期、中期，柱檩交接的节点做法是：顺檩方向上，柱身两侧伸出插栱与柱头共同承托替木，替木之上为檩条；顺梁方向上，柱头上置托脚，其上为檩条。时间早晚的差别，主要体现在具体构件的形式上：明代与清代早期，柱头会刻出栌斗样式，上安替木，其上是檩条；到了清代晚期，柱头没有做出栌斗样式，但仍有替木、插栱等构件。

（2）斗栱承檩。斗栱承檩的节点构造，顺梁方向上，横栱承托脚再承檩条，托脚可固定檩条，防止檩条摆动；顺檩方向上，纵向栱承替木再承檩条，替木可以在形体上衔接檩条与其下的斗。明代以后的佛山传统建筑，方檩减少，取而代之的是更省工的圆檩。如果说方檩的使用让替木变得可有可无，那么圆檩的使用就让替木的出现变得必要——替木为圆檩与散斗②的交接带来了缓冲。

---

① 赖瑛. 珠江三角洲广府民系祠堂建筑研究［D］. 广州：华南理工大学，2010.

② 宋式斗栱中，位于栱两端或单材枋间的小斗。顺身开槽口，两耳。是小斗的一种，也是斗栱中使用最多的构件之一。相当于清之升，包括三才升和槽升子。

（3）瓜柱承檩。瓜柱承檩组合中很少出现托脚、替木等构件。瓜柱下部依照大梁上沿剜挖，瓜柱直接放于梁上，瓜柱底部留有榫头，榫头插入梁中以增强瓜柱的稳定性。瓜柱上部则透挖出方槽用于放置上梁，因此上梁与瓜柱交接处亦要将截面削减成矩形。瓜柱上沿直接置檩，很少出现托脚或替木构件（图4.64）。偶有瓜柱承檩组合中出现替木构件的，如顺德区杏坛镇龙潭南隐梁公祠，可视为一种形式上的交叉。

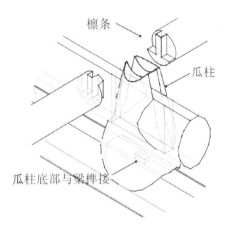

图4.64　瓜柱承檩与梁柱交接示意

资料来源：杨扬. 广府祠堂建筑形制演变研究［D］. 广州：华南理工大学，2013。

八、檐部结构

檐柱通过梁栿与金柱搭接形成前后跨，跨度一般为两步或三步，前檐梁上可设轩，使堂前形成檐廊空间，成为厅堂的重点装饰位置，因而梁架形式较为丰富。

檐廊梁架的双步梁上有用月梁、曲梁者，有用瓜柱、斗栱、穿插枋①支承檩条者。大一些的作卷棚梁架，或用双短柱来承托檩条，也有做成博古横架，用花纹、柁墩支承檩木的。出檐部分有用单栱、挑檐枋②出檐者，有用博古木代替挑檐枋出檐者，有用鸟兽飞跃纹木代替挑檐枋出檐者，也有用回形木代替挑檐枋出檐者。在构架的细部处理上，无论梁头、瓜柱、

---

　　① 在抱头梁下并与之平行的小梁，其作用为辅助大梁连接檐柱与金柱。其长为廊步架加两份檐柱径，枋高同檐柱径，厚为0.8柱径，前后两端均做透榫。唐、宋时无此构件，元代后开始出现，清式建筑中多用。穿插枋用在清带檐廊的小式建筑中，大式建筑中不用。

　　② 斗栱外拽厢栱上的枋。宋时叫撩檐枋，但略有不同处，即挑檐枋上都有挑檐桁，而宋代用撩檐枋时便不用撩檐桁。

驼峰、垂莲①，雕饰都非常精致。

1. 檐柱

檐柱按材料可分为木檐柱、石檐柱两种。随着对广府地区潮湿多雨气候的逐渐适应，木檐柱逐渐被石檐柱取代，可以分为五个阶段（图4.65）：

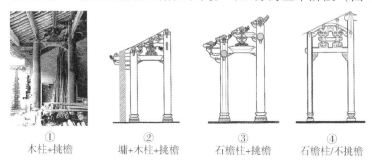

① 木柱+挑檐　② 塀+木柱+挑檐　③ 石檐柱+挑檐　④ 石檐柱/不挑檐

图4.65　檐部构造分型

资料来源：杨扬. 广府祠堂建筑形制演变研究［D］. 广州：华南理工大学，2013。

①型：形象的柱头 + 木柱 + 覆盆式柱础；

②型：①型木檐柱外设有塀；

③型：形象的柱头 + 八角石柱 + 八角覆盆式柱础；

④型：象征性的柱头 + 大方石柱 + 大方式柱础；

⑤型：柱头无栌斗 + 小方石柱 + 小方式柱础。

由于塀的出现，让木檐柱并没有快速被石檐柱代替，从明代一直使用至清代中期。后期檐柱渐渐从木柱发展成石柱，先民们逐渐将木檐柱换成石柱或在原有的构架前后加一跨，使原有的木檐柱成为内柱②。

③型八角石柱刚出现的时候体现出对木柱的模仿，但并没有在石柱上出现卷杀。早期的石柱柱身加工成八角形截面。这种石柱一般采用较为疏松的咸水石或红砂岩，柱身粗壮，不适合作抹角③处理，故这类八角石柱造型敦实简朴，富有力量感。柱础、柱檩的造型也与木柱相当接近，仅仅是从圆形的覆盆式变成八角覆盆式；柱头的造型也直接移植了木柱柱头的栌斗（但为八角形），与替木、檩条的交接也沿用了单斗只替④的方式。

---

① 即垂莲柱。又称吊柱、虚柱、垂莲。吊挂于某一构件上，其上端固定，下端悬空的柱子。垂柱下端头部多雕刻莲瓣等作装饰。常施于垂花门或室内。

② 《重建神厅碑记》载："迄今日久，风雨剥蚀，木腐墙欹……鸠工庀材，从新拆建，去卑潮而登爽塏，换单隅而为双隅，易木柱而用石柱，除灰砂而砌石板，朴素浑坚，灿然焕彩。"落款时间为嘉庆二十二年（1817），现碑记藏于杏坛镇杏坛镇居委神厅内。

③ 于转角处做出圆的弧面称为抹角。

④ 宋《营造法式》中一种低级的大木做法，是一种简单的斗栱做法，推想是在柱头栌斗上加一条替木来承托梁和榑。这种大木做法在次要房屋中是普遍使用的。

④型大方石柱出现在清代早期与中期的建筑中，与③型八角石柱较为接近。柱身比例接近于八角石柱；柱础变高，但未出现束腰；抹角开始出现，多呈简单的线脚；柱头栌斗的形状逐渐变得模糊，通常是一条围绕柱身的凹槽。石材种类依然有较为疏松的咸水石，很少有红砂岩①，作为新材料的花岗石陆续出现。

⑤型小方石柱在清代中后期全面取代其他柱型而成为主流。这种小方石柱变得史无前例的纤细；富有表现力的线脚，海棠口②、竹节纹抹角纷纷出现；柱础变得更高，并做出花篮、杨桃等造型，束腰处极为夸张。

随着时间的推进，象征性的"栌斗"形象也逐渐退化，直至完全消失。

就檐柱截面及其高宽比而言，这个演变则大致呈现出一个从圆到方、从粗壮到纤细的过程。从刚开始对于木材的模仿，渐渐发展出石材所独有的形态。①型檐柱直接挪用了室内金柱的形式与做法。从③型石檐柱开始，是一个逐渐"题材化"的过程：柱础拥有更大面积的装饰区域；柱础被塑造成水果、花篮或是竹子等形态，并且实在很难分辨这是一种装饰或是构件本身。

2. 墉

早期的檐柱为木檐柱，由于广府地区潮湿多雨，在木檐柱之外设檐墙以保护木檐柱的做法相当普及，这种檐墙称为"墉"。于中堂前檐位置设墉是清初期广府传统建筑的典型特征，墉上设有花窗成为中堂立面的一个经典形象。一方面，墉为木檐柱提供了全面的遮挡，以防止雨水侵蚀木檐柱；另一方面，墉为挑檐及其上的屋面提供了辅助性的支承，有效地解决了出挑部分屋面坍塌的问题。但在厅堂前檐设墉，大大影响了厅堂的采光效果，所以墉上一般设有砖作花窗。另外，墉与挑檐部分的交接也显得非常尴尬，以至于往往会出现砖木的交接部分有砖块松垮甚至脱落的情况，并且藏于砖墙内的挑檐木构件显然不利于通风，容易由于积水而导致木件腐坏。极个别建筑，如位于顺德区杏坛镇大街的竹所罗公祠③，在墉上设窗格、窗洞，让挑檐木件自然地伸展出去。④

3. 挑檐

按檐柱挑檐情况可分为有挑檐、无挑檐两大类（图 4.65）。随着石材

---

① 由于清政府在乾隆年间曾两次禁止开采红砂岩，此时红砂岩在南番顺地区已经较少出现了。

② 将平面转角切去一方块（或近方块）而似海棠纹者。

③ 竹所罗公祠是一座形制古朴且统一的早期祠堂，没有纪年信息。据杨扬《广府祠堂建筑形制演变研究》中推测，尤其是中座，至晚是康熙年间的作品。

④ 赖瑛. 珠江三角洲广府民系祠堂建筑研究 [D]. 广州：华南理工大学，2010.

优异的防水性能逐渐发挥，用于保护木檐柱的挑檐构造失去了存在的必要，慢慢地消失了。

4．檐板

檐板装饰题材常用花卉、鸟兽纹案等。工艺多用阴雕[①]，也用浅浮雕。佛山祖庙灵应祠三门檐板（图4.66）长31.3米，清光绪二十五年（1899）承龙街泰隆造。全条雕刻均为人物故事，共分十几段，自东向西依次为：夜战马超、八仙祝寿、将相和、竹林相贤、梁山伯会英台、薛仁贵征西、六国封相、薛刚反唐、三顾茅庐、罗通扫北、卞庄打虎、狄青斩王天化、渔歌唱晚等。三门后檐也有檐板，本地汾阳大街聚利造，制作年代不详，规模不及前檐檐板，但雕刻颇精，是多层高浮雕，内容是郭子仪祝寿。其余大殿，庆真楼、万福台等建筑物均有木雕檐板，但其规模及雕工的精细都不及三门。

图4.66　佛山祖庙灵应祠三门檐板
资料来源：吕唐军摄。

九、小木作

小木作主要指传统装修，佛山传统建筑中常有用于室内外的横披、格扇、门窗、屏门、罩、挂落等。

1．门

门堂是建筑最重要的感官视觉重点，心间大门作为建筑的唯一或主要入口成为建筑的脸面，是重中之重，也是表现门第贫富贵贱的一个重要部位。门面的大小、门槛的高低和装饰的繁简反映了户主的身份和地位，故

---

① 阴雕也称暗雕、凹雕、沉雕、薄雕。系指凹下去雕刻的一种手法，正好与浮雕相反。是减地平钑做法的一种，属于凹层次的木雕做法。这种雕刻技法常常要在经过上色髹漆后的器物上施工，这样所剀出来的器物能产生一种漆色与木色反差较大、近似中国画的艺术效果，富有意味。其雕刻内容大多为梅、兰、竹、菊之类的花卉，也有诗词、吉祥语之类的文字。

户主都不惜花费资财，从用料、工艺、式样、题材等各方面，竭其所能地经营，以突出其"门第"高贵。

（1）门面材质。门面的材质，主要有木、红砂岩、花岗石、青砖等几种。

木门面指的是门堂心间整间为木材构成。这种形式主要分布在顺德、南海地区，如顺德沙滘陈氏大宗祠（图4.67）、沙边何氏大宗祠、林头梁氏二世祖祠、右滩黄氏大宗祠、杏坛苏氏大宗祠和南海曹边曹氏大宗祠等。岭南建筑保留了诸多古制，采用木门面做法的建筑大多历史悠久，一般始建于明代。

图4.67　顺德区乐从镇沙滘陈氏大宗祠木门面
资料来源：吕唐军摄。

红砂岩、花岗石门面是指除大门用木材外，大门周边使用红砂岩或花岗石作门框。红砂岩门面的建筑历史比较悠久，多为明代或者清代初期建成。花岗石门面年代较晚，一般使用质地细腻、宜于雕刻的青花岗石。

青砖或砖石门面是指除大门用木材外，大门周边使用青砖作门框，或大门门框为花岗石而其余部位用青砖。使用这种门面主要是因为家族的经济实力不够雄厚。①

（2）门的形式。传统建筑除了大门外，还有厅堂门、屏门（隔断）、

---

① 赖瑛. 珠江三角洲广府民系祠堂建筑研究［D］. 广州：华南理工大学，2010.

矮脚门、门洞等。

为了突出大门，有的将入口部位上方的屋面抬高，做成假屋顶。一般为单檐，带屋脊，脊尾伸出，也有重檐屋顶。大门框用条石，凿成简洁的线条，门框两侧的墙面用方形浮雕式图案的石板。大型凹斗门还会设檐柱，大门外墙面饰有彩色浮雕石框，庄严而大方。佛山地区还盛行于大门外另加设趟栊门，横向推拉。平时大门开启，由稀疏格栅的趟栊门隔断内外，既便于观察，又可通风。

厅堂门都是面向庭院，通常做成格扇形式，既为门，又为窗，通风采光兼用；在构造上做成拆装型，夏季可拆除，以利通风，成为敞厅，冬季则装上，可避寒风。格扇根据开间的大小可设四扇、六扇、八扇等，基本取偶数，格扇的高宽比多为1:3或1:4左右。格扇上分格芯与裙板两部分，高度很大的格扇则增加池板部分。格芯式样很多，有棂子构成的方格、条框、菱花、万字、冰裂纹等，也有框格做法，在框格上用玻璃镶嵌。格扇门中，最高贵的格芯是用整块木板精心雕镂而成的通雕雕饰，题材有花鸟、人物故事等。裙板多施花卉、植物和动物雕刻，以浮雕和阴雕居多。其他的门用木板做成，一般做成双扇形式。

屏门在民居中较多采用。屏门主要用作室内空间的分隔，式样与格扇相似，但更为精致。屏门一般取偶数，上面常雕有题材丰富的木刻。在城镇中，有的建筑进深较大，内部间隔也有采用屏门的，门框用木，框心可用玻璃，也可用素板、直棂或其他花纹。

矮脚门是安装在民居大门外的一种兼有通风、防卫功能的辅助门，其形式有双扇或四扇。矮脚门的上部常用图案式棂子作为格芯题材，下部裙板多以浮雕为主。

门洞则有圆形门、瓶形门、八角形门等。

（3）门枕石。门枕石为清代称谓，宋代称作"门砧"，是位于门槛两端下部，用以承托大门转轴的石构件。门枕石通常为一整块长方形石料，一头放在大门门槛里面（常被削成半圆形），一头露在门槛两头的外面，因负重之结构功能所需，故露在门外那部分大多两倍于门内那部分。

门枕基本为石质，主要基于其负重功能。石材主要为红砂岩、咸水石和花岗石三种。从目前留存的门枕石来看，花岗石门枕石在清代中期以后广泛使用，早期较多使用红砂岩和咸水石。此外，也有个别建筑使用汉白玉，以彰显家族的富裕。建于清光绪五年（1879）的顺德均安镇上村李氏宗祠即是如此，汉白玉门枕石为祠堂亮点之一，正面浅浮雕牡丹与凤凰寓意富贵，侧面深浮雕"双狮戏球"生气十足（图4.68）。此外，也有个别建筑用木材为门枕。

图 4.68　顺德区上村李氏宗祠汉白玉门枕石

资料来源：吕唐军摄。

　　门枕石外观造型较为丰富，大致可以分为三类：方形、几案形和须弥座形。

　　方形门枕石。为一块整石，方正平整，没有分层，显得敦厚朴实，有些在整石下面再垫一块石板，板厚四寸左右（图 4.69）。纹式相对简单，有些不作雕刻，有些浅浮雕简单花草，稍复杂些的则雕刻常见的狮子模样。禅城区大沙杨氏大宗祠和顺德杏坛镇苏氏大宗祠的门枕石（图 4.70）雕刻精美，且为整石修葺而成，底部没有再垫石板。两处门枕石材质大致相同，均采用颗粒不细的咸水石，但雕刻手法都简洁干练，动物造型也比清中期以后的狮子等动物显得威武，转角处竹节纹粗犷有力。方形门枕石大多年代较早，造型古朴厚重，而且石质不够细腻，颇显沧桑感。

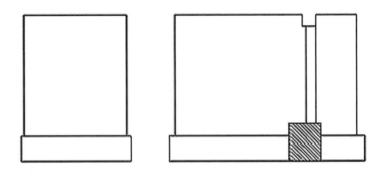

图 4.69　方形门枕石正立面与侧立面图

资料来源：赖瑛. 珠江三角洲广府民系祠堂建筑研究［D］. 广州：华南理工大学，2010。

图 4.70 顺德区杏坛苏氏大宗祠门枕石正立面与侧立面
资料来源：吕唐军摄。

几案形门枕石（图 4.71），由两块石料组成而分为上下两部分：下为基座部分，上为主体部分。基座部分略宽于主体部分，朝外处作些花草形雕刻。主体部分桌案又分上下两层：上部几案层主要雕刻狮子、大象、龙等吉祥图案；下部桌层则受篇幅影响，有时不作雕刻，如果雕刻也只是中间为简单花草或壶门①，或在壶门中简单勾勒、转角偶作竹节纹状处理。这类门枕石多采用红砂岩及咸水石，外观古朴厚重，年代通常较为悠久，清早期以前始建的建筑常使用。但由于门枕石本身质地的耐用性，故如果是建筑维修，一般都保留原有门枕石，显得建筑更具历史性。这类门枕石分布较广，如顺德区右滩黄氏大宗祠（图 4.72）等。

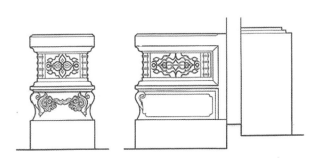

图 4.71 几案形门枕石正立面、侧立面
资料来源：赖瑛. 珠江三角洲广府民系祠堂建筑研究 [D]. 广州：华南理工大学，2010。

须弥座形门枕石。中国古建筑采用须弥座表示建筑的级别，广府传统建筑也将须弥座运用到台基等地方。清中晚期，门枕石也模仿台基形式，

---

① 壶（音 kǔn）门，中国古建筑细部名称。指殿堂阶基、佛床、佛帐等须弥座束腰部分各柱之间形似葫芦形曲线边框的部分。

图 4.72　顺德区右滩黄氏大宗祠几案形门枕石

资料来源：（左）赖瑛. 珠江三角洲广府民系祠堂建筑研究［D］.

广州：华南理工大学，2010；（右）吕唐军摄。

开始程式化地以须弥座形式出现。上下枋①、上下枭②线和束腰③等部分一应俱全（图4.73），其中束腰部分约占总高的60%，其余上下枋、枭线各占20%。这类程式化造型门枕石出现的时间也较前面所述两种较晚一些，清中期以后开始流行并逐渐盛行。束腰部分因其位置显要，加之石质的相对恒久性，成为装饰的最好位置。转角处常雕刻成竹节纹，朝外部分通常做纹饰，如动物纹饰和花草纹饰，也有不做纹饰的。纹饰中最常见的是椒图④，造型憨态可掬，增添了祠堂的活泼气氛。束腰朝门的一侧则通常雕刻龙、凤、麒麟等吉祥物。狮子除了在门枕石正立面以看守大门外，还较多地以圆雕形式出现在门枕石上方或独立在建筑物的前方⑤。门枕石上方石狮一般为左雄右雌：雄狮脚踩石球、威风凛凛，象征族权的神圣不可侵犯；雌狮蹄扶幼狮，因"狮"与"嗣"谐音，又象征子嗣昌盛、家族繁盛。

---

①　须弥座各层横层的最上部分，叫上枋；须弥座的圭角之上、下枭之下的部分，叫下枋。

②　须弥座的束腰之上、上枋之下的部分，雕作凸面嵌线（枭），又处于上部，故名上枭；须弥座的下枋之上、束腰之下的部分，多做成凸面嵌线，又处于下部，故名下枭。

③　须弥座的上枭与下枭之间的收缩部分，以及宋代重台钩阑大、小华板之间的收缩部分，均叫束腰。早期束腰较高，用束腰将柱子分割成若干段，可雕花纹。明清时束腰变矮，莲瓣增厚。

④　椒图传说是龙的第五个儿子，形似螺蛳，性敏锐，好闭口，故画其形象为门上之装饰，为主人守门，履行"随手闭门"的职责。

⑤　古代常用石狮、石刻狮纹，以镇门、镇墓和护佛，用作辟邪。

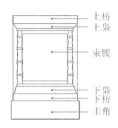

图 4.73 须弥座形门枕石各部分名称

2. 窗

广东天气炎热，建筑内部的窗又多开向庭院，一般面积都较大，便于采光通风。它的类型很多，有槛窗、支摘窗、满洲窗、漏窗等。

槛窗常用在厅堂次间和亭榭柱间，其形式与格扇类似，但没有格扇灵活。槛窗下为槛墙，也有用槛板代替墙体者。有的槛板用素板，也有的用精刻的或几何图案的木雕板。槛窗的题材与格芯相同，有花草、文字或几何图案等。

支摘窗一般只在庭园中采用，作为点缀。支摘窗一般分成四段，左右两列，每列上下两段，上段可支，下段可摘。夏季摘窗后通风量大，室内非常凉爽。窗棂图案有步步锦、灯笼框、冰裂纹等各种花纹。

满洲窗是珠江三角洲一带民居和庭园建筑喜用的一种窗户形式，开启方向为上下推拉，但也有向上翻动的。满洲窗一般做成方形，分为上、中、下三段，形成方形九宫格状。其格芯棂子纹样很多，并且爱在窗棂间镶嵌彩色玻璃，有明朗活泼和富丽堂皇之感。

漏窗多用于庭院内，其形式为墙垣上开洞。漏窗的通花材料有砖砌、陶制、琉璃等。漏窗窗花丰富，一般比较有规律，多数是图案几何纹。

3. 隔断、罩、挂落、横披、栏杆

隔断是类似屏门的一种分隔室内空间的构件，有活动式和固定式两种。按功能分，还可分为间隔式和立体式两类，前者单纯作间隔空间用，后者可以做成柜式隔断。格芯部分可以做成博古架形式，兼有装饰和实用功能。

罩的功能主要也是分割室内空间，也有单纯作装饰用的，似分似合，相互渗透，以达到扩大有限空间的效果。其用浮雕或通雕手法，以硬木雕成几何图案或缠交的动植物、人物、故事等题材，然后打磨加工而成。也有的罩用硬木分成几件拼装而成。罩的形式很多，有圆罩（也称圆光罩）、落地罩等。

挂落是南方的称呼，北方称作飞罩，是不着地的罩，是一种用棂条编织组成网络状的装饰构件。主要用于室内两柱之间的枋下或外廊两檐柱之间枋下，起分隔上部空间和装饰的作用。

横披是设置在槛窗、格扇上部或柱子之间上部的横向屏壁，常用棂子拼成各种图案花纹，一般用于较高大的厅堂、斋轩或庭园建筑，形式多样，外观典雅。在广东，因气候关系，常不安玻璃，采用横披既通风又美观大方。

栏杆分为室内与室外两种，厅堂、楼阁、廊檐、廊桥都设置栏杆。室内用于阁楼夹层、楼井，室外用于廊庑亭榭、小桥、水池边。栏杆式样丰富，有直棂、纹饰、万字、金钱等，还有做成美人靠的，特别在庭园中，增色不少。在材料方面，室内栏杆都用木做，室外有石砌、砖砌、琉璃砖砌的。石栏杆一般用于拜亭和庭园中，栏板上有浅雕石刻，题材一般为花木鸟兽。近代还有铁枝做的，花纹图案各不相同，形式丰富，其式样有传统式，也有外来式。

第四节 装饰特色

佛山传统建筑为了做到遮阳、通风、散热的要求，普遍采用花檐、挂落、洞罩、隔扇等做法，以玲珑细致的通雕、拉花、钉凸、斗心等工艺，使室内空间封而不闭、隔而不断，有的还可装可卸、能收能放，使室内空间能适应朝夕季节之需要，依陈设使用之情况加以调整。有时还能利用其精美的罩形框景，获得良好的空间层次。如清晖园船厅的"岭南百果"花罩、碧溪草堂的百寿图格扇、真研斋的暗八仙图槛板等。

一、装饰题材

佛山传统建筑装饰题材有粤剧戏曲、花果鸟兽、器物纹案等。

粤剧戏曲是佛山传统建筑装饰中最具地域特色的题材。佛山是粤剧的发源地，对粤剧有举足轻重的地位，至今保留有粤剧的重要古戏台——万福台。众多粤剧题材的建筑装饰可见粤剧对佛山人民的重要影响，如佛山祖庙花脊中的"姜子牙封神"、"哪吒闹东海"和"郭子仪拜寿"（图4.73）等。从早期的单个场景发展到后期的连贯情节的组塑，有的甚至在同一构件上塑造出几组故事，宛如一幅立体的连环画。在这类题材中，粤剧戏曲对装饰的影响非常巨大，装饰题材常以折子戏形式出现，人物皆脸谱化，生、旦、净、末、丑等角色齐全，戏台、场景、道具也一应俱全。

图 4.73　佛山祖庙前殿东廊陶脊"郭子仪祝寿"

资料来源：吕唐军摄。（周彝馨，吕唐军. 石湾窑文化研究［M］.

广州：中山大学出版社，2014）

　　花果鸟兽类题材选用的一般是具有岭南地域特色的花果鸟兽，通常具有吉祥的寓意或谐音，如荷花、石榴①、桃子②、佛手瓜等花果，喜鹊、鸭子、鳌鱼③、南方的独角狮子等鸟兽。佛山传统建筑装饰中多有体现岭南的饮食习俗，热衷于模仿岭南的食俗特产，特别是水产和岭南特有的瓜果蔬菜，如鱼虾、荔枝、菠萝、葫芦瓜等。

　　器物纹案是作为烘托的次要题材，通常与花果题材相结合，同样具有吉祥的寓意或者谐音。例如花瓶和月季代表四季平安，暗八仙④代表吉祥等。

　　佛山传统建筑的装饰题材注重吉祥的寓意，如佛山祖庙的脊饰就有狮子滚绣球、连（莲）登三甲（鸭）、富贵荷花图、松鹤延年等题材。广府地区的方言为粤语，佛山传统建筑装饰中有众多与粤语谐音相关的吉祥题材，如榴开爵（雀）聚图、连（莲）甲（鸭）三元、岁岁（穗穗）有余（鱼）、太师少师（狮）、爵禄封侯（雀、鹿、蜂、猴）、马上封侯（蜂

　　① 喻多子多孙。

　　② 喻长寿。

　　③ 喻独占鳌头。

　　④ 传统寓意纹样。以八仙手中所持之物（汉钟离持扇，吕洞宾持剑，张果老持鱼鼓，曹国舅持玉版，铁拐李持葫芦，韩湘子持箫，蓝采和持花篮，何仙姑持荷花）组成的纹饰，俗称"暗八仙"。它与"八仙"纹同样寓意祝颂长寿之意。

猴)①、同谐（童鞋）到老②、蝙蝠③等。④

二、装饰材质

佛山传统建筑装饰按材质分，可总结为"三雕两塑一画"，即木雕、石雕、砖雕、陶塑、灰塑和壁画。这是佛山传统建筑乃至岭南传统建筑中最有特色的几种建筑装饰。

1. 木雕

广东金漆木雕、浙江东阳木雕、温州黄杨木雕、福建龙眼木雕，俗称"四大名雕"。广东金漆木雕又分为广派、潮派两派。广派木雕自明代开始逐渐形成定式，明清以后向建筑装饰和家具陈设上发展。明初的木雕多为平面雕饰，至万历年间始向单层镂空发展。清代是这一艺术形式发展的鼎盛时期，向"金碧辉煌"发展，所营建的建筑也向着金漆木雕装饰方向发展。

广派木雕，以广州、南海、番禺、三水等地方为代表。清光绪年间（1875—1908），广州、佛山、三水三地的木雕有"三友堂"作坊，颇有名气。所谓三友者，乃许、赵、何三位木雕师傅合伙经营木雕业，故称"三友堂"。后三人分业，各在一地继续木雕制作，广州以"许三友"，佛山以"何三友"，三水以"哲三友"，或"广州三友"、"佛山三友"、"西南三友"称谓，他们都是清末广派木雕杰出的代表。据《（民国）佛山忠义乡志》记载，清末民初时，木雕业有"雕花行"、"牌匾行"、"书板行"（刻制木版印刷雕板）、"刻字行"等，分工逐渐细化，可见当时佛山木雕业一度相当繁盛，著名的木雕店号有广华、成利、聚利、恒吉、三友堂、泰隆、合成等。传世作品多藏于今祖庙博物馆内，如"贴金木雕大神案"（1899 年，佛山镇承龙街黄广化造）、"贴金木雕黑漆大神案"（1899 年，承龙街成利店造）、"木雕龙首六角宫灯"（清末）、"木雕大屏风"（清末）、"金木彩门"、万福台等。

木雕几乎涉及所有的建筑构件，最常见的首先是梁架，梁、驼峰、柁墩、托脚、雀替、梁头等都成为木雕工艺展现的舞台。其次，中堂的屏门、门堂的挡中都是视线的焦点，常采用浅浮雕展示木雕工艺。再次，檐

---

① 以猴子骑马喻。

② 以一双童鞋喻。

③ 蝙蝠倒挂喻福到。

④ 周彝馨，吕唐军. 石湾窑文化研究［M］. 广州：中山大学出版社，2014.

下的封檐板、中堂或门堂的匾额、对联、后堂的神龛等都是木雕丰富的地方。它使建筑与木构件紧密联系，使技术与审美达到和谐统一的境地。①

明清时期，木雕工艺又有了进一步的发展，其特点有：①木雕装饰在各类建筑中得到更广泛采用；②题材内容大众化，常选用普通百姓所熟悉的内容作为题材；③图案花纹充满浓厚的自然生活气息；④工艺技法趋向立体化，出现了透雕、镂雕、玲珑雕②等多层次的雕刻手法；⑤艺术风格从明代木雕的构图简洁、形象丰满生动，发展到清代木雕的构图定型化、形象富丽且繁琐。清代的木雕工艺倾向于表面装饰化，它要求形象更为繁复，又要求工艺操作简化，因而，产生了贴雕③和嵌雕④等新类别。前者工艺较简单，在建筑中应用较普遍；后者耗时费工，多为富裕者选用。

木雕材料大多用楠、椴、樟、黄杨等木，一般多层次、高浮雕装饰多选用硬质材料，雕饰后用水磨⑤、染色、烫蜡⑥处理，使木材表面光滑、有光泽。也有用杉木的，因杉木质地脆弱，故多以镂空、线刻、薄雕形式出现。根据不同的部位和不同的雕刻类别，选用不同的木料，物尽其用。

木雕的种类很多，基本有素平（阴刻、线雕、线刻）、减地平钑（阴雕、暗雕、凹雕、沉雕、薄雕、平雕、平浮雕）、压地隐起（浅浮雕、低浮雕、突雕、铲花）、高浮雕、通雕、镂雕、混雕、嵌雕、贴雕等，其工艺做法如下：

①素平（阴刻、线雕、线刻）：木雕中最早出现也是最简单的一种做法，是在平滑的表面上阴刻图案形象纹样。

②减地平钑⑦（阴雕、暗雕、凹雕、沉雕、薄雕、平雕、平浮雕）："减地"就是将表现主体图案以外的底面凿低铲平并留白，主体部分再用线刻勾勒细节，形成一种图底对比较强的剪影式平雕。其基本特征是凸起的雕刻面和凹入的底都是平的，所以也有人把它叫作"平雕"或"平浮雕"。浮雕是用阳刻法把形象浮出于平面之上；阴雕正好与浮雕相反，以凹入雕出形象。这种雕刻技法常常要在经过上色髹漆后的器物上施工，这样所刻出来的器物能产生一种漆色与木色反差较大、近似中国画的艺术效果，富有意味。其雕刻内容大多为梅、兰、竹、菊之类的花卉，也有诗

---

① 赖瑛. 珠江三角洲广府民系祠堂建筑研究［D］. 广州：华南理工大学，2010.
② 瓷器装饰技法。在生坯上雕刻出细小空洞，组成图案，再以釉料填满。挂釉烧成后，镂花处透光度高，但又不洞不漏，有玲珑剔透之感，故名。以清康熙时最著名。
③ 将要雕刻的花纹用薄板镂空，粘贴在另外的木板上进行雕刻。
④ 在已雕好的浮雕作品上镶嵌更突出的部分。
⑤ 加水磨光。
⑥ 在木雕、地板、家具等表面撒上蜡屑，烤化后弄平，可以增加光泽。
⑦ 钑，音sà。

词、吉祥语之类的文字。

③压地隐起（浅浮雕、低浮雕、突雕、铲花）：是一种浅浮雕，也称低浮雕、突雕，广东地区称为"铲花"。其特点是图案主体与底子之间的凸凹起伏不大；各部位的高点都在装饰面的轮廓线上；有边框的雕饰面，高点不超过边框的高度。装饰面可以是平面，也可以是各种形状的弧面。雕刻各部位依雕刻主体的布局，可以互相重叠穿插，使画面有一定的层次和深度。压地隐起是木雕中最普遍使用的一种做法。这种雕法层次比较明显，工艺也不复杂，一般多用于屏门、屏风、栏板、栅栏门和家具等构件。

④剔地起突（剔地、高浮雕、透雕、深浮雕、半圆雕、通雕、拉花）：即通常所谓的高浮雕，也称透雕、深浮雕、半圆雕、通雕，是建筑雕刻中最复杂的一种。它的型制特点是装饰主题从建筑构件表面突起较高，立体感表现强烈，"地"层层凹下，层次较多，雕刻的最高点不在同一平面上，雕刻的各种部位可以互相重叠交错，层次丰富。宋《营造法式》有载。高浮雕在广东有的地方称为"拉花"。这种雕法多用在格扇、屏罩、挂落和家具上。通雕中更高一级称为"镂雕"，即全构件通透的一种雕刻方法。这种雕刻工艺复杂，但效果很好，只有在等级高的装修中才使用。

建筑装修中还有一种比较简易的通雕方法，称为"斗心"。这是一种用许多小木条（剖面为六角形断面的一半），按图案花样拼凑而成的雕刻方法。外观是通雕，其实是预制木条拼装而成，施工简便。题材常用斗纹①、回形纹②、正斜万字纹③等几何形体组合，镶工精美，玲珑剔透。一般在格扇、槛窗中多有使用。

⑤混雕：木雕中各种雕法的综合运用。这种雕法工艺复杂，但效果好，故常采用。一般用于室内隔断、落地罩、飞罩等处。

⑥贴雕和嵌雕（钉凸）：清代发展而成的两种雕饰类别。贴雕的做法是在浮雕的基础上，将其他花样单独做出，再胶贴在浮雕花样的板面上，形成一种新的突出花样。嵌雕的做法是在浮雕的花面上，另用富有突面的雕饰或其他式样的木材进行嵌雕，方式可以插镶，也可以贴镶。嵌雕可以说是在透雕和浮雕结合的基础上，向多层次发展的一种雕刻技法。嵌雕在岭南地区称为"钉凸"。钉凸的做法是，在构件通雕起几层立体花样后，

---

① 一种交叉图案。
② 古代纹饰之一，连续的"回"字形纹样，简称回纹。
③ 民间传统图案的一种。由"卍"字形或单独成图，或组成连续图案。"卍（万）"字来自梵文，最早出现在如来佛的胸部。因其有着"源远流长"、"缠绵不断"等象征吉祥幸福的含义，在民间使用极为广泛。

为了使立体感更强，就在透雕构件上钉上或镶嵌已做好的小构件，逐层钉嵌，逐层凸出，然后再细雕打磨而成。这种做法工艺复杂，一般多用在门罩、屏风、屏门等部件上，也有用于较高贵的格扇上。

佛山祖庙保存的木雕艺术品形式多样，内容丰富，各建筑物中几乎都饰有木雕，尤以万福台舞台的隔板最为辉煌。万福台木雕共六组，均装置于分隔前后台的隔板上，三组在上，三组在下，内容分别为八仙故事、三星拱照、降龙、伏虎、大宴铜雀台。全部木雕均漆金，雕工豪放、刻画传神。图4.74所示为胥江祖庙武当行宫前殿横架木雕。

图4.74　胥江祖庙武当行宫前殿横架木雕

资料来源：吕唐军摄。

2. 石雕

石雕常用于柱身、柱础、阑额、门枕石、栏板、台阶、墊台等地方，也有用于凹斗门式门堂的墙面用作贴面的，还有用于牌坊等。石材质坚耐磨，经久耐用，并且防水、防潮，外观挺拔，故建筑中需防潮和受力的构件常用之。

宋《营造法式》石作制度中雕镌制度的剔地起突、压地隐起、减地平钑、素平等四种雕刻类别，可以说是历代石雕技法的总结。明清之后，石雕技艺也日趋简化，但仍保持着传统的类别和做法，如线刻、阴刻①、减

---

① 常用于碑文的雕刻手法。浮雕是用阳刻法把形象浮出于平面之上，阴刻正好相反，以凹入雕出形象。

地平钑、浮雕（突雕）、圆雕（混雕、众雕）、通雕（透雕）等，根据不同部位而选用不同的类别。

石雕是在大小已定型的石件上进行雕刻加工。其工具主要有凿、锤等，精细的石雕还有用钎①、钻等，因石雕工具不多，其加工主要靠艺人技艺。

早期多使用素平（线刻、阴刻）做法，逐步发展到减地平钑，后期较多使用浮雕、圆雕以及多种雕艺的结合使用。

①素平（线刻、阴刻），主要用于台基、柱础、碑石花边等部位，题材以花纹为主。阴刻，也称阴雕，是平面线刻向深度发展的第一步。

②减地平钑，是阴雕的进一步发展。为了突出雕刻图案，将所表现的图案以外部分薄薄地打剥一层，然后在图案部分施以线刻。这是最早期的浮雕。

③压地隐起（浮雕，突雕），是逐步走向立体化的一种雕刻手法，也是建筑上应用最广的一种雕饰方法，它可使雕面上的花草、卷叶等题材刻出其深度，如平的、凹的、翻卷的等，使这些题材富有立体感和表现力。

④剔地起突，宋《营造法式》所载石作雕镌制度中的雕法，是阴刻和浮雕的结合。它集中了两者雕饰的做法和特点，产生了一种富有立体效果的雕饰新方法。阴刻和浮雕因其装饰效果好，在民居建筑中常用于柱础、台基、栏杆等部位。通常两种雕法结合使用，既有阴刻、线刻，又对花草枝叶施以突雕。贴面石板则多用浅雕手法。

⑤圆雕（混雕），在明代称"全形雕"。其做法是在凿出全形后，细部用混作剔凿（皆为圆面），表现自然。至清代，雕法已简化，用钎打出全形后，其细部随其初形雕刻出来。圆雕主要用于动物、人物、佛像等，在建筑构件中较少采用。通常大门前的石狮采用此法，因其石材加工精确度不高，一般取其粗犷豪放的特性，故在大尺度的雕像中才采用之。

⑥通雕（透雕），是浮雕的再进一步加工，达到多层次表现。因工程复杂，故在建筑中较少采用。

3. 砖雕

砖雕是模仿石雕而出现的一种雕饰类别，是在砖上加工，刻出各种人物、花卉、鸟兽等图案的装饰类别，是一种历史悠久的民间工艺形式。由于砖雕比石雕经济、省工，且刻工细腻、题材丰富，故在传统建筑中被广泛采用。

砖雕在表现手法上承袭了木雕工艺。它有三个特点：①既能表达石雕

---

① 一头尖的长钢棍，多用来在岩石上打洞。

的刚毅质感，又能像木雕一样精细刻画，呈现出刚柔并济、质朴清秀的风格；②所用材料与建筑的墙体材料一样都是青砖，在质感、色调、施工技术等方面取得高度统一；③打磨过的青砖有较好的抗蚀性和耐久性。

砖雕必须选用色泽明亮且质量上乘的青砖，并要砖泥均匀、表面平整和孔隙较少。

此外，还有一种预制花砖。这是由于构件中常出现重复的几何图案砖块雕饰，为减轻劳动强度而出现的。由于烧制过程中预制砖坯容易变形，而且表面抗蚀性略差，所以在制作时要细致操作，逐块雕磨成形。为此，预制花砖通常也只用于园林中的漏窗通花、牌坊翻花等精致程度要求不太高的部位，很少用于重点装饰部位。通花漏窗一般以有规律的图案或纹样为主，也有通花漏窗雕成连续重复的花纹图案或人物故事。窗内的通花砖要逐块雕磨、拼装而成。

砖雕的种类除剔地、素平、压地外，还有多层雕、透雕、圆雕等。早期的砖雕多用于嵌面，其手法仿石雕，采用剔地、素平等工艺做法；其后由于花卉等题材需要多层次表现，故产生了压地（浮雕、突雕）、圆雕（混雕）、透雕等种类。

砖雕在佛山传统建筑中，多用在大门、墀头、墙面、照壁（图4.75）等处。砖雕应用最多的一般在建筑山墙墀头部位，大者高约2米，小者也有约0.3米。以大型墀头为例，整幅雕饰由上至下分为三部分。最上层为翻花，其面倾斜，上承檐口，一般由三层向上翻卷的砖雕花瓣组成，粗犷有力。翻花下面是一长方形的垂直面，在其四周用砖线凸出装饰，也有在

图4.75　顺德区碧江慕堂苏公祠照壁砖雕
资料来源：吕唐军摄。

303

该砖面上进行雕刻者，题材用人物故事或花卉图案。这部分是墀头装饰的重点，以透雕、圆雕等增加立体效果。再下面为墀尾，雕刻精细，内容为宝瓶、花果等。整个墀头从上到下是一个从粗到细的序列，这是由人的视距远近和视域高矮规律决定的。

祖庙大型砖雕共两套，分别设置于钟楼和鼓楼北侧墙壁，均为光绪二十五年（1899）郭连川、郭道生合作的雕刻作品，规格大小和风格手法一致，为多层雕，高1.8米，宽2.6米。鼓楼一侧的砖雕内容是大红袍，钟楼一侧的是守房州。

4. 陶塑

陶塑是岭南传统建筑独有的建筑装饰。建筑陶塑包括了陶脊饰①、陶塑壁画、琉璃制品、瓦②、栏杆、漏窗花墙、华表等。最能代表佛山传统建筑装饰艺术高度的要数陶脊和陶塑壁画了。陶脊和陶塑壁画多用于大型园林建筑和公共建筑中，工艺比较复杂和讲究，大多采用圆雕和通雕做法。其他类型构件多为几何图案纹样拼装而成。

陶脊又称"花脊"或"瓦脊"，是装饰在屋脊上的各种人物、鸟兽、花卉、亭台楼阁陶塑的总称（图4.73）。清代陶脊在广府地区很常见，从大户豪宅到祠堂庙宇的屋脊上都有使用。"瓦脊"上的人物和动物被岭南人亲切地称为"瓦脊公仔"，是岭南独创的传统建筑装饰。

陶脊像一幕幕凝固的戏剧，展现在巍峨的建筑之上，岭南风情扑面而来。上面有情节复杂的历史故事场景，有精彩纷呈的粤剧折子戏，《姜太公封神》、《哪吒闹东海》、《八仙过海》、《杨家将》……一片梨园春色，令人目眩神迷。陶脊所施釉色以深沉稳重的蓝色、绿色、褐黄色居多。

陶塑是用陶土塑形后，烧制而成建筑装饰构件，然后用糯米、红糖水作为黏结材料，把构件黏结在预定部位。陶塑有两类，一类是素色，即原色烧制；另一类是陶土坯在烧制前，先上釉，然后再烧制而成，称为釉陶。后者防水、防晒，且色泽鲜艳、经久耐用，但造价较高。

佛山祖庙灵应祠的三门瓦脊，由"文如璧"店在清光绪乙亥年（1875）制作，高1.6米，长31.6米，正反两面各有人物150多个，可谓花脊之王，是石湾陶脊的代表作（图4.76）。佛山市博物馆展出的陶脊《穆桂英挂帅》是光绪辛卯（1891）"文如璧"的作品，塑有大小人物60多个，高1.6米，长8.8米。除佛山祖庙外，三水胥江祖庙、顺德腾冲福善堂亦保留有石湾陶脊作品（图4.25）。陶脊上都刻有清代石湾"文如

---

① 陶脊、宝珠、脊兽等。
② 瓦筒、瓦当、滴水等。

壁"、"均玉"、"宝玉"等店号。

图 4.76　佛山祖庙灵应祠三门瓦脊

资料来源：吕唐军摄。(周彝馨，吕唐军. 石湾窑文化研究［M］.

广州：中山大学出版社，2014)

　　陶塑壁画多用以作为照壁，以高浮雕和透雕式画面出现，大的照壁由数块陶塑件组拼而成，题材多样，尤其以花鸟及龙凤、双龙戏珠等图案为多。佛山祖庙前殿西侧忠义流芳祠内的大型镂空云龙照壁，长 2.6 米，高 1.72 米，厚 0.17 米，由 15 块陶塑构件合并成一大型双面镂空半浮雕云龙照壁，形象逼真、立体感强，手法简练含蓄，是不可多得的清代建筑装饰艺术珍品（图 4.77）。①

图 4.77　佛山祖庙陶塑照壁

资料来源：《石湾花盆》。

---

① 周彝馨，吕唐军. 石湾窑文化研究［M］. 广州：中山大学出版社，2014.

5. 灰塑

灰塑装饰在佛山传统建筑中占有相当大的比例，使用也比较普遍。灰塑是以白灰或贝灰为材料做成灰膏，加上色彩，然后在建筑物上描绘或塑造成型的一种装饰类别。在佛山地区，灰塑以石灰为主。

灰塑包括画和批两大类。画即彩描，是在墙面上绘制壁画。批即灰批，是用灰塑塑造各种装饰。

（1）彩描。彩描是灰塑的一种平面表现形式，着重于用色彩"描"和"画"，称之为"墙身画"。彩描的技法有意笔、工笔、水彩、双勾、单线等。

彩描的抗蚀性较差，因此露天部位一般较少用，多用于檐下、外廊门框、窗框、室内墙面等，不同的装饰部位，题材也不同。外檐下是彩描运用最多的部位。建筑立面檐下的墙楣，是墙面和屋面的过渡部分。墙楣彩描呈带条状，高度30～60厘米。外檐下的彩描由于画幅较长，通常是将墙檐部分分为若干个画幅，每一画幅自成一独立的画面，题材多为人物故事或山水风景，也有花鸟一类的彩描。

传统建筑的门窗框边上常用彩描绘制。在门窗一圈框边上的彩描图案，宽度15～25厘米。题材一般为抽象的规律性花纹，强调对称和连续的整体性。

（2）灰批。灰批是指有阴阳立体感的灰塑做法，分为圆雕式和浮雕式两种。

圆雕式灰批，又称立雕式灰批。分为多层立体式灰批和单体独立式灰批两类。圆雕式灰批主要用在屋脊上，有直接批上去的，也有做好后黏结上去的。圆雕式灰批制作过程复杂，特别是多层立体式，人物多、层次多。圆雕式灰批因使用在屋脊部位，题材多与厌胜和阴阳五行学说有关，如垂鱼、雉尾、龙等。

浮雕式灰批用途很广，门楣、窗相、窗框、屋檐瓦脊、山墙墙头、院墙等部位都能使用，而且它的处理手法多种多样。浮雕式灰批的题材有草尾、花鸟草木、人物山水等。

三、佛山传统建筑装饰与文化艺术的关系

1. 佛山传统建筑装饰与粤剧艺术

佛山是"南国红豆"粤剧的发源地，诞生了粤剧艺人的代称——"红船子弟"[①]和粤剧界最早的戏行组织——"琼花会馆"[②]，在粤剧上有举足轻重的地位，至今保留有粤剧的重要古戏台——万福台。清代在广东演出的戏班与名伶每年都要在万福台登台演出。

佛山戏剧活动在明代兴起，嘉靖年间（1522—1566），佛山已有"琼花会馆"，是粤剧界最早的戏行组织，佛山遂被称为粤剧的故乡。当时众多的行会、会馆几乎凡节令神诞、行业祖师诞均邀请外江戏班来演戏娱乐。佛山受外地戏班诱发，本地戏班相继而起，成为粤剧的大本营。三月初，鼓吹数十部，喧腾十余里；六月"率资演戏，凡一月乃毕"；十月，稻谷收毕，"自是月至腊尽，乡士各演剧以酬北帝，万福台中鲜不歌舞之日矣"。佛山多迎神赛会，逢神诞必要上演粤剧，《（乾隆）佛山忠义乡志》有一首《竹枝词》描写了这一盛况："梨园歌舞赛繁华，一带红船泊晚沙，但到年年天贶节[③]，万人围住看琼花。"

佛山人喜爱粤剧、熟识粤剧，匠人对于粤剧有浓厚的兴趣，有些工匠善于研究粤剧舞台上的表演技法。粤剧戏班多以《江湖十八本》剧目作演出的基础，创作人物陶脊的工匠也拥有《江湖十八本》作为参考书。

佛山传统建筑装饰艺术与粤剧的关系是唇齿相依、由来已久的。粤剧这种形式在题材、造型方面影响了建筑装饰艺术。在佛山传统建筑装饰中，可见到粤剧对佛山人民乃至岭南人民的重要影响。三雕两塑中粤剧场景众多，岭南人民对粤剧题材喜闻乐见，匠人对粤剧典故信手拈来，对其中的人物、场景、细节成竹在胸，表现得栩栩如生。

道光晚期以后，陶脊人物形象多选自粤剧传统剧目。佛山传统建筑无处不在的戏曲人物装饰，尤其祖庙古建筑上栩栩如生的陶塑人物和戏曲故事（图4.78），正是民间工匠谙熟戏曲表演题材、程序、行当、造型、功架的写照，更是粤剧发源地戏曲活动深刻影响日常生活的证明。佛山传统建筑装饰受到粤剧的重要影响，常以折子戏的形式出现，人物皆脸谱化，

[①] 粤伶以红船为交通工具，"红船子弟"便成为粤剧艺人的代称。

[②] 供艺伶聚散、教习、切磋和戏班管理的戏行会馆，称为"琼花会馆"。

[③] 六月六又叫"天贶节（姑姑节）"，此节起源于宋代。宋真宗赵恒是一个非常迷信的皇帝，有一年六月六，他声称上天赐给他一部天书，乃定这天为天贶节，还在泰山脚下的岱庙建造一座宏大的天贶殿。随着时间的推移，"天贶节"已失去原来含义，而晒红绿的风俗尚存。

所塑的人物戏韵十足，一举一动、一颦一笑、一招一式，皆合法度。

图 4.78　佛山祖庙前殿西廊陶脊"哪吒闹东海"

资料来源：吕唐军摄。（周彝馨，吕唐军. 石湾窑文化研究［M］.

广州：中山大学出版社，2014）

2. 佛山传统建筑装饰与民俗艺术

明清两代，岭南画派、广东音乐、手工业、民间艺术等众多艺术门类都已达到高峰并体现在佛山传统建筑装饰中。

岭南画派中西结合，精于刻画花卉鸟兽，具有写实主义的特点。佛山传统建筑艺术受其影响，特别是建筑装饰中的花卉鸟兽，皆真实生动，色彩鲜艳明快，生活气息浓厚。许多装饰题材直接来源于绘画。不少著名艺匠擅长国画，他们借鉴国画的表现手法，顺手拈来，栩栩如生。许多装饰题材明显受到明清以来岭南著名画家的影响。

岭南文化艺术的地位还表现在手工业上。清中期，岭南丝织业迅速崛起，广州和佛山有数万名纺织工，在质量上更是超出了江南，"金陵、苏、杭皆不及"，被誉为"广纱甲天下"。广州的红木家具与"京作"、"苏作"并列为三大家具流派。建筑的小木作也体现出家具制作的高超工艺。清代"广州钟"是清宫中最重要的工艺佳作。广州牙雕、粤绣、金银工艺皆名扬中外。这些手工艺名品都在题材、技巧和旨趣上深刻地影响了佛山传统建筑艺术。

佛山民间艺术各具特色，通过剪、刻、扑、塑、扎、铸、绘、粘等工艺技法，制作出剪纸、扎作、彩灯、秋色、陶艺、灰塑、木版年画等数十种特色艺术品。陶塑、雕刻①、扎塑②、绣花③和剪纸合称佛山历史上的"五朵金花"。佛山具有丰富多彩、琳琅满目的民俗艺术活动，为佛山建筑

---

① 木雕、砖雕、玉雕、牙雕、骨雕等。

② 纸扎、纸塑、蜡塑等。

③ 四大名绣之一的粤绣。

装饰文化的发展提供了重要的民俗艺术背景。

佛山是"南国陶都"、"中国陶瓷名都",制陶工艺有上千年历史,源远流长,自古有"石湾瓦,甲天下"的美誉。明清以来的石湾窑代表了广窑的最高水平。在釉彩艺术上,它承继了青瓷体系的优良做法,模仿宋代各名窑的作品,发挥了色彩斑斓的表现力;在雕塑艺术上,其题材丰富,以写实主义手法表现出生动的形象和神态。独树一帜的陶塑装饰就起源于佛山的制陶工艺。

佛山剪纸是中国著名的民间传统艺术,源于宋代,盛于明清时期,至今已有800多年历史。佛山剪纸原以剪为主,后改用刀刻,在中国剪纸艺术中独树一帜。佛山的塔坡街盛产"金花",即是剪纸的一种。这直接影响了建筑门堂纵架上的石金花狮子装饰。清代佛山经营剪纸业的店号有30多家,从事剪纸生产的工人达300多人。除本镇外,近郊的张槎、横滘、叠滘等地有不少农村妇女也从事剪纸生产。剪纸产品远销湖南、湖北、贵州、江西、广西及南洋各地。佛山民间剪纸金碧辉煌,具有强烈的装饰性。

佛山木版年画源远流长,汉代时的广州、佛山一带已流行贴门神习俗。佛山木版年画创于明永乐年间,盛于清代乾隆、嘉庆年间,直至抗日战争前夕。全镇有大小作坊、店号200多家,从业人员超过2000人,日产达12000对以上,远销中南各省区以及东南亚各国。"有华侨的地方,就有佛山年画",佛山成为当时全国有名的木版年画产地之一。佛山木版年画早期题材多为"门神"、历史故事、戏曲小说等,如秦叔宝、尉迟敬德、神荼①、关公(持刀将军)、赵子龙、魏徵和龙虎大将②等表示驱邪志喜、吉祥纳福之意。佛山木版年画在设色上多用大红、丹红,有些还在底色洒上金箔片,使其金星点点,显得分外富丽华贵。丹红有"万举红"、"永不褪色"之称,适合华南地区夏长冬短、气候温暖潮湿、日照时间长的特点,使年画色彩长久鲜艳。年画的风格直接影响了建筑大门的门画。

佛山木雕也有悠久的历史,明清两代为繁盛时期,著名的木雕店坊有广华、成利、聚利、恒吉、三友堂、泰隆、合成等10多家。佛山木雕以实用装饰木雕为多,如檐板、木雕门面、横梁、脚门、屏门、窗门的雕刻装饰;镂空木雕门罩、木雕家具以及其他用途的木雕用品,如神像、牌匾、轿子、花舫、龙舟等。佛山木雕以其刀法利落、线条简练、玲珑剔透、构图饱满、疏密有致、装饰性强而著称,常表现古戏群像,善于表现复杂的

---

① 民间传说中能制服恶鬼的神人。
② 龙将军卫青,虎将军霍去病。

场面。木雕技法亦为佛山传统建筑装饰艺术吸收和发展，很多陶脊和墙头装饰的古戏群像都表现出这种特色，如佛山祖庙、南海平地黄氏大宗祠等的建筑装饰，都是代表作。

佛山的铸造业始于2000多年前。宋代佛山所铸钟、塔、鼎、锅等闻名全国。到明代，佛山的铸造技术已达相当高的水平，成为南中国的冶炼中心。鸦片战争期间，佛山所铸大炮为抗击外来侵略发挥了重要作用。佛山地区的近代建筑中亦有众多的铸铁装饰。

秋色又名秋景、秋宵，是佛山独有的大型民间文化娱乐活动。因为是在每年中秋节前后举行，故称之为"秋色赛会"，又叫"秋色会景"，俗称"出秋色"。佛山秋色始于明代永乐年间（1403—1425），丰收之后，人们以游行的方式展出自己精心制作的工艺品和文艺节目来庆祝丰收。各种精美的工艺品游行展出，并有舞龙、舞狮、锣鼓柜①等助兴。年复一年，技艺越来越高超，规模越来越大。"秋色赛会"的内容与形式丰富多彩，包括表演艺术与手工艺术两大类。表演艺术包括民间音乐、舞蹈、戏剧、竞技、游戏等，手工艺术包括扎作、雕刻、粘贴与针刺等。表演艺术与手工艺术品组成了出秋色的马色、车色、景色、水色、地色和灯色六色。秋色是一种综合性民间艺术，是社会生活、民间风情、民俗文化的集中反映。秋色赛会中，民间艺人巧夺天工，一展身手，创作出各种各样的艺术品，是全佛山各行业的手工艺品大展览，无论在题材、造型还是色彩上都给建筑装饰以重要启示。

除秋色、木版年画、剪纸、木雕、扎作外，明清两代，佛山民间艺术活动还有灰塑、砖雕、石雕、民间漆朴、狮头等，这些都在明清进入了空前的繁盛时期，于这种丰沃的民间艺术土壤中，佛山传统建筑广泛吸收各门艺术的养料，枝繁叶茂，光彩照人。

佛山传统建筑装饰在两个方面深受民间艺术的影响：

一是题材品种方面。明清以来，石湾陶艺、秋色艺术、木版年画等民间艺术，取材广泛，创意无穷，极大地活跃了艺人的创作思维，启发了他们的灵感，他们的作品也与其他民间艺术一脉相承。例如，"陶脊"艺术的诞生就与粤剧艺术、石湾陶艺直接相关。

二是创作思想和创作技巧方面。明清以来，石湾陶艺、木版年画、佛

---

① 锣鼓柜是流行于珠江三角洲一带的颇具地方特色的民间音乐活动形式，出现于清康熙年间（1662—1722）。锣鼓柜由四人抬着行进，持大钹（俗称镲）者在左，打锣者在右，掌板者在柜后。锣鼓柜所演奏乐器与古老的粤剧所用乐器大致相同，吹管、弹拨、拉弦齐上阵，有班鼓、群鼓、战鼓、板、高边锣、大文锣、翘心锣（俗称铜锣）、单打、大钹、大小唢呐、横箫、短喉管、二弦、中三弦、小三统、竹壳提琴、二胡、月琴、秦琴等，演奏人员手执乐器边行边奏。

山木雕、铸造等工艺崛起，佛山工艺美术的审美价值、艺术表现日渐突出，艺匠们的艺术素养、表现技巧日渐成熟。佛山传统建筑装饰的门类、形制、装饰题材、工法等都有自己独特的一面，反映出佛山独具一格的文化艺术。

第五章　佛山传统建筑发展分期

　　本文的研究范围内，尚未找到确切的元代及元代以前的木构建筑，部分建筑虽有早期的年代记载，但由于历代多次维修，已经难以分辨原构，如胥江祖庙、顺德龙潭龙母庙、五龙庙等处。这让我们难以掌握明代以前佛山传统建筑的实证资料、数据，为分期研究带来了困难。因此，我们的分期研究重点从明代开始，而明以前的建筑分期研究则借助于特殊的建筑模型——陶屋。

第一节　汉代至元代佛山传统建筑概貌

一、汉代至元代佛山地区出土陶屋

1.（汉）青釉陶屋（南海区桂城街道平洲）

　　该陶屋（图5.1）为南海区平洲汉墓出土。面阔26.3厘米，进深24.5厘米，通高29厘米，屋平面为曲尺式，与屋后猪圈矮围墙组成正方形，形成一合院。正屋面阔三间，大门位于心间，屋顶为悬山顶，塑脊和瓦楞。

图5.1　（汉）青釉陶屋（南海平洲汉墓出土）

资料来源：（左）南海市地方志编纂委员会. 南海县志［M］. 北京：中华书局，2000；
（右）佛山市南海区文化广电新闻出版社. 南海市文物志［M］. 广州：广东经济出版社，2007。

屋外墙刻画叶脉纹和棱格纹，后室墙上设有窗户和排污出口。屋内后院一侧设厕所，一侧设饲养家畜的圈栏，屋外通施青釉。

2. （汉）悬山陶屋（禅城区石湾街道澜石社区）

该陶屋（图 5.2）为禅城区石湾街道澜石社区汉墓出土。平面为"凵"形，正屋较高，后带两低矮偏房。屋顶为悬山顶，塑脊和瓦楞。正屋面阔三间，大门位于心间，门前有两檐柱。屋外有篱笆，并圈养了禽畜。屋角开有狗洞。

图 5.2　（汉）禅城区澜石汉墓出土陶屋

资料来源：广东省博物馆藏品选［M］；中国陶瓷・石湾窑［M］。

3. （东汉）三合式陶屋（禅城区石湾街道澜石社区）

该陶屋（图 5.3）为禅城区石湾街道澜石社区出土。平面为"凵"形，正屋较高，后带两低矮偏房。屋顶为悬山顶，塑脊和瓦楞。正屋面阔三间，大门位于心间，门前有两檐柱。屋角开有狗洞。

图 5.3　（东汉）陶屋

资料来源：佛山市博物馆. 佛山市文物志［M］. 广州：广东科技出版社，1991。

4. （东汉）合院陶屋（顺德区陈村镇西淋山）

该陶屋（图 5.4）为顺德区陈村镇西淋山六号墓出土。平面长方形，由院门、方形院落、"L"形建筑组成，缺屋顶。院落围墙塑脊和瓦楞。正屋外立面上开窗，院落围墙角有圭臬①。

---

① 音 guī niè。古代测日影、正四时和测度土地的仪器。

图 5.4　（东汉）合院陶屋（顺德区博物馆藏）

资料来源：吕唐军摄。

5.（东汉）"L"形陶屋（顺德区陈村镇西淋山）

该陶屋（图 5.5）为顺德区陈村镇西淋山二号墓出土。平面"L"形，悬山顶，塑屋脊、瓦楞，山墙面有中柱，上部开窗。

图 5.5　（东汉）"L"形陶屋（顺德区博物馆藏）

资料来源：吕唐军摄。

6.（东汉）陶屋（三水区西南街道金本竹丝岗）

该陶屋（图 5.6）为三水区西南街道金本竹丝岗东汉汉墓出土。平面为"凵"形，正屋较高，后带两低矮偏房。屋顶为悬山顶，塑脊和瓦楞。正屋面阔三间，大门位于心间，前檐塑有四攒斗拱，柱头斗拱两攒，转角斗拱两攒。屋角开有狗洞。

图 5.6　（东汉）陶屋（三水区金本竹丝岗东汉汉墓出土）

资料来源：佛山市三水区文化局. 三水古庙·古村·古风韵［M］. 广州：广东人民出版社，1994。

7.（六朝①）陶屋（南海区）

该陶屋（图5.7）为南海区出土。面阔10.2厘米，进深4.3厘米，通高13.6厘米，屋平面为长方形，面阔三间，屋顶为悬山顶，上有细致的斜方格纹和两条对称凸棱。屋脊两端微上翘。后墙凹陷，通体无釉。

图5.7 （六朝）陶屋

资料来源：佛山市南海区文化广电新闻出版社. 南海市文物志［M］.

广州：广东经济出版社，2007。

8.（唐）飞檐陶楼（禅城区石湾街道）

该陶楼（图5.8）为禅城区石湾街道出土，为一高身陶坛盖局部。平面方形，为两层高的楼阁式建筑。屋顶为歇山顶、塑脊、瓦楞、飞檐、鸱吻（仅剩其中一个）。首层正中开门洞，二层有窗户。二层梁架有斗栱。

图5.8 （唐）飞檐陶楼（禅城区石湾出土陶坛盖局部）

资料来源：广东省博物馆藏品选［M］；中国陶瓷·石湾窑［M］。

---

① 三国的吴、东晋，南朝的宋、齐、梁、陈，都以建康（吴名建业，今江苏南京）为首都，历史上合称六朝，是3世纪初到6世纪末前后300多年的历史时期的泛称。

9. （唐）合院陶楼（禅城区石湾出土）

该合院陶楼（图5.9）为禅城区石湾出土，为一陶坛盖局部。方形四合院，中为平面方形、两层高的楼阁式建筑。屋顶为攒尖顶和庑殿顶两种，塑脊、瓦楞、飞檐、鸱吻。整个建筑四面对称，各面开门洞和窗洞。

图5.9　（唐）合院陶楼（禅城区石湾出土陶坛盖局部）

资料来源：吕唐军摄。（石湾陶瓷博物馆藏）

二、汉代至元代佛山传统建筑特点

根据能获得的陶屋资料，我们总结出元代以前佛山传统建筑的特点如下：

（1）已经有完整的院落，尚未形成后世之格局。

（2）单体建筑平面多为长方形、"凵"形和"L"型；长方形平面的面阔多为三间，大门开于心间，门前有檐柱。

（3）屋顶多为悬山顶，亦已有歇山顶、庑殿顶、攒尖顶等类型；有屋脊、飞檐、鸱吻、瓦。

（4）已有两层楼阁式建筑。

（5）重要建筑用斗栱梁架。

（6）山墙面有中柱，上部可开窗。

第二节　明代佛山传统建筑特点

表5.1为佛山地区部分明代建筑案例。

表5.1 佛山地区部分明代建筑

序号	区 位	建筑名称	兴建或维修年代	规模及辅助要素	石材质	正脊	门堂前檐纵架	门堂檐柱
1	禅城区	佛山祖庙	三门（明景泰初年·1450—1457），前殿（明宣德四年·1429），大殿（明洪武五年·1372）。清光绪二十五年（1899）重修	一路三进三开间，占地3500平方米，牌坊、锦香池、拜亭	红砂岩	人物陶脊（清光绪二十五年）	无梁	方形花岗岩
2	禅城区石湾街道	石头霍勉斋公家庙	明嘉靖四年（1525），清嘉庆年间重修	一路三进三开间	红砂岩、花岗石	博古脊	虾弓梁	方形花岗岩
3	禅城区石湾街道	石头椿林霍公祠	明嘉靖四年（1525），清嘉庆年间重修	一路三进三开间，牌坊	红砂岩、花岗石	博古脊	虾弓梁	方形花岗岩
4	禅城区石湾街道	石头霍氏家庙	明嘉靖四年（1525），清嘉庆年间重修	一路三进三开间，牌坊	花岗石	博古脊	虾弓梁	方形花岗岩
5	禅城区石湾街道	康宁聂公祠	明	三路三进三开间，青云巷	红砂岩、花岗石	龙船脊	无梁	八角形红砂岩
6	禅城区	蓝田冯公祠	明	一路三进三开间	红砂岩、花岗石	博古脊	木直梁	八角形花岗岩
7	南海区九江镇	沙头崔氏宗祠	明嘉靖四年（1525）	一路四进三开间，牌坊（清乾隆风格）	花岗岩	龙船脊	木直梁、如意斗栱	方形花岗岩
8	南海区大沥镇	曹边曹氏大宗祠	明崇祯九年（1633）	一路三进三开间（清道光风格）	咸水石、红砂岩	龙船脊	无梁	方形咸水石
9	南海区大沥镇	"朝议世家"邝公祠	明隆庆、万历年间（1568—1580）	一路三进五开间	红砂岩、咸水石	龙船脊	木直梁、木驼峰斗栱	圆木柱
10	南海区大沥镇	平地黄氏大宗祠	明	三路三进三开间，青云巷	咸水石、红砂岩	龙船脊	石直梁、石墩斗栱	方形花岗石
11	南海区狮山镇	七甫陈氏宗祠	明弘治十二年（1499）	三路三进三开间	红砂岩	龙船脊	木直梁、木斗栱	八角形红砂岩
12	南海区里水镇	河村吴氏世祠	明	三路两进三开间	花岗石	博古脊（新）	木直梁	圆木柱
13	南海区罗村镇	寨边泮阳李公祠	明晚期（1573—1644）	一路两进三开间	红砂岩、咸水石	龙船脊	石直梁	方形咸水石

续表5.1

序号	区位	建筑名称	兴建或维修年代	规模及辅助要素	石材质	正脊	门堂前檐纵架	门堂檐柱
14	南海区大沥镇	颜边颜氏大宗祠	明	三路三进三开间（清代风格）	花岗石	博古脊	虾弓梁	方形花岗石
15	南海区黄岐镇	黄岐梁氏大宗祠	明弘治十七年（1504）	三路三进三开间（清代风格）	花岗石	博古脊	虾弓梁	方形花岗石
16	顺德区大良街道	西山庙（关帝庙）	明嘉靖二十年（1541）	一路两进三开间、牌坊、拜亭	花岗石	博古脊	无梁	无檐柱
17	顺德区容桂街道	真武庙（大神庙）	明万历辛巳（1581）	一路三进三开间，	咸水石、红砂岩	龙船脊	木直梁、木驼峰、如意斗栱	八角形咸水石柱、方形红砂岩柱
18	顺德区大良街道	罗氏大宗祠	明	一路三进三开间（清中风格）	花岗岩	龙船脊	虾弓梁	方形花岗岩
19	顺德杏坛镇	杏坛镇苏氏大宗祠	明万历年间（1572—1620）	一路三进五开间	咸水石	龙船脊	木月梁、木驼峰、斗栱	八角形咸水石
20	顺德区杏坛	渔侣公祠	明嘉靖年间（1522—1566）	一路三进三开间	红砂岩	博古脊	次间木直梁各一攒、斗拱	八角形花岗岩
21	顺德区杏坛	逢简刘氏大宗祠	明永乐十三年（1415），天启修	一路三进五开间	红砂岩	龙船脊	次间、稍间木直梁各一攒、斗拱	八角形咸水石
22	顺德区杏坛	逢简黎氏大宗祠	明万历三十七年（1609）、四十六年（1618）和清康熙四十年（1701）修	一路两进三开间	咸水石	龙船脊	木月梁、木柁墩、斗拱	八角形咸水石
23	顺德杏坛	右滩黄氏大宗祠	明	一路三进五开间（清末民国风格）	花岗岩	博古脊	虾弓梁	方形花岗岩
24	顺德杏坛	古朗漱南伍公祠	明崇祯四年（1631）	一路三进三开间（晚清风格）	花岗岩	博古脊	虾弓梁	方形花岗岩

续表5.1

序号	区 位	建筑名称	兴建或维修年代	规模及辅助要素	石材质	正 脊	门堂前檐纵架	门堂檐柱
25	顺德杏坛	逢简石鼓祠（存心颐庵公祠）	明成化年间（1465—1487）	一路三进三开间	花岗石	龙船脊	无梁	无檐柱
26	顺德北滘镇	曾氏大宗祠	明天启年间（1622—1627）	一路三进三开间（清光绪风格）	红砂岩	龙船脊	虾弓梁	方形花岗岩
27	顺德北滘镇	碧江尊明苏公祠	明嘉靖年间（1522—1566）	一路三进五开间	红砂岩	龙船脊	木月梁、木驼峰、斗栱	八角形红砂岩
28	顺德北滘镇	桃村报功祠	明天顺四年（1460）	一路三进三开间	花岗石	博古脊	无梁	方形花岗石
29	顺德乐从镇	沙边何氏大宗祠	明始建，清康熙四十九年（1710）重修	一路三进三开间，甬道、前院无侧廊	咸水石	龙船脊	木直梁、如意斗栱	方形咸水石
30	顺德乐从镇	良教诰赠都御使祠	明弘治八年（1495）	一路三进三开间	花岗石	博古脊	木月梁、木驼峰、斗栱	方形花岗石
31	顺德陈村镇	仙涌朱氏始祖祠	明万历乙酉年（1585）	三路三进三开间	咸水石	龙船脊	木月梁、木柁橔、斗栱	八角形咸水石
32	顺德陈村镇	仙涌翠庵朱公祠	明嘉靖甲申年（1524）	一路三进三开间	花岗石	龙船脊	虾弓梁	方形花岗石
33	顺德杏坛镇	上地松涧何公祠	明弘治壬戌年（1502）	一路三进三开间	咸水石	龙船脊	木月梁、木柁橔、斗栱	方形咸水石

　　明代佛山传统建筑无论是形制格局、梁架结构、建筑材质还是样式和装饰等方面，均已发展形成鲜明的特色，是佛山传统建筑的成型阶段。雕饰丰富的木、石、砖装饰开始走向程式化。

一、形制格局

　　现存的明代代表性建筑类型是庙宇和祠堂，其中以祠堂的数量为最多。在形制格局方面，宗教建筑实与祠堂建筑是同构的，因此我们以祠堂建筑为代表讨论佛山明代建筑的特点。

明中晚期佛山重要建筑已形成了中轴线上三堂的模式。殿堂和厅堂建筑的形制特征为：①面阔和进深为三至五开间；②柱网形式较为简单，多为双槽或满堂式，由心间四根金柱之间形成较大的空间；③门堂常作分心槽，祠堂门堂多为一门四塾。

明代前期，建筑占地较大，总体布局较为疏朗，前庭较为宽阔，多采用一路的做法。明中晚期，冼氏、霍氏、梁氏等宗族集团，整合为佛山历史上著名的强宗右族，成为明代领导佛山发展的主要社会力量。霍韬、庞嵩①等宗族的祠堂、族谱、家训等模式成为其他宗族学习的蓝本。祠堂的平面形制也形成了一路三进五开间的强势宗族形式以及一路三进三开间的普通宗族主流形式。

对于建筑形制，历代都有严格的规定，明代也不例外，而且明代早期法律严明，执行也严格。但明中叶以后，"尤其是晚明时代，国家对于社会成员行为的实际控制力其实相当微弱，其表征之一是存在普遍公开的违法行为。国家对于这类行为基本无力追究"②。正是这种国家控制力的薄弱、当地经济的繁荣昌盛、民间生活的奢侈攀比之风极盛的环境，为今天的我们留下了众多规模宏大的五开间祠堂建筑。这些大型祠堂不仅面阔五开间，而且占地面积大，祠堂前面或两侧有大面积的花园、空地。即便是三开间祠堂，也大多是三进，院落阔大，祠堂占地面积大部分在 700 平方米以上。③尽管现存五开间祠堂的数量不多，但明中晚期五开间祠堂所占的比例显然比任何时候都多。这些形制均已形成相对固定的"门—堂—寝"模式，并已出现门堂塾台。

相较清代以后重要建筑三堂及廊的基本形制外，明中晚期重要建筑还有相当的辅助建筑形制，如牌坊、月台、照壁等，虽然不是每个建筑都具有这些辅助元素，但却是相对更广泛地使用。也有部分主要建筑形制未有完整地体现，如侧廊。现存明中晚期始建建筑中，有前后院均有侧廊的情况；也有部分前院无侧廊的情况。

---

① 庞嵩，字振卿，号弼唐，明南海（今禅城区石湾张槎弼唐村）人，后落籍西宁（今郁南县）。明嘉靖十三年（1534）举人，是万历年间著名学者，世称弼唐先生。讲学罗浮山，从游甚众。先后出任南京应天府通判、治中（参理府事的职官）、南京刑部员外郎、郎中、云南曲靖知府等职，撰有《原刑》、《习刑》、《祥刑》和《明刑》四篇著述，辑为《刑曹志》，曾用三种少数民族文字刻印《同文编》。著有《太极解图书解》、《弼唐遗言》和《弼唐存稿》，皆为学者赞颂。

② 赵轶峰. 明代的变迁［M］. 上海：上海三联书店出版社，2008：108.

③ 赖瑛. 珠江三角洲广府民系祠堂建筑研究［D］. 广州：华南理工大学，2010.

在"大礼议"① 事件之后，大型祠堂格局开始出现衬祠，衬祠基本上以"楼"的形式出现。由于衬祠、牌坊、月台、后楼等辅助建筑元素的大量出现，在"大礼议"事件之后，明代祠堂格局呈现出纷繁的种类与形式。青云巷尚未出现，大型建筑格局呈单线性布置，通过形式、尺度不同的各类建筑元素，在中轴线上塑造出多层次的空间。

门堂形制的特征为采用分心槽的平面布局，中柱分前后檐，前后檐出挑。在台基部分也会强调出这种前后的平衡——要么没有塾台，要么一门四塾。②

二、梁架结构

明代多用前后四柱抬梁构架，柱子高度变大，内部空间高敞，梁架形式多有变化，善于使用童柱③解决梁柱交接问题。明中晚期佛山传统建筑的梁架形式以大式斗栱梁架和小式瓜柱梁架为多。殿堂建筑的斗栱和柱子比例约为1:3，使用生起与侧脚。明代前中期多使用梭柱，柱子卷杀明显，明代后期多用直柱，长细比加大。使用月梁，梁式浑圆饱满，高宽比约为5:4，梁底起拱大，无花饰，梁头卷杀简洁。梁肩有卷杀，出柱榫头和无出柱榫头并存，梁头下部有用插栱和雀替两种构造做法。驼峰斗栱横架柱梁交接的透榫做法主要集中在明代，明代以后全部采用不透榫的做法。斗栱的规格比较硕大。

明代建筑屋顶坡度变缓，屋顶曲线已经不大明显。收山增大，略小于稍间开间一步架，立面简洁大方。屋顶构架用方檩且檩间距比较大，施挑檐檩，替木可有可无。

明代主要的檐口构造类型为木柱 + 挑檐。建筑门堂前檐纵架形式常见为木直梁木驼峰斗栱，有的心间、次间均有。三开间建筑次间一攒驼峰斗栱，有时心间亦有两攒；五开间建筑则多为心间二攒斗栱，次间、稍间各一攒斗栱；斗栱一般为一斗三升形式。④

---

① 明嘉靖年间确定兴献王朱祐杬尊号的争论。因系封建礼法之至大者，故名。正德十六年（1521），明武宗正德皇帝薨，无子，兴献王长子朱厚熜（孝宗从子，武宗从弟）即皇帝位，即明世宗嘉靖皇帝。即位后的嘉靖与以杨廷和、毛澄为首的武宗旧臣们之间关于以谁为世宗皇考（即宗法意义上的父考），以及世宗生父尊号的问题发生了争议和斗争。嘉靖在"大礼议"争论中坚持己意，尊生父兴献王为皇考，尊明孝宗为皇伯考。至嘉靖三年（1524）以世宗一方胜利结束。嘉靖十五年十月"更世庙为献皇帝庙"，且于十一月建成"献皇帝庙"。

② 杨扬. 广府祠堂建筑形制演变研究［D］. 广州：华南理工大学，2013.

③ 清式建筑构架中，下端立于梁、枋之上，而并非从地面竖立起的柱子。功用与檐柱、金柱相同，一般用于重檐建筑或多层建筑。梁架上的瓜柱亦称童柱。

④ 赖瑛. 珠江三角洲广府民系祠堂建筑研究［D］. 广州：华南理工大学，2010.

三、建筑材质

明代中期，佛山传统建筑已经在材料、结构和构造等方面适应了本地气候条件和自然资源条件的变化，如空斗砖墙、蚝壳墙、红砂岩等的应用。木材是各朝代变化不大的建筑材料，红砂岩、咸水石、青砖、蚝壳等材料则具有明显的明代特征。

红砂岩是明中晚期建筑中倍受青睐的一种石材。现存建筑中，红砂岩主要使用在以下部位：①门面，即门堂心间大门周边；②墙裙，在门堂两次间墙体及山墙底部，用三到五皮红砂岩贴面做墙裙；③墙基；④地面，门堂内心间地面、前院地面、后院地面也多为红砂岩条石铺砌；⑤柱子及柱础。由于石构件保留时间长，所以即便是历代多次维修，已找不到多少具有明代风格的木构件，却常常发现一些红砂岩构件仍然点缀其中。

在清康熙迁海以前，因咸水石取材较为便利而成为建筑的主要用材之一。南海大沥镇曹边曹氏大宗祠、顺德乐从镇沙边何氏大宗祠等还保留咸水石墙裙、柱子及柱础。

明中晚期建筑中，青砖主要用于砌筑墙体。由于青砖是在明代才开始用于民居建筑的，烧制技术还不是很高，所以常见明中晚期建筑的青砖夹杂橙、红等色，砖质也较为粗糙。明中晚期青砖规格普遍较为硕大。明砖的长宽比为2:1，尺寸可达到325毫米×155毫米×85毫米，常见300毫米×130毫米×80毫米的规格，外观粗犷、朴实、大方。青砖的规格在珠江三角洲有较明显的地域差异，整体而言，西江流域的顺德、南海等地的青砖要比东江流域的青砖纤细很多，如明中期始建的顺德杏坛镇苏氏大宗祠，墙砖的规格为270毫米×105毫米×70毫米。

清早期以前，尤其是明中晚期，蚝壳曾经广泛用于珠江三角洲的建筑，是广府地区特有的建筑材料，清中期以后渐渐消失。蚝壳墙在青砖烧制还不娴熟的明中晚期广泛使用，如今得以完整保留的蚝壳墙建筑已存数不多，如南海区大沥镇曹边曹氏大宗祠、大镇朝议世家邝公祠等。[①]

四、样式和装饰

明代建筑整体风格古朴、大方。山墙以硬山为主且人字山墙为多，正脊以龙船脊为多，开始采用独具特色的博古脊，脊上有灰塑。龙船脊通常

---

① 赖瑛. 珠江三角洲广府民系祠堂建筑研究 [D]. 广州：华南理工大学，2010.

只在脊身上有浅浮雕的卷草纹灰塑，隐喻如水草般生生不息。常使用几案形门枕石。托脚为 S 或 S + 型，用如意纺或卷草纹驼峰。门堂心间采用木门面做法的建筑大多始建于明代。

明代石檐柱较为常见的截面形式是八角形。木柱顶阴刻栌斗，并保留有櫍，而且尺寸大。柱身在距离柱础一二寸的地方作卷杀，卷杀这一特征一直延续到民国时期。明中期以前的柱子的特点为：①外观硕壮。不仅础石宽大厚重，而且柱子也硕壮，直径达 400 毫米的很常见。②础座宽度远大于整个柱础的高度。顺德杏坛镇苏氏大宗祠（明万历年间）中堂、后堂的檐柱、金柱 16 根全是圆木柱、素覆盆础，础座宽 660 毫米，础高 360 毫米，比值达 1.83。

明代柱础壮实厚重，层次相对较少。柱础的图案清晰、凹凸感强。柱础多有覆盆形式。宋《营造法式》中规定柱础四种作法：素平、覆盆、铺地莲花①、仰覆莲花②，明代佛山地区柱础（图 5.10）后面三种都较为常见。明中期以前柱础的宽度明显大于高度，年代越久，宽高比就越大。明代后期柱础尺度开始增高，柱础的宽高比显然没有明中期以前的大，甚至有少量柱础的宽度会略小于高度。柱础束腰部位一般宽于柱子直径，给人以稳重厚实的感觉。柱础纹饰古朴大方。八角莲瓣状覆盆（铺地莲花）为常见形式，但除此之外大多没有过于精细的雕刻，即便有雕刻也基本为浅浮雕，不似清代的复杂。此外，柱础整体线条比较简单，层次也比较分明。

壶门装饰是这一时代的特征。在佛塔、造像的须弥座上，建筑、家具的台座上，处处出现了壶门的影子。清代以后渐渐少用壶门装饰。

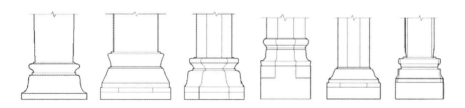

图 5.10　佛山地区明代柱础样式

资料来源：赖瑛. 珠江三角洲广府民系祠堂建筑研究［D］. 广州：华南理工大学，2010。

---

① 雕莲瓣向下的覆盆。
② 铺地莲花上再加一层仰莲。

第三节　清代初期与中期佛山传统建筑特点

　　清初岭南各地战火纷飞，清军屠杀百姓，更具杀伤力的是清初的迁海令。在清初战乱与迁海的恶劣生存环境下，大量建筑遭摧毁，因此本地常有自称始建于明的祠堂但现存建筑却是清代风格。就整体风格而言，清早期的建筑在形制格局、梁架结构、建筑材质等方面大多沿袭明代中晚期。由于清早期整体经济环境低迷，建筑建造相对简单，所以在清中晚期大都进行重修，而所谓的重修其实大多就是平基重建。

　　到清代中期，随着时局的逐渐稳定，经济恢复发展，社会恢复秩序，广府地区宗族财产积累相当丰厚，宗族势力庞大，出现了建造活动的高峰期，清初以前兴建的建筑在这一阶段也得以重修、重建或扩建。

　　清中期是佛山传统建筑的成熟阶段。清中期，祠堂数量迅速增加。从《佛山忠义乡志》来看，据不完全统计，乾隆初年佛山有大宗祠和分房的世祠146所，道光初有各类祠堂177所，民国初年各类祠堂376所。[①] 在顺德，目前古祠堂保留较集中的地方是杏坛镇、龙江镇、乐从镇等地。清嘉庆《龙山乡志》载，顺德龙山乡在嘉庆年间就有祠堂200多座。杏坛镇也是顺德现存古祠堂最多的乡镇之一，其中仅是逢简村原来就有祠堂70多座，现存17座。表5.2所示是部分清代初期与中期建筑。

表5.2　部分清代初期与中期建筑

序号	断代	区位	名称	兴建或维修年代	平面形制及规模	正、垂脊	门堂前檐额枋构架	柱子
1	清早期	顺德陈村镇	文海松庄仇公祠	清康熙辛巳年（1701）	一路三进三开间，560平方米	龙船脊	次间木直梁一攒驼峰斗栱	八角花岗石
2	清早期	顺德北滘镇	郑氏大宗祠	清康熙庚子（1720）	三路三进五开间，2404平方米	中堂为龙船脊	中堂木直梁，方形花岗石前檐柱	
3	清早期	南海大沥镇	沥东吴氏八世祖祠	清康熙六十年（1721）始建，光绪修	两路三进三开间，474平方米	博古脊	虾弓梁、金花狮子	方形花岗石

---

　　① 冼宝干. （民国）佛山忠义乡志（乡镇志集成本）[M].

续表5.2

序号	断代	区位	名称	兴建或维修年代	平面形制及规模	正、垂脊	门堂前檐额枋构架	柱子
4	清早期	顺德北滘镇	广教杨氏大宗祠	清雍正二年（1724）始建，光绪重修	三路三进三开间，741平方米	博古脊	虾弓梁略弯、金花柁墩	八角咸水石
5	清早期	顺德杏坛镇	北水尤氏大宗祠	清雍正三年（1725）建，后座陆续建	三路三进三开间，2450平方米	博古脊	虾弓梁、金花狮子	方形花岗石
6	清中期	顺德均安镇	豸浦胡公家庙	乾隆元年（1736）	一路三进三开间，通面阔12.54米，纵深28.45米，355平方米	龙船脊/镬耳山墙	虾弓梁、金花狮子	方形花岗岩
7	清中期	南海大沥镇	白沙杜氏大宗祠	乾隆十七年（1752），三十五年迁建，五十九年回迁	一路三进三开间	博古/直带式垂脊脊端作博古形式收尾	虾弓梁、金花狮子	方形花岗岩
8	清中期	禅城区南庄镇	隆庆陈氏宗祠	清嘉庆二十二年（1817）	一路三进三开间	博古/直带式垂脊脊端作博古形式收尾	虾弓梁略弯、金花狮子	方形花岗岩
9	清中期	顺德容桂街道	马东冯氏六世祖祠	道光九年（1829）建，光绪修	一路三进三开间，568平方米	博古/直带式垂脊脊端作博古形式收尾	虾弓梁、金花狮子	方形花岗岩

一、形制格局

清代建筑规模较明代加大，一路三进三开间形制仍是重要建筑的主导形式。如表5.2所示清早期兴建的五座建筑中，三座为三路形制，其中，两座为三路三进三开间形制，一座为三路两进三开间形制。但这些建筑的边路是在清初始建之时就已兴建，还是在清中晚期重修时加建，就必须仔细考究了。

清代初期大型宗祠建筑重新出现，可视为明末祠堂的遗韵。这批大型祠堂并没有脱离明代大型祠堂的格局范型，规模宏大，空间丰富，表现在立面和空间两个方面。立面具有强烈的特征，门堂两边带门楼，楼下有独立的入口，钟鼓楼两边有翼墙沿进深方向伸出。空间方面，由于不设青云巷，祠堂整体沿进深方向呈单线性布置，通过丰富的高差关系以及尺度、形式不同的建筑元素，在中轴线上塑造出多层次的空间。三路三进成为等级较高祠堂的主要形制，由此产生了较为稳定的青云巷、衬祠、廊庑的做法，前庭、中庭、后庭和边路庭院的关系也相对稳定下来。

清代早期与中期建筑的规模变小，三开间的堂、门塾制度、石檐柱、虾弓梁、镬耳山墙等已经普遍应用，屋顶基本不用举折，坡屋面一般呈直线。另外，正堂前的拜亭开始出现。等级不高的建筑则出现了各种变通做法，如凹斗门式的大门、中堂与后堂合一等。

清中期，建筑形制布局成熟，平面形式多样，但仍以一路三进三开间为主流，同时出现了大量一路两进三开间、三路两进三开间等形式。建筑的规模显然减小很多，大部分祠堂建筑面积都在 500 平方米以下，二进的小型建筑约占总数的一半。辅助建筑元素的使用也以衬祠、牌坊等为主。建筑的平面形制丰富，达到一个非常成熟的阶段。"门堂—享堂—寝堂"三进功能分区明显，前后两院两侧在清中期以后也固定地建造侧廊，堂、廊的完整组合在清中期固定下来，这与明代侧廊时有时无的情况有较大差异。

该时期由于青云巷的出现，"路"的概念被极大地强化了，建筑格局从单线性式逐渐发展到多线性式。由于青云巷的出现，以及轩廊、拜亭的发展，佛山传统建筑格局呈现出"单线性式—多线性式—网格式"的演变轨迹，以沙滘陈氏大宗祠最为典型。

清中期另一常见的建筑辅助元素即是牌坊。现存带牌坊的建筑大多建于清初以前，但牌坊则相当部分建于清中期或晚期。这里牌坊又分为牌坊式大门和独立牌坊。牌坊式大门如南海七甫陈氏宗祠于乾隆五十八年（1793）重修时将门堂改为牌坊式大门，沙头崔氏宗祠于乾隆四年（1739）重建门堂时改用牌坊式大门。

清中期广三路格局成熟，一门二塾型制大量出现，厅堂前檐廊设轩开始普及，并在两边山墙设门通往两边的青云巷。随着大门位置的前移，后跨两边山墙往往开有门洞，与两侧青云巷相通，甚至会在后跨设轩，强调了后跨在横向空间的引导。使用衬祠、牌坊等建筑元素的比例大大增加，而明代较常见的照壁、月台、甬道等元素则很少使用了。

清中期后衬祠大量使用，经典的广三路格局集中出现在清代中期之后，并成为大型祠堂的必然选择。由于青云巷的出现，建筑格局从早期的单线式逐渐向多线式过渡。多线式格局导致了横向廊道的形成与发展，使建筑格局从多线式逐渐演变为网格式。

清中期建筑平面变得较为复杂，出现了金厢斗底槽的平面形式。单檐建筑前后用四柱。并出现较多凹斗门式建筑。于中堂前檐位置设塽是本时期建筑的典型特征，尤其塽上设有花窗，成为厅堂立面的一个经典形象。

二、梁架结构

清代大式斗栱梁架较为简洁明快，使用襻间、隔架、斗栱，结构合理，少用童柱构造形式。小式瓜柱梁架使用瓜柱抬梁构架，构架处理简单，梁间距密集，倾向厅堂构架形式。清代佛山地区建筑多用直柱，柱头略有卷杀，柱径尺度变小，柱子进一步升高，长细比加大，斗栱变小。大式建筑用月梁，肩有卷杀，多无出柱榫头，梁头下部有用插栱和雀替两种构造做法。小式建筑使用平梁，高宽比略小，近5:4之比例，梁肩无卷杀，梁头贯柱而出，端部作卷杀，或有出柱后变为栱式。檐部平梁则出柱成挑梁，承托檐口。

清中期梁架形式最突出的变化莫过于如意斗栱形式和门堂前檐檐枋虾弓梁两处。平面米字形网状格局的如意斗栱在清中期的佛山传统建筑中颇为显眼。门堂前檐檐枋虾弓梁在清中期得到广泛使用。明代盛行的木直梁上置驼峰斗栱，清中已为石制虾弓梁所代替。原木梁上的驼峰斗栱这时也演变为与石梁同材质的石构件，下部驼峰演变为柁墩或狮子造型，上部之斗栱则多演变为金花。清初部分建筑开始使用石梁（一般为花岗石材质）来取代木梁，仿月梁形式，在两端梁头象征性跌落一点；到清中期，梁头跌落非常明显。

三、建筑材质

清代早期与中期，咸水石因为历史原因不得开采，且材质本身较易脆裂而不再使用；红砂岩也因乾隆年间的再度禁采而渐渐少为人们所使用；花岗石则得到广泛应用，如墙裙、地面、柱子等部位均采用花岗石。此阶段，如果说墙裙还在花岗岩与红砂岩间徘徊的话，方形的花岗石柱子则基本成为檐柱的常式。清中期开始大量使用花岗石梁，梁头雕刻以人物为常见。

青砖质量在清中期有了长足进展。明代青砖才开始使用在民居上，经过百余年的发展，青砖的烧制技术大为提升。相较色泽不均匀、表面粗糙不平、外观厚大的明代青砖，清中期青砖质量提高，色泽均一，表面相对光滑，孔洞较之前小。青砖的规格也变小了。清中期珠江三角洲地区青砖规格存在明显的地域差别，南海、顺德等地青砖规格大致为（250～280）毫米×（100～110）毫米×（50～60）毫米，从化、增城等地的青砖则可达（285～315）毫米×（110～135）毫米×（65～85）毫米。门堂正立面墙体采用水磨合缝青砖墙，灰缝仅2～3毫米，做工极为精细，与两侧山墙清水墙体形成对比，以突出门面的重要性。另外，砖雕也开始大量出现，特别烧制大块青砖以作墀头雕刻或作花窗、窗楣装饰。

清代的琉璃瓦已经发展成熟，比明代的琉璃瓦相比，在色彩、耐久性等方面均优胜，广泛地用于各大建筑中。

清代出现了一些新的材质，如彩色玻璃、铁艺、陶脊等，为佛山传统建筑注入了新鲜的血液。陶脊是清代中叶佛山建筑陶瓷中出现的一大品类，并盛行于清晚期，直至民国。石湾出现了许多专门从事陶脊制造的店号，如"文如璧"、"英玉"、"奇玉"、"宝玉"等，以及众多享誉海内外的陶塑名师，如黄古珍、陈祖等。

四、样式与装饰

清代的建筑装饰发展得异常丰富，雕刻十分细腻，色彩斑斓，但是就缺少了明代建筑装饰的简朴大气。岭南传统工艺木雕、石雕、砖雕、陶塑、灰塑、壁画等，将建筑装饰得美轮美奂。

清代早期和中期，人字山墙虽然仍是主要的山墙形式，但采用镬耳山墙的建筑数目明显增加。清早期正脊多为船形，龙船脊高度相对清中期以后盛行的博古脊更为低矮。清中期建筑装饰最明显的变化莫过于博古正脊的产生。博古屋脊在清中期开始盛行，并延续至民国。正脊开始较多地使用博古形式，垂脊也在直带式垂脊上加上博古形式脊尾，或在大式飞带上加上博古形式脊尾，即"直带式垂脊脊端作博古形式收尾"和"大式飞带垂脊作博古形式收尾"。这就改变了清早期以前，龙船正脊、大式飞带垂脊一统建筑屋脊的局面，屋脊形制变得丰富而多样。盛行之初的博古脊敦实大方，用色上以灰塑本色为主，且纹饰简单，更接近于夔首造型，高度上比龙船脊略高，脊额与脊耳大致等高，如禅城区张槎街道大沙杨氏大宗祠门堂的正脊。清代屋脊上的灰塑内容逐渐丰富起来，脊身开始有了中间主画和两侧辅画之分。三开间建筑的主画位于脊中间位置，约占心间一半宽度，大多采用"鲤鱼跳龙门"、"诗礼传家"等题材；两侧辅画则以山水花卉等题材为主。不仅装饰内容丰富了，构件亦增多了，如在龙船脊两侧起翘部分的底部安装船托（图5.11）。船托最常见的是一个小的博古架，也有做寿桃、花篮甚至狮子等造型的，主要的装饰材料为灰塑。

图5.11 南海区平地黄氏大宗祠龙船脊船托

资料来源：吕唐军摄。

清代屋顶有用琉璃瓦。门堂砖雕墀头在清中期常见形式为二段式，如南海大沥镇颜边颜氏大宗祠（清道光十三年·1833重修）。

清代用高柱础，础身束腰收杀大，造型轻盈，式样多种。清早期门堂檐柱多为八角形。柱础经历了一个由硕壮稳重到瘦长轻巧、由端庄大方到极尽雕饰的发展过程。大方石柱出现在清代早期与中期的建筑中，柱身比例接近于八角石柱；柱础变高，但未出现束腰；抹角开始出现，多呈简单的线脚；柱头栌斗的形状逐渐变得模糊，通常是一条围绕柱身的凹槽。

清代中期以后，柱础的式样发生了显著变化。首先，础宽、高比值基本小于1（表5.3），础身较为柔和。相比较之前厚重、壮实的柱础，此时的柱础变得柔和。清早期及以前的柱础一般为础的宽度大于础的高度，清中期以后则出现相反情况，础高度大于础宽度。础宽和础高没有一个确切的度，之间也没有一个绝对的比值，础宽有小至360毫米，也有大至580毫米，但它们之间大多有一个特点，即由原来略方的柱体转变为开始有束腰了，柱础的最窄处（即础腰）已经开始小于柱子直径了。这是清中期柱础与清早期及以前柱础一个较大的区别。础身造型以瓶状和方块状为主。清早期及以前常见的覆盆式柱础到清中期已不再使用，取而代之的是花瓶形状。木柱櫍几不可见，取而代之的是与础身、础座合而为一的石质柱顶，柱顶以圆形和方形为主，线条渐渐丰富，层次感突出。花瓶状柱础主要用于金柱位置，上承托木质圆柱。还有一类沿袭明末清初的方形柱础。方形柱础的宽高比值明显较花瓶础大一些，也主要用于檐柱位置，上面多承托方形花岗岩石柱。与明末清初方形柱础不同的是，此时的方础层次颇多，少则横向向外出跳三次，多则除横向出跳三四次外，纵向也向础顶底

部、础座上部内收三四次。也正因如此，清中期的础石比起以前的显得轻
盈而不失稳重。

表5.3　明末清初础宽高比

单位：毫米

序　号	建　筑	础　宽	础　高	比　值
1	杏坛镇苏氏大宗祠	660	360	1.83
2	古朗漱南伍公祠	560	320	1.75
3	曹边曹氏大宗祠	475	520	0.91
4	沙边何氏大宗祠	540	540	1
5	林头郑氏大宗祠	600	620	0.97

斗栱逐渐变得小巧，完全成为一种装饰。门堂喜用如意斗栱。

清代早期与中期，月梁多少还保留了一些旧有的诗意，如集中在剥鳃
和雀替上的卷草雕饰，以及梁身轻微的起拱，我们还可以从中感受到工匠
对于装饰的克制。但满雕梁身的做法已经出现，木梁的形式表达重点逐渐
从形态转移到样式。

第四节　晚清至民国时期佛山传统建筑特点

表5.4 所示为部分晚清至民国建筑的情况。

表5.4　部分晚清至民国建筑

序号	断代	区位	名称	兴建或维修年代	平面形制及规模	正、垂脊	门堂前檐额枋构架	柱子
1	清晚期	顺德均安镇	上村李氏宗祠	清光绪五年(1879)	一路三进三开间，437平方米	龙船脊/镬耳山墙	虾弓梁、金花狮子	方形花岗石柱
2	清晚期	顺德均安镇	仓门梅庄欧阳公祠	清光绪八年(1882)	三路两进三开间，992平方米	龙船脊/直带式垂脊脊端作博古形式收尾	虾弓梁、金花狮子	方形花岗石柱

续表5.4

序号	断代	区位	名称	兴建或维修年代	平面形制及规模	正、垂脊	门堂前檐额枋构架	柱子
3	清晚期	顺德杏坛镇	昌数黎氏家庙	光绪八年（1882）	一路三进三开间，拜亭，1155平方米	博古脊/直带式垂脊脊端作博古形式收尾	虾弓梁、金花狮子	方形花岗石柱
4	清晚期	南海西樵山	简村绮亭陈公祠	清光绪十三年（1887）	一路三进三开间，600平方米	博古脊/镬耳博古山墙	虾弓梁、金花狮子	方形花岗石柱
5	清晚期	顺德乐从镇	路州周氏大宗祠	清光绪丁亥（1887）	三路三进三开间，1087平方米	博古脊/直带式垂脊脊端作博古形式收尾	虾弓梁、金花狮子	方形花岗石柱
6	清晚期	顺德乐从镇	沙滘陈氏大宗祠	光绪二十一年至二十六年（1895—1900）	三路三进五开间，四塾台，3770平方米	博古脊/直带式垂脊脊端作博古形式收尾	虾弓梁、金花狮子	方形花岗石柱
7	民国	佛山禅城	兆祥黄公祠	民国九年（1920）始建	三路三进三开间，3000平方米	平脊/直带式垂脊	虾弓梁、金花狮子	方形花岗石柱
8	民国	南海大沥镇	潨表李氏大宗祠	民国十年（1921）始建	一路四进五开间，4002平方米	花脊/直带式垂脊脊端作博古形式收尾	虾弓梁、金花狮子	方形花岗石柱

清晚期，民族资本主义工业的蓬勃发展提供了经济保障，国家控制力逐渐丧失，清政府不得已对社会秩序进行重建。广府地区再一次迎来祠堂建造的高峰期。佛山地区建筑形制日趋完善，建筑工艺日渐精巧，进入程式化阶段。许多较大规模的祠堂气魄宏大，装饰极其繁琐。

民国时期，社会跌宕起伏，战争不断，人们生活动荡不安，是佛山传统建筑的衰退阶段。科举制度的废除削弱了乡绅的势力与地位，民国时期采取的新学使祠堂原来承载的教育功能大大弱化，广府地区建造日渐衰退。①

---

① 赖瑛. 珠江三角洲广府民系祠堂建筑研究［D］. 广州：华南理工大学，2010.

一、形制格局

清晚期是佛山传统建筑的程式化阶段。

以祠堂为代表，清晚期出现多种形制等级高的祠堂，如三路三进三开间、三路三进五开间、三路四进三开间、五路三进三开间。三路祠堂的建筑面积常为 1000 平方米以上，若包括祠前广场和水塘等，则可能两倍于此。这时出现多个面积超过 2000 平方米的祠堂建筑。如沙滘陈氏大宗祠，主体建筑面积达 3770 平方米。

清晚期，佛山地区的建筑平面形制已经程式化，类型多数固定在一路三进三开间及一路两进三开间两种形制上。一路三进三开间的平面形制主导地位不变，其次是一路两进三开间的平面形制。在此基础上衍生多种变通形制，如一路三进五开间、三路三进三开间、三路三进五开间、五路三进三开间等大型建筑形制。

清晚期延续清中期风格，较多地使用衬祠、牌坊等建筑元素。衬祠不仅是常见的基本形制——中路的两侧各建一路衬祠，形成三路格局，而且也有在两侧各建两路衬祠，形成五路的超大型祠堂。衬祠不仅可以对称地分布在中路两侧，也可以不对称地分布在中路一边。衬祠既可以是三间三进主祠的扩展，也可以是三间两进主祠的扩展。在原有建筑的门堂与中堂间加建牌坊也是清晚期维修的常见情况，在后堂后面增建两层高后楼的情况也渐渐多起来。

轩廊或厅堂在两边山墙上往往会开有门洞通往青云巷，门上有题款；青云巷外往往有单独的房间与厅堂的边门相对。在与建筑中轴线垂直的方向上，出现了完整的横向线性廊道空间，卷棚的屋面形式为之提供了空间上的引导。横向线性空间的加入，使建筑格局从线性式发展为网格式。网格式的出现时间较晚，以沙滘陈氏大宗祠为典型。①

民国时期，除了一脉相承的中国传统建筑外，还受西方思潮的影响，出现了一批西式、近代建筑。这类建筑已不再强调中正对称，即使是以岭南传统建筑式样营造的建筑，亦有自由的平面与立面布局。西式建筑的平面与立面就更加自由大胆了。

在建筑营造中，人们开始尝试新的建筑技术、新的建筑材料，并使用清以前建筑少用的蓝色、黄色、白色等色彩，其中，靛蓝色成为晚清以来尤其是民国建筑突出的时代特征之一。新思想、新审美情趣表现为色泽的

---

① 赖瑛. 珠江三角洲广府民系祠堂建筑研究 [D]. 广州：华南理工大学，2010.

亮丽，如梁架底色为白色，衬以褐红色檩条、靛蓝色椽子，相较传统的褐红色檩条与椽子、黑色的梁架而言，显得清爽而亮眼。

二、梁架结构

清晚期后，檐部构造形式全部为石檐柱或不挑檐。在柱檩交接方面，柱头已不做出栌斗样式，但仍有替木、插栱等构件。门堂前檐檐枋虾弓梁形制已程式化，檐枋梁架几乎是无一例外地选择"石虾弓梁石金花狮子"形式。相较清中期的虾弓梁，此时的石梁两端下跌更为显著，常见跌落至石梁高度一半左右，而且石金花狮子及梁底石雀替也因精细的雕刻而显得轻盈、纤细，尤其是采取镂雕手法之后。

博古横架也极为盛行，如门堂前檐横架、中堂轩廊横架、前后两院侧廊横架等。博古横架因其所处的位置不同而存在不同的造型，其丰富多变的造型在晚清民国的建筑中倍受青睐。[①]

三、材质

清晚期，建筑中的石材已基本使用花岗岩。青砖的规格较清中期更精细了，不仅青砖表面更为光滑，孔洞少而小，而且青砖的规格更小了。清晚期，珠江三角洲地区青砖规格也还存在明显的地域差别，南海、顺德等地青砖此时规格大致为（240～260）毫米×（100～110）毫米×（50～60）毫米，从化、增城等地青砖则可达（280～300）毫米×（105～120）毫米×（55～70）毫米。清代后期砖的尺寸呈现出逐步变小的趋势，这种变化可能与清末双隅墙[②]的出现有关。双隅墙增加了空气层的空间，如不缩小砖的尺寸，必然会比实心墙占地多。[③]

民国时期大量运用了新的材质与新的技术，如水泥、混凝土等，彩色玻璃、铁艺等西式手工艺更是多不胜数。

四、样式和纹饰

清晚期，博古正脊形式延续了清中期风格，但也有细微区别。清晚期博古脊成为正脊中的主角，70%的建筑选择了博古正脊。博古正脊较清中

① 赖瑛. 珠江三角洲广府民系祠堂建筑研究［D］. 广州：华南理工大学，2010.

② 双层墙。

③ 汤国华. 岭南湿热气候与传统建筑［M］. 北京：中国建筑工业出版社，2005：84.

期的更为高昂，两侧的脊耳所占的位置更宽，有时占了整个次间宽度。与博古正脊相匹配的是垂脊的脊端，也多见以博古形式收尾，不论是直带式、镬耳山墙形式或是飞带式。民国时期正脊愈趋高耸，层次多，内容丰富。

清晚期直至民国，博古脊与建筑整体形式一样趋向高瘦、艳丽，外观上与夔龙意象渐行渐远。色彩上，使用彩绘与灰塑相结合的彩色灰塑，高度上整体拔高，脊耳高出脊额三分之一至二分之一。博古脊的色彩也由原来古朴的烟灰色演变成彩色灰塑，造型上越发世俗化。脊耳内纹饰线条愈发繁复艳丽，甚至辅以寿桃、蝙蝠、瓜果、藤蔓等图案，以表达人们子孙满堂、长寿等美好愿望。发展成熟的博古正脊由脊额、脊眼、脊耳等组成，均为灰塑，依建筑开间大小、屋脊长短可作单幅、三幅、五幅图案，居中称主画，主要内容为诗礼传家、三狮图等，其余为小品，主要内容为梅竹、山水等题材。脊眼并不是每个博古脊必具的组成部分。起初脊眼位置只是一个一尺见方的小洞，用以缓解海风对屋脊的压力，后来这个洞口就被灰塑花篮、蔬果等造型所装饰。

清末民初的柱础有典型的女性纤巧之美（图5.12）。小方石檐柱在清晚期全面取代其他柱型而成为主流。这种小方石柱变得史无前例的纤细；有着富有表现力的线脚，海棠口、竹节纹抹角纷纷出现；柱础变得更高，并做出花篮、杨桃等造型，束腰处极为夸张。

石柱开始变得精细，在柱子四个转角处雕刻三四根间隔1厘米左右的垂直线条或竹节纹。清中期盛行的花瓶础这时已渐渐不多见，取而代之的是"花瓶"处础身演变为鼓形，鼓身雕刻成杨桃等形状，此类柱础多用以承托圆木柱，用作金柱。还有一类较为盛行的就是两处束腰的纤巧柱础，用以承托石质方形柱子，用作檐柱。

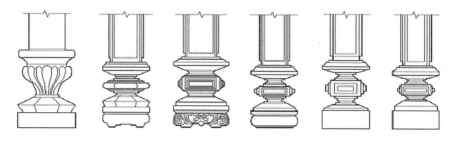

图5.12　晚清至民国时期柱础样式

资料来源：赖瑛. 珠江三角洲广府民系祠堂建筑研究［D］. 广州：华南理工大学，2010。

清代晚期建筑构件的装饰已经定格、程式化了。清中期开始盛行的砖雕墀头，到清晚期已演变为程式化的三段式，并发展成熟。大梁梁头石雕人物在清晚期成为一种时尚。早期木梁穿过檐柱而露出的梁头部分，常雕成龙头状。清中期开始使用石梁头，到清晚期成为主流，在外观上与次间虾弓梁、檐柱、石金花狮子等形成材质与风格上的统一。因为材质之转变，石梁头与木大梁已是两个不同的部分，石梁头更多的是起一种装饰的作用。①

清代后期的通长木梁，梁身满雕甚至贴上金箔或施彩画，材料成为装饰的舞台，变得与材料自身的肌理、颜色毫不相干。柱头已没有做出栌斗样式。

清代后期，门枕石也模仿台基形式，开始程式化地以须弥座形式出现。上下枋、上下枭线和束腰等部分一应俱全。束腰部分转角处常雕刻成竹节纹，朝外部分通常做纹饰，有作动物纹饰和花草纹饰的，也有不做纹饰的。纹饰中最常见的是椒图。束腰朝门的一侧则通常雕刻龙、凤、麒麟等吉祥物。狮子较多地以圆雕形式出现在门枕石上方或独立在建筑物的前方，一般为左雄右雌，雄狮脚踩石球，雌狮蹄扶幼狮。

广府民系素有"得风气之先、开风气之先"的传统，民国时期的佛山建筑也将中西各类风格糅合在一起，形成别具一格的外观，立面显示出较为成熟的折中主义风格（图5.13、图5.14）。既有古希腊、古罗马建筑形象的"倩影"，也有曲线动态美的"巴洛克"、"洛可可"的痕迹，还有文艺复兴时期的风格。建筑的立面显示出极大的包容性，中式和西式建筑语言共存和相互渗透。既有典型的中国传统建筑语言，如花窗、砖雕、木雕等，又渗入了多种典型的西方建筑语言，如罗马柱、圆拱形窗、西式雕刻等，并出现了众多中西合璧的装饰手法，如简化了的西式山花、窗檐线脚和中式传统的花窗纹饰、卷杀、台基、线脚等。

图5.13 禅城区龙塘诗社
资料来源：吕唐军摄。

---

① 赖瑛. 珠江三角洲广府民系祠堂建筑研究［D］. 广州：华南理工大学，2010.

图 5.14　禅城区升平路历史建筑装饰

资料来源：吕唐军摄。

第五节　佛山传统建筑的时代特征总结

佛山传统建筑从明代开始的时代特征总结如表 5.5。

表 5.5　各时期佛山传统建筑的特征

时　期	平面格局	建筑辅助元素	梁架形式（前堂前檐檐枋）	装饰及造型	材质及规格
明代	门堂寝形制成型	牌坊、照壁、月台等	木直梁、木驼峰、斗栱	龙船正脊	红砂岩、咸水石，青砖大且色杂
清早期	一路三进三开间	无	木直梁、驼峰、斗栱、石虾弓梁同存	龙船正脊	红砂岩、咸水石为主
清中期	堂、廊完整组合	带衬祠建筑比例大增	虾弓梁广泛使用，如意斗栱	博古脊开始广泛使用，二段式墀头砖雕	花岗石大量使用，青砖较之前小且质量高
清晚期	路的增加，进的减少	衬祠、牌坊	虾弓梁，博古广泛使用，	博古脊、三段式墀头，砖雕、石雕梁头人物	基本为花岗石，青砖规格较清中期小
民国时期	一路两进三开间为主	衬祠	虾弓梁，博古梁架依旧广泛使用	高博古脊，蓝黄白等色彩多样	混凝土、生铁等新材料

第六章 佛山传统建筑的人文特点

佛山传统建筑，可谓一日览尽宋元明清，一地融汇东西风格。佛山传统建筑本身就是一个多面体，像棱镜一样折射出丰富多面的佛山传统文化性格。

一、宗族集权

岭南地区村落结构与社会结构的完整性与持续性很早就受到国内外学者的关注，岭南地区宗族力量的强大与顽强是其他地方难以比拟的。佛山正好是岭南地区宗族文化的中流砥柱。

广府宗族文化影响下的梳式村落，是传统村落中最为严整划一的规划。其中的杰出代表——岭南第一村三水大旗头村就是佛山众多村落中的佼佼者。"三间两廊"的原型源自传统合院式布局，是中国传统住居文化在岭南发展演变的结果，中轴对称式布局，通常厅堂、神台或神龛位于中轴线上，体现家庭伦理及礼序、尊卑等传统观念。

"顺德祠堂南海庙"充分说明了佛山地区的祠堂数量之大、质量之高。佛山地区现存的传统建筑中，祠堂数量占据了举足轻重的地位，且大部分祠堂建筑的保存质量在众多类型建筑中亦为最好的，以致祠堂建筑成为佛山传统建筑中当之无愧的代表作。佛山地区的祠堂数量与质量充分地证明了本地区宗族力量的强大。每个村落、每个族姓都有其代表性的祠堂，甚至有数个堂皇的祠堂，这在全国范围内都是少见的。祠堂见证了宗族的兴衰，反过来又对宗族有凝聚的作用，的确是佛山地区独特的文化现象。

宗族制度发展的需求是推动祠堂建筑兴建的内在动力。明中晚期为了巩固宗法制度和宗族群体，佛山地区宗族大兴土木，建造祠堂。正如陈献章为宗祠题记时所写："贫贱不薄于骨肉，富贵不加于父兄，宗族者谁乎？故曰：'收合人心，必原于庙。'"[①] 明中晚期先后涌现一批科举甲鼎、权倾

---

① 仇巨川. 羊城古钞 [M]. 广州：广东人民出版社，1993：36.

朝野的广东籍人士，如梁储、方献夫①、霍韬、庞嵩、庞尚鹏、冼桂奇等。这些功名人物对于宗族的发展起着推波助澜的作用。例如，庞嵩设立"小宗祠之制"，使得平民百姓亦可"上祀始祖，下祀父祖，旁及支子，既无繁缛之嫌，也无失礼之处"，受到广泛欢迎。庞尚鹏主要针对族人言行举止所作种种训诫的《庞氏家训》成为广东各宗族竞相模仿的家训范本。而霍韬对于宗族组织发展而作的努力则更为庞杂：第一，设立族产，为其整合宗族提供物质基础，即"祭祀有田，赡族有田，社学有田，乡厉有田"。第二，创建大宗祠。把五代祖先神位共祀一堂，把原已衍化分散的个体家庭重新统一在始迁祖的血缘范围内。设立家长一人"总摄家事"，立宗子一人"惟主祭祀"，从而从组织上重构宗族形态。第三，创置考功与会膳制。每年元旦，族内成年男丁聚于祠堂举行"岁报功最"奖罚仪式，这有利于刺激族人积极从事各业以壮大家族力量。每逢朔望则合族男女聚祠共餐，会膳者在每次完成一系列仪礼之后，"尊祖敬宗"的宗族认同感又一次加深。第四，创立社学书院。第五，制定家训家规。霍韬整合重构宗族组织的模式，成为后来广东强宗右族整合和发展的共同蓝本。②

佛山地区宗族组织十分发达，并形成具有一定独特自治色彩的社会群体，在一定程度上起到了管理社会基层组织的作用。祠堂则成为宗族组织不可或缺的强有力的纽带，祠堂建筑的兴建随宗族组织的加强而兴旺。宗族制度的完善无疑促进了祠堂建筑形制的成型，使得大部分祠堂的建造朝一个主流形制靠拢。③ 建筑细部也体现出宗族的控制。如门枕石上方石狮一般为左雄右雌，雄狮脚踩石球、威风凛凛，象征族权的神圣不可侵犯；雌狮蹄扶幼狮，因"狮"与"嗣"谐音，又象征子嗣昌盛、家族繁盛。

二、因地制宜

虽然佛山传统村落与大型建筑群的规划严整划一，但其单体却因地制宜，极大地受到环境的影响。近水、近山、近田、近交通线是佛山传统建

---

① 方献夫（1485—1544），初名献科，字叔贤，号西樵，谥文襄。广东南海人，原籍莆田县（今福建莆田市），据《南海县志》记载，方献夫是丹灶良登孔边村方氏开村之初方道隆的第八代宗孙。明弘治十八年（1505）进士，后改庶吉士。方献夫于明弘治、正德、嘉靖三代为臣，曾任光禄大夫、柱国少保、太子太保、吏部尚书、武英殿大学士，因此被尊称为"方阁老"。世宗即位初议大礼，疏迎世宗意得宠，由吏部员外郎擢礼部尚书。嘉靖八年（1529）进吏部尚书，上疏请勒令尼僧等婚嫁，反对外戚世封。十一年（1532）兼武英殿大学士，预机务。后见世宗恩威莫测，居职两年即告病归。著有《西樵遗稿》八卷。
② 刘正刚，袁艳萍. 明代广东宗族组织探析 [J]. 广东史志，1998（2）：5.
③ 赖瑛. 珠江三角洲广府民系祠堂建筑研究 [D]. 广州：华南理工大学，2010.

筑选址的基本要求。

佛山传统建筑的理想选址是在山坡之南、水流之北，呈抱负之势。这样的格局已成为人们心目中的既定模式。把建筑选在东低西高、前低后高的地形，是适应珠江三角洲地区的气候环境的。但实际上很多建筑的地形不能满足这种要求，因此其建筑的朝向就因地制宜，呈现千变万化的朝向格局。佛山地区的建筑朝向是全方位的，即各个方位都有建筑朝对。以《顺德文物》中收录的祠堂数量统计，其中坐北朝南的有 21 座，占 23%；坐西向东的有 16 座，占 17.6%；坐东向西的有 11 座，占 12.1%；坐南朝北和坐西南向东北的各有 10 座，各占 10.9%；坐东北向西南的有 5 座，占 5.5%；最少的是坐东南向西北和坐西北向东南的，均为 4 座，各占 4.4%。[①]

佛山传统建筑是讲究布局形制的，村落、祠堂、庙宇、民居等早在明代已经形成比较统一的布局形制，清代形制更为成熟，走向程式化。但在实际案例中，佛山传统建筑并不拘泥于格局形制，众多的祠堂、庙宇、宅第，都是按照地形地势、本族群所需，因地制宜地建造。因此虽然有众多的广三路或三间三进格局祠堂和庙宇，却没有哪两个是完全相同的。

佛山传统建筑的早期构架，无论是殿堂或是厅堂，都或多或少地借鉴了宋代官式的构架形制。随着时间的推移，佛山传统建筑的构架逐渐摆脱官式的影响而实现了对地方的适应，其中包括对自然环境和文化环境的适应。这个过程可以理解为一个在建造上不断本土化的过程。如从四合院到三间两廊，就是中原主流文化与岭南环境、气候、生活方式等地域因素逐渐融合的结果。在结构形制方面，佛山地区的传统建筑也有非常成熟的形制，但是表现在具体案例上，却因应视觉感官、造价、族群特点等灵活地结合了各种形制，出现了很多具有创意性的混合式梁架。即使是佛山祖庙如此庄严的庙宇，同一个大殿的梁架上也混合使用了三种梁架类型，显示出佛山传统建筑不拘一格、潇洒灵活的性格特点。

三、传承古制

汉墓中出土了众多的陶屋，建筑形式多样，就说明了佛山传统建筑从远古起一脉相承，源远流长并丰富多彩。

在与宋《营造法式》的比较中不难发现，佛山传统建筑的早期构架，无论是殿堂或是厅堂，都保留了众多唐宋时期乃至更早的建筑古制，如梭

---

① 凌建，李连杰. 顺德文物 [M]. 香港：中和文化出版社，2007：61 - 168.

柱、月梁，柱子的柱头栌斗、柱櫍、侧脚、升起，屋顶的椽板，梁架的叉手、托脚，等等，可以说是一本活生生的建筑史书。有些古制在中原地区早已不存在了，但在佛山地区一直流传到明清两代，这对研究中国宋以前的建筑形制有很大的价值。①

四、开放多元

佛山人长期与全国各地甚至海内外通商、频繁交往，广泛吸收各种文化，开放多元的性格已经深入骨髓。

佛山地区的建筑十分多元化，尤其是宗教建筑，有佛教的寺庙、庵堂，亦有道教的北帝庙、真武庙等，还有各种民间信仰的天后宫、关帝庙，等等。佛山人民的宗教信仰极具包容性，并具有明显的泛神信仰倾向。形形式式的宗教建筑和谐共存，甚至许多建筑本身就是数教合一的。例如，佛山祖庙的正神为北帝（道教），两侧同时供奉了观音（佛教）与孔子（儒教）；胥江祖庙的三大行宫为武当行宫（北帝庙）、普陀行宫（观音庙）和文昌宫（文昌庙）。佛山传统建筑装饰中也是大量宗教题材共存，如天官赐福、八仙过海、刘海戏金蟾等题材源于道教信仰，观音、达摩、降龙罗汉、伏虎罗汉等题材源于佛教信仰，日神、月神等题材则源于自然崇拜，反映了佛山人民博大包容的宗教信仰。

岭南的地理位置靠海，人们的生活离不开海洋，岭南人民既喜爱又恐惧水的威力，水文化在岭南文化中占有极其重要的地位。佛山传统建筑装饰中具有众多的与水有关的动物及题材，如龙、鳌鱼、宝鸭等，双龙戏珠、哪吒闹海、八仙过海等场景出现频繁。鳌鱼（龙鱼）是中国传统文化龙崇拜与珠江三角洲地区本土鱼崇拜相结合的产物。

佛山地区的殿堂与厅堂建筑，将中原的抬梁式构架与南方的穿斗式构架相融合，成为驼峰斗栱与瓜柱两种梁架结构。驼峰斗栱在主流文化的构架体系中更倾向于抬梁结构体系，瓜柱梁架则更多地倾向于穿斗式结构体系。不过，这两种梁架从来没有对立过，在一个建筑上会同时出现，即使在同一个节点也可以把两种梁架结合起来。这种混合梁架形式说明了佛山传统建筑具有开放、兼容、自由的特点。

长期与海内外频繁交往的佛山人，建筑不拘泥于陈式旧格，大胆引用外来新事物，那种"万物皆备于我"、古今中外皆为我所用的气魄无出其右。佛山传统建筑传承了中国唐宋时期的建筑风采，同时吸收了西方的建

---

① 程建军. 广府式殿堂大木结构技术初步研究［J］. 华中建筑，1997（4）：59－65.

筑文化，融合了当地的民俗文化，融会贯通成为广府文化的核心代表。例如，顺德清晖园的整体风格是传统岭南风格，但局部也采用了西洋古典元素，如罗马式拱形门窗、巴洛克柱头等，还使用了国外出产的彩色玻璃、釉面砖等。在建筑艺术中有大量西式建筑或西式建筑构件，表现了当时佛山人民对多元文化的开阔胸怀。民国时期大量出现的骑楼建筑就更是中西建筑风格的融合创新了。

五、彰显富贵

明嘉靖年间，"大礼议"的推恩令①导致嘉靖十五年（1536）家庙及祭祖制度的改革，特别是允许庶民祭祀始祖，广府地区以此为契机普及宗祠。冼宝干《佛山忠义乡志》卷九《氏族》记载说："明世宗采大学士夏言议，许民间皆得联宗立庙。于是宗祠遍天下，吾佛诸祠亦多建于此时，敬宗收族于是焉。"② 佛山冼氏《岭南冼氏宗谱》卷二《宗庙谱》："明大礼议成，世宗思以尊亲之义广天下，采夏言议，令天下大姓皆得联宗建庙祀其始祖，于是宗祠遍天下。……我族各祠亦多建在嘉靖年代。逮天启初，纠合二十八房，建宗祠会垣，追祀晋曲江县侯忠义公，率为岭南始祖"。③《南海九江朱氏家谱序例》："我家祖祠建于明嘉靖时，当夏言奏请士庶得通祀始祖之后。"④

一个村落、一个族群的兴衰，往往体现于其宗祠建筑。因此佛山地区的强宗右族不惜花费巨资，集族人所长，营造出规模最宏大、最富丽堂皇的祠堂建筑。佛山地区出现了大量僭越礼制的祠堂建筑，如南海沙头崔氏大宗祠、顺德碧江尊明祠、沙滘陈氏大宗祠等。

到了清代中后期，建筑被佛山人打造得更加富贵繁缛，甚至连一个小构件也是满满的通雕。例如南海平地黄氏大宗祠，整个建筑的所有构架都是满雕装饰，甚至连门前的斗栱都以透雕处理，没有一分留白。发展至此，已是装饰过度，装饰之重重于构件本身，从某种意义来说，是佛山传统建筑的一种退步。

---

① 明嘉靖十五年（1536），礼部尚书夏言上《令臣民得祭始祖立家庙疏》，获得嘉靖帝恩准，开始了中国古代"臣庶祠堂之制"的重大改革，"天下得祀其始祖"，"祖不以世限，而人皆得尽其孝子慈孙之情矣"。

② 冼宝干. 民国佛山忠义乡志［M］. 乡镇志集成本.

③ 岭南冼氏宗谱［M］. 清宣统二年刻本.

④ 赖瑛. 珠江三角洲广府民系祠堂建筑研究［D］. 广州：华南理工大学，2010.

六、崇尚风水

"风水"指"藏风聚气"和"得水为上"。佛山传统建筑注重选址，关注风水。特别对于祠堂建筑而言，能否纳"生气"关系到族群的健康福禄以及子孙后代的生存状况，因此风水思想对祠堂选址的影响尤其大。乡村建祠，往往在传统的风水观指导下进行，认为风水好的祠堂会使宗族繁荣昌盛，反之，宗族就会走向衰落；认为祠堂主宰着族人的命运，子孙后代的发展态势与祠堂的风水息息相关。人们利用风水观念来选择祠堂的自然环境，注重风气之来往、水流之去向，也都习惯用风水之运行机理来解释宗族人丁的富贵兴旺与否。

佛山传统建筑选址讲究"枕山、环水、面屏"。建筑的选址一般依山脉走势，背靠小山，在山坡之南，三面环水，在水流之北，呈抱负之势，是最理想的建筑环境。建筑依靠之山，被视为龙脉，有生气；无山之平原地区，则视水为龙脉、保护神。对于水源的利用，或是引水成塘，或是挖塘蓄水。池塘一般在前面，前塘后村的总体布局方式几乎遍及岭南广大农村。

佛山所在地带属冲积平原，多为水网地带，少有建筑能以山脉作为选址的参照物，从选址上说属形局不全的情形。但各村在开基过程中仍然深受风水观念的影响，因此建筑多借用意念形式作景物替代，稍有突出地面的小丘、堤岸都可被看待为风水中的"山"。[①] 有些建筑在后座旁堆小土堆，以便构成一种独特的风水格局。不少建筑的选址都在平原低丘的河岸边上，前临水塘或水田、河道，体现出佛山人受传统风水"水为财源"观念的影响。如不具备这些客观条件的，就在村后种植大片树林以为玄武，并于村前挖半月形水池，以拢水聚财。

佛山传统建筑基地方正，总体上负阴抱阳、背山面水，符合风水观念的主要原则和基本格局。即使是一些规模很小的建筑，也会朝向一个远处小山峦，以此来显示其不同凡响。大型建筑更是要找职业的风水师，请他们来确定朝向和布局。佛山传统建筑选址不一定按传统习惯来确定一个坐北朝南的朝向，而是照风水师勘定的特殊角度来确定朝向。祠堂建筑所体现出的一个共同之处，就是将精神方面的功能需求尽量发挥出来。其目的是让全体族人都相信，他们的祠堂具有最好的风水位置和超自然的力量，能够保佑他们子孙兴旺、财运亨通。

---

① 陈楚. 珠江三角洲明清时期祠堂建筑初步研究 [D]. 广州：华南理工大学，2002：21.

对于不理想的地形，人们则积极处理，使之顺应环境需要。如引水成塘，或挖塘蓄水。风水学说解释为"塘之蓄水，足以荫地脉，养真气"①。人们还广泛采用太极图、八卦图、镇山海、照妖镜以及其他符镇图案与文字来作为心理补偿。

① 林牧. 阳宅会心集·开塘说.

第七章　结　　论

　　几千年来，佛山一直是岭南文化与广府文化的核心地带，历史悠久，人文荟萃，积淀深厚。其建筑艺术亦是岭南建筑艺术的制高点，千百年来产生了岭南三大庙宇的佛山祖庙、胥江祖庙，岭南四大名园的梁园、清晖园，岭南第一村三水大旗头村等集大成者，代表了广府建筑的最高艺术成就，体现了岭南建筑与广府建筑的灵魂。"顺德祠堂南海庙"的辉煌过往，昭示着佛山地区发达的人文、经济与建筑文化。得天独厚的自然环境与人文历史环境，造就了佛山地区辉煌的建筑历史，成就了中国古代建筑体系之南系中的一个子系。

　　佛山传统建筑的结构形制和构造形式中融合了许多中原唐宋乃至更早的建筑古制，这些古制中原多已失传，对研究中国宋以前的建筑结构形制有重大价值。佛山传统建筑更融汇了古今中外的建筑文化，对研究南北、东西方建筑文化和技术的交流传播路径有重大价值。

　　佛山传统建筑集岭南文化之大成，其源起之时已不可考，但其中体现的岭南宗族文化、风水堪舆文化、海洋文化等则光彩夺目、不可磨灭。岭南文化中雅俗共赏、务实致用、开放多元、灵活创新等个性深刻地折射到佛山传统建筑身上，深入到这些建筑的血液骨髓之中。

　　佛山传统建筑文化在当代有断层的危机，当年辉煌夺目的佛山传统建筑，锐减到如今只有寥寥数座建筑。建筑是人类文明的最大载体，随着传统建筑的湮没，当年辉煌的佛山历史亦被尘封。要还原佛山的历史原貌，必然不能离开这些核心问题。今天研究之目的，于其表是为佛山传统建筑文化正本清源，辨明是非，确立其应有地位；于其里是还原佛山历史文化之原貌，确立其在岭南文化与广府文化中的核心地位。

　　今天岭南学已成显学，然博大精深的佛山传统建筑仍未被深刻解读与继承发扬，作为岭南建筑文化关键一环的佛山传统建筑文化实是被忽略了。研究历史的目的是为了更好地开拓未来，笔者的研究正希望引起学界的关注，并盼能寻求传承与弘扬佛山传统建筑文化精神之路。

参 考 文 献

著作：

[1] 李诫. 营造法式［M］. 北京：人民出版社，2011.

[2] 姚承祖. 营造法原［M］. 北京：中国建筑工业出版社，1986.

[3] 刘敦桢. 中国古代建筑史［M］. 北京：中国建筑工业出版社，2013.

[4] 孙大章. 中国古代建筑史：第五卷（清代建筑）［M］. 北京：中国建筑工业出版社，2004.

[5] 潘谷西. 中国建筑史［M］. 北京：中国建筑工业出版社，2009.

[6] 程建军. 岭南古代大式殿堂建筑构架研究［M］. 北京：中国建筑工业出版社，2002.

[7] 程建军. 梓人绳墨——岭南历史建筑测绘图选集［M］. 广州：华南理工大学出版社，2013.

[8] 齐康，等. 中国土木建筑百科辞典：建筑［M］. 北京：中国建筑工业出版社，1999.

[9] 北京市文物研究所. 中国古代建筑辞典［M］. 北京：中国书店，1992.

[10] 王效清. 中国古建筑术语辞典［M］. 北京：文物出版社，2007.

[11] 郭华瑜. 明代官式建筑大木作［M］. 南京：东南大学出版社，2005：27.

[12] 陆元鼎. 广东民居［M］. 北京：中国建筑工业出版社，1986.

[13] 陆琦. 广东民居［M］. 北京：中国建筑工业出版社，2003.

[14] 孙大章. 中国民居研究［M］. 北京：中国建筑工业出版社，2004.

[15] 冯江. 祖先之翼——明清广州府的开垦、聚族而居与宗族祠堂的衍变［M］. 北京：中国建筑工业出版社，2010.

[16] 汤国华. 岭南湿热气候与传统建筑［M］. 北京：中国建筑工业出版社，2005.

[17]《广东历史地图集》编辑委员会编. 广东历史地图集［M］. 广州：广东省地图出版社，1995.

[18] 杨森. 中国文物地图集：广东分册［M］. 北京：文物出版社，1989.

[19] 广东省国土资源厅，广东省地图院. 珠江三角洲地图集［M］. 广州：广东省地图出版社，2011.

[20] 星球地图出版社. 广东地图集［M］. 北京：星球地图出版社，2010.

[21] 曾昭璇，黄少敏. 珠江三角洲历史地貌学研究［M］. 广州：广东高等教育出版社，1987.

[22] 曾昭璇. 岭南史地与民俗［M］. 广州：广东人民出版社，1994.

[23] 司徒尚纪. 岭南历史人文地理——广府、客家、福佬民系比较研究 [M]. 广州：中山大学出版社，2001.

[24] 司徒尚纪. 广东文化地理 [M]. 广州：广东人民出版社，1993.

[25] 罗一星. 明清佛山经济发展与社会变迁 [M]. 广州：广东人民出版社，1994.

[26] 凌建. 顺德祠堂文化初探 [M]. 北京：科学出版社，2008.

[27] 朱光文. 岭南水乡 [M]. 广州：广东人民出版社，2005.

[28] 佛山市博物馆. 佛山祖庙 [M]. 北京：文物出版社，2005.

[29] 苏禹. 碧江讲古 [M]. 广州：花城出版社，2005.

[30] 周彝馨，吕唐军. 石湾窑文化研究 [M]. 广州：中山大学出版社，2014.

[31] 周彝馨. 移民聚落空间形态适应性研究——以西江流域高要地区"八卦"形态聚落为例 [M]. 北京：中国建筑工业出版社，2014.

地方文献：

[32] 冼宝干. （民国）佛山忠义乡志 [M]. 乡镇志集成本.

[33] 佛山市地方志编纂委员会. 佛山市志 [M]. 广州：广东人民出版社，1994.

[34] 佛山市文物管理委员会. 佛山文物 [M]. 佛山：佛山日报社印刷厂，1992.

[35] 佛山市博物馆. 佛山市文物志 [M]. 广州：广东科技出版社，1991.

[36] 南海市地方志编纂委员会. 南海县志 [M]. 北京：中华书局，2000.

[37] 佛山市南海区文化广电新闻出版局. 南海市文物志 [M]. 广州：广东经济出版社，2007.

[38] 中共佛山市南海区委宣传部. 南海名胜 [M]. 广州：中山大学出版社，2010.

[39] 中共佛山市南海区委宣传部. 南海古村 [M]. 广州：中山大学出版社，2011.

[40] 顺德市地方志编纂委员会. 顺德县志 [M]. 北京：中华书局，1996.

[41] 顺德县文物志编委会. 顺德文物志 [M]. 广州：广东人民出版社，1994.

[42] 顺德县文物志编委会，顺德县博物馆. 顺德文物志 [M]. 1991.

[43] 杨小晶. 广东省岭南近现代建筑图集（顺德分册）[M]. 2013.

[44] 三水县地方志编纂委员会. 三水县志 [M]. 广州：广东人民出版社，1995.

[45] 三水县地方志编纂委员会. （清嘉庆二十四年）三水县志点注本 [M]. 1987.

[46] 佛山市三水区文化局. 三水古庙·古村·古风韵 [M]. 广州：广东人民出版社，1994.

[47] 程建军. 三水胥江祖庙 [M]. 北京：中国建筑工业出版社，2008.

[48] 高明县地方志编纂委员会. 高明县志 [M]. 广州：广东人民出版社，1995.

[49] 佛山市高明区地方志编纂委员会. 高明市志（1981—2002）[M]. 广州：广东人民出版社，2010.

[50] 广东省佛山市高明区文化广电新闻出版局. 高明文物 [M]. 2009.

[51] 佛山市高明区政协学习和文史委员会. 今风古韵——高明古建筑专辑 [M]. 2012.

[52] 阮元. 广东通志 [M]. 2 版. 广州：广东人民出版社，2011.

[53] 蒋祖缘，方志钦. 简明广东史 [M]. 广州：广东人民出版社，1993.

［54］岭南冼氏宗谱［M］．清宣统二年刻本．

［55］广东省房地产科技情报网，广州市房地产管理局．岭南古建筑［M］．1991．

［56］佛山市建设委员会，西安建筑科技大学，佛山市城乡规划处．佛山市历史文化名城保护规划［M］．1996．

［57］佛山市规划局顺德分局，佛山市城市规划勘测设计研究院．乐从镇沙滘历史文化保护与发展规划说明书、专题研究［M］．2009．

［58］佛山市顺德区规划设计院有限公司．佛山市顺德区杏坛镇昌教村历史文化保护与发展规划文本·图集［M］．2009．

［59］佛山市规划局顺德分局，佛山市城市规划勘测设计研究院．北滘镇碧江村历史文化保护与发展规划说明书、专题研究［M］．2009．

学位论文：

［60］赖瑛．珠江三角洲广府民系祠堂建筑研究［D］．广州：华南理工大学，2010。

［61］王健．广府民系民居建筑与文化研究［D］．广州：华南理工大学，2002．

［62］杨扬．广府祠堂建筑形制演变研究［D］．广州：华南理工大学，2013。

［63］阮思勤．顺德碧江尊明祠修复研究［D］．广州：华南理工大学，2007．

论文：

［64］程建军．广府式殿堂大木结构技术初步研究［J］．华中建筑，1997（4），59-65．

［65］刘管平．岭南古典园林［J］．广东园林，1985（10）：1-11．

［66］张一兵．飞带式垂脊的特征、分布及渊源［J］．古建园林技术，2004（4）：32-36．

［67］冯江，郑莉．佛山兆祥黄公祠的地方性材料、构造及修缮举措［J］．南方建筑，2008（5）：48-54．

［68］张十庆．从建构思维看古代建筑结构的类型与演化［J］．建筑师，2007（4）：6-10．

［69］张智敏．保护性详细规划的探索与实践——以佛山祖庙东华里历史文化街区为例［J］．南方建筑，2008（4）：61-65．

［70］阮思勤，冯江．广府祠堂形制比较研究初探［C］∥族群·聚落·民族建筑——国际人类学与民族学联合会第十六届世界大会专题会议论文集．昆明：云南大学，2009：192-205．

［71］周彝馨．解读骑楼建筑［J］．华中建筑，2006（8）：163-165．

［72］周彝馨．骑楼建筑可持续发展构想［J］．城市，2008（3）：44-46．

［73］周彝馨．骑楼建筑艺术的地域特色［J］．建筑知识，2008（4）：86-87．

［74］周彝馨．岭南传统建筑陶塑脊饰及其人文性格研究［J］．中国陶瓷，2011（5）：38-42．

［75］周彝馨，李晓峰．移民聚落社会伦理关系适应性研究——以广东高要地区"八

卦"形态聚落为例 [J]. 建筑学报，2011（11）：6 – 10.

[76] 周彝馨. 岭南水乡的线性时空研究——以逢简水乡为例 [J]. 城市，2014（11）：55 – 59.

附　录

附录一　佛山市五区历史建筑一览

附表 1　禅城区历史建筑一览

序号	保护级别	古建筑名称	地址	原功能	时　代	现　状
1	国家级	佛山祖庙	祖庙路	庙宇	始建于北宋元丰年间（1078—1085），明洪武五年（1372）重建	占地面积 3500 平方米
		灵应祠		庙宇	始建于北宋元丰年间（1078—1085），明洪武五年（1372）重建，明清两代经历 20 多次重修扩建，光绪二十五年（1899）重修	三门、前殿、大殿、拜亭
		灵应牌坊		牌坊	明景泰二年（1451）	南北向、十二柱、面阔三间 10.79 米，进深两间 4.9 米
		庆真楼		庙宇	清嘉庆元年（1796）	二层，面阔三间，进深三间，镬耳山墙
		万福台		戏台	清顺治十五年（1658）	
		李氏牌坊		牌坊	明崇祯十年（1637），1960 年迁建	四柱三间三楼式，木石混合，庑殿顶，通面阔 6.2 米

续附表1

序号	保护级别	古建筑名称	地址	原功能	时代	现状
1	国家级	"古洛芝兰"（"升平人瑞"）牌坊	祖庙路	牌坊	清早期（1644—1735），1960年，1981年迁建	四柱三间三楼式石牌坊，歇山顶，面阔4.05米
		褒宠牌坊		牌坊	明正德十六年（1521）	四柱三间三楼式，庑殿顶，明间4.7米，石柱高4.6米
		"节孝流芳"牌坊		牌坊	清乾隆二十五年（1760），1990年迁建	四柱三间三楼式石牌坊，歇山顶，通面阔7.96米
		经堂铁塔		塔	清雍正十二年（1734）铸，1987年修复	阿育王式塔，通高4.6米，重近4吨
		石华表		华表		
2	国家级	东华里古建筑群	福贤路	民居	清早期（1644—1735）建，晚期（1851—1911）改建装修	全长112米，街道首尾建有门楼。存伍氏宗祠、招氏宗祠、招雨田祠及招氏"敬贤堂"，住宅三间两廊式，镬耳山墙
3	省级	石头霍氏家庙祠堂群（石头霍氏大宗祠、石头霍氏古祠建筑群）	澜石镇石头村	祠堂	明嘉靖四年（1525）始建，清嘉庆年间（1796—1820）、光绪七年（1881）重修	五路并列的三间三进祠堂群落，从左至右依次为霍勉斋公家庙、椿林霍公祠、霍氏家庙、霍文敏公家庙（石头书院）和萌荫德堂。占地面积2484平方米，广场、苗纪德堂。博古山墙，博古屋脊，五条青云巷，后向两进进深三间

续附表 1

序号	保护级别	古建筑名称	地址	原功能	时代	现状
3	省级	霍勉斋公家庙	澜石镇石头村	祠堂		门堂无塾台，红砂岩做石墙脚，中堂金柱有柱櫍
		椿林霍公祠				石牌坊，一门两塾，红砂岩做石墙脚
		霍氏家庙				石牌坊，一门两塾，后堂前排金柱有柱櫍
		霍文敏公家庙（石头书院）				砖牌坊，门堂无塾台
		荫苗纪德堂				砖牌坊，门堂无塾台
4	省级	兆祥黄公祠	福宁路	祠堂	民国九年（1920）	坐西向东，三路四进三开间，占地面积约3000平方米，有拜亭、青云巷、前殿
5	省级	林家厅及古民居群	石湾街道忠信巷	民居	明始建，清嘉庆年间（1796—1820）重修	坐北向南，三间三进，总建筑面积197.63平方米，通面阔8.83米，通进深22.37米。博古脊，红砂岩柱础，部分有柱櫍。门堂外设民居式门廊，有屏门。中堂进深三间。后堂为二层建筑，进深两间，后院两侧也是两层的厢房
6	省级	梁园（十二石斋、群星草堂）	松风路先锋古道	园林	清嘉庆、道光年间（1796—1850）	群星草堂、梁氏宅第、秋爽轩、船厅
7	省级	简氏别墅	岭南天地	府第	民国初年（1912—1927）	西式建筑

续附表1

序号	保护级别	古建筑名称	地址	原功能	时代	现状
8	市级	塔坡庙（东岳庙）	塔坡街	庙宇	明天启七年（1627）	建筑面积不足42平方米，两进一开间，面阔4.58米，方耳山墙，硬山搁檩
9	市级	丰宁寺	石湾镇中路	寺院	始建于明，清康熙五十六年（1717）后多次重修	坐东北向西南，四进，门堂、钟鼓楼，前殿、中殿、拜亭及后殿，通面阔13.28米，总面积约750平方米。卷棚歇山顶，硬山顶，方耳山墙，各殿面阔和进深均为三间
10	市级	大上庙	祥安街	庙宇	清康熙二年（1665），宣统三年（1911重修）	通面阔9.8米，水式山墙，两进，正殿面阔，进深各三间，前有拜亭，建筑面积近200平方米
11	市级	国公庙	新安街	庙宇	始建于清初，康熙至光绪等朝多次修葺扩建	门堂、拜亭，前殿，建筑面积223平方米，面阔三间
12	市级	经堂古寺（塔坡禅寺）	新风路市委党校大院	寺院	清光绪三年（1877）	仅余浮图殿，四柱三间三进
13	市级	孔庙	祖庙路	庙宇	清宣统二年（1910）建，1981年修葺复原	孔圣殿，坐东南向西北，建筑面积近300平方米，面阔进深均为三间，歇山顶，檐柱柱础有洋人像形像
14	市级	花王庙	燎原路弼头街	庙宇	清	

续附表 1

序号	保护级别	古建筑名称	地址	原功能	时　代	现　状
15	市级	谭仙观	张槎大富乡	庙宇	清	
16	市级	张槎东岳庙	张槎张槎村	庙宇	清	石刻、木雕已毁
17	市级	高庙	石湾高庙路	庙宇	清	
18	市级	仁寿寺塔（仁寿寺如意宝塔）	祖庙路	塔	民国 24 年（1935）	八角七层楼阁武塔，钢筋混凝土结构，通高约 25 米
19	市级	简照南佛堂	岭南天地	佛堂	民国	
20	市级	康宁麦公祠	澜石镇深村	祠堂	明始建，清重修	三路三进三开间带左右青云巷，镬耳山墙，龙船脊。门堂一门堂两塾，八角红砂岩石柱，中堂金柱红砂岩双柱础
21	市级	蓝田冯公祠	兆祥路	祠堂	明	坐北向南。三进三开间，总面积约 500 平方米。镬耳山墙、前檐额枋为木直梁、柱有榫。中堂、后堂进深三间
22	市级	石梁梁氏家庙	澜石镇石梁村	祠堂	明永乐年间始建，嘉靖年间（约 1550）迁至现址，清光绪初年、2004 年修葺	坐北向南，占地面积 1300 多平方米，建筑面积 800 多平方米，三路三开间，左右有青云巷及两厢。中堂金柱有榫，双柱础

续附表 1

序号	保护级别	古建筑名称	地址	原功能	时代	现状
23	市级	海口庞氏大宗祠	张槎街道海口村	祠堂	清光绪二年（1876）	坐东向西，通进深47.16米，通面阔27.44米，总建筑面积约1294平方米，三进三开间，有左右路村祠及青云巷
24	市级	三华罗氏大宗祠	南庄镇紫洞三华村	祠堂	始建年代不详，清光绪十三年（1887）重修	坐南向北，占地面积约1490平方米，原为三路四进三开间，通面阔25.8米，通进深57.9米，第四进为通面阔的三层碉楼。现仅存西路，四进后楼建筑和东路后段厢房。水式山墙，博古脊
25	市级	隔塘霍氏家庙建筑群	隔塘大街	祠堂	清	
26	市级	李大夫家庙	新凤路	祠堂	清	
27	市级	沙岗张氏大宗祠	石湾沙岗	祠堂	清	
28	市级	黎涌陈氏大宗祠	澜石黎涌下村	祠堂	清	
29	市级	隆庆陈氏宗祠与古官道	南庄罗南隆庆	祠堂	清嘉庆二十二年（1817）	三进三开间，门堂无塾。古官道长252米
30	市级	平兰陈公祠	石湾街道澜石湾华	祠堂	清宣统三年（1911）	坐北向南，三路两进三开间，硬山顶，人字形山墙
31	市级	大江罗氏宗祠	张槎街道大江村	祠堂	明始建，清重修	坐东南向西北，三路三进三开间，2左右青云巷，通面阔25.3米，通进深43.3米，面积1095平方米，镬耳山墙

续附表 1

序号	保护级别	古建筑名称	地址	原功能	时　代	现　状
32	市级	大沙杨氏大宗祠	张槎街道大沙东西村	祠堂	清康熙二十五年（1686）	五开间，仅余门堂，建筑面积约2300平方米
33	市级	傅氏家庙	建新路隔塘大街	祠堂	民国	
34	市级	秀岩傅公祠	卫国路第三中学内	祠堂	民国5年（1916）	三进三开间，面阔15米，通进深47.5米
35	市级	苏氏私塾	新风路庆源坊	祠堂、书塾	清	
36	市级	培德里古民居群	松风路培德里	民居	清至民国	
37	市级	石路巷古民居群	纪纲街石路巷	民居	明至清	
38	市级	任围（含任映坊）	燎原路乐安里	民居	清嘉庆、道光年间（1796—1850）兴建，祠堂始建于嘉庆九年（1804）	占地数千平方米，包括祠堂、住宅、花园及池塘。祠堂原为三间三进，今仅余门堂和中堂。原有34座单体住宅建筑，三间两廊式平面布局，今仅余19座，镬耳山墙。花园、池塘已无存

续附表1

序号	保护级别	古建筑名称	地址	原功能	时代	现状
39	市级	叶家庄	市东上路宝善坊	民居	建于清末，民国9年（1920）与33年（1944）年两次重修	占地面积近4000平方米，有祠堂、门楼、住宅区和花园等。主干街道全长79.7米，首尾均建有门楼。住宅均为三间两廊式平面布局
		叶大夫祠		祠堂	清光绪三年（1877）	三间两进，祠前后原有花园
40	市级	区家庄（区庄）	福贤路居仁里	民居	清乾隆年间（1736—1820）始建，同治年间（1863—1874）增建	占地面积约1500平方米，由10座建筑物组成，有资政家庙，厅堂及8座住宅。庄宅井字形排列，住宅均为三间两廊布局。厅堂和书楼面阔三间，进深三间
		资政家庙		祠堂	清同治年间（1863—1874）	三间两进
41	市级	廖家围	石湾建国路建国二巷	民居	清	三间两廊式建筑27座，祠堂、花园。镶耳山墙、密梁、石脚
42	市级	适安里古民居群	松风路适安里	民居	清至民国	
43	市级	集贤坊古民居群	升平红风大街、勤俭街	民居	清至民国	
44	市级	文会里嫁娶屋	岭南天地	民居	清早期（1644—1735）	坐南向北，总面积约350平方米，三进三开间，通面阔11.2米，镶耳山墙。门堂为凹斗门式，有屏门。中堂进深三间，三进为三间两廊式布局

续附表 1

序号	保护级别	古建筑名称	地址	原功能	时代	现状
45	市级	李可琼故居	莲花巷	民居	清嘉庆年间（1796—1820）	建筑面积230平方米，两层，面阔、进深各三间，面阔20.5米，进深11.3米，木板楼面
46	市级	陈铁军故居	善庆坊	民居	清	三间两廊式
47	市级	陈盛故居	岭南天地	民居	清末	
48	市级	戴园（李道纯宅第）	福贤路、居仁里	民居	民国	
49	市级	中山公园李氏牌坊	中山公园	牌坊	明崇祯十年（1637），1960年迁建	四柱三间三楼式，通面阔6.2米。砖木结构，咸水石，如意斗拱
50	市级	居仁里土府①	居仁里	碉楼	明	
51	市级	莲花巷土府	莲花路莲花巷	碉楼	明	
52	市级	祖庙大街店铺	岭南天地	店铺	清	
53	市级	黄祥华如意油祖铺	岭南天地	店铺	清	
54	市级	酒行会馆	岭南天地	会馆	清	

① "土府"是清代佛山人对明代务土脚务土墙务房子的统称，其建筑特别牢固，相传是明代当铺的储物间或富家巨族储存贵重物品之所，故有人称之为明代"当楼"。

续附表1

序号	保护级别	古建筑名称	地址	原功能	时代	现状
55	市级	莲峰书院	石湾镇中路	书院	清康熙五十七年（1718）建，乾隆己卯年（1759）重修、增建奎星楼，嘉庆乙亥（1815）重修，同治、民初又经两次维修	通进深53.74米，通面阔11.95～12.14米，建筑总面积644.88平方米。由山门，拜亭，正殿及奎星楼组成，现仅余山门与拜亭。山门筑在1.1米平台上，面阔三间，通面阔11米，通进深7.08米。梁架以瓜柱相承，人字形山墙，拜亭为卷棚方亭，方石柱，钢筋水泥梁架结构。原正殿进深8.02米，已毁。奎星楼为二层楼房，下层广深均三间，进深10米，右侧为楼梯，一层高4.75米，二层高3.35米
56	市级	永新社学	张槎弼唐乡	书塾	清	占地182.7平方米，三间二进，面阔11.8米，进深15.4米，硬山顶，人字山墙
57	市级	张槎仙槎书院建筑群	张槎张槎村	书院、庙宇	清	
		仙槎书院		书院	清	
		水月宫（观音庙）		庙宇		
		财神庙		庙宇		

续附表 1

序号	保护级别	古建筑名称	地址	原功能	时代	现状
58	市级	鸿胜祖馆①	岭南天地	武馆	清末	
59	市级	李广海②医馆	岭南天地	医馆	清末	
60	市级	佛山精武体育会会址	中山公园	武馆	民国二十三年（1934），1986年重修	建筑面积约700平方米，重檐歇山顶，钢筋混凝土结构，面阔五开间，纵深22.23米
61	市级	李众胜堂祖铺	岭南天地	店铺	民国	
62	市级	绿瓦亭	澜石黎涌上村	茶亭	民国	
63	市级	忠诚当铺（禄丰当楼）	禄丰大街	碉楼	民国	
64	市级	青云街当楼	升平路青云街	碉楼	民国	
65	市级	泰和当铺（石巷当楼）	福贤路石巷	碉楼	民国	
66	市级	龙堂诗社	岭南天地	会馆	清	西式建筑
67	市级	华英中学旧址	文沙路	学校	民国2年（1913）	西式建筑

① 鸿胜馆由张炎创办于咸丰元年（1851）。张炎（1824—1899），又名张鸿胜，新会县双水乡东凌村人，自幼习武。先拜李友山，陈享为师，后又拜广西八排山闸建寺之青草和尚（当时少林寺掌门至善之师弟）为师，得以佛门内外八卦等技击及医术。八年后学成下山，与陈享一起将所学整理，同创出蔡李佛拳术，成为中国南派一大名拳。

② 李广海，生于1894年，字澄波，佛山栅下茶基人，骨伤科圣手，在打"日战争期间任鸿胜馆理事，经常免费收治抗日游击支队的指战员。他创制的"李广海跌打酒"、"李广海滋朴酒"远近驰名。

续附表 1

序号	保护级别	古建筑名称	地址	原功能	时代	现状
68	市级	基督教赞恩堂（基督教神召会礼拜堂）	莲花路	教堂	民国12年(1923)	三层哥特式建筑，占地面积约500平方米
69	市级	季华女子学校旧址（铁军小学）	田心里	学校	民国22年(1933)	西式建筑，仅存礼堂一栋，坐东北向西南，红砖钢筋混凝土结构，首层门楼四柱门楼，建筑平面凸字形
70		东鄱天后庙	张槎镇东鄱村	庙宇	元至清	
71		天后庙	忠义路棚下铺藕栏	庙宇	明崇祯元年(1628)	
72		侯王庙	张槎青柯村	庙宇	清	
73		文武庙	大富村	庙宇	清	
74		三圣庙	振华街	庙宇	清	
75		华光庙	莲花路	庙宇	清	
76		元吉黄公祠	岭南天地	祠堂	清乾隆二十四年(1759)	原三进三路，现只余中路
77		冼氏宗祠	普君北路	祠堂	清光绪十年(1884)重修	牌坊
78		庞氏宗祠	张槎	祠堂	清	
79		紫霞罗公祠	南庄街道紫洞三华村	祠堂	清	

续附表 1

序号	保护级别	古建筑名称	地址	原功能	时代	现状
80		月波吴公祠（月波宫）	石湾水巷直街	祠堂		
81		紫薇坊	石湾工农路紫微巷	民居	清	
82		镇北门	石湾镇澜石石梁村	门楼、碉楼	清末民初	红砂岩，高两层，约 7.5 米
83		梁赞故居		民居		
84		叶问故居		民居		
85		黎涌简地（简照南宅第）		民居		
86		汪海区公祠	祖庙街道剞东村	祠堂	清康熙年间（1662—1722）始建，乾隆年间（1736—1795）改建，民国 25 年（1936）重修	面积 247 平方米，原三间三进，后改为两进
87		文明里更楼		更楼		
88		梁仲弘蜡丸馆祖铺		店铺		
89		盲公饼祖铺		店铺		

附表 2　南海区历史建筑一览

序号	保护级别	古建筑名称	地址	原功能	时代	备注
1	国家级	康有为故居	丹灶镇	名人故居	1983 年、1985 年重建	三间两廊式建筑
2	省级	云泉仙馆（改玉皇馆）	西樵山白云洞	道观	始建于清乾隆四十二年（1777），道光二十八年（1848）扩建，咸丰八年（1858）竣工，光绪三十四年（1908）重建，1958 年小修	两进五开间，坐东向西北，歇山山顶。面阔进深 15 米，前殿进深 14 米。后殿进深 14 米。附属建筑有墨庄、祖堂、帝亲殿、邻红楼、自在楼、倚星楼、邯郸别部等
3	省级	沙头崔氏宗祠（五凤楼、山南崔氏祠、崔氏始祖祠）	九江镇沙头	祠堂	始建于明嘉靖四年（1525），清乾隆四年（1739），嘉庆二年（1797），咸丰七年（1857），光绪十九年（1893），1985 年，2003 年重修	原为四进，纵深达 100 米，总面积约 2000 平方米，现仅存门楼、牌坊前和厢房。门堂三间三楼牌坊式，歇山顶，一门四墓，进深两间，木阑额栌斗拱。三座牌坊，中为四柱三间三楼式石牌坊，两侧中三间三楼式砖牌坊
4	省级	曹边曹氏大宗祠（南雄祖祠）	大沥镇曹边村北坊	祠堂	始建于明代中期，明崇祯九年（1636）重建，清光绪十七年（1891），2004 年重修	坐南向北，三间三进，通面深 38.6 米，建筑占地 486 平方米。龙船脊、蚌壳墙，门堂无墓，无阑额，方墓
5	省级	平地黄氏大宗祠	大沥平地村新市大街	祠堂	明始建，清乾隆乙亥年（1755）迁建，嘉庆年间（1796—1820）重修，民国 6 年（1917）重建花厅	三路三进三开间，村祠两层高，占地面积 1000 平方米，通面深 29.84 米，通进墙，龙船脊 45 米。镬耳山墙，有钟鼓楼。门两墓，中堂前有月台

362

续附表 2

序号	保护级别	古建筑名称	地址	原功能	时代	备注
6	省级	筱亭陈公祠	西樵镇简村百像坊	祠堂	清光绪十三年（1887）	三路两进三开间，带左右青云巷，占地1500平方米，建筑面积600平方米，镬耳山墙
7	省级	北涌亭（八角亭）	里水镇沿江公园	亭	始建于明正德元年（1506），清咸丰六年（1856），光绪九年（1883）重修，1998年搬迁	占地面积64平方米，平面方形，八角，重檐歇山顶，两重檐下施硕大斗拱，型制古朴。中部四根木圆柱，每面的梁架设三组斗拱；木柱外为四根六面体花岗石檐柱，檐柱上每面设五组斗拱
8	省级	"良二千石"牌坊	九江镇下西村西坊	牌坊	明万历二十六年（1598）始建，清乾隆四十三年（1778）重修	高7米，面阔11.94米，四柱三间楼阁式，花岗石
9	省级	象林塔（宝象林寺塔）	西樵山白云洞	塔	明万历年间（1562—1619），1976年迁移	七层，汉白玉
10	省级	慈悲宫牌坊	九江下西村翘南慈悲宫	牌坊	明	四柱三间三楼式，歇山顶
11	市级	字祖庙（云溪书院，樵园）	西樵山白云洞	寺庙，书院	始建于清乾隆四十二年（1777），道光十九年（1839）重修	两进三开间，拜亭，门堂进深两间，堂进深三间
12	市级	白云古寺	西樵山白云洞	寺庙	明正德二年（1507）始建，清乾隆四十九年（1784）重建，嘉庆二十四年（1819）重建，光绪二年（1876）再重建。1998年重修中殿，2003年翻新	三进，通面阔13米，通进深36米，砖木结构，硬山顶

续附表2

序号	保护级别	古建筑名称	地址	原功能	时代	备注
13	市级	曬龙洞龙母庙	西樵山曬龙洞	寺庙	民国27年（1938）建，1984年、1999年维修	建筑面积约404平方米，砖木结构，硬山顶。脊饰陶塑二龙争珠，绿琉璃瓦，方砖地面
14	市级	七甫陈氏宗祠	狮山镇官窑七甫村铁网坊	祠堂	明弘治十二年（1499）建，清乾隆五十八年（1793），1995年重修	坐西向东，三进，通面阔11.6米，通进深36.4米，总面积472.24平方米。门堂歇山顶牌坊式，前有东西厢房，后堂方檩
15	市级	黄岐梁氏大宗祠	大沥镇黄岐村	祠堂	明弘治十七年（1504）	三路三进三开间，带两侧青云巷，占地面积2965平方米，建筑面积1266.6平方米。博古山墙，博古脊。门堂一门两塾，有屏门。中堂、后堂木柱有柱础
16	市级	"朝议世家"邝公祠	大沥镇大镇村委	祠堂	明隆庆、万历年间（1568—1580）重建	祠三进五开间，悬山顶。大门外有八字翼墙，在现存的岭南祠堂建筑中极其少见，并都见于年代较早的祠堂建筑。蚝壳墙，木檐柱，有柱础，红砂岩或咸水石柱础，柱础高宽比小于1。柱子有侧脚与生起。门堂无塾，中柱分心造，三楼悬山顶，中间三间做门堂，两边稍间封闭做塾间，木檐柱有柱础，檐枋为木梁，心间亦有木檐枋，木驼峰斗栱。门堂、中堂方檩

续附表 2

序号	保护级别	古建筑名称	地址	原功能	时代	备注
17	市级	颜边颜氏大宗祠	大沥镇盐步河西颜边村	祠堂	明始建，道光十三年（1833）重修	三路三进三开间，带两侧青云巷，博古山墙，博古脊。门堂两堂、中堂，后堂木柱有柱横
18	市级	寨边洋阳李公祠	罗村街道寨边村	祠堂	明末	两进，面积 228.8 平方米。镬坊式门堂，后堂九架梁
19	市级	钟边钟氏大宗祠	大沥镇钟边村	祠堂	始建于宋景德二年（1005），明成化十八年（1482）重修，建筑现状为清代风格，后进于 2001 年维修	占地总面积约 1156.14 平方米，三进三开间
20	市级	白沙杜氏大宗祠	大沥镇黄岐街道白沙村	祠堂	始建于清乾隆十七年（1752），乾隆三十五年（1770）迁建他处，乾隆五十九年（1794）又迁回现址	原为三路三进三开间，带两侧衬祠及青云巷，现存门廊、中堂及回廊，占地面积 870 平方米，龙船脊。门堂一门两塾，有屏门。衬祠两层，廊庑进深三间
21	市级	华平李氏大宗祠	狮山镇小塘华平村	祠堂	始建于清嘉庆年间（1796—1820），同治年间（1863—1874）重修	三进，面积 936 平方米。带左右青云巷，左边有衬祠。镬耳山墙，博古脊。门堂无塾，有屏门。木柱有柱横
22	市级	烟桥何氏大宗祠	九江镇烟南烟桥村大巷口	祠堂	清嘉庆十九年（1814）重建，光绪十八年（1892）重修	三路两进三开间，带两侧衬祠及青云巷，镬耳山墙，博古脊。门堂两塾

续附表2

序号	保护级别	古建筑名称	地址	原功能	时代	备注
23	市级	凤池曹氏大宗祠	大沥镇凤池村委凤西村	祠堂	始建于清雍正九年（1731），道光二十三年（1843），1999年重建	三路三进三开间，带两侧村祠及青云巷，占地面积约1100平方米。门堂无塾，博古脊，墙。有柱檐
24	市级	沥东吴氏八世祖祠	大沥镇沥东荔庄村	祠堂	清康熙六十年（1721）始建，光绪十六年（1890）重建	三进三开间，面积773平方米。镬耳山墙，博古脊
25	市级	联星江氏大宗祠	罗村街道联星社区	祠堂	始建于明永乐八年（1410），清光绪三十年（1904）重建，2001年重修	三路三进三开间，带左右村祠及青云巷，博古水式山墙，博古脊。门堂一门两塾，有屏门。廊庑深两进
26	市级	贤寨涧源郑公祠	里水镇和顺贤寨村	祠堂	清早期（1644—1735）始建，清光绪年间（1875—1908）重建，1994年维修	三进三开间，镬耳山墙，博古脊
27	市级	通①叟江公祠	桂城叠滘	祠堂	清	
	市级	江氏宗祠	桂城叠滘	祠堂	清	
28	市级	漖表李氏大宗祠	大沥镇黄岐漖表村	祠堂	民国13年（1924）	原为四进五开间，硬山顶，现存三进五开间，占地面积6670平方米，建筑面积为4002平方米

① 通，音dūn。

续附表2

序号	保护级别	古建筑名称	地址	原功能	时代	备注
29	市级	黄氏宗祠（珠江纵队独立第三大队旧址）	狮山镇黄洞村	宗祠	始建于清末民初，1995年重修	
30	市级	黄少强①故居	官窑镇群岗小江村	民居	清	三间两廊、硬山顶，建筑面积约120平方米
31	市级	傅氏山庄	西樵山碧云村	民居	民国21年（1932）	近代建筑，占地面积5700平方米，建筑面积1265平方米，包括傅氏宗祠、山庄南门、敦义崇礼碉楼、傅老榕故居、数间民居
32	市级	中共南海县委旧址	大沥镇谢纲村张述文后屋	民居		面积64平方米，卷棚顶
33	市级	奎光楼（文昌阁、奎星阁）	西樵山白云洞景区入口	塔	清乾隆四十二年（1777）重建，后经多次重修	南北向，方形三层楼塔式建筑，四角攒尖顶，占地16平方米，高15米
34	市级	枕流亭	西樵山白云洞应潮湖	亭	始建于清乾隆五十四年（1789），咸丰元年（1851），1987年重修	占地面积9平方米，卷棚歇山顶

① 黄少强（1901—1942），名宜仕，南海官窑小江村人。高剑父、高奇峰、刘海粟弟子，擅人物画，在岭南画派中独树一帜。曾与赵少昂合办"南海艺苑"，后创立"民间画馆"，晚年在佛山设"止庐画塾"授徒。出版有《画家》、《少强画集》、《止庐题画诗抄》等。

佛山 传统建筑研究

续附表 2

序号	保护级别	古建筑名称	地址	原功能	时代	备注
35	市级	"第一洞天"牌坊	西樵山白云洞会龙湖旁	牌坊	始建于清乾隆年间（1736—1795），咸丰八年（1858）重修	两柱单间冲天式
36	市级	小云亭	西樵山白云洞云泉仙馆后	亭	清咸丰八年（1858）	面积 14.7 平方米，六角攒尖顶，六柱
37	市级	湖山胜迹门楼	西樵山白云洞	门楼	清咸丰三年（1853），多次重修	占地面积 20 平方米，镬耳山墙
38	市级	光分亭	西樵山白云洞	亭	清道光二十八年（1848）	占地面积 56 平方米，歇山顶
39	市级	魁星塔（冯氏祠塔）	九江镇下北铁滘村	塔	清嘉庆五年（1800）	六角形，两层，高 6 米，陶质葫芦顶
40	市级	苏坑贞烈牌坊	丹灶镇苏坑村	牌坊	明	
41	市级	"旌表节孝"牌坊	九江镇烟桥新庄	牌坊	清道光元年（1821）	花岗岩，四柱三间冲天式，高 5.42 米，通面阔 6.95 米，左右开间面阔 1.72 米
42	市级	树木善堂	狮山镇狮山银岗	善堂	清光绪十四年（1888）	面阔三开间
43		简村北帝庙	西樵简村冈头村南	庙宇	清康熙四十六年（1707），道光二十六年（1846），民国 14 年（1925）重修	三进
44		主帅庙（康公庙）	里水河村东面	庙宇	清康熙五十二年（1713），光绪三十一年（1905）重修	四进，通面阔 11.6 米，通进深 40.7 米，面积 472.22 平方米

续附表 2

序号	保护级别	古建筑名称	地址	原功能	时代	备注
45		百西文武庙	西樵百西村头	庙宇	清乾隆二十六年（1761），乾隆四十五年（1780），道光二十六年（1846），同治七年（1868），民国初年重修	两进，后殿为抬梁式构架，九架梁。两边回廊为四檩卷棚顶。方形石柱，绿琉璃瓦，檐口有木雕装饰。硬山顶，前殿正脊饰鳌鱼争珠。前后殿屋顶四角有陶塑狮子。庙内有石碑四块
46		颜峰叶氏大宗祠	大沥镇颜峰村	祠堂	南宋宝庆三年（1227）始建，清乾隆年间（1736—1795）重修，1997年维修	一路三进五开间，红砂岩墙脚，蚝壳墙
47		河村吴氏世祠	里水镇河村月池坊	祠堂	始建于明代，清代重修，后堂民国20年（1931年）	两进三开间，通面阔21.2米，通进深27.8米，面积589.36平方米，硬山顶。门堂三门，无塾，檐柱和中柱为圆木柱，有柱櫍。心间檐枋为木直梁，次间檐枋
48		乐安江氏宗祠	罗村街道乐安	祠堂	清康熙五十九年（1720），清乾隆二十九年（1764）重修	
49		江头江氏大宗祠	桂城街道叠南江头村	祠堂	清康熙五十九年（1720）始建，乾隆二十九年（1764），1991年重修	三间三进，占地面积534平方米，镬耳山墙。门堂一门，龙船脊。有屏门，木驼峰斗栱，木月梁。中堂无屏门。多处材质红砂岩
50		罗南杨氏大宗祠	大沥镇罗南村	宗祠	清光绪癸卯年（1903）重修	
51		纯阳吕公祠	官窑镇七甫村	祠堂	清光绪二十九年（1903）	

续附表 2

序号	保护级别	古建筑名称	地址	原功能	时代	备注
52		黄岐五岭名家梁氏大宗祠	大沥镇黄岐村	祠堂	清	已毁
53		罗南杨氏四世祠	罗村街道罗南	祠堂		门堂已改建
54		象岗杨氏宗祠	里水镇象岗村	祠堂		
55		象岗杜氏宗祠	里水镇象岗村	祠堂		
56		鹅溪黄氏宗祠	里水镇鹅溪村	祠堂		
57		鹤暖岗黄氏宗祠	里水镇北沙鹤暖岗	祠堂		
58		草场黄氏宗祠	里水镇草场村	祠堂		
59		岑岗黄氏宗祠	里水镇岑岗村	祠堂		
60		大岗黄氏宗祠	官窑镇大岗村	祠堂		
61		龙头孔氏宗祠	松岗龙头村	祠堂		
62		龙头林氏大宗祠	松岗龙头村	祠堂		
63		源洞旧社黄氏大宗祠	官窑源洞旧社	祠堂		
64		黄合黄氏大宗祠	大沥黄合村	祠堂		
65		康乐罗氏大宗祠	大沥镇康乐村	祠堂		

续附表 2

序号	保护级别	古建筑名称	地址	原功能	时代	备注
66		华村梁氏大宗祠	大沥镇华村	祠堂	清末民初	
67		陈溪浦①故居	丹灶镇良登村	民居	清末民初	三间两廊式建筑
68		陈启沅故居	简村	民居	清	三间两廊式建筑
69		白玉玲珑塔（瑞塔、飞来塔）	西樵山白云洞接龙湖旁	塔	清康熙年间（1662—1722），1976 年移至西樵山白云洞接龙湖旁	大理石雕琢切榫，七层，连底座高 7.5 米，为六面体尖形塔，每层有一拱门。通体镂刻有羊、龙和花卉等纹饰
70		沙头西桥"文明"牌坊	沙头镇西桥	牌坊	清光绪年间	原为水南书院（已毁）的附属建筑。花岗石构筑，三间四柱，通高 5.5 米，中间两柱稍高，主间额上刻"文明"，背面镂刻"观象通韵"
71		三湖书院	西樵山碧云洞	书院	清乾隆五十四年（1789）创建，道光二十年（1840）重修	两进
72		九江"岑局楼"	九江镇上东沙村红旗村	民居	民国 21 年（1923）	近代建筑，占地面积 2000 多平方米。中西建筑风格，主建筑为三幢相连的楼房，高两层，楼顶有圆形阁楼
73		九江吴家大院	九江镇下北村	民居	民国	近代建筑，建筑面积 2000 多平方米。高三层，中西建筑风格

① 陈溪浦，南海丹灶镇良登村人，广东最早的民营企业家之一。

附表3　顺德区历史建筑一览

序号	保护级别	古建筑名称	地址	原功能	时代	备注
1	省级	西山庙（关帝庙）古建筑群	大良街道西山东麓	庙宇	始建于明嘉靖二十年（1541），清光绪年间（1775—1908），1985年重修	坐西南向东北，面积约6000平方米。山门、前殿、正殿、拜亭。硬山顶，博古脊
		三元宫	大良街道西山东麓	庙宇	清代风格，1985年重修	坐西南向东北，三间三进。硬山顶，博古脊，中殿与后殿之间有照壁
2	省级	真武庙（大神庙）	容桂街道狮山东路大神庙街	庙宇	明万历辛巳年（1581）重建，清康熙年间（1662—1722）及嘉庆甲戌年重修（1814），1989年，2014年重修	三间三进，占地面积约400平方米。木柱有柱樀。前殿重檐歇山顶，心间双柱单间单楼牌坊式，八角形咸水石柱，方形红砂岩柱
3	省级	逢简刘氏大宗祠（影堂）	杏坛镇逢简村树根大街	祠堂	明永乐十三年（1415）建，天启元年（1621），清嘉庆间（1796—1820）重修	坐北向南，占地面积1900多平方米，三路三进。五开间，通面阔19米，中路面阔32米，两边有祠，钟鼓楼，中堂前有月台。门堂无墊，青云巷，龙船脊，人字山墙，屋顶生起曲线明显。门堂无墊，木直梁木驼峰斗栱，多处用咸水石、红砂岩
4	省级	桃村报功祠古建筑群	北滘镇桃村	祠堂、庙宇		
		报功祠	北滘镇桃村桃源大道	祠堂	明天顺四年（1460）建，清康熙四十三年（1704），嘉庆八年（1803），道光十九年（1839），光绪八年（1882），民国丁亥年（1947）重修	三进，博古脊山墙，中堂、后堂均以捕承檐，不设檐柱。后堂木梭柱，柱身下存有一段木鼓座，下存木柱樀，红砂岩柱础。有早期月梁，S型托脚形制，方檩

续附表 3

序号	保护级别	古建筑名称	地址	原功能	时代	备注
4	省级	金紫名宗（光泽堂、黎氏宗祠）	北滘镇桃村桃村上街	祠堂	始建于明，清乾隆戊戌（1778）重修	三路三进三开间，两边带衬楼，人字山墙，龙船脊。门堂一门四塾，内檐咸水石柱及柱础，次间檐柱有咸水石柱，心间与次间皆有木直段梁檐枋、木驼峰斗拱。中堂木柱柱身下有一段高大木鼓座，下有木柱础，红砂岩柱础
		黎氏三世祠	北滘镇桃村上街	祠堂	现存建筑为明代风格。	两进，门堂一门四塾，三间三楼式屋顶，木檐枋，木狮子杭墩斗拱。后室山墙为蚝壳墙，木檐柱，木柱檐，檐柱前有墙。红砂岩柱础
		桃村水月宫（观音庙）	北滘镇桃村观音庙街	庙宇	清乾隆五十九年（1794），咸丰二年（1852），光绪二十四年（1898），2006年重修	三进，有拜亭，方耳山墙，花岗石墙脚。拜亭为卷棚歇山顶
5	省级	尊明苏公祠（尊明祠）	北滘镇碧江居委泰兴大街	祠堂	明嘉靖年间（1522—1566）	原为三进五开间，现仅余两进。门堂无塾，心槽，尽间隔作耳房。门堂通面阔31.9米，通进深七架6.2米。中堂通面阔32.5米，进深13.56米
6	省级	华西黎院陈公祠	龙江镇新华西村北华村	祠堂	明中期（1436—1572）始建，清同治十一年（1873）重修	三间三进，左右带青云巷。门堂前檐为三间三楼牌坊式，歇山顶，后檐为硬山顶厅堂式，前檐纵架木直梁如意斗拱，青云巷门楼砌砖门楼牌坊式样

续附表3

序号	保护级别	古建筑名称	地址	原功能	时代	备注
7	省级	沙边何氏大宗祠（厚本堂）	乐从镇水藤沙边村八坊龙船巷	祠堂	始建于明晚期（1573—1644），清康熙四十九年（1710），同治二年（1863）、2003年重修。	坐南向北，占地面积900多平方米，一路三进三开间，通面阔16.2米，通进深48.9米，主体建筑外有后楼。门堂三间两进三楼牌坊式，歇山顶，分心槽，一门四塾。
8	省级	右滩黄氏大宗祠	杏坛镇右滩村石滩村	祠堂	明晚期（1573—1644）	占地面积1614平方米，五间三进，后院有两亭子，博古山墙，博古脊，木柱有柱横。门堂三间，三门两塾，中堂前有月台，次间皆有木直梁檐枋。
9	省级	仓门梅庄欧阳公祠	均安镇仓门居委	祠堂	清光绪八年（1882）重建	坐南向北，三路两进三开间，带左右青云巷，总面积992平方米，主体建筑后带一后楼（厨房）。中路面阔14.1米，通进深43.5米，人字形山墙，龙船脊。门堂进深三间，一门两塾，青云巷内外侧有廊庑，八角后檐带两个耳房。后堂进深三间，覆盆式柱础，木柱有柱横
10	省级	沙滘陈氏大宗祠（本仁堂）	乐从镇沙滘村东村	祠堂	始建于清光绪二十一年（1895），竣工于二十六年（1900）	三路三进五开间，占地面积4000多平方米，主体建筑面积3770平方米，左右两边带四条青云巷。有村祠，通面阔47米，通进深80.2米，中路建筑有月台

续附表 3

序号	保护级别	古建筑名称	地址	原功能	时代	备注
		碧江金楼及古建筑群		民居、祠堂		碧江金楼、碧江村心祠堂群、碧江泰兴大街祠堂群
		碧江金楼		民居	清晚期（1851—1911）	主体三间两层，砖木结构，首层三面环廊成回字形，二层三间明间有屏门
		职方第	北滘镇碧江居委	民居	清嘉庆、道光年间（1796—1850）	三间三进，中堂前有拜亭，第三进为四层高的后楼，镬耳山墙，龙船脊。门堂回斗门式，有屏门，拜亭前为牌坊
		泥楼		民居	明	蚝壳墙，罗马柱
11	省级	碧江村心祠堂群		祠堂	清光绪戊戌（1898）	佛山地区现存两座有一字型砖照壁的祠堂之一，且其照壁最为精美。祠坐西向东，三进，通进深39.6米，通面阔三间12.4米，占地面积491平方米。镬耳山墙，博古脊。照壁长26.5米，深11.7米，一字三楼三段式，两边开门
		碧江苏公祠	北滘镇碧江居委村心大街	祠堂		啸岩苏公祠、黄家祠、源庵苏公祠、楚珍苏公祠等15座祠堂
		啸岩苏公祠（绳武堂）		祠堂	清早期（1644—1735）建，2005年修复	坐西向东，面积464.78平方米，三间三进，龙船脊，门堂回斗门式

续附表3

序号	保护级别	古建筑名称	地址	原功能	时代	备注
		黄家祠			清中期（1736—1850）重修	三间三进、镬耳山墙、龙船脊。门堂回斗式门式。
		源庵苏公祠	北滘镇碧江居委村心大街		清中期（1736—1850）建，2004重修	坐西向东、三间两进、通面阔11米、通进深18.35米，面积201.85平方米、镬耳山墙、博古脊，有瓦当、无滴水。门堂回斗式门式，后堂深三间，瓜柱式梁架。
		楚珍苏公祠			明晚期（1573—1644）始建，清中期（1736—1850）重修	
		碧江泰兴大街祠堂群		祠堂		澄碧苏公祠、从兰苏公祠、逸云苏公祠、何求苏公祠等五座祠堂
11	省级	澄碧苏公祠	北滘镇碧江居委泰兴大街		明始建，清重修	坐西向东、三间两进、通面阔12.75米、通进深37.14米，面积473.53平方米、镬耳山墙，博古脊。门堂无塾。
		从兰苏公祠			清中期（1736—1850）	三间三进、通面阔11.4米、通进深34.3米，面积381.1平方米。门堂无塾。中堂金柱有木质花瓶状鼓座，有木柱横。
		逸云苏公祠			清代中后期（1736—1911）	三间两进、通面阔10.88米、通进深16.8米、镬耳山墙，灰塑博古脊。门堂回斗式，后堂仅设两根金柱，瓜柱抬梁式梁架，次间博古梁架。厅内红石祭坛。
		何求苏公祠			明始建，清重修	面积386.28平方米、三间两进带左右青云巷、人字山墙、龙船脊、院落有牌坊。

续附表3

序号	保护级别	古建筑名称	地址	原功能	时代	备注
12	省级	尤列故居	杏坛镇北水村	民居	始建于清道光十七年（1837），民国、近年重修	占地面积229平方米，面阔三间11.6米，进深两进19.7米
13	省级	清晖园	大良街道	园林	清中晚期	岭南四大园林之一
14	省级	青云塔（神步塔）	大良街道	塔	明万历壬寅年（1602）建，1985年维修	七层六角形青砖楼阁式塔，高45.4米。正门方向西南，登塔门北向70°。塔底外围每角面阔3.3米，内径宽2.53米，二层内径宽2.47米，绕塔身外通道面宽0.77米
15	省级	桂州文塔（聚奎阁）	容桂街道	塔	清乾隆五十九年（1794）建，1989年重修	正面朝东，七层六角形楼阁式，每角端宽4.1米，总高约34.2米
16	省级	冯氏贞节牌坊	北滘镇林头村南村牌坊街	牌坊	清康熙三十七年（1698）	坐西向东，占地面积41平方米，咸水石。面阔8.34米，进深2.4米，高6.5米。歇山顶
17	省级	冰玉堂	均安镇沙头村	民居	始建于清光绪八年（1882），近年重修	近代建筑。坐北向南，通面阔23.4米，通进深52.46米，占地面积1228平方米，建筑面积426.7平方米，两进。由门厅、庭院、前堂、冰玉堂、偏间等组成。门堂为凹斗门式，面阔三间14米，进深7.3米。冰玉堂堂前有一小天井，两侧为回廊，左侧有神龛一座。南洋风格，有木楼，有木梯。主体建筑南洋拱式，两侧门窗建筑则为普通民居的两层建筑高两层。主体建筑进深23.13米。面阔三间13.64米，砖木结构

续附表 3

序号	保护级别	古建筑名称	地址	原功能	时代	备注
18	市级	龙母庙	杏坛镇龙潭村庙前大街	庙宇	宋咸淳元年（1265），清代重修多次，2001年重修	石狮子
		五龙庙	杏坛镇龙潭村庙前大街	庙宇	宋咸淳元年（1265）	
19	市级	锦岩古庙	大良街道锦岩公园	庙宇	始建于明代，清康熙、雍正、乾隆、道光及1984年历经重修	坐东南向东北，三路两进三开间，左右为偏殿，后殿皆硬山顶，三路皆有拜亭。
20	市级	绿榕古庙	容桂街道容里居委	庙宇	清光绪二十一年（1895）	坐东北向西南，占地面积277平方米，通面阔18.4米，中路面阔13.9米，通进深14.6米，前殿歇山顶，方耳山墙
21	市级	众涌天后古庙（天后宫）	勒流街道众涌村高巷大街二号巷	庙宇	始建于宋代，清乾隆己丑（1769），嘉庆丁卯（1807），道光己亥（1839），咸丰辛酉（1861），光绪癸卯（1903），1985年，2000年重修，仅留光绪二十九年（1903）的建筑风格	坐东南向西北，占地面积51.7平方米，三间两进，有拜亭，通面阔10.2米，通进深26.6米。灰塑脊
22	市级	腾冲福善堂（关帝庙）	乐从镇腾冲村	庙宇	始建于清代，光绪三十年（1904）重修	坐东向西，三间两进带左右青云巷，有拜亭，后堂，通面阔20米，水式山墙，通进深18米，深两进，门堂与后堂正脊为花脊

续附表 3

序号	保护级别	古建筑名称	地址	原功能	时代	备注
23	市级	杏坛镇苏氏大宗祠	杏坛镇大街七巷口	祠堂	明万历年间（1573—1620）建，清代重修，后堂 2010 年复建	坐北向南，三进五开间，通面阔 15.25 米，通进深 29.38 米。屋顶生起，人字山墙，龙船脊。门堂五开间，分心槽，一门堂四塾，每塾面阔各两间，塾台高约 1.5 米，其超常的高度为广府之最，木月梁木驼峰斗栱，中堂、后堂有塘，木柱有柱櫍，咸水石柱础
24	市级	莘村曾氏大宗祠（宗圣南支）	北滘镇莘村武城街	祠堂	明天启元年至四年（1621—1624）始建，清光绪己丑年（1889）重修	坐东向西，三路三进三开间，带左右青云巷，左路曾村祠，右路为曾氏家塾（回斗门）。中路面阔 13.1 米，通面阔 43.2 米，博古山墙，博古脊。门堂一门两塾，中堂进深 11.45 米，后堂进深 9.75 米
25	市级	路州黎氏大宗祠	乐从镇路州村东头坊	祠堂	明崇祯庚辰（1640）始建，清同治六年（1867）和宣统元年（1909）重修	坐西北向东南，三路三进三开间，带两侧青云巷，通面阔 29 米，通进深 49 米，占地面积 1029 平方米，博古山墙，博古脊。门堂进深两间，后堂进深三间
26	市级	大墩梁氏家庙	乐从镇大墩村金马坊玉堂里	祠堂	明崇祯年间（1628—1644）建，清光绪二十三年（1897）扩建，1991 年、2009 年维修	坐西南向东北，三路三进开间，两边带村祠与青云巷，通面阔 26 米，中路面阔 13 米，通进深 33 米，镬耳山墙，博古脊。中堂有拜亭"圣谕亭"，台阶置团龙石，为佛山少见

续附表 3

序号	保护级别	古建筑名称	地址	原功能	时代	备注
27	市级	古朗濑南伍公祠	杏坛镇古朗世祖巷	祠堂	明	
28	市级	大良罗氏大宗祠	大良街道蓬莱路	祠堂	明	
29	市级	桃村横岸袁氏大宗祠（袁诏谋堂、怡谋堂）	北滘镇桃村怡谋街（原为横岸乡）	祠堂	明末始建，清乾隆四十三年（1778）重修	曾有村祠，已拆除。有柱櫍，大门梁架为博古纹
30	市级	林头郑氏大宗祠	北滘镇林头社区粮站站路状元坊	祠堂	清康熙五十九年（1720）	原为三路三进五开间，现门堂已毁，两层高的村祠仍存。中堂、后堂形制甚古，木柱均有柱櫍。前院两侧廊庑进深两间。后堂前檐为卷棚顶轩廊，檐柱皆为木柱
31	市级	广教杨氏大宗祠	北滘镇广教林港路西	祠堂	清雍正二年（1724），光绪五年（1879）重修	
32	市级	北水尤氏大宗祠	杏坛镇北水村北昌东	祠堂	清雍正三年（1725）建后，乾隆三十年（1765）建中堂，乾隆三十四年（1769）建门堂，宣统三年（1904）重修	坐南向北，三路三进三开间，通面阔 36 米。门堂现状形制较古，应为乾隆三十四年的原构；后座与边路建筑较晚，应为光绪和宣统年间（1875—1911）重修

380

续附表3

序号	保护级别	古建筑名称	地址	原功能	时代	备注
33	市级	良教祠堂群（含湛波何公祠、何氏家庙、书舍、私塾）	乐从镇良教村	祠堂	清雍正七年（1729）重修	
		湛波何公祠				
		何氏家庙				
34	市级	马东冯氏六世祖祠	容桂街道马冈马东村马东直街四十一号	祠堂	清道光九年（1829）建，光绪壬午年（1882）重修	
35	市级	昌教黎氏家庙及民居群	杏坛镇昌教村	祠堂、民居	清同治三年（1864）或光绪五年（1879）	坐东南向西北，占地面积1155平方米，三间三进、带右路建筑及右路青云巷，中路面阔14.3米，通进深53米，有拜亭，后檐灰塑博古脊，博古山墙。门堂一门两塾，两边设耳房。中堂进深三间十六架。后堂进深三间十三架。拜亭面阔三间6.2米，进深3.6米，重檐歇山顶
36	市级	上村李氏宗祠	均安镇鹤峰居委上村	祠堂	始建于清光绪五年（1879），1989年重修	坐西南向东北，占地面积437平方米，三间两进，进深中路面阔13.8米，进深43.6米。带左右青云巷，镬耳山墙，灰塑龙船脊。门堂一门两塾，后带两耳房，进深三间十三架，后堂进深三间十二架。汉白玉门枕石。后堂进深三间十二架，方檩

续附表3

序号	保护级别	古建筑名称	地址	原功能	时代	备注
37	市级	路州周氏大宗祠	乐从镇路州村周家塘边坊	祠堂	清光绪丁亥（1887）建，民国8年（1919），1996年，2000年重修	坐北向南，三路三进三开间，两边带村祠与青云巷。通面阔22米。博古脊，进深两间，博古山墙，水式山墙、占地面积1087平方米。门堂一门两塾，中堂、后堂进深三间
38	市级	南浦李氏家庙	均安镇南浦村	祠堂	清光绪年间（1875—1908）	坐东南向西北，占地面积880平方米，三路三进三开间，左右带村祠及青云巷，面阔28.1米、通进深31.3米。博古山墙，进深三间十三架。门堂无塾，灰塑博古脊。后堂进深三间十三架，木柱有柱櫍
39	市级	坦西张氏九世祠	龙江镇坦西村海傍路坦田直街	祠堂	清光绪年间（1875—1908）	
40	市级	逢简李参政公祠	杏坛镇逢简村明远塘头大街	祠堂	清	
41	市级	杏坛梁氏大宗祠	杏坛镇光华德彦大道牌坊边	祠堂	清	
42	市级	多浦朗公家庙	均安镇鹤峰多浦村玉浦大街	祠堂	清乾隆元年（1736）	

续附表3

序号	保护级别	古建筑名称	地址	原功能	时代	备注
43	市级	星槎何氏大宗祠	均安镇星槎村兴隆	祠堂	清	
44	市级	莘村梁大夫祠	北滘镇莘村	祠堂	清	东梁义学、磐石书楼
45	市级	陈涌梅氏大宗祠	龙江镇陈涌村小陈涌尾	祠堂	清	
		陈涌陈氏宗祠		祠堂	清	
46	市级	石洲松庄仇公祠	陈村镇石洲村文海隔基路	祠堂	清	
47	市级	羊额月池何公祠	伦教街道羊额村连州街	祠堂	清	中堂檐柱上使用斗拱，仅羊额月池何公祠一例
48	市级	扶同廖氏宗祠	勒流镇扶同村杜祥街	祠堂	清	
49	市级	石龙里古民居群	龙江镇石龙里	民居	明至清	
50	市级	克勤堂古民居群	龙江镇仙塘村委朝阳农场东侧	民居	清	

383

续附表3

序号	保护级别	古建筑名称	地址	原功能	时代	备注
51	市级	北街古村落	杏坛镇桑麻北街	民居	清	
52	市级	南村牧伯里民居群	乐从镇沙滘居委南村	民居	清至民国	东西长200米，南北阔100米，占地面积2万多平方米。十七条小巷南北走向。旧民居120多间，其中有代表性的建筑约30间，三间两廊式或中西风格融合。龙船脊、镬耳山墙，中西风格融合的多为二层，砖混结构，西方柱式
53	市级	西村低地民居群	乐从镇沙滘村	民居	民国	
54	市级	梁廷枏故居	伦教街道聚星里	民居	清	
55	市级	伍宪子①故居	杏坛镇古朗村竹林二巷	民居	清	

① 伍宪子（1881—1959），名庄，别名文澡，字宪子，宪庵，号梦蝶，笔名雪铁，博浪楼主。顺德古朗乡人。早年随康有为受业，清末时中举人，1904年加入保皇会，历任《香港商报》《南洋总汇报》《国事报》主笔，发吹君主立宪。中华民国成立后，历任广东内务司司长，湖北关监督、沧州关顾问、衰世凯总统顾问、冯国璋总统府咨议、国务院参议等职。并赴美主办《世界日报》，《纽约公报》。1941年加入中国民主政团同盟。1945年，中国宪政党更名为中国民主政党，伍宪子出任党主席，一度出任该党主席，并赴美主办《国民公报》、《唯一日报》、《共和日报》、《平民周刊》和《丙寅》杂志。1927年，与梁启超、徐勤等创立中国民主宪政党。1946年，中国民主宪政党与中国国家社会党合并为中国民主社会党（简称"民社党"）后，伍宪子任中国民主社会党组织委员、常委、副主席，后又当选中央执委、中央常委、中央总部主席。1956年出任香港联合书院教授。著有《梦蝶文存》等。

续附表3

序号	保护级别	古建筑名称	地址	原功能	时代	备注
56	市级	麦孟华、仲华故居	杏坛镇吉祐村爱日名关二巷	民居	民国	占地面积50平方米，面阔10米，进深5米
57	市级	李小龙祖居	均安镇鹤峰居委上村	民居	民国	占地面积64平方米，面阔8.1米，进深7.9米
58	市级	冯立夫祖宅	龙江镇征岗村	民居	民国初年（1912—1927）	坐北向南，占地面积236平方米，通面阔17.5米，通进深13.5米，高3层约11.5米，三间两廊式，镬耳山墙，龙船脊
59	市级	太平塔（旧寨文塔）	大良街道太平山	塔	明万历庚子年（1600）建，1987—1989年重修	七层八角形楼阁式，高25.58米。底层每角墙宽4.1米，厚3.28米
60	市级	龙江文塔（七层塔）	龙江镇集北村龙江大涌旁	塔	建于清乾隆二十九年（1764），道光二十二年（1842）修复	正面朝东南，七层六角形楼阁式，全高约36.2米。角墙每面面阔4.2米，厚1.25米
61	市级	昌教乡塾	杏坛镇昌教村	学校	清同治至光绪（1862—1908）	占地面积339平方米，面阔13.6米，进深24.95米
62	市级	钟楼	大良街道凤山东路	钟楼	明嘉靖四十三年（1564）始建，约隆庆四年（1570）迁建，清初（1658—1661），康熙年间（1690—1722），乾隆三十九年甲午（1774），光绪十一年乙酉（1885），1985年重修	两层双檐，基座红砂岩，下开拱道，贯穿东西，楼上为十二檩四面出廊式结构，四畔周以红砂岩石栏，上下檐相距1米许，分别用木柱、石柱承托

续附表 3

序号	保护级别	古建筑名称	地址	原功能	时代	备注
63	市级	百岁坊	杏坛镇古朗村	牌坊	清乾隆十七年（1752）	方向南偏西20度，四柱三间三楼式庑殿顶石牌坊，红砂岩构筑。高约4.25米，心间门宽1.43米，次间门宽0.78米。横梁和柱为花岗岩，柱根前后柱均有抱鼓石，左面已缺一
64	市级	节孝坊	杏坛镇古朗村	牌坊	清嘉庆三年（1798）	方向东偏南20度，四柱三间三楼式，庑殿顶，高4.25米，底基宽5米，牌坊宽3.3米。柱根有抱鼓石，现存四块
65	市级	"升平人瑞"牌坊	杏坛镇上地村南安巷	牌坊	清同治六年（1867）	坐西北向东南，四柱三间两层冲天式，花岗石建筑。高5.35米，面阔4.5米，前后柱根有八块抱鼓石夹护
66	市级	合兴当铺	杏坛镇龙潭	当铺	清	
67	市级	教德更楼	乐从镇葛岸村	更楼	民国14—15年（1925—1926）	砖石结构，占地面积97.96平方米，东望楼面阔3.9米，进深3.9米；南望楼面阔3.6米，进深3.6米；西望楼面阔4.2米，进深4.1米；北望楼面阔3.9米，进深4.6米
68	市级	四基天主教堂	容桂街道四基居委	教堂	民国17年（1928）	西式建筑，混凝土结构，占地面积339平方米，包括玫瑰堂、门堂、招待所、告解室。玫瑰堂面阔15米，进深36.9米，高四层，哥特式，混凝土结构，平面拉丁十字架布局

续附表 3

序号	保护级别	古建筑名称	地址	原功能	时代	备注
69	市级	腾冲刘氏宅第	乐从镇腾冲村	民居	民国22年（1933）	近代建筑，坐南向北，砖混结构，占地面积185平方米，两进，面阔10米，进深17.2米，两层，平顶，中西合璧风格
70	市级	千里驹故居（载兰园）	伦教街道三洲居委	民居	民国	近代建筑，坐东北向西南，砖混结构，占地面积295平方米，面阔10.5米，进深28.2米，中西建筑风格
71	市级	罗家树故居（罗氏宅第）	均安镇沙浦村	民居	民国	西式建筑，坐东南向西北，砖混结构，占地面积68平方米，面阔7.7米，进深12.4米，高两层半
72	市级	鸣石花园	伦教街道羊额村丰牌坊	园林	民国	近代建筑，砖木、砖混结构，占地面积500平方米，后扩建至200平方米，中西结合风格
73	市级	简竹村牌坊、六角亭	北滘镇北滘居委简岸路北侧	牌坊、亭	民国23年（1934）	占地面积35平方米，包括六角亭两座与牌坊一座，呈品字形分布，临河而建
		牌坊		牌坊		近代建筑，坐西南向东北，四柱三间冲天式。钢筋混凝土结构，通面阔6.3米，明间面阔3.2米。通体饰有石米。六角亭为钢筋混凝土结构，对角线约5米
		六角亭		园林建筑		近代建筑，钢筋混凝土结构，对角线约5米，攒尖顶，顶饰宝珠，绿琉璃瓦当，滴水剪边

续附表 3

序号	保护级别	古建筑名称	地址	原功能	时代	备注
74	市级	大光明碾米厂办公楼	龙江镇龙江居委	办公楼	民初（1912—1927）	西式建筑，坐西南向东北，砖木，砖混结构，占地面积172平方米，总宽10.6米，深16米。拱门，爱奥尼柱
75		观音堂（杏桂）	杏桂街道金鱼岗北麓	庙宇	始建于南宋，明万历十一年（1583），清雍正十三年（1735），嘉庆八年（1803），道光六年（1826），道光二十四年（1844）重修	
76		雨花古寺	杏桂街道	寺院	清顺治年间（1644—1661）	
77		光辉天后宫	杏坛镇光辉村	庙宇	清同治十二年（1873）重建，1984年重修	坐西南向东北，占地面积216.3平方米，两进，有拜亭，面阔三间11.5米，进深两进21.3米，镬耳山墙，博古脊。前殿进深三间
78		马东天后宫	杏坛镇马东村	庙宇	清光绪元年（1875）重建，民国25年（1936）重修	坐西北向东南，占地面积160.6平方米，面阔三间，进深两进18.1米，博古脊
79		仓沮圣庙（字祖庙）	勒流街道黄连居委	庙宇	清光绪元年（1875）	坐东南向西北，占地面积240.5平方米，面阔三间9.1米，进深两进17.66米，水式山墙，博古脊，左侧有"奖善堂"。前殿进深两间
80		隔涌三元庙	北滘镇碧江居委	庙宇	清光绪八年（1882）	占地面积111平方米，两进，面阔5.5米，进深20米
81		大神庙	杏桂街道	庙宇		

续附表 3

序号	保护级别	古建筑名称	地址	原功能	时代	备注
82		奎福寺	均安镇星槎福岸村	寺院		
83		裕源华帝殿	勒流街道裕源村	庙宇	始建于清雍正元年（1723），嘉庆八年（1803），光绪二十年（1894），民国10年（1921），2005年重修	坐西南向东北，占地面积88.7平方米，面阔三间，进深两进8.9米，博古脊，有拜亭。前殿进深两间，后殿进深三间
84		平步文武庙	乐从镇平步村	庙宇		
85		平步乡贤祠	乐从镇平步村	庙宇		
86		大墩康公庙	乐从镇大墩村	庙宇		
87		大墩天后宫	乐从镇大墩村	庙宇		
88		大墩文武庙	乐从镇大墩村	庙宇		
89		沙滘司马财神庙	乐从镇沙滘村	庙宇		
90		良教马滘天后庙	乐从镇良教村	庙宇		
91		容山书院（现容山中学）	容桂街道	书院	清嘉庆十三年（1808）	
92		马东何氏家庙（忠孝堂）	杏坛镇马东村	祠堂	明早期（1368—1434）	主体面积580平方米，三间三进带两边青云巷，镬耳山墙，双层后楼，龙船脊

续附表3

序号	保护级别	古建筑名称	地址	原功能	时代	备注
93		逢简石鼓祠（存心颐庵刘公祠）	杏坛镇逢简村嘉厚街	祠堂	明成化年间（1465—1487）	后堂最为古朴，应为明代原构。前庭两侧尚廊应亦为明代原构。门堂凹字门式，人字山墙，屋面有生起，龙船脊，门枕石上有石鼓。前带歇山拜亭，通面阔与中堂之间的屋面顺接，因而中堂前檐屋面延长，后堂部分方檩
94		水藤邓氏大宗祠（永锡堂）	乐从镇水藤村东屯组	祠堂	明弘治二年（1489）始建	镬耳山墙，龙船脊，门两塾
95		良教诰赠都御史祠	乐从镇良教村南便街一巷	祠堂	明弘治八年（1495）建，清光绪十年（1884）、2003年重修	三间三进，镬耳山墙，博古脊。门堂无塾，横梁木刻峰斗拱。心间，次间皆两攒斗拱，心间为木门面。后堂檐柱为木柱，方檩
96		上地松涧何公祠	杏坛镇上地村上地前街	祠堂	明弘治壬戌年（1502）建，清嘉庆二十年（1815），光绪二十二年（1896）重修	三间三进，镬耳山墙，龙船脊。门堂无塾，塾合花板。中堂木柱有柱础，柱础水石相分红岩砂岩或咸水石或等仍保留部分咸水石料
97		六世学士何公祠	陈村镇潭村学士四巷	祠堂	始建于明弘治十七年（1504），存清代风格	
98		仙涌翠庵朱公祠	陈村镇仙涌村心屋路心南三闸巷	祠堂	明嘉靖甲申年（1524）建，天启二年（1622），清咸丰年间（1851—1861），20世纪80年代，1999年重修	坐北向南，三间三进，龙船脊，人字山墙。门堂无塾。前院有一四柱三楼式牌坊，面阔5.89米，进深1.745米，高5.23米。中堂次间为檐墙，后堂梁架为明构，方檩。总进深48.13米，总面阔14.77米，总

续附表 3

序号	保护级别	古建筑名称	地址	原功能	时代	备注
99		仙涌朱氏始祖祠	陈村镇仙涌村仙涌北市场（村委会侧）	祠堂	明万历乙酉年（1585）建，2006年重修	坐西南向东北，三路三进三开间带后花园，中路两进三开间，进深 55.8 米。入字山墙，灰塑龙船脊。门堂一门四塾，面阔 14.3 米，进深七架 7.7 米，心间、次间纵架皆为木直梁木驼峰斗栱。中堂进深三间十一架 10 米。后堂进深三间三架 12.7 米，头门，中堂前原有弹坊已失。咸水石材料，月梁
100		逢简黎氏大宗祠	杏坛镇逢简村	祠堂	明万历三十七年（1609）建，万历四十五年（1617），清康熙四十年（1701）重修	三间两进，入字山墙，龙船脊。门堂无塾，咸水石檐柱，木直梁木柱驼嫩斗栱，后堂部分方砖
101		马齐陈氏大宗祠	杏坛镇马齐居委关东大街	祠堂	明万历年间（1573—1620）	
102		马齐东庄陈公祠	杏坛镇马齐居委关东大街	祠堂	明万历年间（1573—1620）	
103		昌教黎氏大宗祠	杏坛镇昌教村东头坊	祠堂	明天启年间（1621—1627）	
104		西马宁何氏大宗祠（列宿堂）	杏坛镇西登村西马宁大巷二巷	祠堂	明代建，清道光六年（1826）重修	坐东南向西北，三间三进，入字山墙，脊已损。门堂两塾。中堂檐柱前有塘，木柱有柱横

续附表 3

序号	保护级别	古建筑名称	地址	原功能	时代	备注
105		古朗梁氏宗祠	杏坛镇古朗村东边街	祠堂	明	
106		吉祐黄氏大宗祠	杏坛镇吉祐村新二大街边	祠堂	明代建，清咸丰年间，民国 21 年（1932）重修	
107		南朗陈氏家庙	杏坛镇南朗村祠前大道	祠堂	明	
108		马东陈氏大宗祠	杏坛镇马东村祠边巷九号	祠堂	明末清初	
109		西岸前所何公祠	杏坛镇西北西岸村一组	祠堂	明末清初	
110		西岸古谦何公祠	杏坛镇西北西岸村一组	祠堂	明末清初	
111		沙头黄氏大宗祠	均安镇沙头社区大祠堂	祠堂	清康熙三十年（1691）	
112		杏坛竹所罗公祠	杏坛镇大街	祠堂	早期祠堂，没有纪年信息，据《广府祠堂建筑形制演变研究》中推测，尤其是中座，至晚是康熙年间（1662—1722）的作品	形制古朴且统一，墙上设窗格，广府地区现存仅一例

续附表3

序号	保护级别	古建筑名称	地址	原功能	时代	备注
113		龙涌陈氏家庙（聚星堂）	北滘镇黄龙龙涌村家庙大街	祠堂	清雍正七年（1729）重修	三路四进三开间，带左右青云巷，中堂带拜亭，人字山墙，龙船脊。拱出现了两种形态，主要为拱身出锋，托莲花斗，少量的拱身不出锋
114		潭村乐潭区公祠	陈村镇潭村区家村南便西二巷	祠堂	清初	
115		绀现甘氏宗祠	陈村镇绀现村培英村大街	祠堂	清初	
116		高赞梁氏大宗祠	杏坛镇高赞东胜英村一号	祠堂	清乾隆十三年（1748）建，光绪二十三年（1897）重修	后堂方檩
117		麦村秘书家庙	杏坛镇麦村	祠堂	清乾隆十四年（1749）迁建，光绪二十六年（1900）重修	三路三进三开间，带左右村祠及青云巷，博古山墙，博古龙脊。门堂一门堂一四门塾，心间木门面。村祠木月梁木柁橄斗拱，中堂次间为檐墙，后堂前金柱为红砂岩，后金柱带木柱橄
118		水藤邓氏大宗祠（孔智堂）	乐从镇水藤村隔塘大街十号	祠堂	清道光三年（1823）	人字山墙，龙船脊，门堂两塾，院落中有仪门"文章华国"
119		林头梁氏二世祖祠	顺德北滘镇林头村	祠堂	清中期（1736—1850）	

续附表3

序号	保护级别	古建筑名称	地址	原功能	时代	备注
120		三华巨源欧阳公祠	均安镇三华居委东启明街	祠堂	清道光年间（1821—1850）	
121		杨滘缉熙堂	乐从镇杨滘村西岸坊一号	祠堂	清代中期（1736—1850）	
122		高赞友乔梁公祠	杏坛镇高赞村	祠堂	清咸丰三年（1853），1998年重修	坐东南向西北，三间三进，占地面积430平方米，面阔12.3米，进深35米。龙船脊，人字山墙，红砂岩石脚。门堂无垫
123		西滘月友区公祠	北滘镇西滘村	祠堂	清咸丰十年（1860）	占地面积205平方米，两进，面阔9米，进深21米
124		莘东洞梁公祠	北滘镇莘村	祠堂	清同治三年（1864）	占地面积214平方米，两进，面阔11米，进深19.5米
125		北滘辛氏大宗祠	北滘镇北滘居委	祠堂	清同治三年（1864）	占地面积510平方米，两进，面阔20.85米，进深35米
126		仙塘赖氏大宗祠	龙江镇仙塘村	祠堂	清同治五年（1866）	占地面积449平方米，中路面阔12.7米，进深24米
127		沙浦渔隐罗公祠	均安镇沙浦村	祠堂	清同治六年（1867）	占地面积225平方米，两进，中路面阔9.2米，进深32.8米

续附表3

序号	保护级别	古建筑名称	地址	原功能	时代	备注
128		富裕敬吾连公祠	勒流街道富裕村	祠堂	清同治十二年（1873）	坐西南向东北，占地面积713.9平方米，三路三进三开间，带左右青云巷。中路面阔12.5米，进深47.7米。人字山墙。门堂进深两间十一架，中堂进深三间十三架，后堂进深三间十三架
129		吕地阳台麦公祠	杏坛镇吕地居委	祠堂	清同治十二年（1873）	坐东向西，占地面积495平方米，中路带青云巷。左青云巷。镬耳山墙，龙船脊。门堂一门两墊，进深两间九架；中堂"昭融堂"进深三间十二架，金柱有木柱櫍；后堂进深两间十二架
130		光祖	均安镇星槎村兴隆尧天街一巷	祠堂	清同治年间（1862—1874）	
131		昌教林氏大宗祠	杏坛镇昌教村大巷坊	祠堂	清同治年间（1862—1874）	坐西南向东北，占地面积1677.8平方米，三路三进三开间带左右青云巷，中路面阔13.7米，进深48.6米。灰塑博古脊。博古山墙。门堂一门两墊，进深三间十一架，木直梁木柁墩斗栱。中堂"光远堂"前有月台，进深三间十二架，木柱双柱础，有柱櫍。后堂进深两间十三架

续附表 3

序号	保护级别	古建筑名称	地址	原功能	时代	备注
132		麦村苏氏大宗祠	杏坛镇麦村西涌蟠龙大道	祠堂	清同治年间(1862—1874)重修	坐东北向西南,占地面积 553.4 平方米,三间两进,面阔 14.2 米,进深 38.5 米。灰塑博古脊,人字山墙,红砂岩、咸水石墙脚。门堂无塾,进深三间十三架,院落有青砖牌坊,红砂岩石脚,面阔三间。后堂进深三间十一架
133		光辉周氏大宗祠	杏坛镇光辉村	祠堂	清光绪二年(1876)重建,1995 重修	坐东北向西南,占地面积 1270.8 平方米,三路三进三开间,通面阔 22.7 米,中路面阔 12.1 米,通进深 47.4 米。龙船脊,人字山墙。中堂进深四间二十架,较一般祠堂大
134		高赞爱仙梁公祠	杏坛镇高赞村	祠堂	清光绪四年(1878)	占地面积 189.1 平方米,两进,面阔三间 9.9 米,进深 19.1 米
135		小布大夫祠	乐从镇小布村大石街	祠堂	清光绪七年(1881)	
136		昌教奉直大夫祠	杏坛镇昌教村	祠堂	清光绪九年(1883)	占地面积 301.5 平方米,两进,面阔三间 11.16 米,进深 27.02 米

续附表3

序号	保护级别	古建筑名称	地址	原功能	时代	备注
137		西马宁秘书家庙（广裕堂）	杏坛镇西登村西马宁大巷二巷	祠堂	清光绪十一年（1885）重修	坐东南向西北，占地面积764.8平方米。三间三进，面阔13.6米，进深57.53米。龙船脊、人字山墙。门堂两塾，进深两间十一架；中堂进深三间十一架，前有月台，前后双步廊
138		扶闾陈氏宗祠	勒流街道扶闾村	祠堂	清光绪十一年（1885）	占地面积371.2平方米，三进，面阔三间12.7米，进深29米
139		腾冲西斋刘公祠	乐从镇腾冲村	祠堂	清光绪十一年（1885）重建	坐南向北，占地面积661平方米，三路两开间，通面阔22.8米，通进深约29米。门堂进深三间十一架，后堂进深三间十五架
140		马宁麦氏宗祠	杏坛镇马宁村礼安大道三十号	祠堂	清光绪十二年（1886）	
141		碧江奇峰苏公祠	北滘镇碧江居委	祠堂	清光绪十二年（1886）	坐东北向西南，占地面积372平方米，三间两进带左右衬祠，庭院中有牌坊。通面阔16.4米，中路面阔10.8米，通进深28米。龙船脊、镬耳山墙。门堂凹斗门式，进深三间十二架；中庭有围阔三间三架；后堂进深三间十三架

续附表 3

序号	保护级别	古建筑名称	地址	原功能	时代	备注
142		勒北约夫廖公祠（二房祠）	勒流街道勒北村	祠堂	清光绪十四年（1888）重修	坐西北向东南，占地面积 388 平方米，三路两进三开间，带左右青云巷。面阔 11.8 米，进深 25.8 米。灰塑博古脊，镬耳山墙
143		荷村省轩刘公祠	乐从镇荷村	祠堂	清光绪十四年（1888）	占地面积 185 平方米，两进，面阔三间 9.7 米，进深 19.1 米
144		沙头涌隐黄公祠	均安镇沙头村	祠堂	清光绪十六年（1890）	占地面积 476 平方米，两进，面阔三间 18.4 米，进深 28 米
145		腾冲周氏宗祠	乐从镇腾冲村	祠堂	清光绪十七年（1891）重建，1991 年重修	坐西北向东南，占地面积 468 平方米，三间三进，通面阔 13.1 米，通进深 35.8 米。脊饰，镬耳山墙。门堂进深两间十架，中堂"诒燕堂"进深三间十三架，后堂进深三间十三架
146		腾冲接平刘公祠	乐从镇腾冲村	祠堂	清光绪二十年（1894），1991 年重修	坐东北向西南，占地 655 平方米，三间三进带左路村祠与青云巷，通面阔 19 米，通进深 34.5 米。灰塑博古脊，镬耳山墙，红砂岩石脚。门堂进深二间十一架，后堂进深三间十五架
147		三华浩川欧阳公祠	均安镇三华居委文锦路	祠堂	清光绪二十年（1894）	占地面积 347 平方米，两进，面阔三间 13.5 米，进深 36.1 米

续附表 3

序号	保护级别	古建筑名称	地址	原功能	时代	备注
148		小布何氏大宗祠（五庙）	乐从镇小布村大宗街	祠堂	清光绪二十一年（1895）重建	坐西北向东南，占地面积974平方米，五路两进，两侧各带两路村祠，通面阔32.8米，通进深29.7米，正面共有五个门口。博古山墙，方形瓦当。中路两侧博古脊，两侧村祠水式山墙，门堂一门两墊，门堂面阔三间，进深三间十一架，后堂三间进深十五架
149		新隆陈氏宗祠	乐从镇新隆村	祠堂	清光绪戊戌年（1898）重建，2001年重修	坐西向东，占地370平方米，三间三进，面阔11.7米，进深31.6米。灰塑博古脊，镬耳山墙。门堂两墊，进深两间九架，中堂进深三间十一架，后堂三间进深十一架
150		腾冲山宗刘公祠	乐从镇腾冲村	祠堂	清光绪二十五年（1899）重建，2004年翻新	坐西南向东北，占地面积443平方米，三路两进三开间，带左右青云巷。通面阔21.3米，通进深20.8米。灰塑博古脊，镬耳山墙。门堂无墊，进深两间九架；后堂进深三间十三架
151		众涌参吾卢公祠	勒流街道众涌村	祠堂	清光绪二十六年（1900）	占地面积253.4平方米，两进，面阔三间18.8米，进深23.3米
152		古鉴悦庚王公祠	大良街道古鉴居委	祠堂	清光绪三十年（1904）	占地面积183平方米，两进，面阔三间9米，进深20米

续附表 3

序号	保护级别	古建筑名称	地址	原功能	时代	备注
153		星槎星光何公祠	均安镇星槎村	祠堂	清光绪三十四年（1908）	占地面积 300 平方米，三路两进，中路面阔三间 12.2 米，进深 24.6 米
154		逢简和之梁公祠	杏坛镇逢简村嘉厚街	祠堂	清光绪年间（1875—1908）	坐西北向东南，占地面积 857.2 平方米，三路三进两进，带左右青云巷。通面阔 23.2 米，中路面阔 12.3 米，进深 44.2 米。灰塑博古脊，中堂面阔三间。门堂一门塾。博古山墙，前有月台，木柱有柱櫍。中堂进深三间十二架，后堂进深三间十三架
155		登州吴氏大宗祠	陈村镇潭州村委登州村	祠堂	清宣统三年（1911）	占地面积 237 平方米，两进，面阔 10.4 米，进深 22.8 米
156		右滩景涯黄公祠	杏坛镇右滩村锦兰坊一巷一号	祠堂	清	
157		龙潭廖氏祖庙	杏坛镇龙潭村霍村大道	祠堂	清	
158		龙潭青岑梁公祠	杏坛镇龙潭村大巷松桂里	祠堂	清	
159		龙潭南隐梁公祠	杏坛镇龙潭村王易大街二号	祠堂	清	瓜柱承檩组合中出现替木构件

续附表 3

序号	保护级别	古建筑名称	地址	原功能	时代	备注
160		龙潭睦斋陈公祠	杏坛镇龙潭村西华坊	祠堂	清	
161		吉祐人和麦公祠	杏坛镇吉祐村名关四巷一号	祠堂	清	
162		仙涌朱家大祠堂	陈村仙涌村南阳路	祠堂	清	
163		大都甘氏祠堂群	陈村镇大都村渤海东大街	祠堂	清	
164		龙山温氏家庙	龙江镇龙山村大陈涌尾	祠堂	清	
165		南坑谭氏大宗祠	龙江镇南坑村	祠堂	清	
166		西华梁氏大宗祠	勒流街道西华村	祠堂	清	
167		大晚昆池卢公祠	勒流街道大晚村	祠堂	清	

续附表 3

序号	保护级别	古建筑名称	地址	原功能	时代	备注
168		大晚见川卢公祠	勒流街道大晚村	祠堂	清	
169		杨滘贤业马公祠	乐从镇杨滘村一甲大巷13号	祠堂	民国2年（1913）	
170		安教刘氏大宗祠	杏坛镇龙潭安教村光南大社	祠堂	民国10年（1921）	
171		葛岸次川岑公祠	乐从镇葛岸村	祠堂	民国11年（1922）	占地面积223平方米，两进，面阔三间11.8米，进深18.9米
172		沙浦罗氏大宗祠	均安镇沙浦村大街	祠堂	民国12年（1923）	坐东南向西北，占地面积600平方米，两路三间两进，带右路建筑及左右青云巷。通进深46.9米，中路建筑灰塑博古脊，通进深20.7米，镬耳山墙、花岗石、红砂岩墙脚。门堂进深三间十一架，后堂进深三间十三架
173		绀现梁氏大宗祠（梁氏家庙）	陈村镇绀现村	祠堂	民国初期（1912—1927）重建，2005年重修	坐北向南，占地面积1198.5平方米，原为三路三进建筑布局，现仅存中路及左右青云巷。面阔三间15.6米，通进深56.3米。灰塑博古脊，镬耳山墙。门堂一门两塾，进深三间十三架；后堂进深三间十三架

续附表 3

序号	保护级别	古建筑名称	地址	原功能	时代	备注
174		高赞达轩梁公祠	杏坛镇高赞村	祠堂	民国 18 年（1929）	占地面积 204 平方米，两进，面阔三间 10.1 米，进深 20.2 米
175		旺岗黄氏大宗祠	龙江镇旺岗村	祠堂	民国 19 年（1930）	坐西向东，占地 710 平方米，三路两进，通面阔 20.5 米，通进深 42.4 米。人字山墙，灰塑博古脊。门堂进深两间十三架，后堂进深四间十四架
176		腾冲愚乐刘公祠	乐从镇腾冲村		民国 19 年（1930）重建，1994 年继修	坐南向北，占地面积 216 平方米，面阔 10.8 米，进深 20 米，脊损，镬耳山墙。头门进深三间九架，后堂进深两间十三架
177		勒流南唐麦公祠	勒流街道勒流居委	祠堂	民国 20 年（1931）	占地面积 247 平方米，两进，面阔 10.5 米，进深 23.5 米
178		杏坛南庄苏公祠	杏坛镇杏坛居委	祠堂	民国 22 年（1933）	占地面积 308.7 平方米，两进，面阔三间 12.3 米，进深 25.1 米
179		大都岐周梁公祠	陈村镇大都村大都大道	祠堂	民国 26 年（1937）重建	具有中西建筑风格，坐西向东北，占地面积 487 平方米，三间三进，通面阔 12.3 米，通进深 49.5 米。门堂为三间五楼牌坊式，正中为拱门。庭院有两亭，中堂进深两间十三架，门堂拱形，罗马柱支撑。后堂进深两间十三架。中堂、后堂均为人字山墙。祠内混凝土梁架

续附表3

序号	保护级别	古建筑名称	地址	原功能	时代	备注
180		桃村曹氏大宗祠	北滘镇桃村	祠堂	2007年重修	
181		路州韦氏大宗祠	乐从镇路州村	祠堂		
182		葛岸德仁岑公祠	乐从镇葛岸村	祠堂		
183		葛岸岑氏大宗祠	乐从镇葛岸村	祠堂		
184		沙滘环翠公祠	乐从镇沙滘村	祠堂		
185		沙滘澜月陈公祠	乐从镇沙滘村	祠堂		
186		沙滘毅轩陈公祠	乐从镇沙滘村	祠堂		
187		沙滘澄碧陈公祠	乐从镇沙滘村北村	祠堂		
188		沙滘岩贵岑公祠	乐从镇沙滘村北村	祠堂		

续附表 3

序号	保护级别	古建筑名称	地址	原功能	时代	备注
189		罗沙澄源梁公祠	乐从镇罗沙村	祠堂		博古山墙，博古脊，门堂两塾
190		罗沙梁氏宗祠	乐从镇罗沙村	祠堂	清光绪年间（1875—1908）	镬耳山墙，博古脊，门堂无塾
191		小涌远宁曾公祠	乐从镇小涌村	祠堂		门堂凹斗门式
192		小涌前峰曾公祠	乐从镇小涌村	祠堂		博古山墙，博古脊，门堂两塾
193		小涌宗圣公祠	乐从镇小涌村	祠堂		镬耳山墙，龙船脊，门堂两塾
194		劳村奇山劳公祠	乐从镇劳村	祠堂	清乾隆年间（1736—1795）建，1947年重修	占地面积约90平方米，三路三间三进带左右村祠及青云巷，博古脊，门堂无塾
195		荷村刘氏宗祠	乐从镇荷村	祠堂		三间三进带左右青云巷，门堂两塾
196		荷村藏叟刘公祠	乐从镇荷村	祠堂		镬耳山墙，龙船脊，门堂两塾
197		道教张氏大宗祠	乐从镇道教村西	祠堂	清嘉庆乙亥年（1815）建，光绪辛丑年（1901）重修	人字山墙，龙船脊，门堂两塾

续附表3

序号	保护级别	古建筑名称	地址	原功能	时代	备注
198		上华西泉陈公祠	乐从镇上华村	祠堂		人字山墙，博古脊，门堂两塾
199		上华陈氏宗祠	乐从镇上华村	祠堂		
200		上华霍氏宗祠（庆和堂）	乐从镇上华村南头坊	祠堂		两进
201		沙边斗山何公祠	乐从镇沙边村	祠堂		三路带左右青云巷，门堂凹斗门式
202		昆山书塾	杏坛镇马齐居委	祠堂、书塾	清光绪十七年（1891）	占地面积145.7平方米，两进，面阔三间9.1米，进深16米
203		体仁书舍	乐从镇路州村	祠堂、书塾	清宣统二年（1910）	占地面积85.6平方米，两进，面阔三间8米，进深10.7米
204		苏氏家塾	杏坛镇杏坛居委	祠堂	清宣统三年（1911）	占地面积154.9平方米，两进，面阔三间10.4米，进深14.9米
205		冯日新家塾	容桂街道马冈居委	祠堂、书塾	民国11年（1922）	占地面积73.5平方米，两进，面阔单间5米，进深14.7米
206		名扬里	大良街道名扬里（高坎路至隔岗大街）	民居	近现代	

续附表 3

序号	保护级别	古建筑名称	地址	原功能	时代	备注
207		仙涌民居群	陈村镇仙涌村细街路到仙溪路	民居	清	
208		颖川旧居	乐从镇沙滘东村	民居	近现代	
209		陈泰旧居	乐从镇沙滘西村	民居	近现代	
210		岑桑祖居	乐从镇葛岸村	民居	清	占地面积99平方米，面阔三间9.3米，进深两进10.7米
211		何沛安宅	乐从镇平步居委	民居	民国26年（1937）	坐西向东，砖混，砖木结构，占地面积137平方米，面阔14.2米，进深9.7米，高两层半。中西建筑风格，平面三间两廊式
212		陈劲节旧居	杏坛镇昌吉地居委	民居	民国	地面积189.3平方米，面阔11.16米，进深17米
213		迎光阁（迎光阁）	勒流街道扶同村	塔	清	附近有质量较好的祠堂、民居
214		宝兴当铺	杏坛镇龙潭村龙新路	当铺		

续附表3

序号	保护级别	古建筑名称	地址	原功能	时代	备注
215		丝偈	北滘镇西滘村西滘大街八巷	工场作坊		砖石结构，占地面积270.3平方米，宽9.6米，深7.2米，高约7米
216		马齐丝楼	杏坛镇马齐居委	工业建筑	民国	
217		"奕世科第"牌坊	乐从镇沙滘小布村	牌坊	明嘉靖十五年（1536）	四柱三间，六棱柱式，红砂岩石质，面阔8.6米，高4.25米，抱鼓石已毁，顶脊无存
218		"累朝恩宠"牌坊	乐从镇沙滘小布村	牌坊	明	面阔三间，六棱柱四条，石质为粗面岩，现存抱鼓石四块，面阔9.9米，高约6米
219		"贞女遗芳"牌坊	龙江镇世埠村	牌坊	明嘉靖二十八年（1549）	
220		"贞烈可嘉"牌坊	容桂街道四基居委烟管山	牌坊	清道光十七年（1837）	方向正北，四柱三间两层冲天式，花岗石构筑。通高5.5米，面阔4.67米。正面柱顶饰石葫芦一对，两旁柱顶石狮一对
221		石牌坊	杏坛镇古朗村	牌坊		
222		上地炮楼	杏坛镇上地村	炮楼	民国	砖石结构，占地面积45.7平方米
223		镇西炮楼	杏坛镇麦村	炮楼	民国	砖石结构，占地面积13.6平方米，面阔3.69米，进深3.69米，高4层约14.5米

续附表3

序号	保护级别	古建筑名称	地址	原功能	时代	备注
224		青田炮楼	杏坛镇龙潭村	炮楼	民国	砖石混结构，占地面积25平方米，面阔5米，进深5米，高4层约12米
225		永利石炮楼	乐从镇新隆村	炮楼	民国28年（1939）	石结构，占地面积15平方米，面阔3.9米，进深3.8米，高3层约14.6米
226		会星门炮楼	乐从镇上华村	炮楼	民国	石结构，占地面积17平方米，面阔4.5米，进深4.5米，高2层约7.2米
227		南朗更楼	杏坛镇南朗村	更楼	民国16年（1927）	砖石结构，占地面积16.2平方米，面阔4米，进深4米，高约12米
228		大彭古道更楼	乐从镇路州村	更楼	民国17年（1928）	砖石结构，占地面积20平方米，面阔4.2米，进深4.9米，高两层加一个天台
229		"颍川通津"门楼	杏坛镇雁园居委	门楼	民国21年（1932）	占地面积34.2平方米，面阔三间8.56米，进深4米
230		长桥下街碑亭	容桂街道幸福居委	碑亭	民国36年（1947）	砖木混结构，占地面积43平方米
231		复兴别墅	大良街道文秀居委	民居	民国	近代建筑，砖混结构，占地面积126平方米，面阔三间11.7米，进深五间8.7米，高两层半，中西建筑风格

续附表 3

序号	保护级别	古建筑名称	地址	原功能	时代	备注
232		华生园	伦教街道霞石村	民居	民国 21 年（1932）	西式建筑
233		旧圩麦民宅居	陈村镇旧圩居委	民居	民国 22 年（1933）	近代建筑，坐北向南，砖混结构，占地面积 360.7 平方米。主楼由两层间高两层的楼房组成，各宽 5.3 米，深 22 米
234		大都梁氏洋楼	陈村镇大都村	民居	民国	西式建筑，钢筋混凝土结构，占地面积 108.5 平方米，宽 6.8 米，深 13.4 米
235		潭洲向氏洋楼	陈村镇潭洲村	民居	民国 24 年（1935）	西式建筑，坐北向南，钢筋混凝土结构，占地面积 469 平方米，主楼高三层
236		中山纪念亭	陈村镇赤花居委	园林建筑	民国 20 年（1931）	近代建筑，混凝土结构，占地面积 36.5 平方米，面阔 8.6 米，进深 5.2 米。中西建筑风格，六角亭，拱顶，罗马柱
237		紫阳学校旧址	陈村镇仙涌村	学校	民国 37 年（1948）	近代建筑，占地面积 800 平方米
238		顺德糖厂旧厂房	大良街道顺峰居委沙头村	工业建筑	民国 24 年（1935）	近代建筑，钢砖结构，制糖车间车长 35 米，宽 20 米；成品糖仓库长 22 米、宽 40 米，压榨车间长 24 米，宽 45 米

附表 4　三水区历史建筑一览

序号	保护级别	古建筑名称	地址	原功能	时代	备注
1	省级	大旗头村古建筑群	乐平镇大旗头村	村落	清光绪年间（1875—1908）	坐西向东，民居 200 余间，总面积 1.4 万平方米，郑氏宗祠三个、家庙两个、尚书第、建威第、民居、文塔
		振威将军家庙	乐平镇大旗头村	祠堂		一路两进三开间、镬耳山墙、博古脊、门堂无塾。
		郑氏宗祠	乐平镇大旗头村	祠堂		一路三进三开间、镬耳山墙、博古脊、门堂无塾
		尚书第	乐平镇大旗头村	宅第		凹斗门式、中路人字山墙、左路镬耳山墙
		建威第	乐平镇大旗头村	宅第		
		裕礼郑公祠	乐平镇大旗头村南一区	祠堂	清	一路三进三开间、镬耳山墙、博古脊、门堂凹斗门式
		文塔	乐平镇大旗头村			
2	省级	胥江祖庙	芦苞镇	庙宇	清嘉庆十三年至光绪十四年（1808—1888）	坐东南向西北，占地面积 965 平方米，包括北座观音庙、中座武当行宫、南座文昌宫，各庙二进
		"禹门"牌坊	芦苞镇	牌坊	建于清嘉庆十五年（1810），1993 年搬迁至胥江祖庙前	四柱三间冲天式石牌坊，高约 6 米

续附表4

序号	保护级别	古建筑名称	地址	原功能	时代	备注
3	市级	洪圣庙	芦苞镇独树岗村	庙宇	清嘉庆四年（1799）	三进，部分建筑已拆毁
4	市级	芦苞关夫子庙（武帝庙，关帝庙）	芦苞镇范街	庙宇	始建于清嘉庆初年（约1797），光绪乙未（1895），民国初年（1912—1927），2002年重修	坐北向南，三间两进，有拜亭，水式山墙，灰塑博古脊
5	市级	西南武庙	西南街道岭海路	庙宇	清嘉庆十三年（1808）兴建，道光二十四年（1844），二十八年（1848），光绪十五年（1889），民国六年（1917）修葺或扩建	坐北向南，建筑900平方米，现只余两进，牌坊，前殿，聚宝阁，后殿。镬耳山墙，前殿进深三间。盘龙柱，外墙倚篇柱础
		石牌坊		牌坊	清光绪年间（1875—1908）	面阔8米，高5米，四柱三间冲天式，心间门阔3米，次间门阔1.5米
6	市级	昆都五显庙	西南金本社区岗根村	庙宇	道光十九年（1839）重建，民国三十七年（1948），1994年重修	坐东北向西南，三间一进，前有拜亭，面阔16.95米，进深9.52米。拜亭面阔3.74米，进深4.43米
7	市级	奉政大夫家庙	乐平镇大旗头村二巷	祠堂	清	一路两进三开间，硬山顶，平脊，门堂回斗门式
8	市级	裕仁郑公祠	乐平镇大旗头村南一区	祠堂	清	一路两进三开间，硬山顶，平脊，门堂回斗门式
9	市级	郑大夫家庙	乐平镇大旗头村北一区	祠堂	清	

续附表 4

序号	保护级别	古建筑名称	地址	原功能	时代	备注
10	市级	南边宝月堂	西南街道宝月村	庙宇	清	
11	市级	赤东邝氏大宗祠	乐平镇范湖社区片池赤东村	祠堂	清光绪二十年（1894）	三路三进三开间，带左右青云巷，博古山墙，博古脊
12	市级	西村陈氏大宗祠	西南镇杨梅村委西村	祠堂	清光绪三十四年（1908）	坐西向东，三进三路三开间，带左右青云巷，通面阔50米，通进深60米，占地面积3000多平方米。二进、三进进深三间，水式山墙。门堂一门两塾，中堂前有月台
13	市级	大官岗李氏生祠（绿堂私塾、绿堂）	芦苞镇大官岗村	祠堂	清光绪年间（1875—1908）	坐西北向东南，中西合璧，三路两进三开间，带两侧青云巷，面积约720平方米。博古山墙，博古脊。门堂无塾
14	市级	蒲坑居德林公祠	南山六和蒲坑村	祠堂	清光绪年间（1875—1908）	三路三进三开间，带左右青云巷，博古脊，门堂一门两塾
15	市级	梁士诒生祠	白坭镇冈头村	祠堂	民国初年（1912—1927）	中路为坐东向西，一路两进三开间的祠堂，南面为两层的小姐阁，北面为海天书屋
16	市级	邓培①故居	西南街道石湖洲邓关村	民居	清同治年间（1862—1874）	面阔10米，进深11米，面积110平方米

① 邓培（1883—1927），广东三水西南石湖洲邓关村人，出生于清光绪十年（1884）。邓培是中国共产党创建时期的党员，中国工人阶级的杰出代表，早期工人运动的领袖和著名活动家。他的一生，为中国的革命事业，特别是早期的铁路工人运动作出了重要贡献。

续附表 4

序号	保护级别	古建筑名称	地址	原功能	时代	备注
17	市级	魁岗文塔	西南街道河口社区魁岗村	塔	始建于明万历三十年（1602），清道光三年（1823）重修	高40余米、坐东向西、平面八角形、九层仿楼阁式砖石塔
18	市级	河口海关大楼	西南街道河口镇	办公楼	清宣统元年（1909）	西式风格、混凝土、楼高四层、底层砖砌拱券、弧形阳台
19	市级	广三铁路西南三水站旧址	西南街道河口镇	火车站	建于清光绪二十九年（1903）	砖木结构、坡顶、两层
20		玉虚宫	乐平镇范湖村	庙宇	清乾隆五十八年（1793）重修	二进，仅存前殿
21		康公庙	金本镇九水江村	庙宇	始建于清乾隆年间（1736—1795），光绪三十四年（1908）重修	后座残破
22		鲁村北帝庙	西南镇鲁村	庙宇	清嘉庆十九年（1814）重修	二进，通面阔10.5米
23		高丰北帝庙	西南镇高丰	庙宇	清光绪十年（1884）修建	三进，后座残破
24		二帝古庙	金本下黄山村	庙宇		
25		北帝古庙	金本下黄山村	庙宇		
26		清塘陆氏宗祠	白坭镇清塘村	祠堂	始建于明弘治十四年（1501）	
27		西向黄氏宗祠	芦苞黄岗西向村	祠堂	始建于清乾隆年间（1736—1795），1934年重修	三路三进三开间，带左右青云巷，博古脊，中路镶耳山墙，门堂无塾
28		南联卢氏宗祠	乐平镇南联村	祠堂	清同治七年（1868）重建	三路三进三开间，带左右青云巷，镶耳山墙，博古脊。门堂无塾

续附表 4

序号	保护级别	古建筑名称	地址	原功能	时代	备注
29		坑口卢氏宗祠	乐平镇坑口村	祠堂	清同治七年（1868）重建	三进
30		显学岗罗氏宗祠	范湖镇显学岗村	祠堂	清同治十一年（1872），光绪十三年（1887）重修	
31		洞尾岗程氏宗祠	西南镇洞尾岗村	祠堂	建于清同治十三年（1874）	三进，悬山顶，雕刻和斗栱破坏严重
32		长岐卢氏大宗祠	芦苞长岐村	祠堂	建于清光绪六年（1880）	三间三进，镬耳山墙，灰塑博古脊、门堂无塾
33		白土邓氏宗祠	芦苞镇白土村	祠堂	建于清光绪九年（1883）	两进，灰塑，木雕，石雕等精湛
34		青岐王氏大夫祠	青岐镇王家村	祠堂	清光绪癸未年（1883）重建	面阔三间，硬山顶，门堂无塾
35		下黄山黄氏宗祠	西南金街道江根村委下黄山村	祠堂	迁建于清光绪十五年（1889）	
36		王家月朴王公祠	西南街道青岐村委王家村	祠堂	清光绪十九年（1893）重建	面阔三间，硬山顶，平脊，门堂回斗门式
37		银坑张氏大宗祠	西南街道青岐村委银坑村	祠堂	清光绪乙巳年（1905）重建	两路三进三开间，带左右村祠与青云巷，硬山顶，平脊，门堂一门两塾
38		望西董氏大宗祠	西南街道河口塱西	祠堂	民国	三进三间
39		大旗头惠清钟公祠	乐平镇大旗头村	祠堂		中路三开间，斗栱为晚清风格

续附表4

序号	保护级别	古建筑名称	地址	原功能	时代	备注
40		九水江陆氏大宗祠	金本九水江村	祠堂		三路三进三开间，带左右青云巷，门堂一门两塾
41		独树冈蔡氏大宗祠（勋顺堂）	芦苞镇独树冈村	祠堂	清光绪四年（1878）	坐东南向西北，三路三进三开间，带两侧青云巷，通面阔29.59米，中路面阔14.37米，进深42.6米。门堂一门两塾，有屏门。中堂、后堂瓜柱抬梁式结构，有柱櫍
42		下灶徐氏大宗祠	白坭镇下灶村	祠堂		面阔三间、硬山顶、平脊、门堂无塾
43		下灶邓氏宗祠	白坭镇下灶村	祠堂		两路三进三开间、硬山顶、平脊、带左右路村祠与两边青云巷、门堂一门两塾
44		三江梁氏大宗祠	乐平镇三江	祠堂		两路三进三开间、带左右路村祠与两边青云巷、龙船脊、镬耳山墙、门堂无塾
45		介如书舍	白坭镇中灶村	祠堂	清光绪二十三年（1897）建	
46		陈金缸起义旧址	范湖镇	庙、民居	清	160平方米
47		仁寿坊	河口镇蔡院街	牌坊	清光绪十五年（1889）重建	四柱三间冲天式石牌坊
48		"百龄双瑞"牌坊	芦苞镇潭基	牌坊	清光绪初年	面阔一间、花岗石砌筑

续附表 4

序号	保护级别	古建筑名称	地址	原功能	时代	备注
49		"节孝流芳"牌坊	西南街道金本社区岗根村昆都山	牌坊		四柱三间三楼式
50		美好亭	芦苞镇芦苞大桥		清末	四角攒尖顶
51		思德亭	白坭镇岗头村		民国初期	砖石结构，四角攒尖顶
52		梁土诒墓石牌坊	白坭镇岗头村		民国二十二年（1933）	四柱三间冲天式，花岗石
53		榕荫亭	西南镇		民国	混凝土结构，四角攒尖顶
54		慈荫亭	范湖镇赤岗		民国	混凝土结构

附表5 高明区历史建筑一览

序号	保护级别	古建筑名称	地址	原功能	时代	备注
1	省级	灵龟塔（龟峰塔）	荷城街道灵龟园内龟峰山上	塔	建于明万历二十九年（1601），1984年重修	七层八角楼阁式砖塔，高32.3米，首层直径7.2米，内径2.4米。塔外各层均置0.66米宽平座
2	市级	文昌塔	明城镇明七路	塔	清嘉庆元年（1796）重修，嘉庆二十二年（1817）按原塔形重建，1959年、1985年、2004年修葺	坐北向南，七层八角楼阁式砖塔，高37米，首层直径8.56米
3	市级	文选楼	更合镇小洞村委塘角村东北角	更楼	清宣统三年（1911）始建，1986年重修	坐北向南，面阔8米，进深4米，建筑面积400平方米，砖木结构，两层木板结构，上层青砖砌筑，中间隔层为木板。下层花岗石砌筑，镬耳山墙，灰塑博古脊
4	市级	朗锦祠堂群	更合镇朗锦村	祠堂	明至清	原有七间祠堂，现存五间，占地面积共2000多平方米。祠堂三进或四进
		朗锦嵋鲁何公祠	更合镇新圩居委会朗锦村东边		明万历四十二年（1614）	坐西向东，两进三开间，左右有青云巷，通面阔19.6米，通进深21.9米。人字山墙，博古脊
		朗锦仁轩何公祠	更合镇新圩居委会朗锦村东边		清康熙六十年（1721）	坐东向西，两进三开间，通面阔11米，通进深11米。人字山墙，龙船脊

续附表5

序号	保护级别	古建筑名称	地址	原功能	时代	备注
4	市级	朗锦西源何公祠	更合镇新圩居委会朗锦村中部		清康熙四十五年（1706）	坐东北向西南，两进三开间，通面阔10.66米，通进深19.15米。人字山墙，博古脊或龙船脊
		朗锦表山何公祠	更合镇新圩居委会朗锦村西边		清顺治三年（1646）始建，1999年，2001年修缮	坐西向东，两进三开间，通面阔12.2米，通进深22米。人字山墙，博古脊
5	市级	塘肚之能严公祠	荷城街道南洲村委塘肚村塘源坊中心	祠堂	明始建，明清多次修葺	坐北向南，两进三开间，通面阔12.3米，通进深26.4米，建筑面积约400平方米。红砂岩、咸水石墙脚。门堂无垫，有屏门，博古山墙，博古脊、龙船脊，金柱有柱榤
6	市级	西梁梁氏宗祠	荷城街道西梁村	祠堂	清	坐东向西，两进三开间，通面阔19米，通进深12米，左有青云巷。硬山顶，博古脊
7	市级	深水古民居群	明城镇罗稳村委会深水村西北面		清光绪元年（1875）	坐西北向东南，棋盘式布局，共3排，原每排5座，共15座房屋，现仅剩下13座房屋。纵向巷道宽度约2米，横向巷道宽度约3米。民居为三间两廊，面阔10.4米，进深11米。人字山墙，龙船脊（现有4间改为一字脊），部分大门有木栊门

续附表 5

序号	保护级别	古建筑名称	地址	原功能	时代	备注
8	市级	梁发①故居	荷城街道西梁村		清始建，2004 年按原样复建	坐东向西，三间两廊格局，通面阔 10.6 米，通进深 8.2 米，面积约 80 平方米。入字山墙，龙船脊
9	市级	陈汝棠②故居	更合镇高村		清始建，2006 年修缮	坐北向南，三间两廊格局，通面阔 6.5 米，通进深 10.9 米，占地面积约 70 平方米，两层。镬耳山墙，龙船脊
10	市级	谭天度③故居	明城镇明阳村委会七社村		清末（1851—1911）始建，2002 年修葺	坐北向南，竹筒屋，面阔 3.08 米，进深 8.65 米
11	市级	谭平山故居	明城镇明阳村委会七社村		清末民初（1851—1927）	坐西向东，三开间竹筒屋，面阔 14.1 米，进深 7.85 米。
12	市级	高明县立三小旧址（宝贤义学）	更合镇合水圩北水桥头	学校	民国 18 年（1929）	坐北向南，两层

① 梁发（1789—1855），广东高明人，又称梁亚发或梁阿发，号学善，别署学善居士。原在广州当印刷工，嘉庆二十一年（1816）受洗礼加入基督教（新教）。道光三年（1823）在澳门被英国传教士马礼逊派为宣教师，成为第一个华人牧师。

② 陈汝棠（1893—1961），高明更合镇人，著名民主革命人士。毕业于广州中法医科专门学校，开办昭生医社。孙中山北伐期间任中将军医总监兼陆军军医司令。1928 年任西北绥靖区西江治安督导专员，同时创办高明县立第三小学并任校长。抗日战争期间，曾任第四军军医处看护干部训练班主任，广东省救护团团长。广东省赈济委员会数护总队队长。1948 年出任中国国民党参事委员会中央监察委员会常务委员，驻港办事处主任。中华人民共和国成立后，担任过广东省人民政府委员兼卫生厅厅长，华南联合大学副校长，广东省副省长等职。

③ 谭天度（1893—1999），曾名谭夏声、鸿基、伍拜一，广东省高明区明城镇人，为高明三谭（谭平山、谭天度、谭植棠）之一。曾任中共广东省委统战部部长，省政协副主席等职。

续附表5

序号	保护级别	古建筑名称	地址	原功能	时代	备注
13		敦裘祖庙	荷城街道泰和村委会敦裘表村北侧		清始建，乾隆二十八年（1763），乾隆五十二年（1787）重修	坐西向东，两进，通面阔5.29米，通进深12.91米
14		大布洪圣宫	杨和镇沙水村委会大布村东侧		清末太平天国年代（1851—1864）	坐东北向西南，两进一开间，通面阔6.2米，通进深15.4米。人字山墙，龙船脊
15		平塘罗氏宗祠	更合镇平塘村委会平塘村东坊北边		明正德年间（1506—1521）始建，20世纪50年代后多次维修，改建	坐北向南，两进三开间，通面阔10.8米，通进深18.1米。人字山墙，博古脊
16		平塘志清罗公祠	更合镇平塘村委会平塘村东坊东边		明隆庆年间（1567—1572）始建，1948年至1957年间部分重修	坐北向南，两进三开间，左有青云巷，通面阔17.9米，通进深22.5米。人字博古山墙，博古脊
17		高田严氏大宗祠	明城镇明东村委会高田村		明万历十二年（1584）始建，多次修葺	坐西向东，两进三开间，通进深25.66米，占地面积287平方米。人字山墙，博古脊
18		多岗严氏宗祠（三世鹤山祖公祠）	杨和镇多岗村西侧		明万历十八年（1590）始建，清，1942年，2007年重修	坐东向西，三进三开间，通面阔13.3米，通进深33.3米。镬耳山墙，博古脊
19		对川钟山谢公祠	杨和镇对川村		明崇祯年间（1628—1644）始建，1986年重修	坐北向南，三路三进三开间，通面阔11.5米，通进深24米。镬耳山墙，博古脊

续附表5

序号	保护级别	古建筑名称	地址	原功能	时代	备注
20		河江陆氏宗祠	荷城街道河江居委会河江村西面		明始建，清同治五年（1866），民国二十二年（1933），2001年重修	坐西向东，三进三开间，左右有青云巷，通面阔12米，通进深46.4米。镬耳山墙、龙船脊
21		罗岸罗氏大宗祠	荷城街道泰和村委会罗岸村南面		明始建	坐东向西，原为三路三进三开间，现仅存门堂与后堂，通面阔23.53米，通进深49.8米，右有青云巷。博古山墙、龙船脊、红砂岩柱础。门堂无塾，有屏门。门堂对面有一字形照壁
22		龙湾林氏宗祠	荷城街道范洲村委会龙湾村北面		清同治十年（1871）重建，1984年重修	坐西向东，三路两进三开间，通面阔20.74米，通进深27.2米。镬耳山墙、龙船脊，边路人字山墙。门堂一门两塾
23		墨编观禄利公祠	荷城街道泰和村委会墨编村西侧		明始建，清光绪甲辰年（1904）重建，1996年修建	坐东向西，两进三开间，通面阔14.85米，通进深20.4米，左右有青云巷，厢房。博古脊
24		庙边永固严公祠	明城镇明东村委会庙边村东面		明始建，清代，民国年间，1999年重修	坐北向南，两进三开间，通面阔18.1米，通进深23.6米，占地面积341.55平方米。人字山墙，博古脊
25		孔堂梁氏宗祠（也岸宗祠）	荷城街道孔堂村委会孔堂村东侧		明末清初	坐北向南，两进三开间，左有青云巷，通面阔14.85米，通进深20.6米。博古脊、红砂岩墙脚

续附表 5

序号	保护级别	古建筑名称	地址	原功能	时代	备注
26		洋朗势豪严公祠	明城镇崇步村委会洋朗村南侧		明末始建，1986 年重修	坐东向西，两进三开间，通面阔 10.5 米，通进深 18.85 米，占地面积 197.93 平方米。人字山墙，博古脊，红砂岩檐柱
27		步洲莫氏宗祠	明城镇新岗村委会步洲村东侧		明末清初始建，1963 年重修	坐北向南，两进三开间，通面阔 12 米，通进深 23.1 米。镬耳山墙，博古脊
28		清泰子卿杜公祠	杨和镇清泰村委会清泰村		明末清初	坐东向西，两进三开间，通面阔 12.5 米。人字山墙，龙船脊
29		何族何氏宗祠	荷城街道育才居委会何族村中部		清同治七年（1868）始建，1995 年重修	坐北向南，两进三开间，通面阔 22.66 米，通进深 18.28 米。龙船脊
30		冯村冯封君祠	荷城街道健力社区岗头冯村中心		清光绪十二年（1886）始建，多次修葺，1989 年大修	坐北向南，两进三开间，左有青云巷，通面阔 9.63 米，通进深 15.87 米。博古脊
31		西头关氏宗祠	荷城街道长安社区西头村		清宣统二年（1910）始建，1991 年重修	坐东南向西北，三进三开间，通面阔 17.1 米，通进深 30.24 米，右有青云巷。博古山墙
32		棠美区氏宗祠	荷城街道育才居委会棠美村中心		清始建，1956 年重修	坐东南向西北，两进三开间，通面阔 10.9 米，通进深 24.21 米。博古脊
33		罗西宸冀区公祠	荷城街道罗西村委会新村中心		清始建，1992 年重修	坐西向东，两进三开间，通面阔 10.12 米，通进深 18.97 米，博古脊

续附表 5

序号	保护级别	古建筑名称	地址	原功能	时代	备注
34		阮北坊大夫区公祠	荷城街道上秀丽村委会阮埔村阮北坊		清	坐北向南，三路两进三开间，左有青云巷，通面阔12.7米，通进深24.5米。水式山墙，博古脊。门堂无塾
35		勤学区民宗祠	荷城街道育才居委会勤学村中心		晚清始建，1980年修缮	坐北向南，两进三开间，左有青云巷，通面阔14.42米，通进深19.74米。博古脊
36		苏村关氏宗祠	荷城街道上秀丽村委会苏村南侧		清始建，民国三年（1914）重建，1995年重修	坐东向西，两进三开间，右有青云巷，通面阔11.68米，通进深29.135米。博古脊
37		河江何氏大宗祠	荷城街道河江居委会河江村东面		清始建，后多次修葺，1991年重修	坐西向东，三路两进三开间，左右有青云巷，通面阔25米，通进深32米。中路博古脊，边路龙船脊
38		古孟李氏宗祠	荷城街道河江居委会古孟村西面		清始建，1989年维修	坐北向南，两进三开间，右有青云巷及附房，通面阔14.86米，通进深17.28米。博古脊
39		古孟应宸区公祠	荷城街道河江居委会古孟村南侧		清始建，2000年重修	坐东向西，两进三开间，右有青云巷，镬耳山墙，通进深20.53米，通面阔15.14米，博古脊
40		敦裘黄氏大宗祠	荷城街道秦和村委会敦裘村北面		清	坐西向东，两进三开间，左右有青云巷，通面阔10.33米，通进深27.01米。镬耳山墙，博古脊

续附表 5

序号	保护级别	古建筑名称	地址	原功能	时代	备注
41		罗岸罗氏祖祠	荷城街道泰和村村委会罗岸村中心		清初	坐西向东，两进三开间，左右有青云巷，通面阔 11.45 米，通进深 10.53 米。博古山墙，博古脊
42		墨编观养利公祠	荷城街道泰和村村委会墨编村中心			坐东向西，两进三开间，通面阔 14.8 米、通进深 19.3 米，右有青云巷，博古脊
43		会江黄氏宗祠	荷城街道泰兴村村委会会江村中心		清	坐东向西，三进三开间，通面阔 12.94 米、通进深 32 米。镬耳山墙，博古脊
44		会江存良公祠	荷城街道泰兴村村委会会江村南侧		清	坐东向西，两进三开间，通面阔 10.33 米、通进深 16.1 米
45		西黄黄氏宗祠	荷城街道泰兴村村委会西黄村南面村口		清建，2006 年重修	坐东北向西南，三路两进三开间，通面阔 20.06 米、通进深 21.56 米。博古脊
46		岗头柄一刘公祠	荷城街道庆洲居委会岗头村北边		民国二十三年（1934）	坐西向东，两进三开间，通面阔 10.4 米、通进深 19.2 米。博古脊
47		庆洲梁氏宗祠	荷城街道庆洲居委会庆洲村东面		清末	坐北向南，两进三开间，通面阔 10.5 米、通进深 17.6 米。人字山墙，博古脊
48		庆洲区氏宗祠	荷城街道庆洲居委会庆洲村西面		清始建，1995 年重修	坐西北向东南，两进三开间，通面阔 11.3 米、通进深 19.15 米。人字山墙，博古脊

续附表 5

序号	保护级别	古建筑名称	地址	原功能	时代	备注
49		洗村洗氏宗祠	荷城街道南洲村委会洗村北面		清道光九年（1829）始建，1983年重修	坐西南向东北，两进三开间，通面阔11米，通进深11.25米。博古脊
50		开庄洗氏宗祠	荷城街道南洲村委会开庄村北侧		清始建，1985年重修	坐西北向东南，两进三开间，通面阔10.8米，通进深19.9米。博古脊
51		塘壮兴隆坊凤山祖祠	荷城街道南洲村委会塘壮村兴隆坊南侧		清	坐南向西，两进三开间，通面阔11.38米，通进深15.05米。博古脊
52		王臣仇氏宗祠	荷城街道王臣村委会王臣村东面		清光绪十五年（1889）	坐东南向西北，三进三开间，右有青云巷，通面阔11.7米，通进深38.9米。人字山墙
53		王臣汝清邓公祠	荷城街道王臣村委会王臣村		清	坐东向西，两进三开间，右有青云巷，通面阔10米，通进深16.6米。人字山墙，博古脊
54		赤坎建元黄公祠	荷城街道王臣村委会赤坎村东边		清	坐东北向西南，两进三开间，右有青云巷，通面阔14.2米，通进深18.55米。人字山墙，博古脊
55		赤坎梁氏宗祠	荷城街道王臣村委会赤坎村中心		清	坐东北向西南，两进三开间，右有青云巷，通面阔10.6米，通进深10.2米

续附表 5

序号	保护级别	古建筑名称	地址	原功能	时代	备注
56		仙村黎氏宗祠	荷城街道仙村村委会仙村二组前面		清始建，1992年修葺	坐北向南，两进三开间，通面阔11米，通进深17.71米。博古脊
57		铁岗吴氏大宗祠	荷城街道铁岗村委会铁岗村东侧		清道光三年（1823），2001年维修	坐北向南，两进三开间，通面阔11.87米，通进深21.82米。龙船脊
58		陈家陈氏宗祠	荷城街道江湾社区陈家村南侧		清	坐东北向西南，三进三开间，右有青云巷，通面阔11.36米，通进深40.69米
59		下湾罗氏宗祠	荷城街道江湾社区下湾村中心		清光绪十三年（1887）	坐西北向东南，三进三开间，右有青云巷，通面阔10.3米，通进深27.75米。博古脊
60		下泽觉岸梁公祠（梁公宗祠）	荷城街道尼教村委会下泽村中心		清	坐北向南，两进三开间，通面阔11.27米，通进深16.06米。博古山墙、博古脊
61		下宏基谭氏宗祠	荷城街道照明居委会下宏基村中心		清始建，20世纪80年代维修	坐北向南，两进三开间，左有青云巷，通面阔15米，通进深18.25米。镬耳山墙、博古脊
62		官棠泰瑞公祠	荷城街道照明居委会官棠村中心		清始建，民国期间修葺	坐西北向东南，两进三开间，通面阔11.18米，通进深18.3米。博古山墙、博古脊
63		展旗谭氏宗祠	荷城街道石洲村委会展旗村北侧		清始建，1992年重修	坐东向西，三进三开间，通面阔12.8米，通进深36.25米。博古脊

续附表 5

序号	保护级别	古建筑名称	地址	原功能	时代	备注
64		熟坑英叔杨公祠（驸马杨公祠）	杨和镇沙水村委会熟坑村		清咸丰八年（1858）始建，1980年重修	坐西向东，两进三开间，通面阔12.4米，通进深14.7米。人字山墙，博古脊
65		寨头三治陈公祠	杨和镇沙水村委会寨头村		清乾隆二十三年（1758）	坐北向南，两进三开间，通面阔10米，通进深14.9米。博古脊，青砖墙
66		坐阁巨澜祖公祠	杨和镇河西社区坐阁村		清宣统元年（1909）始建，1987年修缮	坐南向北，三进三开间，后有后楼"四如书室"，通面阔11.65米，通进深31.15米。博古山墙，龙船脊
67		坐阁松涧冯公祠（世德堂）	杨和镇河西社区坐阁村		清道光二十一年（1841）	坐南向北，原三进三开间（现存前两进），左右有青云巷，通面阔19米，通进深20.3米。人字山墙，博古脊
68		禄堂李氏大宗祠	杨和镇对川村委会禄堂村中部		清顺治四年（1647）始建，2000年重修	坐南向北，两进三开间，左右有青云巷，通面阔12.4米，通进深23.2米。人字山墙，博古脊
69		对川敦赏谢公祠	杨和镇对川村委会		清始建，多次修葺	坐北向南，三路两进三开间，通面阔23.8米，通进深20.12米。人字山墙，博古脊
70		铁炉庄彩亮邓公祠	杨和镇对川村委会铁炉庄村邓家坊		清中期	坐东向西，两进三开间，通面阔11.7米，通进深20.12米。人字山墙，博古脊

428

续附表 5

序号	保护级别	古建筑名称	地址	原功能	时代	备注
71		多岗一擎公祠	杨和镇多岗村西边		清末	坐东向西，两进三开间，通面阔 12.8 米，通进深 14 米。镬耳山墙，博古脊
72		大楠绿冈祖公祠	杨和镇大楠村中部		明始建，2006 年修葺	坐西北向东南，两进三开间，通面阔 15 米，通进深 25 米。人字山墙，博古脊
73		大楠西娴祖公祠	杨和镇大楠村北区		清始建，1990 年修葺	坐北向南，两进三开间，通面阔 13.5 米，通进深 23 米。人字山墙，博古脊
74		鸦冈康氏宗祠	明城镇潭朗村委会鸦冈村北面		清始建，1990 年重修	坐西南向东北，两进三开间，通面阔 11.5 米，通进深 19.9 米，占地面积 228.85 平方米。人字山墙，博古脊
75		龚村傅氏宗祠	明城镇潭朗村委会龚村中部		清康熙年间（1662—1722）始建，1993 年重修	坐南向北，两进三开间，通面阔 11.9 米，通进深 21.3 米，占地面积 253.47 平方米。人字山墙，博古脊
76		潭朗邓氏宗祠	明城镇潭朗村委会潭朗村北面		清始建，2000 年重修	坐西向东南，两进三开间，通面阔 12.3 米，通进深 19.95 米，占地面积 245.38 平方米。人字山墙，博古脊
77		崇北仉氏宗祠	明城镇崇北村委会崇北村		清末始建，1993 年重修	两进三开间，通面阔 11.5 米，通进深 22.9 米。人字山墙，博古脊

续附表 5

序号	保护级别	古建筑名称	地址	原功能	时代	备注
78		罗塘丕谟梁公祠	明城镇新岗村委会罗塘村中部		清康熙年间（1662—1722）始建，清光绪五年（1879），2003 年重修	坐北向南，两进三开间，通面阔 11.14 米，通进深 16.9 米，占地面积 188.26 平方米。人字山墙，博古脊
79		横江汪源夏公祠	明城镇明东村委会横江村东面		清康熙年间（1662—1722）始建，民国甲戌年（1934）重修	坐北向南，两进三开间，通面阔 11.03 米，通进深 22.1 米，占地面积 243.76 平方米。人字山墙，博古脊
80		三桠桃溪叶公祠	明城镇明西村委会三桠村西侧		民国二年（1913）始建，2000 年重修	坐北向南，两进三开间，左有青云巷，通面阔 10.25 米，通进深 10.8 米，占地面积 110.7 平方米，门堂凹斗门式，人字山墙，博古脊
81		三桠焯轩梁公祠	明城镇明西村委会三桠村东侧		民国二年（1913）始建，2003 年重修	坐北向南，两进三开间，左有青云巷，通面阔 14.05 米，通进深 13.6 米，门堂凹斗门式，人字山墙，博古脊
82		大坪石翁杨公祠	明城镇明北村委会大坪村东面		清乾隆年间（1736—1795）始建，1978 年，2001 年重修	坐东向西，两进三开间，左有青云巷，通面阔 16 米，通进深 19.8 米。人字博古山墙，博古脊
83		周田博观谢公祠（济米堂）	明城镇明北村委会周田村东面		清光绪十三年（1887）	坐北向南，三进三开间，通面阔 12 米，通进深 31.6 米。人字山墙，博古脊或龙船脊

续附表 5

序号	保护级别	古建筑名称	地址	原功能	时代	备注
84		周田侯锡谢公祠	明城镇明北村委会周田村中部		清康熙年间（1662—1722）始建，光绪年间（1875—1908），2008年重修	坐北向南，两进三开间，通面阔11米，通进深20.1米。人字山墙，博古脊
85		井山莫台生祠堂	明城镇明北村委会井山村东侧		清乾隆二年（1737）始建，1949年和二十世纪60年代进行重修	坐北向南，两进三开间，左有青云巷，通面阔19.5米，通进深20.4米。人字山墙，博古脊
86		洞脚同乐堂	明城镇明北村委会洞脚村东面		清末	坐北向南，两进三开间，通面阔11.35米，通进深15.9米。人字山墙，博古脊
87		世周椎寅谭公祠	明城镇明北村委会世周村中部		清康熙年间（1662—1722）	坐北向南，两进三开间，通面阔11.95米，通进深19.85米。镬耳山墙，龙船脊
88		大塘美刘氏宗祠	明城镇明北村委会大塘美村南面		清始建，多次重修	坐北向南，两进三开间，右有青云巷，通面阔15.8米，通进深17.2米，占地面积271.76平方米。人字山墙，博古脊
89		岗头福山谢公祠	明城镇明阳村委会岗头村中部		清乾隆年间（1736—1795）始建，2007年重修	坐东向西，三进三开间，左有青云巷，通面阔11.3米，通进深29.7米，占地面积335.61平方米。人字山墙，龙船脊
90		木田叶贞公祠	明城镇明阳村委会木田村东面		清始建，20世纪80年代重修	坐东向西，两进三开间，左有青云巷，通面阔8.3米，通进深19米，占地面积157.7平方米。人字山墙，博古脊

续附表 5

序号	保护级别	古建筑名称	地址	原功能	时代	备注
91		白鹤严氏宗祠	明城镇明阳村委会白鹤村北面		清光绪十年（1884）始建，2002年重修	坐东向西，两进三开间，右有青云巷，通面阔17.45米，通进深22.8米，占地面积397.86平方米。镬耳山墙，博古脊
92		罗林佐虞杨公祠	明城镇光明村委会罗林村东面		清始建，20世纪90年代重修	坐西南向东北，两进三开间，通面阔11.7米，通进深11.6米，占地面积135.72平方米。人字山墙，博古脊
93		罗林敬平黄公祠	明城镇光明村委会罗林村中部		清始建，民国二十五年（1936）重修	坐西向东，两进三开间，通面阔10.8米，通进深11.9米，占地面积128.52平方米。镬耳山墙，博古脊
94		塘际云莫何公祠	明城镇光明村委会塘际村中部		清始建，1958年重修	坐西向东，两进三开间，左有青云巷，通面阔17.64米，通进深20米，占地面积352.8平方米。人字山墙，博古脊
95		版村万福麦公祠	更合镇版村村委会版村东头西南边		清光绪丁丑年（1877）	坐北向南，两进三开间，通面阔16.2米，通进深26.9米。人字博古脊和龙船脊
96		版村祥卿麦公祠	更合镇版村村委会版村石街中部		清	坐西南向东北，两进三开间，通面阔12.4米，通进深21米。人字博古山墙，博古脊
97		版村麦氏大宗祠	更合镇版村村委会版村西边		清	坐北向南，三进三开间，左有青云巷，通面阔13.8米，通进深37.1米。镬耳山墙，一字脊

续附表 5

序号	保护级别	古建筑名称	地址	原功能	时代	备注
98		泽河受兴曾公祠	更合镇泽河村东侧		清光绪二十年（1894）	坐西北向东南，三进三开间，右有青云巷，通面阔18.3米，通进深30.7米。人字博古山墙，博古脊
99		泽河兑仁曾公祠	更合镇泽河村西边		清光绪六年（1880）	坐西北向东南，两进三开间，右有青云巷，通面阔17.6米，通进深15.4米。人字博古山墙，博古脊
100		泽河成厚曾公祠（四世祖祠）	更合镇泽河村委会泽一西边		清末始建，1944年重建	坐西北向东南，两进三开间，右有青云巷，通面阔22.9米，通进深16.25米。人字博古山墙，龙船脊
101		泽河成坚曾公祠	更合镇泽河村委会泽河村东边		清宣统二年（1910）始建	坐西南向东北，三进三开间，左有青云巷，通面阔12.1米，通进深25.5米。人字博古山墙，龙船脊
102		蛇塘阮氏大宗祠	更合镇良村村委会蛇塘村南面		清	坐西北向东南，三进三开间，通面阔10.5米，通进深31.1米。镬耳山墙，博古脊
103		平塘黄氏大宗祠	更合镇平塘村委会平塘村北坊		清始建，2006年修缮	坐西向东，两进三开间，通面阔12.1米，通进深19.4米。人字博古山墙，博古脊
104		平塘太平坊观举黄公祠	更合镇平塘村委会平塘村大平坊住宅群东侧		清	坐南向北，两进三开间，通面阔12米，通进深22米。镬耳山墙，龙船脊

续附表 5

序号	保护级别	古建筑名称	地址	原功能	时代	备注
105		平塘新厅	更合镇平塘村委会平塘村太平坊中部		清末	坐南向北，两进三开间，通进深17米。博古山墙，博古脊通面阔11米，通
106		珠塘仪生陆公祠	更合镇珠塘村委会珠塘村下坊北边		清始建，1995年修葺	坐西向东，两进三开间，通进深20.4米。人字山墙，博古脊通面阔11.4米
107		云良贵昌叶公祠	更合镇珠塘村委会云良村东边		清康熙五十四年（1715）始建，民国年间（1912—1948）大修	坐东向西，两进三开间，通进深33.6米。人字山墙，龙船脊通面阔12.2米，
108		官山朝翰郭公祠	更合镇官山村委会官山村西面		清乾隆四十年（1775）	坐西向东，两进三开间，通进深16.6米。镬耳山墙，博古脊通面阔11米，通
109		高村真受陈公祠	更合镇高村村委会高村北部		清始建，2001年，2006年修葺	坐东南向西北，三进三开间，左有青云巷，通进深23.4米。通面阔16.6米，龙船脊
110		高村陈氏祠堂	更合镇高村村委会高村中部		清	坐西北向东南，两进三开间，右有青云巷，通进深19.9米。镬耳山墙，博古脊通面阔19米，
111		高村康富陈公祠	更合镇高村村委会高村中部		清光绪元年（1875）	坐西北向东南，两进三开间，左有青云巷，通进深21米。镬耳山墙，博古脊通面阔16.9米，

续附表 5

序号	保护级别	古建筑名称	地址	原功能	时代	备注
112		白洞梁氏宗祠	更合镇白洞旧村北边		清	坐西向东，两进三开间，通面阔 11.6 米，通进深 13.6 米。人字山墙，博古脊
113		白洞仁荣钟公祠	更合镇白洞村委会白洞新村中部		1928 年始建，1938 年重修	坐北向南，两进三开间，左有青云巷，通面阔 16.28 米，通进深 18.35 米。镬耳山墙，博古脊
114		吉田茂生麦公祠	更合镇吉田村委会吉田村东面		清	坐东向西，两进三开间，通面阔 12.2 米，通进深 26.4 米。人字山墙，龙船脊
115		船田雨坤徐公祠	更合镇吉田村委会船田村南边		清光绪二十四年（1898）始建，2005 年重修	坐南向北，两进三开间，通面阔 10.4 米，通进深 11.2 米。人字山墙，博古脊
116		松塘孝氏宗祠	更合镇水井村委会松塘村中部		清	坐北向南，两进三开间，前有一牌坊，左有青云巷，通面阔 11.7 米，通进深 24.7 米。人字山墙，博古脊
117		坑尾廖氏大宗祠	更合镇布练村委会坑尾村北边		清	坐西南向东北，两进三开间，左有青云巷，通面阔 20 米，通进深 29.3 米。镬耳山墙，博古脊
118		利村拨群谢公祠	更合镇更楼居委会利村西边		清末始建，20 世纪 50 年代初修建	坐西南向东北，两进三开间，通面阔 23.4 米，通进深 21 米。人字博古山墙，龙船脊

续附表 5

序号	保护级别	古建筑名称	地址	原功能	时代	备注
119		罗丹李氏宗祠	更合镇更楼居委会罗丹村东边		清	坐南向北，两进三开间，左有厢房，通面阔16.2米，通进深19.4米。博古山墙，博古脊
120		瑶村苏氏大宗祠	更合镇宅布村委会瑶村西面		清初始建，多次维修	坐西向东，两进三开间，通面阔10.5米，通进深15.4米。人字山墙，博古脊
121		瑶村黄氏宗祠	更合镇宅布村委会瑶村南边		清始建，1920年重建，20世纪90年代改建	坐西向东，两进三开间，右有青云巷，通面阔19.6米，通进深21.8米。人字博古山墙，博古脊
122		布练翔飞廖公祠	更合镇布练村委会布练新村		民国二十七年（1938）	坐西向东，两进三开间，右有青云巷，通面阔19.35米，通进深21.07米。水式博古山墙，博古脊
123		军屯梁氏宗祠	更合镇小洞村委会军屯村东面		清末	坐北向南，两进三开间，通面阔20.32米，镬耳山墙，博古脊
124		吉田竹兰家塾	更合镇吉田村委会田村东北		清乾隆二十五年（1760）始建，20世纪90年代初修建	坐西向东，两进三开间，通面阔10.1米，通进深17.78米。人字山墙，博古脊，花岗石门堂
125		更合阮氏大宗祠	更合镇			

436

续附表 5

序号	保护级别	古建筑名称	地址	原功能	时代	备注
126		阮西坊古民居群（属阮埇古民居）	荷城街道上秀丽村委会阮埇村西面		始建于元末明初，现存古民居为明末清初建	坐北向南，共41座古民居，总面积5000平方米。民居为三间两廊式格局，面阔10米，进深9.7米。镬耳山墙，龙船脊
127		阮北坊古民居群（大夫第、八大家，属阮埇古民居）	荷城街道上秀丽村委会阮埇村北面		清康熙年间（1662—1722）	坐北向南，原有16座古民居，四排，每排四座；现存13座。民居为三间两廊式格局，面阔10米，进深9.7米。镬耳山墙，龙船脊
128		棠美古民居群	荷城街道育才居委会棠美村北面		明末清初	坐北向南，棋盘式布局，共22座古民居，分布于五条巷，每巷分别建有一门楼。民居为三间两廊式格局，面阔10.6米，进深6.5米。龙船脊，部分民居墙脚石为红砂岩
129		榴村陆家古民居群	荷城街道照明居委会榴村		明末清初	坐北向南，棋盘形结构，由16个门楼和8条古巷组成，总长250米，总面宽50多米，面积约12500平方米。民居建筑均为三间两廊，镬耳山墙，龙船脊，青砖墙，花岗石墙脚
130		扶丽古民居群	荷城街道竹园居委会扶丽村东边		清	共12座古民居，面阔14.03米，进深11.41米，两层，木板楼阁

续附表5

序号	保护级别	古建筑名称	地址	原功能	时代	备注
131		官当古民居群	荷城街道月明居委会官当村西边		清	共20座古民居。民居为三间两廊式格局，面阔8.62米，进深9.8米。镬耳山墙，龙船脊
132		河江陆氏古民居群	荷城街道河江居委会河江村后面		清	坐西向东，占地面积977.3平方米，棋盘式布局，共8座古民居，古巷道，古井，古社稷，排水石槽等齐全。民居为三间两廊格局，面阔11.45米，进深10.67米。镬耳山墙，龙船脊
133		古孟古民居群	荷城街道河江居委会古孟村后面		清	坐南向北，棋盘式布局，共10座古民居，古巷道，古井，古社稷，排水石槽局，人字山墙，龙船脊。民居为三间两廊格局
134		敦袞古民居群	荷城街道敦袞村委会敦袞村西面		清	坐北向南，共32座古民居，民居三间古民居，面阔9.12米，进深9.66米，面积为90平方米，镬耳山墙，博古脊
135		罗岸古民居群	荷城街道泰和村委会罗岸村东面		清	坐东向西，后背靠山，面临水塘，共12座古民居，占地面积约1200平方米。民居三间两廊布局，面阔10.27米，进深10.79米。镬耳山墙，龙船脊

续附表 5

序号	保护级别	古建筑名称	地址	原功能	时代	备注
136		墨编古民居群	荷城街道泰和村委会墨编村		清	坐东向西，共 54 座古民居。民居为三间两廊格局，面阔 9.66 米，进深 7.52 米。镬耳山墙、博古脊，排水系统完善
137		会江古民居群	荷城街道泰兴村委会会江村		清	坐东向西，共 15 座古民居。民居为三间两廊格局，面阔 9.7 米，进深 9.77 米。镬耳或人字山墙、博古脊或龙船脊
138		下泽古民居群	荷城街道尼教村委会下泽村中部		清	坐北向南，棋盘式布局，共 13 座古民居，占地面积约 3905 平方米，民居为三间两廊格局，面阔 9.32 米，进深 8.9 米。龙船脊
139		下湾古民居群	荷城街道江湾村委会下湾村中部		清	坐西北向东南，棋盘式布局，共 9 座古民居。民居为三间两廊格局，面阔 11.07 米，进深 8.84 米。镬耳山墙、龙船脊
140		松柏古民居群	荷城街道江湾村委会松柏村后面		清	坐东南向西北，民居为三间两廊格局，面阔 9.82 米，进深 11.2 米。镬耳山墙、龙船脊
141		下宏基古民居群	荷城街道照明居委会宏基村中心		清	坐北向南，共 11 座古民居。民居为三间两廊格局，面阔 11.34 米，进深 11.43 米。镬耳山墙、龙船脊

续附表 5

序号	保护级别	古建筑名称	地址	原功能	时代	备注
142		马宁古民居群	荷城街道照明居委会马宁村后面		清	坐西向东，共9座古民居。民居为三间两廊格局，面阔8.96米，进深9.45米。镬耳山墙，龙船脊
143		石潭刘家古民居群	荷城街道照明居委会石潭村刘家东面		清	坐北向南，共13座古民居。民居为三间两廊格局，面阔9.7米，进深9.72米。镬耳山墙，龙船脊
144		横江古民居群	明城镇罗稳村委会横江村东面		清	坐北向南，共8座古民居。民居为三间两廊格局，面阔9.8米，进深9.4米，占地面积92.12平方米。镬耳山墙，博古脊
145		鸦岗古民居群	明城镇潭朗村委会鸦岗村中部		清	坐西南向东北，共4座古民居。民居为三间两廊格局，面阔10.65米，进深9.1米，博古脊。镬耳山墙、1.2米高花岗岩石墙脚
146		潭朗古民居群	明城镇潭朗村委会新村中部		清	坐西北向三间两廊格局，共14座古民居。民居为三间两廊格局，面阔10.1米，进深9.7米，占地面积97.97平方米。镬耳或人字山墙，龙船脊
147		步洲古民居群	明城镇新岗村委会步洲村中部		清	坐北向南，共11座古民居。民居为三间两廊格局，面阔10.95米，进深5.5米，占地面积60.2平方米。镬耳或人字山墙，博古脊

续附表 5

序号	保护级别	古建筑名称	地址	原功能	时代	备注
148		井山古民居群	明城镇明北村委会井山村中部		清	一部分坐北向南，另一部分坐西向东，分布纵横交错，不规则。共 20 座古民居。民居为三间两廊格局，面阔 10.25 米，进深 9.7 米，镬耳山墙，龙船脊
149		细塘美古民居群	明城镇明北村委会细塘美村西北面		清	坐北向南，棋盘式布局。共 3 排，每排 3 座，共 9 座古民居。民居为三间两廊格局，面阔 10.8 米，进深 8 米，镬耳山墙，龙船脊。横巷宽 1.2 米，纵巷宽 0.7 米
150		禾仓古民居群	明城镇明阳村委会禾仓村东面		清	坐北向南，共 6 座古民居。民居为三间两廊格局，面阔 10.9 米，进深 8.8 米，占地面积 95.92 平方米。人字山墙，龙船脊
151		朗第古民居群	明城镇明阳村委会朗第村中部		清	坐北向南，共 8 座古民居。民居为三间两廊格局。面阔 10.75 米，进深 9.5 米，占地面积 102.13 平方米，镬耳或人字山墙，龙船脊
152		龙潭古民居群	明城镇明阳村委会龙潭村北面		清	坐南向北，共 6 座古民居。民居为三间两廊格局，面阔 10.7 米，进深 11.1 米，占地面积 118.77 平方米。人字山墙，博古脊

续附表 5

序号	保护级别	古建筑名称	地址	原功能	时代	备注
153		东门古民居群	明城镇明阳村委会东门村中部		清	坐北向南，共 13 座古民居。民居为三间两廊格局，面阔 11.4 米，进深 11.2 米，占地面积 127.68 平方米。镬耳或人字山墙，博古脊，青砖墙
154		苍角古民居群	明城镇明阳村委会苍角村西面		清	坐东向西，共 6 座古民居。民居面阔 10.48 米，进深 10.3 米，占地面积 107.94 平方米。镬耳或人字山墙，龙船脊
155		北街古民居群	明城镇明阳村委会北街村南面		清	坐北向南，共 4 座古民居。民居为三间两廊格局，面阔 8.2 米，进深 9.9 米，占地面积 127.68 平方米。镬耳或人字山墙，门堂博古脊，正屋龙船脊
156		罗村古民居群	明城镇明阳村委会罗村西面		清	坐北向南，共 14 座古民居。其中 3 座民居为三间两廊格局，面阔 11 米，进深 9.9 米；11 座为竹筒屋，面阔 6.45 米，进深 15.5 米。镬耳山墙，博古脊（其中 3 座为人字山墙，龙船脊）
157		版村东头坊古民居群	更合镇版村村委会版村东头坊		清	坐北向南，棋盘式布局，共 4 排 24 座古民居。民居为三间两廊格局，面阔 8.9 米，进深 11.5 米。镬耳山墙，龙船脊，占地面积 127.68 平方米。

442

续附表 5

序号	保护级别	古建筑名称	地址	原功能	时代	备注
158		泽河古民居群	更合镇泽河村北边（泽三）		清	坐北向南，梳式布局，共28座古民居。民居为三间两廊格局，面阔8.1米，进深10.6米。镬耳山墙，龙船脊
159		吉田古民居群	更合镇吉田村		清	坐西向东，棋盘式布局，共5排20座古民居。民居为三间两廊格局，面阔9.4米，进深10.2米。镬耳或人字山墙，龙船脊或博古脊，四座门楼
160		区大相故居	荷城街道上秀丽村委会阮埗村阮埗西坊		明	坐北向南，三间两廊格局，通面阔8.9米，通进深10.37米。镬耳山墙，龙船脊
161		严学思①故居	荷城街道南洲村委会塘肚村塘源坊		明始建，多次修缮	坐北向南，三间两廊格局，通面阔10.2米，通进深6.35米

① 严学思（1573—1649），字心印，西安镇塘肚村人。明崇祯四年（1631）进士，授任北京行人司行人官职，掌传旨、册封等事。崇祯九年兼任顺天乡试考官，后转任南京兵部武选司郎中，领导、监督武举人考试，两次主持考务。后提升为光禄寺正卿，专门负责皇室饮食事务。《（光绪）高明县志》"杂志"中有他与妻而烂同榜中进士的一段怪异传说。

续附表5

序号	保护级别	古建筑名称	地址	原功能	时代	备注
162		江山村何德年祖屋	荷城街道育才居委会江山村		清嘉庆年间（1796—1820）	坐北向南，三间两廊格局，通面阔10米，通进深17.5米。人字山墙，龙船脊
163		罗志①故居	杨和镇圆岗村委会圆岗村中部		清宣统二年（1910）始建，20世纪50年代修葺	坐西向东，三间两廊格局，通面阔11米，通进深9.3米。硬山顶，人字山墙，龙船脊
164		江山村何国元②故居	荷城街道育才居委会江山村		清	坐北向南，三间两廊格局，通面阔10米，通进深13.4米。镬耳山墙，龙船脊
165		冯公侠③故居	荷城街道建力居委会岗头冯村		清末	坐北向南，三间两廊格局，通面阔6.6米，通进深9.8米。镬耳山墙，龙船脊

① 罗志（1915—1949），原名长生，化名庚克。原籍高明，生于广州。九一八事变后，北上投奔东北抗日联军。后经苏联进入新疆活动，复去苏联学习。1938年后，历任新疆省立师范学校培育部主任、迪化（今乌鲁木齐）反帝会干事、哈巴河县教育科长。曾三次被捕入狱。1945年参加新疆共产主义者同盟，任副书记。为营救被盛世才关押的革命者与推动新疆解放作出贡献。

② 何国元，1942年年仅14岁参加游击队，后编入正规军，直至解放。先在广西任南宁市副市长，后任南宁市政协主席。

③ 冯公侠（1894—1963），初名李芳。原籍广东高明县三洲清溪乡岗头村。著名象牙微雕大师，广东象牙微雕艺术的奠基人。其代表作有立体牙雕《木兰从军》、《苏武牧羊》。15岁到香港当银器雕花之徒，拜徐砚农为师，勤习绘画，后转习镂刻象牙。成名于香港，后转销广州、上海。

续附表 5

序号	保护级别	古建筑名称	地址	原功能	时代	备注
166		黎家本①祖屋	荷城街道竹园居委会共丽村		民国初期，建国后多次修缮	坐西北向东南，三间两廊格局，通面阔10.55米，通进深9米。硬山顶，人字山墙，博古脊
167		黄仕聪②故居	更合镇平塘村委会平塘村北坊		民国十三年（1924），1980年修缮	坐西南向东北，三间两廊格局，面阔7.9米，通进深8.26米
168		邓精华③故居	荷城街道王臣村委会王臣村后面		明成化十五年（1479）	坐南向北，三间两廊格局，通面阔9.52米，通进深11.52米。硬山顶
169		青云门	明城镇明城小学内		明成化十五年（1479）	四柱三间冲天式，通面阔5.88米，高3.85米
170		水井村德胜楼	更合镇水井村西边	更楼	明万历五年（1577）	坐南向北，三层，面阔3.6米，进深4.6米，高7.5米
171		明阳塔（岗根塔）	明城镇岗根山	塔	清光绪十六年（1890）	平面六角三层楼阁式砖塔，高13米

① 黎家本，15岁留学西方，回国后在福建学习天文、地理、数学、战阵及驾驶等学科，并担任清政府北洋舰队长胜号和振威号战船的管带（即船长）。清同治十三年（1874），日本发起侵略台湾战事，黎家本率领兵舰备起抗击，因抗击有功，朝廷赏戴蓝翎。后守备福建、台湾海峡，劳萃而终。

② 黄仕聪（1914—1945），佛山市高明区人，广东人民抗日解放军第三团团长，曾任高明的"倒钟"运动总指挥。1945年因病离队，始终坚贞不屈，舍身取义。

③ 邓精华，清嘉庆九年（1804）举人。

续附表 5

序号	保护级别	古建筑名称	地址	原功能	时代	备注
172		大奎阁（文笔）	更合镇	塔	始建于清，民国辛酉年（1921）重修	平面六角二层楼阁式砖塔，高 10 米
173		鳌云书院钟鼓楼	更合镇		清	二层砖木结构，通面阔 13.7 米，通进深 16.85 米
174		坐阁村碉楼	杨和镇河西居委会坐阁村村中心坊	更楼	清末民初	坐南向北，灰沙墙，长 6.2 米，宽 5.6 米，高 10 米，共三层
175		丽堂村碉楼	杨和镇河西居委会丽堂村村前		民国初期	坐南向北，二层砖木结构，灰沙墙，长 3.9 米，宽 3.7 米，高 7.5 米，占地面积 14.43 平方米
176		古孟村炮楼	荷城街道河江居委会合古孟村北侧		民国 30 年（1941）	坐东北向西南，三层，楼高 14 米，面阔 7.48 米，进深 9.64 米，建筑面积约 80 平方米，青砖砌筑
177		康泰天主教堂	更合镇康泰村		民国 24 年（1935）建，1986 年重修	坐南向北，砖木结构，二层，通面阔 5.6 米，通进深 13.31，面积 76 平方米

446

附录二　古建筑术语释义

1. 依据文献

[1] 北京市文物研究所. 中国古代建筑辞典［M］. 北京：中国书店，1992

[2] 齐康，等. 中国土木建筑百科辞典：建筑［M］. 北京：中国建筑工业出版社，1999

[3] 王效清. 中国古建筑术语辞典［M］. 北京：文物出版社，2007

[4] 程建军. 岭南古代大式殿堂建筑构架研究［M］. 北京：中国建筑工业出版社，2002

[5] 陆琦. 广东民居［M］. 北京：中国建筑工业出版社，2003

[6] 赖瑛. 珠江三角洲广府民系祠堂建筑研究［D］. 广州：华南理工大学，2010。

[7] 杨扬. 广府祠堂建筑形制演变研究［D］. 广州：华南理工大学，2013。

[8] 季羡林；唐长孺，段文杰，宁可，等. 敦煌学大辞典［M］. 上海：上海辞书出版社，1998

[9] 中国工程建设标准化协会建筑施工专业委员会. 工程建设常用专业词汇手册［M］. 北京：中国建筑工业出版社，2006

[10] 袁润章；李荣先，徐家保. 中国土木建筑百科辞典·工程材料［M］. 北京：中国建筑工业出版社，2008

[11] 卢忠政，等. 中国土木建筑百科辞典：工程施工［M］. 北京：中国建筑工业出版社，2000

[12] 张家骥. 中国园林艺术大辞典［M］. 西安：山西教育出版社，1997

[13] 吴山. 中国工艺美术大辞典［M］. 南京：江苏美术出版社，2011

[14] 李飞. 中国传统木雕艺术鉴赏［M］. 杭州：浙江大学出版社，2006

2. 建筑形制

合族祠：由数县或数十县同一姓氏的血缘群体合资捐建的，每一地方性宗族以"房"的名义参与的祠堂。这些同姓各房以"入主牌位"的方式，捐出一定数目的金钱，将该房祖宗的牌位供奉在祠堂里，捐献的数目越多，牌位摆放的位置就越好。作为捐款的回报，各房子弟不仅可以到祠中居住，还可以在每年的春秋祭祀时领到胙金。通过共同建立祠堂，形成超越社区以至地域的社群联合体。

棂星门：即孔庙大门。传说棂星为天上文星，以此名门，有人才辈出之意。原为木构建筑，后为石构建筑，门上有龙头阀阅十二，门中有大型朱栏六扇，大石柱四，下有石鼓夹抱，上饰穿云板，顶端雕有四大天王像。门前立金声玉振坊，左右两侧各有下马牌。[1]

拜亭：广东大型传统礼制建筑中轴线上的构筑物，用作拜见和迎宾客的亭。通常位于中堂前，增强了建筑的序列感，并拓展了中堂的使用空间，且能遮风避雨。有的做成重檐形式，突出于群体建筑之中。[2][6]

仪门：殿堂建筑中路上的牌坊，位于祠内的称作"仪门"。

牌坊：为代表官方声音的，用于表彰诸如功名（进士坊）、道德（贞节坊、孝义坊）、耆寿（百岁坊）等事物所立的纪念碑。这些牌坊或立于街巷，或立于广袤处，也会立于祠前，或立于祠内。

阳埕：俗称地堂，即广场、晒谷场。

塾：广府祠堂中大部分门堂式门堂所选择的一种古老的礼制元素，是门堂的侧室，位于三开间门堂的次间或者五开间门堂的稍间。

船厅：广东大型民居中，跨（临）水面的厅堂，前山略作船头状的单开间狭长形厅。一般常用作书斋，装修精致，多作会客、觞咏用。[2]

壁潭：将廊榭围绕小水庭而设，以石山崖壁构出清幽之景。

照壁：是设立在一组建筑院落大门的里面或外面的墙壁，起到屏障的作用。在广府祠堂建筑中，是指正对建筑院落的大门，和大门有一定距离的一堵墙壁，既起着围合祠前广场、加强建筑群气势的作用，又起着增强建筑本身层次感的作用。一字形照壁是指照壁为整齐的一面墙体。照壁在外观上可分为上、中、下三个部分，即上面的压顶、中间的壁身和下面的基座。压顶起到和屋顶一样的作用，即既作墙体上部的结束，又起保护防雨的实际作用，还满足审美的精神需求。其形式主要为歇山和硬山两种。照壁顶部虽然面积都不大，但依然铺筒瓦、塑正脊，有的还做起翘的龙船脊。壁身是照壁的主体。现存的几座照壁壁身既无砖雕也无彩绘等装饰，整体风格朴实大方。[6]

青云巷：由于跟随着建筑主体从前往后逐渐升高，常称之为"青云巷"——青云直上的道路。[6]

月台：在古建筑上，正房、正殿突出连着前阶的平台叫月台。月台是该建筑物的基础，也是它的组成部分。由于此类平台宽敞而通透，一般前无遮拦，故是看月亮的好地方，也就成了赏月之台。

3．建筑平面

三间两廊：广府地区的三开间传统住宅，即"冂"字形三合院。平面呈一厅两房的对称布局，两房前各设廊兼做厨房使用，由两侧巷道经廊入户，厅的前部为廊下，成为厅堂的扩展部分。[2]

竹筒屋：广东粤中地区的单开间传统住宅。平面呈纵向条形，进深可达20米左右，采光、通风、排水靠庭院及宅内巷道解决，大型的向纵深延伸，中间设若干庭院，有的并建成楼房。[2]

金厢斗底槽（内外槽）：柱网平面布局方式。槽，指柱列和斗栱。金厢斗底槽又称内外槽。其平面由内外两周相套的柱网组成，形成环绕一周的外槽和长方形的内槽两个不同空间的柱网布置形式。内外两周柱的柱头上均有斗栱等结构构件纵向联系形成框架体系，整体性强，有套筒结构功能。[1][2]

分心槽（分心斗底槽）：柱网平面布局方式（附图1）是分心斗底槽的简称。屋身用檐柱一周，身内纵向中线上列中柱一排，将平面划分为前后两个相等空间的柱网布置形式。一般用作殿门处理。[2]

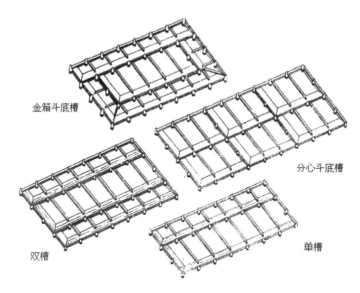

附图1　柱网平面布局方式
资料来源：《营造法式》。

副阶周匝：副阶，古代殿堂建筑殿身外侧加设的柱廊，唐、宋时称副阶。副阶周匝，宋式名称。在建筑主体以外，再加一圈回廊，这种建筑形式叫作副阶周匝（附图2）。它多用于大殿、宝塔等比较庄严的建筑。[1][2]

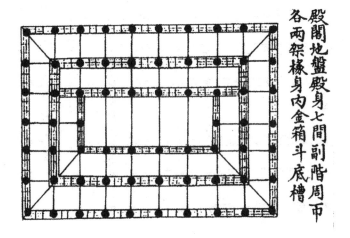

附图 2　副阶周匝

资料来源：《营造法式》。

面阔（通面阔）：一间的宽度，即建筑物纵向相邻两檐柱中心线间的距离。整个建筑物各间面阔的总和，即前面或背面两角柱中心线间的距离称通面阔，有时亦简称面阔。［1］［2］

进深（通进深）：一间的深度，即建筑物横向相邻两柱（梁、承重墙）中心线间的距离。各间进深的总和，即前后角柱中心线间的距离称通进深，有时亦简称进深。［1］［2］

门堂式：门堂前檐使用柱子承重的形式。［6］

凹斗门式（凹门廊式）：门堂前檐下无檐柱，心间大门向内凹进的门堂形式。［6］

平门式：门堂前檐没有柱子，门堂两次间正面墙体与大门位于同一横轴线上。［6］

明间（当心间，心间）：建筑物居中的那一间。［1］

4. 建筑立面

镬耳山墙：山墙顶的形状像镬（粤语，"锅"的意思）的两耳，即半圆形。

方耳山墙：广府地区三种山墙形式之一，为三级平台形式，估计受外地马头墙影响较多。［5］

水式山墙：山墙可分为金、木、水、火、土五式。其中"水形平而生浪"。

墙楣：墙框上部。

门楣：门框上的横木。

山面：山墙正面。

墀头：硬山的山墙，是以台基直达山尖顶上的。如果要出檐，那么山墙的前后都要伸出檐柱之外，砌到台基边上。硬山山墙两端檐柱以外部分就叫墀头。后檐墙为封护檐墙时不设。墀头外侧与山墙在同一直线上，里侧位置在柱中加"咬中"尺寸处。[1] [2]

一段式墀头：指砖雕墀头只有一段主要构成部分。[6]

博风（博风板）：悬山和歇山屋顶，桁（檩）都是沿着屋顶的斜坡伸出山墙之外。为保护这些桁头而钉在它们上面的木板，就叫博风板，又称博缝板。[1]

悬鱼：位于前后博风板交会处的山尖下的装饰板件，用木板雕成。安于博风板的正中；因初期雕作鱼形，从山面顶端悬垂，故称悬鱼。长短随建筑之大小，从三尺至十尺不等，其长宽比为10:6。后有各种变形，其表面纹样或为鱼形，或用花瓣，或用云头，但仍称悬鱼。悬鱼在明清时期的北方官式建筑中已不用，但在南方古建筑及民间建筑中仍可常见。[1] [2]

塘：在广府地区，为适应潮湿多雨的气候，在木檐柱之外设檐墙以保护木檐柱。这种檐墙称为塘。[7]

生起（升起）：唐宋建筑中檐柱由当心间（明间）向两端角柱逐渐升高的做法。宋《营造法式》规定：当心间两柱不升起，次间柱升高二寸，往外各柱依此递增，使檐口呈一两端起翘的缓和曲线。整个建筑外观显得生动活泼，富于变化。这种做法也用于屋脊等处。明初以后渐废。[2]

两顺一丁：每砌两个顺砌层后，砌一个丁砌层，上、下皮顺砖相互搭接二分之一砖长，顺砖与丁砖相互搭接四分之一砖长的砖墙组砌型式。[11]

5. 建筑屋顶

歇山：庑殿和悬山相交而成的屋顶结构，其级别仅次于庑殿。把一个悬山顶套在庑殿上，使悬山的三角形垂直的山，与庑殿山坡的下半部结合，就是歇山顶。它有一条正脊、四条垂脊、四条戗脊，所以又叫九脊殿。如果加上山花板下部的两条博脊①，则有十一条脊。[1]

硬山：广府地区又称金字顶，是双坡屋顶中两端屋面不伸出山墙外的一种屋顶形式。屋顶只有前后两坡，而且与两端的山墙墙头齐平，山面裸露而无变化。它有一条大脊和四条垂脊。其墙头的山面隐出博风板和墀

---

① 斜坡屋顶上端与建筑物垂直面相交部分的水平屋脊。常用于歇山屋顶山面山花板的下部，保护博风板的下端，因而称之为博脊。[2]

头。[1][2]

正脊：位于屋顶最高处，前后两坡瓦面相交处的屋脊，具有防止雨水渗透和装饰功能。一般由盖脊筒瓦、正通脊、群色条、压当条、正当沟和正吻组成。[2]

看脊：建筑物两边厢房或者走廊上的脊带，一般只有站在庭院内才得见，并只见其一面。

垂脊：在建筑的屋顶上，与正脊或宝顶相交，沿屋面坡度向下的屋脊。例如庑殿屋顶正面与侧面相交处的屋脊，歇山、悬山、硬山前后两坡从正吻沿博风下垂的屋脊，攒尖屋顶两坡屋面相交处的屋脊，等等。它是四角的由戗和角梁上的结构，有垂兽作饰物。分为兽前、兽后两大段。以安在正心桁的中心线上（或正、侧正心桁相交点上）的垂兽为界，垂兽以前的一段叫兽前，垂兽之后的一段叫兽后。[1][2]

龙船脊（船脊）：珠江三角洲地区祠堂建筑中采用的较为古老的屋脊形式。因正脊两端高翘形似龙船，而被称作龙船脊或龙舟脊。

博古脊：平脊身中间以灰塑图案为主、脊两端以砖砌成几何图案化的抽象夔龙纹饰的屋脊，因其类似于博古纹，民间又称其为博古脊。

陶脊（花脊、瓦脊）：陶脊又称花脊或瓦脊，是以人物、鸟兽、虫鱼、花卉、亭台楼阁装饰的屋脊形式，材料是分段烧制的陶瓷。

排山：硬山或悬山屋顶的位于山部的骨干构架。[1]

重檐：屋顶出檐两层。常见于庑殿、歇山、攒尖屋顶上，以示尊贵。庑殿、歇山的重檐下檐用博脊，围绕着殿身的额枋下皮，在转角处用合角吻，四角用垂脊，垂兽、走兽、仙人等同上檐。攒尖的重檐下檐则随攒尖形式不同而异。[2]

仔角梁（小角梁、子角梁）：在老角梁上面，外端从老角梁挑出至翼角飞椽椽头部位的角梁。它长于老角梁的部分接近水平，前端有榫，为安放套兽之用；后端下皮刻檩椀①或桁椀②，以盖住来自正侧两面的金檩或金桁。宋称小角梁，清称子角梁或仔角梁。[1][2]

老角梁（大角梁）：庑殿或歇山大木四角或攒尖大木转角处沿分角线直接置于撩檐枋或槫（桁、檩）上，两层角梁中下面的叫老角梁。为其外端伸出至翼角檐椽椽头部位，尾端达下平槫（金檩或金桁）相交处，上承仔角梁。它的梁身以檐檩或正心桁相交处为支点，前端伸出，端面做霸

———

① 承接并避免圆形截面檩（桁）滚动的古建筑构件中的刻槽。用于梁头、脊瓜柱头、角云头等部位。[11]

② 在梁头上面的左右两边，剜出各为1/4梁厚的半圆形椀口，用以支承桁条，并使其坐稳于桁椀内，避免前后滚动及左右移动。另外，斗栱撑头上，承托桁的凹形木亦称桁椀。[2]

王拳一类雕饰；后端上皮刻出檩椀或桁椀，托住正侧两面的金檩或金桁。宋《营造法式》称大角梁，清称老角梁。清式重檐大木之下檐的老角梁后尾一般插入角金柱中。[1][2]

桁（檩，槫）：桁，音 héng。槫，音 tuán。桁为架于梁头与梁头间或柱头科①与柱头科之间的圆形横材，其上承架椽木。宋代称槫。清式建筑称桁（大木大式）或檩（大木小式），现称桁条或檩条。其断面多为圆形。[1][2]

飞椽（飞檐椽）：在大式建筑中，为增加挑出的深度，在圆形断面的檐椽外端，还要加钉方形断面的椽子。这段方形断面的椽子就叫飞椽，又叫飞檐椽。[1]

桷板：桷，音 jué，是椽的一个古称，也是《营造法式》提及的一种椽的类型（方形的椽子），其制甚为古老。是架在桁上的构件，承受屋面瓦件的重量。桷板即承瓦的椽板，北方叫椽子，是圆形的构件，飞椽则用方形的，以便于固定。在长江流域以南，屋顶不覆泥背，较为轻薄，重量小，不用圆形断面的椽子，而用扁形木材，厚一二寸。福建、广州等地称桷板。[10]

刻桷：雕刻花纹的方椽。

角椽：即翼角椽，古建筑转角部位的特殊形态的椽。[11]

6．建筑构架

横架：传统建筑中，与正立面垂直，与山墙平行的梁架，主要起承重作用。

纵架：传统建筑中，与正立面平行，与山墙垂直的梁架，主要起拉结作用。

举高：整个屋架及各檩往上抬的高度。通常说的几举，就是指某檩举高为其步架的几折，如五举，即五折，为步架距离的一半。举高有总举高，有每项的举高。[1]

压水（折水）：广府传统建筑的屋面举折现象。举折在广府地区比较流行的叫法为压水或折水。[6]

穿斗式：穿斗式构架的特点是柱子较细、较密，柱与柱之间用木串穿接，连成一个整体；每根柱子上顶着一根檩条。其优点是能用较小的料建较大的屋，而且由于形成网状，结构也牢固；缺点是屋内柱、枋多，不能形成几间连通的大空间。[1]

---

① 柱头科：在柱上的斗栱，叫柱头科。它是桃尖梁头与柱头之间的垫托部分，所以它的头翘或头昂为了承托排出的梁头，比其他部位的要加厚一倍，而且越往上层越加厚。[1]

金柱：在檐柱以内的柱子，除了处在建筑物纵向中线上的，都叫金柱。[1][2]

山柱：在山面或山墙中，除角柱以外的各种由下达上的通柱。[2]

梭柱：上部形状如梭，或中间大两端小、外观呈梭形的圆柱。将柱子分为三段，中间一段为直形；上段予以梭杀的，叫上梭柱；上下两段都梭杀的，叫上下梭。[1][2]

柱櫍：櫍，音zhì。置于柱础之上、垫于柱身之下的构件，是柱身与底座的过渡部分，用铜、石或木料做成。最早的柱櫍为铜鑕，见于殷代遗址。安装櫍的原因是中国的柱子基本是木制，水分易顺着竖向的木纹上升而影响木柱的耐久质量，而櫍的纹理为横向平置，可有效防止水分顺纹上升，起到保护柱身的作用。[1][7]

童柱：清式建筑构架中，下端立于梁、枋之上，而非从地面竖立起的柱子。功用与檐柱、金柱相同，一般用于重檐建筑或多层建筑。梁架上的瓜柱亦称童柱。[1][2]

瓜柱（蜀柱、侏儒柱）：两层梁架之间或梁檩之间的短柱，其高度超过其直径的，叫作瓜柱。宋时瓜柱叫作侏儒柱或蜀柱，明以后始称瓜柱。[1]

驼峰（柁墩）：起支承、垫托作用的木墩，宋元时因做成骆驼背形，故称驼峰。后期发展成墩状的，称柁墩。它一般是在彻上明造构架中配合斗栱承托梁栿，能适当地将节点的荷载匀布于梁上。[1][2]

月梁：梁栿做成"新月"形式，其梁肩呈弧形，梁底略上凹的梁。汉代称虹梁，宋《营造法式》中称月梁。梁侧常做成琴面，并施以雕饰，外形美观秀巧。古建筑中梁的形式有直梁和月梁两类。直梁加工简单，应用较为普遍。月梁则用在天花以下或彻上明造的梁架露明部分。宋以前大型殿阁建筑中露明的梁栿多采用月梁做法。明清官式建筑中已不用，但在南方古建筑中仍沿用。[1][2]

虾弓梁：广府特色的石阑额，其截面为矩形，线脚棱角分明。梁两端向下中间平直如虾弓着背，梁肩呈S形，梁底起拱但不用剥鰓。[6][7]

栿：音fú，梁。

乳栿（双步梁）：乳，言其短小。乳栿，宋式建筑中梁栿的一种，是长二椽架（清称步架）的梁，相当于清式的双步梁，位置与清式建筑中的桃尖梁或抱头梁相当。在殿堂结构中，置于内柱与檐柱柱头上，与斗栱结合成一个结构整体。在厅堂结构中，一端插入内柱柱身，另一端与檐柱柱头斗栱结合。尾端置于梁架上，并与梁架丁字相交的乳栿，又称丁栿。[1][2]

单步梁（剳牵）：加于双步梁上的瓜柱之上的短梁，宋式称为剳（音zhā，同"扎"）牵。

枋：枋是横栱上的联系构件，横向，与桁平行。枋的大小等于一个单材的大小。[1]

阑额（额枋、檐枋）：阑额（附图3）即额枋、檐枋。安装于外檐柱柱头之间，主要功能是拉结相邻檐柱，上皮与檐柱上皮齐平的枋。辽宋建筑上的阑额还具有支承补间铺作的作用。宋代及以前叫阑额；明、清用于无斗栱小式建筑时称为檐枋，用于带斗栱大式建筑时称为额枋。宋式断面为矩形，明清时近似方形。广府地区此梁架构件截面形状有时不是长方形。[1][2]

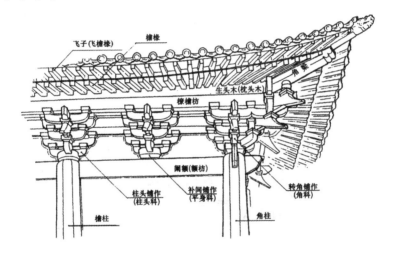

附图3　阑额位置

资料来源：潘谷西. 中国建筑史［M］. 北京：中国建筑工业出版社，2009。

普柏枋：宋式名称，相当于清式的平板枋。最早见于辽代后期。普柏枋形状扁宽，搁在阑额并及柱头之上，柱头斗栱则坐于普柏枋上，从而加固了柱子与阑额的连接。特别是由于补间铺作的加多，补间不用蜀柱、驼峰、人字栱之类，而用大斗；窄而薄的阑额不宜坐大斗，普柏枋由此产生。[1]

穿插枋：在抱头梁下并与之平行的小梁，其作用为辅助大梁连接檐柱与金柱。其长为廊步架加两份檐柱径，枋高同檐柱径，厚为0.8柱径，前后两端均做透榫。唐、宋时无此构件，元代后开始出现，清式建筑中多用。穿插枋用在清式带檐廊的小式建筑中，大式建筑中不用。[1][2]

挑檐枋：斗栱外拽厢栱上的枋。宋时叫撩檐枋，但略有不同处，即挑檐枋上都有桁（挑檐桁），而宋代用撩檐枋时上面没有桁。[1][2]

襻间：襻，音 pàn。襻间是槫下附加的联系构件，与各架槫平行，联系各缝梁架的长枋木。宋代建筑大木构件之一。其主要功能是襻拉相邻两架梁使之联为一体。宋《营造法式》载："凡屋如彻上明造，即于蜀柱上安斗，斗上安随间襻间，或一材或二材"。或每间都用，或隔间而用。其两端往往插在蜀柱或驼峰上，将相邻的两片梁架拉紧，以加强屋顶结构的整体刚性。其断面为一材大小的枋木，叫单材襻间；如不够大，则两层枋木叠用，叫两材襻间。明间用两材，次间用单材，谓之"隔间相闪"。无论一材或二材襻间，上一材上应用替木承槫。[1][2]

叉手（斜柱）：宋式名称。从抬梁式构架最上一层短梁，到脊槫间斜置的木件，叫叉手，又叫斜柱。其功用主要用于扶持脊槫的斜撑。唐及唐以前只有叉手而不用蜀柱；从宋开始，二者并用；到了明清，叉手被瓜柱（蜀柱）取代而消失。[1]

托脚：宋式大木构件。尾端支于下层梁栿之头，顶端承托上一层槫（檩）的斜置木撑。有撑扶、稳定檩架，使其免于侧向移动的作用。在岭南地区又名水束。[1][2]

铺作：宋式建筑中对每朵斗栱的称呼，如"柱头铺作"、"补间铺作"等。铺作一词的由来是指斗栱由层层木料铺叠而成。《营造法式》中所谓"出一跳谓之四铺作"、"出五跳谓之八铺作"等，就是自栌斗算起，每铺加一层构件，算是一铺作，同时栌斗、耍头、衬枋都要算一铺作。[1]

平身科：清式建筑中对每攒斗栱常用"科"来称呼。两柱头科之间，置于额枋及平板枋上的斗栱，叫平身科。其功用不很重要，有时似乎是纯粹的装饰品。[1]

隔架科：用于内檐大梁与随梁枋之间的斗栱构件。它的作用是为大梁增加中间支点，使随梁枋在加强其前后两柱间联系的同时又能分担一部分梁的荷载。有时在梁头与檩子、垫板相加处，也使用隔架科斗栱作为梁端支座。[1][2]

如意斗栱（莲花托）：除正出的昂翘外，另有45°斜出的昂翘相互交叉，形成网状结构的斗栱。在岭南地区又名莲花托。[2]

栌斗（坐斗，大斗）：宋时名称，即坐斗，是在全攒斗栱的最下层，直接承托正心瓜栱与头翘或头昂的斗，也叫大斗。[1]

栱：我国传统建筑中斗栱结构体系内重要组成构件之一。为矩形条状水平放置之受弯受剪构件，用以承载建筑出跳荷载或缩短梁、枋等的净跨。至迟在周代已经出现，汉代普遍使用。在平面上常与柱轴线垂直、重合或平行，也有呈45°或60°夹角的。[2]

升：栱的两端，介于上下两层栱之间的承托上一层枋或栱的斗形木块，实际上是一种小斗。升只承受一面的栱或枋，只开一面口，主要有三才升和槽升子。[1]

散斗：宋式斗栱中，位于栱两端或单材枋间的小斗。顺身开槽口，两耳。是小斗的一种，也是斗栱中使用最多的构件之一。相当于清之升，包括三才升和槽升子。[1][2]

昂（下昂，飞昂）：斗栱的构件之一。它位于前后中线，向前后纵向伸出贯通斗栱的里外跳且前端加长，并有尖斜向下垂，昂尾则向上伸至屋内。功能同华栱，起传跳作用。一般称昂即指下昂，叫下昂是对上昂而言。在内檐、外檐斗栱的里跳，或平座斗栱的外跳中，昂头向上外出、昂尾斜向下收、昂身不过柱中心线的昂，叫上昂。上昂多用于殿堂内部。"飞昂"一词，最早见于三国时期的文学作品中，因其形若飞鸟而得名。[1]

插昂：只有昂头而无昂身、昂尾，徒有下昂形式的假昂①，叫插昂。多用在四铺作上，亦有用于五铺作或六铺作者。[1][2]

斜栱：分为两种。一为正出华栱或昂的两侧，另加斜出45°或60°对应栱、昂的斗栱。始见于北宋，盛行于金、元，迄于明代。柱头铺作及补间铺作均有用者。增加了上部承托槫（檩）的支点和装饰性，但接榫过多，影响斗栱结构功能，施工复杂。二为斜出的栱。[2]

插栱（丁头栱）：外形相当于正常栱的一半，前端挑出，后端以榫插入柱、墙固定的栱。它是半截华栱，作用亦与华栱同。有入柱、不入柱、正置、斜置等多种，用作辅助性结构，并起一定装饰效果。常施于门楼或牌坊柱间。宋《营造法式》称为丁头栱，列入华栱名下。"其长三十三分，出卯长五分。"[1][2]

翘（华栱，杪栱，卷头）：斗栱中向内、外出跳之水平构件。宋代称为华栱、杪栱、卷头，清代称翘。华栱是宋代斗栱中唯一的纵向的栱。最下层者安于栌斗口内，与泥道栱②垂直相交。柱头铺作之华栱用足材③，补间铺作用单材。清代斗栱中翘用足材。[1][2]

栱眼：栱上部两边的刻槽。[11]

人字栱：形状如"人"字或倒写的"V"字的建筑构件。一般在顶端

---

①　假昂是相对有很长的昂尾的真昂而言的，这种昂系将出跳的栱外端砍成昂形，已不是真正的昂，也起不到真昂的挑起作用。元代是真昂、假昂并用；明初假昂使用较广，明中叶以后渐渐废弃下昂（真昂）；清代则已全部用假昂。[1]

②　宋代斗栱中置于栌斗上，其轴线与阑额轴线重合的水平构件。因宋时在两朵斗栱之间的空档，即栱眼壁，填塞泥坯，故称泥道栱。断面为单材，即高十五分，宽十分。宋《营造法式》卷四载："其长六十二分，每头以四瓣卷杀，每瓣长三分半。与华栱相交，安于栌斗口内。"[2]

③　材高加栔（契）高称为足材。

457

置一小斗，以承托其上之梁栿。通常作补间铺作之用。[2]

斗腰（斗平）：斗与升上部斗耳、斗口与下部斗底之间的部分。宋式称斗平，明清时称斗腰。其高度为斗或升全高的五分之一，宽度为斗耳与斗口水平长度之和。[2]

耍头（附图4）：在顶层华栱（明清称翘）或昂上与令栱①（明清称厢栱）垂直相交的构件，与翘昂平行，大小也与之相同并与挑檐桁相交。属斗栱中组合部件之一，起构造联系和装饰作用。[1][2]

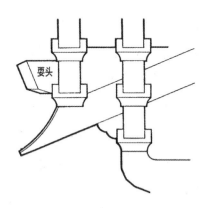

附图4　耍头位置

资料来源：刘敦桢. 中国古代建筑史［M］. 北京：中国建筑工业出版社，2013。

替木：宋式斗栱构件，是斗栱最上一层的短枋木，用以承托槫或枋的端头。它的两头带卷杀，形似栱，但断面高度低于栱。最早出现于南北朝时期，后替木逐渐加长，元代起已改为通长的构件，习称檐枋。[1][2]

衬枋头：为斗栱中耍头以上、桁椀之下，与耍头平行之构件。宋式斗栱中称衬枋头、水平枋，清式称撑头。用来固定挑檐枋和正心枋。[2]

一斗三升：斗栱因层数或拽架之增减，有简单复杂之分。其中最简单的，就是在坐斗上安正心瓜栱一道，栱上安三个三才升，叫作一斗三升。[1]

单栱造（单栱）：以单层横栱承托替木或素枋的斗栱组合。即在斗栱中，于栌斗和与其平行的内、外跳头上，只置横栱一道的做法。栌斗中仅置泥道栱，上叠柱头枋；跳头上置令栱，上仅用罗汉枋一重，即每跳上施两材一栔。一般用于规制较小的建筑。[1][2]

---

① 令栱：宋时名称，是斗栱最外一跳上承托挑檐枋，或最里一跳上承托天花枋的栱。一般用单材。它位于最上层的昂或翘之上，所以只有里外之分，而无正心、单材之别。《营造法式》卷四载："施之于里外跳头之上，与耍头相交，及屋内槫缝之下。其长七十二分。每头以五瓣卷杀，每瓣长四分。若里跳骑栿，则用足材。"清代此栱称厢栱，单材，其余制式、尺度同上。[1][2]

偷心造：宋式斗栱的一种做法，即在一朵斗栱中，只有出跳的栱、昂，跳头上不安横栱。[1]

单斗只替：宋《营造法式》中一种低级的大木做法，是一种简单的斗栱做法，推想是在柱头栌斗上加一条替木来承托梁和槫。这种大木做法在次要房屋中是普遍使用的。

出跳：宋时名词，斗栱自柱中心线向前、后逐层挑出的做法。意思与清式出踩相似，但计算方法略有不同。每挑出一层称为出一跳；挑出的水平距离为出跳的长，或称为跳，清代称为拽架。[1]　[11]

斗口跳：在栌斗侧向施泥道栱，上承柱头枋，正面只出华栱一跳，上施一斗，直接承托橑檐枋的做法。[2]

杪：音 miǎo，原为树梢的意思。宋《营造法式》所称华栱亦名杪栱，华栱的出跳又叫出杪，意为华栱头有如树之梢。双杪，即华栱两跳之意。[1]

雀替：清式名称，在宋《营造法式》中叫绰幕，是用于梁或阑额与柱的交接处的木构件，功用是增加梁头抗剪能力或减少梁枋的跨距。雀是绰幕的绰字，至清代讹转为雀；替则是替木的意思。雀替很可能是由替木演变而来。[1]

7. 装修与装饰

垂莲柱：又称吊柱、虚柱、垂柱。吊挂于某一构件上，其上端固定，下端悬空的柱子。垂柱下端头部多雕刻莲瓣等作装饰，常施于垂花门或室内。[2]

檐板（封檐板，檐口板，遮檐板，连檐）：设置在坡屋顶挑檐外边缘上瓦下、封闭檐口的通长木板。一般用钉子固定在椽头或挑檐木端头，南方古建筑则钉在飞檐椽端头。用来遮挡挑檐的内部构件不受雨水浸蚀和增加建筑美观。[1]　[2]

趟栊：广府传统建筑的杠栅式拉门。以小碗口粗木为横栅，横向推拉启闭。广府传统民宅一般都是三道门，第一道是脚门，第二道是趟栊，第三道才是大门。关上趟栊，打开大门，既可以防小偷，又可以通风透气。

门枕石（门砧）：门枕石为清代称谓，宋代称作门砧。位于门槛两端下部，用以承托大门转轴的石构件。

平棋：天花的一种，因其用大方格组成，仰看有如棋盘，故宋式中称为平棋。[1]

滴水：瓦沟最下面一块特制的瓦。大式瓦作的滴水向下曲成如意形，雨水顺着如意尖头滴到地下；小式瓦作的滴水则用略有卷边的花边瓦。[1]

须弥座：俗称细眉座或金刚座。一种叠涩（线脚）很多的台座，由圭角、下枋、下枭、束腰、上枭和上枋等部分组成，常用于承托尊贵的建筑物。须弥座是从印度传来的，原作为佛像的底座，后来演化成为古代建筑中等级较高的一种台基。须弥即指须弥山，在印度古代传说中，须弥山是世界的中心。[1][2]

上枋：须弥座各层横层的最上部分。[1]

下枋：须弥座的圭角之上、下枭之下的部分。[1]

上枭：须弥座的束腰之上、上枋之下的部分，雕作凸面嵌线（枭），又处于上部，故名上枭。[1]

下枭：须弥座的下枋之上、束腰之下的部分，多做成凸面嵌线（枭），又处于下部，故名下枭。[1]

束腰：须弥座的上枭与下枭之间的收缩部分，以及宋代重台钩阑大、小华板之间的收缩部分，均叫束腰。早期束腰较高，用束腰将柱子分割成若干段，可雕花纹。明清时束腰变矮，莲瓣增厚。[1][2]

铺地莲花：雕莲瓣向下的覆盆。

仰覆莲花：铺地莲花上再加一层仰莲。

卷杀：对木构件轮廓的一种艺术加工形式，如栱两头削成的曲线形、柱子做成梭柱、梁做成月梁等。[1]

出锋：构件端头以30°角或其他角度向外凸出形成尖锋。古建筑木构件端部或尾部的装饰手法之一。常用于桃尖梁头、雀替、麻叶头、蚂蚱头、三岔头等部位。[2]

琴面：梁的截面如琴面般凸起，故称琴面。

剥鳃：又称拨亥。梁端为过渡至插入柱子的榫口而做的卷杀，造型类似剥开的鱼鳃。

抹角：于转角处做出圆的弧面。

海棠口：将平面转角切去一方块（或近方块）而似海棠纹者。

阴刻：常用于碑文的雕刻手法。浮雕是用阳刻法把形象浮出于平面之上；阴刻正好相反，以凹入雕出形象。

素平（阴刻，线雕，线刻）：雕刻中最早出现也是最简单的一种做法，在平滑的表面上阴刻图案形象纹样。[1][2]

减地平钑（阴雕，暗雕，凹雕，沉雕，薄雕，平雕，平浮雕）：钑，音sà。"减地"就是将表现主体图案以外的底面凿低铲平并留白，主体部分再用线刻勾勒细节，形成一种图底对比较强的剪影式平雕。基本特征是凸起的雕刻面和凹入的底都是平的，所以也有人把它叫做"平雕"或"平浮雕"。浮雕是用阳刻法把形象浮出于平面之上；阴雕正好与浮雕相反，以凹入雕出形象。这种雕刻技法常常要在经过上色髹漆后的器物上施工，这样所刻出来的器物能产生一种漆色与木色反差较大、近似中国画的艺术效果，富有意味。其雕刻内容大多为梅、兰、竹、菊之类的花卉，也有诗词、吉祥语之类的文字。[1][2][14]

压地隐起（浅浮雕，低浮雕，突雕，铲花）：一种浅浮雕，也称低浮雕、突雕，广东地区称为"铲花"。其特点是图案主体与底子之间的凸凹起伏不大，各部位的高点都在装饰面的轮廓线上；有边框的雕饰面，高点不超过边框的高度。装饰面可以是平面，也可以是各种形状的弧面。雕刻各部位依雕刻主体的布局，可以互相重叠穿插，使画面有一定的层次和深度。压地隐起是木雕中最普遍使用的一种做法。这种雕法层次比较明显，工艺也不复杂，一般多用于屏门、屏风、栏板、栅栏门和家具等构件。[1][2]

剔地起突（剔地，高浮雕，透雕，深浮雕，半圆雕，通雕，拉花）：即通常所谓的高浮雕，也称透雕、深浮雕、半圆雕、通雕，是建筑雕刻中最复杂的一种。它的型制特点是装饰主题从建筑构件表面突起较高，立体感表现强烈，"地"层层凹下，层次较多，雕刻的最高点不在同一平面上，雕刻的各种部位可以互相重叠交错，层次丰富。宋《营造法式》有载。高浮雕在广东有的地方称为"拉花"。[1][2]

镂雕：在深浮雕基础上，加有部分图案脱离雕地悬空而立，立体感强，全构件通透，是通雕中更高一级的雕刻方法。这种雕刻工艺复杂，但效果很好，只有在高贵的装修中才用之。[9]

斗心：一种比较简易的通雕方法，用许多小木条（剖面为六角形断面的一半），按图案花样拼凑而成。外观是通雕，其实是预制木条拼装而成，施工简便。题材常用斗纹、套方、正斜万字等几何形体组合。一般在格扇、槛窗中多用。[7]

贴雕：将要雕刻的花纹用薄板镂空，粘贴在另外的木板上进行雕刻。[11]

嵌雕（钉凸）：在已雕好的浮雕作品上镶嵌更突出的部分。[11]

透雕：介于圆雕和浮雕之间的一种雕塑。在浮雕的基础上，镂空其背景部分；有的单面雕，有的双面雕。圆雕是不附着在任何背景上，可以四面欣赏的、完全立体的一种雕塑。[1]

覆盆：柱础的露明部分加工为枭线线脚，使之呈盘状隆起，有如盆的覆置，故名覆盆。唐至元多用这种形式。[1]

玲珑雕：瓷器装饰技法。在生坯上雕刻出细小空洞，组成图案，再以釉料填满。挂釉烧成后，镂花处透光度高，但又不洞不漏，有玲珑剔透之感，故名。以清康熙时最著名。[13]

水磨：加水磨光。

烫蜡：在木雕、地板、家具等表面撒上蜡屑，烤化后弄平，可以增加光泽。

飞天：石窟壁画图案。梵文名乾达婆，汉译名香音神，是佛教崇信诸神之一。从东汉末年开始，我国佛洞壁画中就有飞天形象；早期有许多是男身，后来就变为娇美的女性。[1]

卷草：又名蔓草纹。植物图案纹样，叶形卷曲，连绵不断，故名。由西亚传入，与忍冬纹、云气纹相结合演化而成。流行于唐代，故亦称"唐草"。[8]

博古纹：类似博古架的纹饰。

回形纹：古代纹饰之一，连续的"回"字形纹样，简称回纹。[13]

斗纹：一种交叉图案。[13]

万字纹：民间传统图案的一种。由"卍"字形或单独成图，或组成连续图案。"卍（万）"字来自梵文，最早出现在如来佛的胸部。因其有着"源远流长"、"缠绵不断"等象征吉祥幸福的含义，在民间使用极为广泛。[13]

夔纹：即夔龙纹。图案表现传说中的一种近似龙的动物——夔，主要形状近似蛇，多为一角、一足，口张开，尾上卷。有的夔纹已发展为几何图形。[13]

暗八仙：传统寓意纹样。以八仙手中所持之物（汉钟离持扇，吕洞宾持剑，张果老持鱼鼓，曹国舅持玉版，铁拐李持葫芦，韩湘子持箫，蓝采和持花篮，何仙姑持荷花）组成的纹饰，俗称"暗八仙"。它与"八仙"纹同样寓意祝颂长寿之意。[13]

壸门：中国古建筑细部名称，指殿堂阶基、佛床、佛帐等须弥座束腰部分各柱之间形似葫芦形曲线边框的部分。

圭角（龟脚）：须弥座最底部的水平划分层。位于土衬石上方。一般都要雕做如意云的纹样。[1][2]

地栿：又称地栿。在唐、宋建筑中，建筑物柱脚间贴于地面设置的联系构件，有辅助稳定柱脚的作用。重台钩阑或单钩阑最下层的水平构件也称为地栿。除木质地栿外，还有石质地栿。明、清建筑栏杆最下层的水平构件，也沿用此名称。[2]

护角石：又称角石，是砌筑在石砌体角隅处的石料。

云石：粤语称大理石为云石。

附录三　本书涉及概念解释

重修（修葺，维修，修缮，大修）：再度修整或修建。建筑原有格局不变；建筑物内局部构件往往会被更换，更换时构件的材料、形式很可能会换上重修时所流行的形制。

扩建：把原有建筑的规模加大，增建。建筑原有格局可能会发生变化；如建筑单体进行扩建，也会牵涉到建筑前庭院面积的扩大从而引起建筑格局的调整；若是在原有建筑规模上增加附属建筑（如边路、后楼等），则中路主要建筑物的形制有可能保持不变。

重建：建筑损毁后重新建造的意思。建筑格局、构件的材料、形式会按照重建时所流行的形制来修建。

改建：在原有基础上进行改造性修建。建筑原有格局可能会发生变化。建筑格局、构件的材料、形式会按照改建时所流行的形制来修建。

明代分期：

早期：洪武—宣德（1368—1435）

中期：正统—隆庆（1436—1572）

晚期：万历—崇祯（1573—1644）

清代分期：

早期：天聪—雍正（1644—1735）

中期：乾隆—道光（1736—1850）

晚期：咸丰—宣统（1851—1911）

民国分期：

早期：民国元年—十六年（1912—1927）

中期：民国十六年—三十五年（1927—1946）

晚期：民国三十五年—三十八年（1946—1949）

鸣　　谢

南海区沙头镇崔永传先生

南海区沙头镇崔胜先生

南海区大沥镇平地村黄汉威先生

南海区大沥镇平地村黄锡强先生

南海区大沥镇钟边村谢仲结女士

南海区罗村镇寨边村李式均先生

顺德区北滘镇桃村袁建就先生

顺德区北滘镇桃村黎先生

顺德区北滘镇桃村曹耀坤先生

顺德区北滘镇碧江街道黎家活先生

顺德区乐从镇小布村何如开先生

三水区西南街道金本社区九水江村陆忠华先生

后　记

　　自从事研究工作之日起，我们对佛山传统建筑的关注已历十载。期间得益于"2013年度佛山哲学社会科学规划项目"、"佛山市人文和社科研究丛书"项目以及"广东省高等学校人才引进专项资金"的资助，历时两载，终得以成稿。然岭南建筑文化博大精深，众多宝藏尚待发掘。研究之路仍漫漫，抵达彼岸仍需时日。

　　感谢佛山市委宣传部及佛山市社会科学界联合会对我们研究的再度资助，我们在承担了《石湾窑文化研究》（《佛山市人文和社科研究丛书》第一辑）之后，能继续承担本书的著作任务，实是极大荣幸！我们仅代表所有建筑、文物战线的研究人员对政府的支持致以衷心的感谢！

　　从调研、构思开始，在漫长而艰辛的研究道路上，众多师长、专家学者、亲人、朋友及对岭南建筑有深厚感情的人都给予了我们最无私的帮助，使我们在踽踽前进的道路上不再孤单和犹疑。

　　在研究阶段得到众多专家学者的珍贵指点。承蒙华南理工大学、华中科技大学、清华大学多位教授的教导，使我们聆听到许多弥足珍贵的教诲。特别是何镜堂院士、李晓峰教授、胡正凡教授、张复合教授的指导，令我们大有收获。在研究的过程中，还得到广东省社会科学界联合会副主席林有能先生、香港民居学会会长林社铃先生的指导。在此我们表示深深的谢意！

　　衷心感谢吕唐军博士，他陪伴参与了所有的田野研究工作，并拍摄了无数的精彩照片，建立了研究数据库，并为研究课题进行了图像采集、识别与处理的探索。

　　深深感谢在写作过程中访谈、求教的多位专家学者、建筑工匠和本地居民，为本书的内容提供了大量详实的资料。感谢所有的前辈同行，你们艰苦卓绝的研究工作奠定了我们的研究基础，你们的劳动成果永远值得我们尊敬和学习。

　　感谢家人对我们无言的支持，特别感谢周学斌先生、傅绮皓女士、吕宝生先生为我们的奔忙和作出的各种牺牲。

曾经帮助我们的志同道合者数之不尽，定有遗漏。最后，最诚挚地向所有关心和帮助过我们的师长、前辈、亲人、朋友表示由衷的谢意与敬意！

周彝馨

2015 年春